Stromspeicher und Power-to-Gas im deutschen Energiesystem

Martin Zapf

Stromspeicher und Power-to-Gas im deutschen Energiesystem

Rahmenbedingungen, Bedarf und Einsatzmöglichkeiten

Springer Vieweg

Martin Zapf
Mönchsberg, Deutschland

ISBN 978-3-658-15072-3 ISBN 978-3-658-15073-0 (eBook)
DOI 10.1007/978-3-658-15073-0

Die Deutsche Nationalbibliothek verzeichnet diese Publikation in der Deutschen Nationalbibliografie; detaillierte bibliografische Daten sind im Internet über http://dnb.d-nb.de abrufbar.

Springer Vieweg

Gedruckt auf säurefreiem und chlorfrei gebleichtem Papier.

Springer Vieweg ist Teil von Springer Nature
Die eingetragene Gesellschaft ist Springer Fachmedien Wiesbaden GmbH
Die Anschrift der Gesellschaft ist: Abraham-Lincoln-Strasse 46, 65189 Wiesbaden, Germany

Geleitwort

Bis in die 1990er-Jahre dominierten fossile Energien alle Sektoren – die Erzeugung von Strom, Wärme und die Bereitstellung von Mobilität. Pioniere der erneuerbaren Energien, die sich mit Photovoltaik, Windenergie, Biomasse und anderen erneuerbaren Energiequellen beschäftigten, wurden belächelt. Der durch die Emission aus fossiler Energie verursachte Klimawandel wurde mehr als ein weiteres Jahrzehnt lang von wichtigen Vertretern aus Politik und Wirtschaft infrage gestellt. Im Jahr 2000 wurde in Deutschland das Erneuerbare-Energien-Gesetz (EEG) verabschiedet. Große Energiekonzerne sahen dieses Gesetz zunächst nicht als Gefahr für ihre Geschäftsmodelle an. Im Jahr 2015 betrug der Anteil erneuerbarer Energien in Deutschland jedoch bereits mehr als 32 % des Bruttostromverbrauchs. Die Erfahrungskurven der Technologien wurden rascher durchlaufen als erwartet, auch aufgrund mehrerer unerwarteter Technologiesprünge. Die Transformation vom fossilen zum erneuerbar dominierten Energiesystem schreitet seit dem Jahr 2000 nicht nur in Deutschland, sondern weltweit immer rascher voran. Das EEG hat einen wesentlichen Beitrag dazu geleistet, dass heute die technologischen Voraussetzungen für das 2°-C-Ziel vorhanden sind. In vielen Anwendungsfällen, abhängig von geografischen Gegebenheiten, sind erneuerbare Technologien bereits heute günstiger als fossil basierte Technologien, und mittlerweile wird für 2023 der endgültige Break-even der Herstellungskosten erneuerbarer und fossiler Energien prognostiziert.

Martin Zapf beschreibt in seinem Buch diese Transformation – v. a. im Bereich der Stromerzeugung. Er stellt dem Leser einen systemorientierten und vollständigen Überblick über Technologien, Infrastrukturen und Marktmechanismen sowohl des fossilen als auch des erneuerbar dominierten Systems gegenüber. Dabei versteht er es, den Detaillierungsgrad seiner Ausführungen so zu wählen, dass das Buch einerseits als Informationsquelle für Experten dienen kann, aber auch einem technisch interessierten Nicht-Experten einen sehr präzisen Einblick über die Problemstellungen gibt, die die oben genannte Transformation nach sich zieht. Insbesondere arbeitet Zapf die Bedeutung von Speichern für ein von fluktuierenden Quellen dominiertes Energiesystem heraus und untersucht die wirtschaftlichen und politischen Rahmenbedingungen, unter denen Power-to-Gas-Anlagen wirtschaftlich werden können. Dabei wird auch die Bedeutung von Power-to-Gas für eine rasche Dekarbonisierung des Transportsektors beleuchtet.

Die Arbeit von Martin Zapf als Forschungsmitarbeiter in meiner Abteilung hatte zum Ziel, Betriebsmodi von Power-to-Gas-Anlagen (Direktanbindung an Windparks oder Netzanbindung) zu vergleichen. Mit dem vorliegenden Buch ist ihm eine Arbeit gelungen, die weit über das ursprüngliche Ziel hinausgeht und wesentliche Erkenntnisse über Technologien, Probleme und Lösungsansätze liefert, die beim Übergang von fossilen zu erneuerbaren Energien auftreten.

Die Transformation des Energiesystems von fossilen zu erneuerbaren Energieträgern ist in vollem Gange. Heute stehen Firmen vor großen wirtschaftlichen Problemen, die jahrzehntelang Kernenergie als wirtschaftlich und die Stromgewinnung aus Braunkohle als umweltfreundlich propagierten. Die Transformation betrifft nicht nur die Märkte der Primärenergieträger und die Energieumwandlungstechnologien, sondern auch alle Infrastrukturen in allen Sektoren und deren Vernetzung untereinander. Ebenso werden sich Marktmodelle radikal ändern, die derzeit von Grenzkosten der Primärenergieträger Kohle und Erdgas dominiert sind.

Zapfs Arbeit liefert Lösungsansätze für viele der komplexen Probleme, die während der Transformation auftreten und noch auftreten werden. Sie ist somit eine wertvolle Lektüre für alle, die an der Transformation des Energiesystems in Wirtschaft, Wissenschaft und Politik arbeiten.

Dr. Hermann Pengg
Leiter erneuerbare Kraftstoffe und Lebenszyklusanalysen
Audi AG

Vorwort

Initialzündung für die Energiewende in Deutschland war das im Jahr 2000 beschlossene Erneuerbare-Energien-Gesetz (EEG). Trotz der bisher erreichten Zwischenziele der Bundesregierung in Bezug auf den Ausbau der erneuerbaren Energien ist diese Fördermaßnahme umstritten. Dies gründet sich einerseits auf die hohen Endkundenstrompreise Deutschlands im europäischen Vergleich. Zum anderen macht der Ausbau der regenerativen Erzeuger Konsumenten regional augenscheinlich, welcher Eingriffe in die Umwelt der *Energiehunger* des 21. Jahrhunderts bedarf. Das europäische Emissionshandelssystem begrenzt die Nutzung treibhausgasintensiver Energieträger überregional in Europa. Aufgrund des derzeit noch niedrigen Preisniveaus für CO_2-Zertifikate ist die Emissionsminderung durch dieses System gering. Die erzielbaren Einsparungen sind darüber hinaus auf die beteiligten Länder Europas begrenzt. Ein weltweites Emissionshandelssystem mit einem adäquaten Preis je nach Reduktionsziel für CO_2-äquivalente Emissionen würde die weltweite Nachfrage an fossilen Energieträgern sektorenübergreifend einschränken und den Anbietern von fossilen Energieträgern keine Ausweichmöglichkeiten für einen konstanten bzw. steigenden Absatz ermöglichen.

Mit dem weiteren Zubau von Photovoltaik- und Windkraftanlagen in Deutschland resultiert eine hohe Schwankung der potenziell bereitstellbaren Stromerzeugungsleistung im Jahresverlauf aufgrund des natürlichen Dargebots von Wind- und Solarenergie. Hierfür wird Flexibilität im Stromsystem benötigt, welche das schwankende Angebot und die Nachfrage ausgleicht sowie eine effiziente Energieverteilung gewährleistet.

Dieses Buch gibt einen Überblick über die aktuellen Entwicklungen im deutschen Stromsystem, u. a. der Strommärkte und des Netzausbaus, und präsentiert Zukunftsprognosen nach anerkannten Studien. Anhand eines vereinfachten Modells werden mögliche Stromprofile Deutschlands bei steigenden Anteilen dargebotsabhängiger Erzeuger an der Stromversorgung ermittelt und die maximale Stromspeicherkapazität berechnet, welche nach den Ausbauzielen der Bundesregierung bis zum Jahr 2050 notwendig wäre. Der tatsächliche Stromspeicherbedarf ist von zahlreichen Faktoren abhängig und lässt sich nur durch eine umfassende Betrachtung des gesamten Stromsystems ermitteln. In diesem Buch werden zahlreiche Studien, welche zum Stromspeicherbedarf in Deutschland bis Ende des Jahres 2015 bestanden, zusammengefasst. Daraus lassen sich mögliche zukünftige Entwicklungen und Zusammenhänge verschiedener Komponenten und Märkte im Stromsystem ableiten. Ziel dieser Ausarbeitung ist es zudem, einen Technologieüberblick über aussichtreiche Stromspeichertechnologien und deren Einsatzmöglichkeiten im Stromsystem zu geben. Zudem wird eine Variante zur Ermittlung von Stromspeicherkosten vorgestellt, welche einen Vergleich zwischen den Technologien ermöglicht. Da die Wirtschaftlichkeit von Stromspeichern maßgeblich von den rechtlichen Rahmenbedingungen bestimmt wird, werden diese nach aktueller Gesetzeslage zusammengefasst.

Das zweite Hauptaugenmerk dieses Buches besteht darauf, Power-to-Gas – als eine sektorenübergreifende Systemlösung – vorzustellen und Auslegungsvarianten sowie Absatzmöglichkeiten aufzuzeigen. Dieses Konzept wurde in den vergangenen Jahren weitreichend untersucht und erprobt. Anhand des aktuellen Entwicklungsstandes, den Integrationsmöglichkeiten in das Stromsystem und den rechtlichen Rahmenbedingungen werden die kurz- bis mittelfristig erzielbaren Kosten zur Erzeugung synthetischer Gase mittels Power-to-Gas-Anlagen ermittelt. Dabei werden Optionen in den Gesetzgebungen aufgezeigt, wie z. B. der Entfall der EEG-Umlage bei Eigenversorgungskonzepten. Zudem werden die Rückwirkungen dieser Technologie auf das gesamte Stromsystem, wie beispielsweise eine Verminderung von Stromnetzausbaumaßnahmen, untersucht. Der Verkehrssektor bietet die höchsten Erlöspotenziale für synthetische Gase und ist deshalb als Absatzmarkt prädestiniert. Mithilfe des Power-to-Gas-Konzeptes der Audi AG werden die Kosten und Umweltwirkungen beim Einsatz von SNG und CNG für Mobilitätsanwendungen dargelegt und dies als eine Alternative zur ausschließlichen Fokussierung auf die Elektromobilität aufgezeigt.

Entgegen der üblichen Konvention erfolgt die Aufführung von Werken im Literaturverzeichnis aus Gründen der Zuordenbarkeit und aufgrund der Vielzahl der beteiligten Autoren eines Werkes nach dem Herausgeber bzw. nach den betreffenden Institutionen.

Dieses Buch entstand aus einer Forschungstätigkeit bei der Audi AG, welche eine der ersten Power-to-Gas-Anlagen im industriellen Maßstab betreibt. Dadurch wurden mir umfangreiche Einblicke in die Technologie und in den Markt ermöglicht.

Mein besonderer Dank gilt Herrn Dr. Hermann Pengg, der mir mit seinem enormen Fachwissen und Erfahrungsschatz viele Details und Besonderheiten der Power-to-Gas-Technologie aufzeigen konnte und mich bei der Umsetzung dieses Buches maßgeblich beeinflusst und gefördert hat. Für die Bereitstellung der Daten des *Agorameters* möchte ich mich bei Agora Energiewende bedanken. Gleiches gilt für Herrn Tim Brandt von der Planungsgesellschaft Wind to Gas Brunsbüttel GmbH Co. KG für die zur Verfügung gestellten Einspeisezeitreihen des Windparks Dieksanderkoog/Kaiser-Wilhelm-Koog. Ein herzliches Dankeschön gilt auch Herrn Dr. Manfred Groh, Frau Prof. Dr. Sabine Homann-Wenig und Herrn Prof. Dr. Christian Weindl für die fachliche und sprachliche Durchsicht dieses Buches sowie Herrn Dr. Fröhlich für die hervorragende Betreuung seitens des Springer-Verlages.

Abschließend gebührt allen Freunden und Familienmitgliedern mein Dank, die mich während der Bearbeitung dieses Buches unterstützt und motiviert haben. Hervorheben möchte ich dabei Antje und Michael Zapf, Gerda Engelhardt sowie Josephine Scheibli.

Mönchsberg, im Juli 2016 Martin Zapf

Abkürzungs- und Symbolverzeichnis

Abkürzungen

AA-CAES	Advanced Adiabatic Compressed Air Energy Storage
ACER	Agency for the Cooperation of Energy Regulators
AbLaV	Abschaltbare Lasten Verordnung
AEL	Alcaline Electrolysis
AusglMechAV	Ausgleichsmechanismus-Ausführungsverordnung
BAFA	Bundesamt für Wirtschaft und Ausfuhrkontrolle
BBP	Bundesbedarfsplan
BBPlG	Bundesbedarfsplangesetz
BDEW	Bundesverband der Energie- und Wasserwirtschaft
BEV	Battery Electric Vehicle
BGW	Berufsgenossenschaft für Gesundheitsdienst und Wohlfahrtspflege
BHKW	Blockheitskraftwerk
BImSchG	Bundes-Immissionsschutzgesetz
BK(V)	Bilanzkreis(-Verantwortliche)
BKM	Bilanzkreismanagement
BMU	Bundesministerium für Umwelt, Naturschutz und Reaktorsicherheit
BMWi	Bundesministerium für Wirtschaft und Energie
BNetzA	Bundesnetzagentur
Capex	Capital expenditure
CDU	Christlich Demokratische Union Deutschlands
CNG	Compressed Natural Gas (Erdgas)
CSTR	Continuous stirred-tank reactor
CSU	Christlich-Soziale Union in Bayern
DC	Direct Current (Gleichstrom)
dena	Deutsche Energie-Agentur
DIW	Deutsches Institut für Wirtschaftsforschung
DKV	Deutscher Kraftverkehr
DLR	Deutsches Zentrum für Luft- und Raumfahrt
DSM	Demand Side Management

DVGW	Deutscher Verein des Gas- und Wasserfaches
EE	Erneuerbare Energien
EECS	European Energy Certificate System
EEG	Erneuerbare-Energien-Gesetz
EEX	European Energy Exchange
EEWärmeG	Erneuerbare-Energien-Wärmegesetz
EinsMan/EisMan	Einspeisemanagementmaßnahmen
ELIX	European Electricity Index
EnLAG	Energieleitungsausbaugesetz
EnWG	Energiewirtschaftsgesetz
EPEX (SPOT SE)	European Power Exchange
EXAA	Energy Exchange Austria
EU	Europäische Union
EU-ETS	European Emission Trading System
EU-MENA	Großraum Europe-Middle East-North Africa
ENTSO-E RG CE	European Network of Transmission System Operators for Electricity
EVU	Energieversorgungsunternehmen
FENES	Forschungsstelle Energienetze und Energiespeicher
FNN	Das Forum Netztechnik/Netzbetrieb im VDE
FÖS	Forum Ökologisch-Soziale Marktwirtschaft
Fraunhofer IWES	Fraunhofer Institut für Windenergie und Energiesystemtechnik
Fraunhofer ISE	Fraunhofer Institut für Solare Energiesysteme
GasNEV	Gasnetzentgeltverordnung
GasNZV	Gasnetzzugangsverordnung
GKW	Gaskraftwerke
GT	Gasturbine
GuD-Kraftwerk	Gas- und Dampf-Kraftwerk
GVWA	Gasvorwärmanlagen
H-Gas	High Gas
HGÜ	Hochspannungsgleichstrom-Übertragungstrassen
HT	Hauptzeit
HTES	High Temperature Electrolysis of Steam
ID	Intraday
IEKP	Integriertes Energie- und Klimaprogramm
IGBT	Insulated-Gate Bipolar Transistor
IGCC	International Grid Control Cooperation
INA	Innovativer Netzausbau
KAV	Konzessionsabgabenverordnung
KfW	Kreditanstalt für Wiederaufbau
KNA	Konventioneller Netzausbau
KW	Kraftwerke
KWK	Kraft-Wärme-Kopplung

LCA	Life Cycle Assessment
LCOE	Levelized Cost of Electricity
L-Gas	Low Gas
LV	Letztverbraucher
MEA	Membrane Electrode Assembly
Mio.	Million
MIV	Motorisierter Individualverkehr
MOP	Maximum Operating Pressure
Mrd.	Milliarde
MRL	Minutenregelleistung
MS	Mittelspannung
NABEG	Netzausbaubeschleunigungsgesetz
NEFZ	Neuer Europäischer Fahrzyklus
NEP	Netzentwicklungsplan
NOW	Nationale Organisation Wasserstoff- und Brennstoffzellentechnologie
NS	Niederspannung
NRV	Netzregelverbund
NT	Nebenzeit
O&M	Operation & Maintenance
O-NEP	Offshore-Netzentwicklungsplan
Opex	Operational expenditure
ORC	Organic Rankine Cycle
OTC	Over-The-Counter
PEM	Polymer-Elektrolyt-Membrane
PGC	Prozessgaschromatograph
Phelix	Physical Electricity Index
PKW	Personenkraftwagen
PRL	Primärregelleistung
PSA	Druckwechseladsorption (Pressure Swing Adsorption)
PSW	Pumpspeicherwerk
PtG	Power-to-Gas
PtW	Power-to-Wasserstoff
PV	Photovoltaik
reBAP	regelzonenübergreifender einheitlicher Bilanzausgleichsenergiepreis
REMod-D	Regenerative Energien Modell Deutschland
ResKV	Reservekraftwerksverordnung
RLM-Kunden	Kunden mit registrierender Leistungsmessung
RONS	Regelbarer Ortsnetztransformator
RTA	Reinigungs- und Trocknungsanlage
SAIDI	System Average Interruption Duration Index
SCOE	Society's Cost of Electricity
SLP	Standardlastprofile

SMES	Supraleitende magnetische Energiespeicher
SNG	Synthetic Natural Gas (synthetisches Gas)
SOC	State of Charge (Ladezustand)
SOEL	Solid Oxide Electrolysis
SPD	Sozialdemokratische Partei Deutschlands
SPE	Solid Polymer Electrolyte
StromNEV	Stromnetzentgeltverordnung
StromNZV	Stromnetzzugangsverordnung
StromStG	Stromsteuergesetz
StromStV	Stromsteuer-Durchführungsverordnung
SOEL	Solid Oxide Electrolysis
SRL	Sekundärregelleistung
SRU	Sachverständigenrat für Umweltfragen
TAL	Temperaturbeständige Aluminium-Leiterseile
TCO	Total Cost of Ownership
TR	Technische Richtlinie
TRL	Technology Readiness Levels
TYNDP	Ten-Year Network Development
UBA	Umweltbundesamt
UCTE	Union for the Coordination of Transmission of Electricity
ÜNB	Übertragungsnetzbetreiber
USV	Unterbrechungsfreie Stromversorgung
VDE	Verband der Elektrotechnik Elektronik Informationstechnik e. V.
VKU	Verband kommunaler Unternehmen
vNE	vermiedene Netz-Entgelte
VNB	Verteilnetzbetreiber
WEA	Windenergieanlage
WZ	Wirtschaftszweig
ZSW	Zentrum für Solar- und Wasserstoffforschung Baden-Württemberg

Chemische Formelzeichen

CH_4	Methan
CO_2	Kohlenstoffdioxid
CO	Kohlenmonoxid
COS	Carbonylsulfid
e^-	Elektron
H^+	(Wasserstoff-)Proton
H_2	Wasserstoff
HCl	Chlorwasserstoff
H_2O	Wasser

H_2S Schwefelwasserstoff
KOH Kalilauge (Kaliumhydroxid)
NaCl Natriumchlorid
N Stickstoff
O_2 Sauerstoff
OH^- Hydroxid-Ion
P Phosphor
S Schwefel

Variablen

EMK	Elektromotorische Kraft [V]
GHSV	Gas Hourly Space Velocity [1/h]
ΔG_R	freie Reaktionsenthalpie [kJ/mol]
ΔH_R	Reaktionsenthalpie [kJ/mol]
H_i	Heizwert [kWh/Nm^3]
H_S	Brennwert [kWh/Nm^3]
k_0	Investitionskosten [€/kW]
ΔS_R	Reaktionsentropie [J/K]
T	absolute Temperatur [K]
η	Wirkungsgrad [– bzw. %]
k_P	Leistungskosten [€/kWh]
k_Q	Kapazitätskosten [€/kWh]
DOD_{Max}	Maximal Depth of Discharge [– bzw. %]

Symbole

– Keine Relevanz – trifft nicht zu
/ Keine Angabe

Inhaltsverzeichnis

Das deutsche Stromsystem vor dem Hintergrund der Energiewende 1

1.1 Erneuerbare Energien für die Energiewende

1.1.1 Auswirkungen und Ziele der Energiewende im Stromsektor

Die Sicherstellung einer zuverlässigen, wirtschaftlichen und umweltverträglichen Energieversorgung ist eine der größten Herausforderungen des 21. Jahrhunderts. Dieser Anspruch wird auch als energiepolitisches Zieldreieck definiert. Im Jahr 2010 wurden mit dem Energiekonzept der Bundesregierung Deutschland die nationalen energiepolitischen Ziele für die Zukunft aufgestellt. In Tab. 1.1 sind diejenigen aufgelistet, welche für den Stromsektor relevant sind.

Die wesentlichen Säulen bei der Umstellung der Energieversorgung, auch als Energiewende bezeichnet, sind der Ausbau der erneuerbaren Energien sowie die Steigerung der Energieeffizienz. Eine wirtschaftlich effiziente Minderung der Treibhausgase soll durch das Emissionshandelssystem der EU (EU-ETS), welches am 01.01.2005 in Kraft trat, unterstützt werden. In Deutschland wird zusätzlich der Ausbau der erneuerbaren Energien durch das Erneuerbare-Energien-Gesetz (EEG) gefördert. Erneuerbare Energiequellen sind gemäß RL 2009/28/EG Wind, Sonne, aerothermische, hydrothermische und geothermische Energie, Meeresenergie, Wasserkraft, Biomasse, Deponiegas, Klärgas und Biogas. Als zusätzlich zu förderndes Handlungsfeld wird die Offshore-Windnutzung von der Bundesregierung betrachtet. Für den Umbau der Energieversorgung liegt das zu erwartende Investitionsvolumen in einer Größenordnung von rund 20 Mrd. Euro jährlich. Mit diesen Investitionen sollen eine Verminderung der Energieimporte und die Einsparung von Energiekosten einhergehen. Außerdem wird – nach Einschätzung der Verantwortlichen – die führende Stellung deutscher Unternehmen im Bereich der Umwelt- und Energietechnologien gestärkt.[1]

[1] Vgl. Bundesregierung Deutschland, 2010.

M. Zapf, *Stromspeicher und Power-to-Gas im deutschen Energiesystem*,
DOI 10.1007/978-3-658-15073-0_1

Tab. 1.1 Ziele Deutschlands im Energiekonzept 2010. (In Anlehnung an Bundesregierung Deutschland, 2010)

Art	Zieljahr	Ziel
Treibhausgasemissionen – Minderung gegenüber 1990	2020	40 %
	2030	55 %
	2040	70 %
	2050	80–95 %
Primärenergieverbrauch – Minderung gegenüber 2008	2020	20 %
	2050	50 %
Energieproduktivität – Jährliche Steigerung bezogen auf den Endenergieverbrauch	–	2,1 %
Bruttostromverbrauch – Minderung gegenüber 2008	2020	10 %
	2050	25 %
Endenergieverbrauch Verkehr – Minderung gegenüber 2005	2020	10 %
	2050	40 %

Einer Effizienzsteigerung wird beispielsweise durch Elektrifizierung des Wärme- und Verkehrssektors Rechnung getragen, weshalb die politischen Vorgaben für diese Bereiche für den Stromsektor ebenfalls relevant werden. Im Wärmesektor soll der Ausbau von Kraft-Wärme-Kopplungs-Anlagen vorangetrieben werden. Eine Förderung dieser Anlagen ist in Deutschland gesetzlich über das Kraft-Wärme-Kopplungs-Gesetz (KWKG) geregelt. Im Verkehrssektor wird europaweit ein zu erreichendes und verbindliches Mindestziel der erneuerbaren Energien als Anteil am Kraftstoffmarkt in allen Mitgliedstaaten durch die EU-Richtlinie 2009/28/EG, aktualisiert durch die EU-Richtlinie 2015/1513, gefordert. Mit dieser Änderungsrichtlinie wurde zudem die Richtlinie 98/70/EG, auch *Kraftstoffqualitätsrichtlinie* genannt, angepasst. Zusätzlich werden nach der europäischen Verordnung (EG) Nr. 443/2009 die durchschnittlichen CO_2-Emissionen der europäischen PKW-Neuwagenflotte bis zum Jahr 2015 auf 130 gCO_2/km und bis Ende des Jahres 2020 auf 95 gCO_2/km begrenzt. Auch für neu zugelassene leichte Nutzfahrzeuge hat die EU CO_2-Grenzwerte mit der Verordnung EG Nr. 510/2011 festgelegt. Diese liegen bei 175 gCO_2/km ab dem Jahr 2017 und 147 gCO_2/km ab dem Jahr 2020. Werden Mindestanteile an Biokraftstoffen und die durchschnittlichen CO_2-Flottenemissionen nicht eingehalten, werden Strafzahlungen nach den jeweiligen Gesetzgebungen fällig. Eine Elektrifizierung des Verkehrssektors soll v. a. durch den Ausbau von Batteriefahrzeugen vorangetrieben werden. „Die Bundesregierung hat auf Grundlage der gemeinsamen Erklärung mit der Industrie vom 03.05.2010 die Strategie zur Elektromobilität vorgegeben. Das Ziel ist es, eine Million Elektrofahrzeuge bis 2020 und sechs Millionen bis 2030 auf die Straße zu bringen" (Bundesregierung Deutschland, 2010, S. 30). Der Markthochlauf der Elektromobilität wird u. a. durch eine Kaufprämie für Elektrofahrzeuge und den Ausbau der Ladeinfrastruktur vom Bund unterstützt. Die Bundesregierung förderte bis 2016 außerdem die Entwicklung von Brennstoffzellenfahrzeugen durch das Nationale Innovationsprogramm Wasserstoff- und Brennstoffzellentechnologie.

Tab. 1.2 Auflistung der europäischen und deutschen Gesetzgebungen zu erneuerbaren Energien, Stand Mitte 2016

Sektor	Jahr	EU	Grundlage	DE	Grundlage
Endenergie Gesamt	2020	20 %	Beschluss EU Ministerrat 2007; EU-Richtlinie 2009/28/EG	18 %	Nationaler Aktionsplan zur EU-Richtlinie 2009/28/EG
	2030	27 %	EU-Klima- und Energierahmen bis 2030	30 %	Energiekonzept der Bundesregierung 2010
	2040	–	–	45 %	
	2050	–	–	60 %	
Bruttostromverbrauch	2025		–	40–45 %	EEG 2014
	2035		–	55–60 %	EEG 2014
	2050		–	80 %	EEG 2014
Endenergie Wärme/Kälte	2020		–	14 %	EEWärmeG 2009
Endenergie Verkehr	2020	10 %	EU-Richtlinie 2009/28/EG EU-Richtlinie 2015/1513	–	–

In Tab. 1.2 sind aktuelle Strategien, Richtlinien und Gesetze, die Auswirkungen auf zukünftige Entwicklungen der erneuerbaren Energien in Deutschland haben, zusammengefasst. Die prozentualen Gewichtungen beschreiben den Anteil der erneuerbaren Energien am jeweiligen Verbrauch.

Neben den Vorgaben zu den erneuerbaren Anteilen am jeweiligen Verbrauch hat die Bundesregierung bestimmte konventionelle Energien in Deutschland kategorisch für die Zukunft ausgeschlossen. Demnach erfolgt bis Ende 2022 ein schrittweiser Atomausstieg. Dies wurde am 30.06.2011 vom Bundestag beschlossen und im 13. Gesetz zur Änderung des Atomgesetzes niedergeschrieben. Zudem ist bis zum Jahr 2023 geplant, 2,7 GW an Braunkohlekraftwerken abzuschalten, was 13 % der in Deutschland installierten Braunkohle-Kraftwerkskapazität entspricht. Diese sollen zunächst für 4 Jahre in eine sog. *Sicherheitsbereitschaft* überführt werden und dafür eine Entschädigung erhalten, bevor diese gänzlich abgeschaltet werden. Entstehende Kosten sollen auf die Netzentgelte umgelegt werden. So wurde es am 04.11.2015 im Gesetzesentwurf zur Weiterentwicklung des Strommarktes (Strommarktgesetz) festgehalten.

1.1.2 Potenziale der erneuerbaren Energien zur Stromerzeugung

Zur Einschätzung möglicher Zukunftsszenarien und Ausbaugrenzen von erneuerbaren Energien zur Stromerzeugung sind deren Potenziale in Deutschland kennzeichnend. Es wird zwischen dem theoretischen, technischen, ökologischen und wirtschaftlichen Potenzial unterschieden.

Theoretisches/technisches Potenzial „Das theoretische Potenzial umfasst das innerhalb einer Region und eines bestimmten Zeitraums theoretisch nach physikalischen Gesetzmäßigkeiten nutzbare Energieangebot eines Energieträgers und bleibt über die Zeit hinweg nahezu konstant. Der unter Berücksichtigung technischer Restriktionen nutzbare Teil des theoretischen Potentials wird als technisches Potential bezeichnet, bei dessen Betrachtung von der derzeit besten am Markt verfügbaren Technik ausgegangen wird" (Umweltbundesamt, 2010, S. 47).

Das langfristige technische Potenzial des Großraums Europa-Naher Osten-Nordafrika (EU-MENA) wurde im Zuge des Projektes „Desertec"[2] vom DLR ermittelt. Abb. 1.1 stellt die Ergebnisse in einer Übersicht dar. Sie zeigt, dass die größten technischen Flächenpotenziale zur Stromerzeugung in Deutschland bei Wind- und Wasserkraft sowie Solarenergie liegen. Diese variieren je nach Lage stark. Die Windkraftpotenziale liegen hauptsächlich im Norden Deutschlands. Die Solareinstrahlung ist im Süden Deutschlands am höchsten; wobei das gesamte deutsche Solarpotenzial als sehr gering eingestuft werden kann im Gegensatz zu Regionen, die näher am Äquator liegen. Wasserkraftpotenziale bestehen v. a. im Süden Deutschlands. Niedrige technische Flächenpotenziale lassen sich mit Biomasse und Geothermie erschließen, die auf der anderen Seite gleichmäßig in Deutschland verteilt sind.

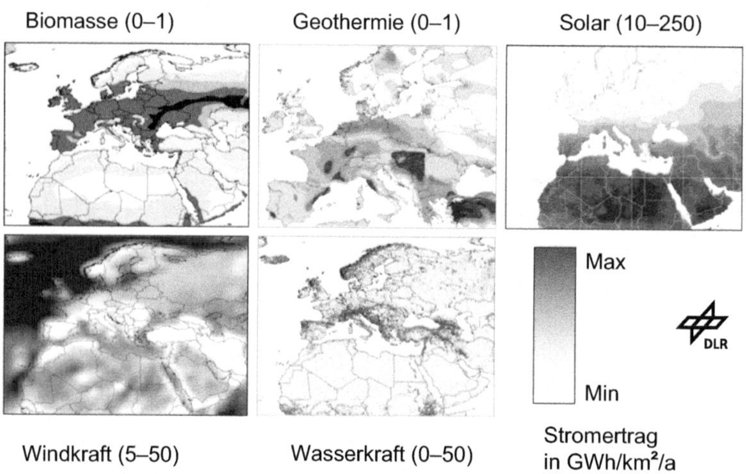

Abb. 1.1 Langfristige technische Flächenpotenziale zur Stromerzeugung für verschiedene erneuerbare Energieträger (Solar bezieht sich auf Photovoltaik und solarthermische Kraftwerke, Biomasse auf Elektrizität aus Energiepflanzen und Holz). (Nitsch, J. et al., 2012; Maximal- und Mindestertrag in GWh/km²/a nach Trieb, F., 2011)

[2] Desertec: Konzept zur Erzeugung von Ökostrom an energiereichen Standorten der Welt.

Technisch-ökologisches Potenzial „Die Erschließung der Potenziale bei den erneuerbaren Energien kann mit Auswirkungen auf die Umwelt einhergehen. Aus den damit verbundenen Umweltrestriktionen resultiert das technisch ökologische Potential" (Umweltbundesamt, 2010, S. 47–48).

Mögliche Restriktionen ergeben sich aus Naturschutzgründen, einzuhaltenden Abständen zu Siedlungsräumen und aus einer Konkurrenz zur anderweitigen Nutzungen der Flächen (z. B. Siedlungs-, Industrie-, Landwirtschafts- oder Infrastrukturflächen).

Die in Deutschland vorhandenen technisch-ökologischen Potenziale erneuerbarer Energieträger zur Stromerzeugung waren Gegenstand mehrerer Studien, die in Tab. 1.3 zusammengefasst sind. Diese sind dem Ausbaugrad des Jahres 2014 gegenübergestellt. In den technisch-ökologischen Potenzialen sind weitere wichtige Faktoren, wie z. B. die gesellschaftliche Akzeptanz für den Ausbau der erneuerbaren Energien, nicht berücksichtigt. Diese führen zu zusätzlichen Einschränkungen der Gesamtpotenziale. Aus der Zusammenstellung wird ersichtlich, dass die Potenziale für Wasserkraft im Jahr 2014 nahezu ausgeschöpft und lediglich geringe zusätzliche Energiemengen generierbar sind. Für Windkraftanlagen ergaben aktuelle Untersuchungen ein Flächennutzungspotenzial von 2,4 % der Fläche Deutschlands. Dadurch erscheinen installierbare Leistungen von ca. 200 GW auf dem Land möglich. Offshore sind zusätzlich Potenziale von bis zu 85 GW vorhanden, sodass in Summe ein Windkraftpotenzial von fast 300 GW in Deutschland besteht. Ein ähnlich großes Potenzial wurde für Photovoltaikanlagen ermittelt, wobei die Hälfte der installierten Leistung mittels Aufdachinstallation zu realisieren wäre. Geother-

Tab. 1.3 Technisch-ökologische Potenziale erneuerbarer Energieträger in Deutschland zur Stromerzeugung im Vergleich zum Ausbaugrad 2014

	Technisch-ökologisches Potenzial						Ausbaugrad 2014	
Quelle	(Fraunhofer ISE, 2012)		(Umweltbundesamt, 2010)		(BMWi, 2015)		(BMWi, 2015c)	
Art/Einheit	GW	TWh	GW	TWh	GW	TWh	GW	TWh
Wasserkraft	5,0	21	5,2–6,5	24–31,9	5,3	–	5,6	20,5
Pumpspeicher	10	0,06	8,6	0,055	–	–	–	–
Bioenergie	–	–	–	–	–	52,84[a]	8,8[b]	49,1
Geothermie	–	–	6,4	50	1	26	0,024	0,11
Windenergie Onshore (Flächennutzungspotenzial)	198 (2 %)	390	60 (1 %)	180	– (2,4%)	–	40,5 (On- und Offshore)	56 (On- und Offshore)
Windenergie Offshore	85	300	45	180	–	–		
Solarenergie (PV Dachflächen)	400	–	275	248	292 (149)	– (141)	38,2	34,9
∑ Erneuerbare	–	–	–	–	–	–	99,724	160,61

[a] Reststoffe: 25 TWh; Biomasseanbau: 27,84 TWh

[b] Biomasse und biogener Anteil des Abfalls

mieanlagen wird in neueren Untersuchungen ein geringes Potenzial von lediglich 1 GW attestiert. Ein Steigerungspotenzial der Stromerzeugung aus Bioenergie besteht gegenüber dem Jahr 2014 kaum. Aufgrund der flexiblen Steuerung und Speichermöglichkeit der biomassenutzenden Stromerzeugungsanlagen ist jedoch mit einer Steigerung der derzeit installierten Leistung von 8,8 GW zu rechnen.

Das gesamte Bioenergiepotenzial für Deutschland wurde in der Metaanalyse „Nutzungspfade der Bioenergie für die Energiewende" von AEE (2015) untersucht, welche 12 unterschiedliche Publikationen auswertet. Aus der Metaanalyse lassen sich die folgenden wesentlichen Erkenntnisse zusammenfassen: Die gesamte Energiebereitstellung aus Biomasse in Deutschland belief sich im Jahr 2014 auf knapp 195 TWh, fast doppelt so viel wie 10 Jahre zuvor. Es entfielen neben 41 TWh im Stromsektor rund 113 TWh auf den Wärme- und 32 TWh auf den Kraftstoffsektor, womit insgesamt ein Anteil von rund 60 % an der gesamten Energiebereitstellung aus erneuerbaren Energien abgedeckt wurde. Die Gesamtpotenziale für Bioenergie fallen je nach Szenario recht unterschiedlich aus, wobei aktuellere Studien zurückhaltende Ergebnisse liefern. Maximal wird für das Jahr 2050 eine Bioenergiebereitstellung zwischen 400 und 500 TWh prognostiziert. Dies resultiert aus Studien mit einem vergleichsweise überdurchschnittlich hohen Potenzial im Verkehrssektor um die 200 TWh. Das minimale Gesamtpotenzial für Bioenergie im Jahr 2050 wurde in der Metaanalyse mit 200 TWh ausgegeben. Im Durchschnitt über alle Studien betrug das Gesamtpotenzial etwa 320 TWh. Im Stromsektor überwiegen Zukunftsszenarien mit nahezu gleichbleibender Energiebereitstellung gegenüber dem Jahr 2014. Dies entspricht den Angaben aus Tab. 1.3. In fast allen betrachteten Studien wird hinsichtlich des Verkehrssektors mit einem Anstieg der Bioenergienutzung gerechnet. Niedrige Werte von etwa 80 TWh im Jahr 2050 kennzeichnen Szenarien, welche lediglich inländische Potenziale, die nicht in Konkurrenz zu anderen Nutzungen stehen, berücksichtigen. Die Studie „Klimafreundlicher Verkehr in Deutschland" aus der Metaanalyse betrachtet lediglich die Potenziale aus Rest- und Abfallstoffen in Deutschland und gibt hierfür ein Bioenergiepotenzial im Verkehrssektor von etwa 68 TWh für das Jahr 2050 an. Für den Wärmesektor wird in den meisten Szenarien ein weiteres Ausbaupotenzial für die Nutzung von Biomasse gesehen. Die Studienergebnisse der Metaanalyse zur Bioenergiebereitstellung im Wärmesektor schwanken für das Jahr 2050 zwischen etwa 100 und 225 TWh und liegen durchschnittlich bei etwa 150 TWh.

1.1.3 Förderung und Lernkurveneffekt regenerativer Erzeugungsanlagen

Um den Ausbau der erneuerbaren Energien in Deutschland voranzutreiben, wurde im Jahr 2000 von der Bundesregierung das Erneuerbare-Energien-Gesetz (EEG) zur Förderung regenerativer Erzeugungsanlagen konzipiert und umgesetzt. Dieses Gesetz garantiert den Erneuerbare-Energien-Anlagen eine vorrangige Einspeisung in die Energieversorgungsnetze und eine zugesicherte Vergütung über 20 Jahre. Bis zum EEG 2012 bestand eine feste Einspeisevergütung. Die Vergütungssätze und Vermarktungsmöglichkeiten wurden in den jeweiligen Fassungen des Gesetzes der Technologieentwicklung und den Marktgeschehnissen angepasst. Die Vermarktungsmöglichkeiten des EEG 2014 werden im Abschn. 1.5.7 erläutert.

Abb. 1.2 zeigt die Entwicklung der erneuerbaren Energien seit 1996 bis 2014 sowie die Ziele und Ausbaukorridore der Bundesregierung. Seit der Einführung des EEG wurde innerhalb von 15 Jahren der erneuerbare Ausbaugrad um etwa 25 % gesteigert. Im Jahr 2013 überstieg der realisierte Ausbaugrad das Ziel des Energiekonzeptes der Bundesregierung. Dies verdeutlicht die Effektivität hinsichtlich des Ausbaus dieses Förderinstrumentes. Erforschte Technologien, die noch nicht wirtschaftlich konkurrenzfähig waren, wurden durch eine über die Abschreibungszeit zugesicherte Vergütung in technologiespezifisch notwendiger Höhe rentabel. Infolge des Anstiegs der installierten Leistungen bei den jeweiligen Technologien konnten die Effizienz gesteigert und die Kosten reduziert werden. Dies wird auch als Lernkurveneffekt oder als Erfahrungskurve bezeichnet.

► **Lernkurve** Beim Lernkurveneffekt wird davon ausgegangen, dass die Produktionskosten mit steigender Produktionsmenge um einen mehr oder weniger konstanten Prozentsatz, auch *Lernrate* genannt, sinken. Trägt man die Produktionskosten gegenüber der installierten Kapazität auf, erhält man die sog. *Lernkurve*.

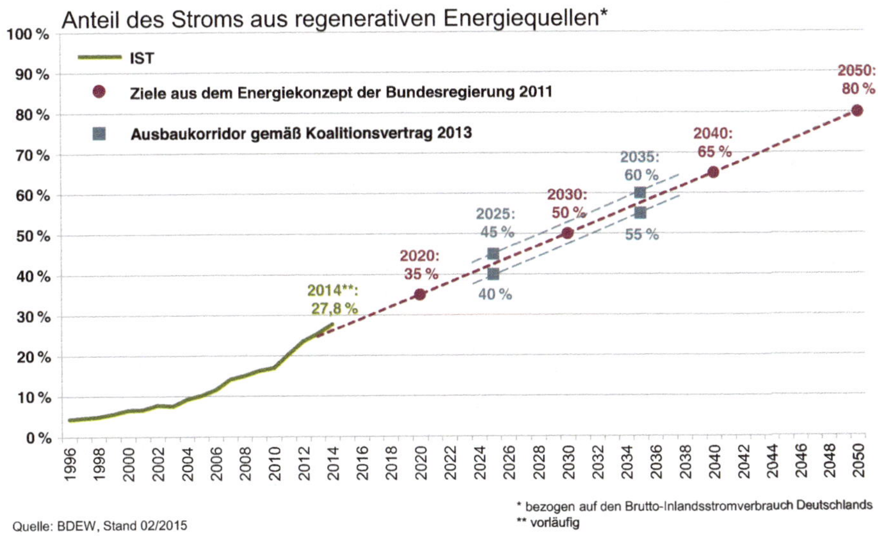

Abb. 1.2 Beitrag und Ziele der erneuerbaren Energien an der Gesamtstromerzeugung. (BDEW, 2015b)

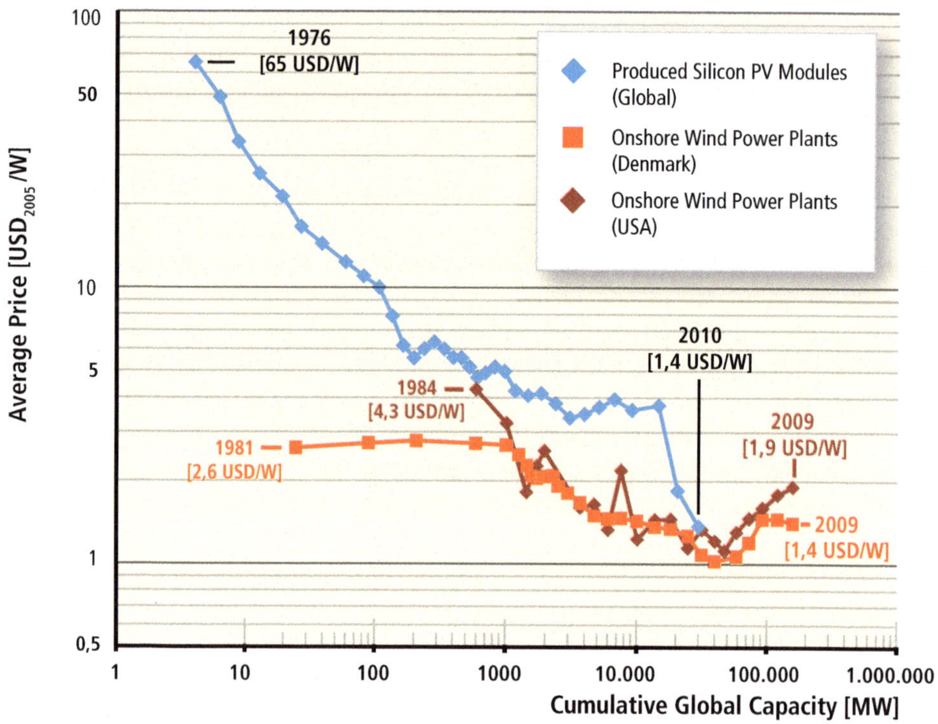

Abb. 1.3 Lernkurve für Photovoltaik und Onshore-Windenergieanlagen in Bezug zur installierten Leistung weltweit (in MW). (IPCC, 2011)

Der Lernkurveneffekt kann für viele Erneuerbare-Energien-Anlagen empirisch bestätigt werden. 96 % der Kostenentwicklung von Photovoltaik sind auf die weltweit installierte Kapazitätsänderung statistisch rückführbar, bei Windenergie sind es 82 %.[3] Aufgrund der Relevanz dieser Anlagen wird im Folgenden der Lernkurveneffekt bei Wind- und Solarenergie erörtert. Die historische Lernkurve für diese Anlagen ist in Abb. 1.3 dargestellt.

„Treiber der Lernkurve ist technologisches Lernen. Dabei geht es um Lernen bei der Verbesserung des Produktionsprozesses, Forschung und Entwicklung, um das bekannte learning by doing, um das upsizing von Gütern wie Windturbinen und um Größenvorteile in der Produktion (economies of scale)" (Umweltbundesamt, 2012b, S. 16). Historische Lernraten bei Photovoltaikanlagen betragen etwa 20 % und bei Windenergieanlagen etwa 10 %, wie in Abb. 1.3 abzulesen ist. Derzeit besteht nahezu kein Lernkurveneffekt für Windenergieanlagen an Land, im Jahr 2009 wurden sogar leichte Kostenanstiege bezogen auf die vorangegangenen Jahre verzeichnet. Deshalb gewinnen Skalierungseffekte an Bedeutung. Größere Leistungsklassen können Schwachwindzeiten besser ausnutzen, wodurch die Volllaststundenzahl erhöht und somit geringere Stromgestehungskosten er-

[3] Vgl. Umweltbundesamt, 2012b, S. 15.

zielt werden. Die spezifischen Installationskosten je Watt für Windenergieanlagen konnten durch den Lernkurveneffekt von 2,6 USD im Jahr 1981 auf 1,4 USD im Jahr 2009 nahezu halbiert werden. Die historische Verteilung der installierten Windleistungen nach Ländern ist in Abb. 1.4 aufgezeigt. Vor allem die hohe Zubaurate in China und Amerika in den Jahren 2009 bis 2014 ist ersichtlich. Der Zubau in Deutschland entwickelte sich durch das EEG frühzeitig und blieb auf einem konstanten Niveau.

Der Lernkurveneffekt der Photovoltaiktechnologie war deutlich größer. Die spezifischen Installationskosten je Watt für Photovoltaikanlagen reduzierten sich von 65 USD im Jahr 1976 auf 1,4 USD im Jahr 2010. Im Jahr 2000, zur Einführung des EEG, betrug die weltweit installierte Leistung an Photovoltaikanlagen zwischen 1000 und 2000 MW, und der spezifische Preis lag bei ca. 4 USD/W. Wie in Abb. 1.5 dargestellt, kam in den Folgejahren der Großteil der neu installierten Photovoltaikanlagen in Deutschland hinzu. Bis zum Jahr 2010 war die in Deutschland installierte Photovoltaikleistung nahezu identisch mit der installierten Leistung in allen anderen Ländern weltweit. In den Jahren 2006 bis 2012 war ein sprunghafter Anstieg von Photovoltaik in Deutschland zu beobachten. Schlussfolgernd wurde ein beträchtlicher Teil der notwendigen finanziellen Förderung zur Marktfähigkeit der Photovoltaiktechnologie durch das EEG übernommen. Da die Förderzahlungen an die Anlagenbetreiber für 20 Jahre nach der Inbetriebnahme anfallen, sind die Förderkosten für die damalige Lernkurve der Photovoltaiktechnologie langfristig im Endkundenstrompreis bzw. in der EEG-Umlage enthalten.

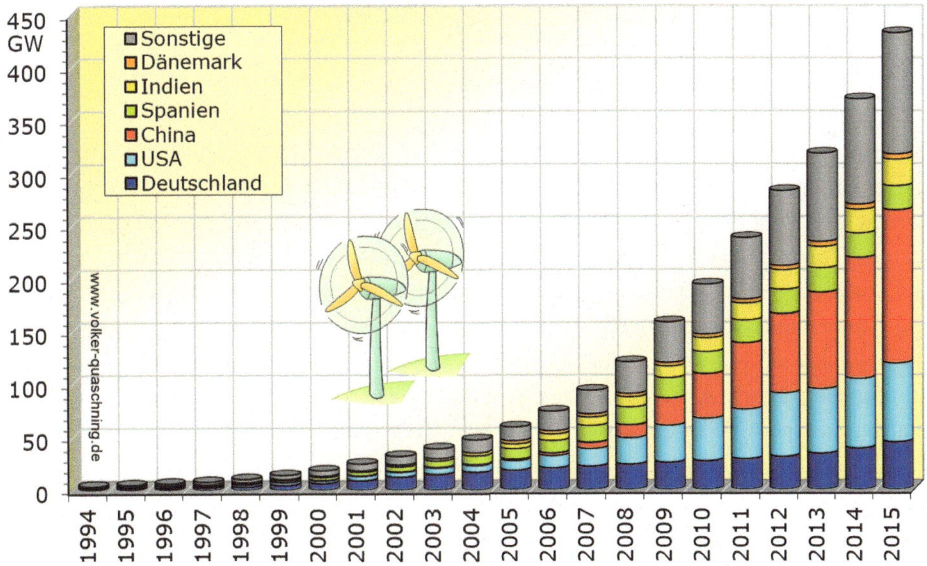

Abb. 1.4 Historische Entwicklung der länderspezifisch installierten Windleistungen. (Quaschning, V., 2016)

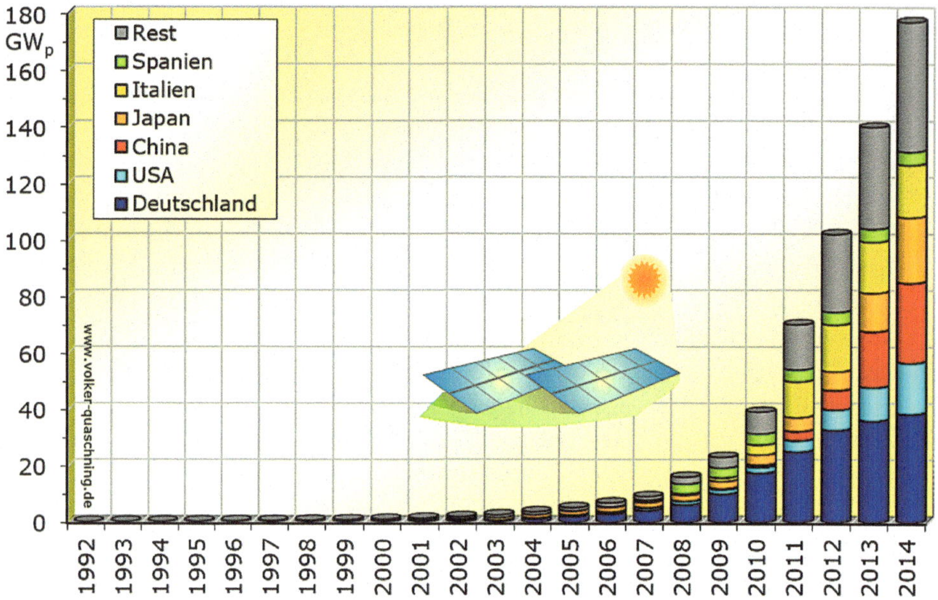

Abb. 1.5 Historische Entwicklung der länderspezifisch installierten Photovoltaikleistungen. (Quaschning, V., 2016)

1.2 Entwicklung des deutschen Stromprofils

1.2.1 Stromerzeugung 2013 – internationaler Vergleich

Der Strommix Deutschlands für das Jahr 2013 ist im internationalen Vergleich, insbesondere zu den angrenzenden Ländern im Stromverbundnetz, in Abb. 1.6 aufgezeigt. Abweichend zu allen anderen Angaben entsprechen die weltweiten Stromerzeugungsdaten dem Jahr 2012. Die Energieerzeugung ist in dieser Darstellung nach erneuerbaren und konventionellen Erzeugern sowie dem Anteil der Kernenergie aufgeteilt. Windkraft und Photovoltaik sind zusätzlich – als fluktuierende bzw. dargebotsabhängige Erzeuger – eingeblendet. Mittels der länderspezifischen Gesamtbruttostromerzeugung können den prozentualen Anteilen die jeweiligen Energiemengen zugeordnet werden. In Deutschland lag im Jahr 2013 der Anteil der erneuerbaren Energien am Bruttostromverbrauch bei 25,4 % und damit knapp unter dem europäischen Durchschnitt, jedoch mit einem vergleichsweise hohen Anteil an fluktuierenden Erzeugern.

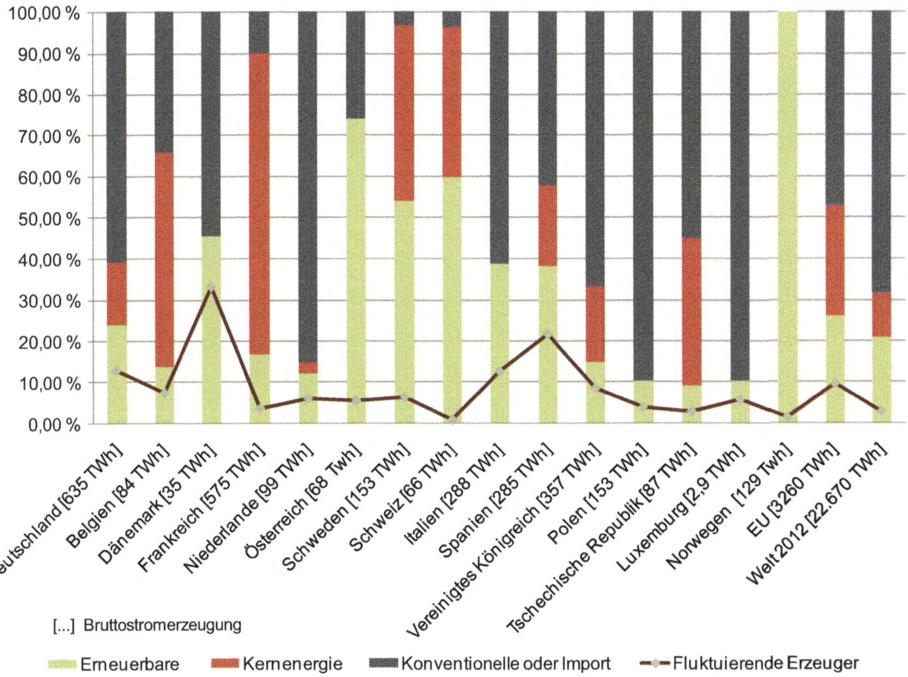

Abb. 1.6 Stromerzeugungsmix 2013 im internationalen Vergleich. (In Anlehnung an BFE, 2014; BMWi, 2015c; BMWi, 2015b; Eurostat, 2015)

Dargebotsabhängige/Fluktuierende Erzeuger *Dargebotsabhängige Erzeuger* sind Anlagen, deren potenziell bereitstellbare Stromerzeugungsleistung im zeitlichen Jahresverlauf auf natürliche Weise schwankt. Neben Wind- und Photovoltaikanlagen zählen Wasserkraftanlagen zu diesen Erzeugern, wobei die natürlichen Dargebotsänderungen dieser Anlagen im Vergleich wesentlich geringer ausfallen. Aufgrund der hohen Schwankungen von Windkraft- und Photovoltaikanlagen werden diese als *fluktuierende Erzeuger* bezeichnet.

Die Zusammensetzung und die Energiemenge der erneuerbaren Stromproduktion im Jahr 2013 sind in Abb. 1.7 dargestellt. Daraus wird ersichtlich, dass in diesem Jahr in Europa und weltweit die Stromproduktion aus Wasserkraft – vor Windkraft, Biomasse und Photovoltaik – den größten Beitrag an der gesamten erneuerbaren Stromproduktion leistete. Die Anteile der erneuerbaren Energien werden in der Darstellung mit den länderspezifischen Endkundenpreisen verglichen. Hierfür sind die durchschnittlichen Endkundenstrompreise 2013 für Haushalte bis 2500 kWh sowie für Industriekunden von 20 bis 70 GWh in die Abbildung integriert. Eine Abhängigkeit der Strompreise von der Zusammensetzung der erneuerbaren Stromproduktion sowie von den jeweiligen Anteilen am Strommix kann im Ländervergleich nicht abgeleitet werden. Im europäischen Vergleich hatte Deutschland

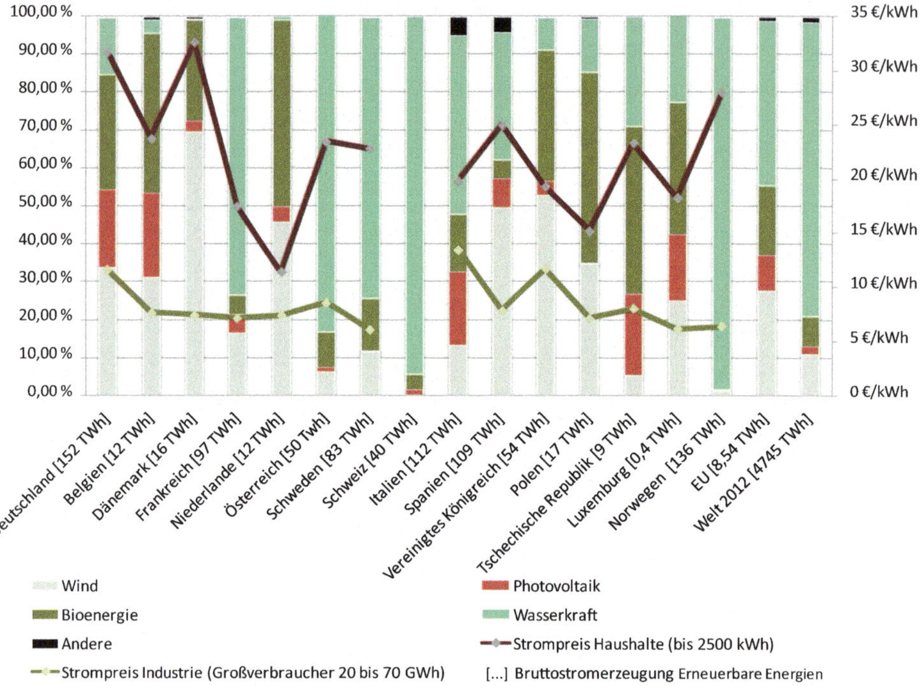

Abb. 1.7 Anteile der erneuerbaren Stromproduktion sowie spezifische Endkundenstrompreise 2013 im internationalen Vergleich. (In Anlehnung an BFE, 2014; BMWi, 2015c; BMWi, 2015b; Eurostat, 2015)

im Jahr 2013 sehr hohe Endkundenpreise trotz eines lediglich durchschnittlichen Anteils erneuerbarer Energien am Strommix. Am Endkundenpreis der Haushalte im Jahr 2013 hatten die Netzentgelte in Summe mit der EEG-Umlage einen Anteil von mehr als 40 %. Dementsprechend wurden die Endkundenpreise zu einem großen Teil durch die Förderung der erneuerbaren Energien wie auch dem Netzausbau bzw. dem Netzerhalt bestimmt.

1.2.2 Energieverbrauch 2013 – Abgrenzung von Primär- bis Nutzenergieverbrauch

Der durch die Netzbetreiber ausgewiesene Bruttostromverbrauch entspricht der national produzierten Gesamtstrommenge, die aus allen Quellen erzeugt wurde, zuzüglich Einfuhren, abzüglich Ausfuhren. Damit stellt der Bruttostromverbrauch den Endenergieverbrauch des Stromsektors dar, zuzüglich der Netz- und Speicherverluste, dem Eigenverbrauch von Kraftwerken und dem Stromverbrauch der Mineralölwirtschaft sowie des Kohlebergbaus, die statistisch nicht zum Endenergieverbrauch gezählt werden.

Endenergie *Endenergie* ist die Energiemenge, die aus der Primärenergie durch Konversion gewonnen und in eine Form umgewandelt wird, die der Verbraucher nutzen kann. Diese Energie stellt neben Wärmeenergie und Strom auch nutzbare Kraft- und Brennstoffe dar.

Durch weitere Umwandlungen wird sie zur Nutzenergie. Diese dient als Zielenergie zur Erfüllung von Energiedienstleistungen z. B. in Form von Beleuchtung, Betrieb von Kommunikations- und EDV-Technik, Wärme/Kälte und Bewegungsenergie.

Primärenergieverbrauch „Der Primärenergieverbrauch bezeichnet den Energiegehalt aller im Inland eingesetzten Energieträger. Er ist die Summe aller Energieträger, die im Inland gewonnen werden und des Saldos von importierten und exportierten Mengen sowie Bestandsveränderungen, abzüglich der auf Hochsee gebunkerten Vorräte" (Umweltbundesamt, 2015b).

Die Ermittlung des Beitrags erneuerbarer Energien am Primärenergiebedarf erfolgt in der Regel nach der Wirkungsgradmethode, wobei die Endenergie mittels Windkraft, Solar und Wasserkraft als 100%ige Primärenergie ohne Verluste gilt. Im Vergleich mit anderen wirkungsgradbehafteten Primärenergieträgern resultieren niedrige Anteile am Gesamtprimärenergieverbrauch.

Im Jahr 2013 betrug der Bruttostromverbrauch 599,4 TWh und der Endenergieverbrauch im Stromsektor 515 TWh. Für Speicher- und Netzverluste sowie für den Eigenverbrauch der Kraftwerke wurden 71 TWh benötigt. Im Vergleich zum Endenergieverbrauch im Wärmesektor mit 1334 TWh und im Verkehrssektor mit 726 TWh war der Endenergieverbrauch im Stromsektor in diesem Jahr am geringsten. Am Gesamtendenergieverbrauch im Jahr 2013 von 2575 TWh hatte der Stromsektor einen Anteil von etwa 23 %.[4]

Der Nutzenergiebedarf im Stromsektor ist aufgrund sehr geringer Umwandlungsverluste nahezu identisch mit dem Endenergiebedarf. Die üblichen Nutzungsgrade in anderen Sektoren wie beispielsweise für Wärme- bzw. Kälteenergie sind 90 % und für Bewegungsenergie mit konventionellen Antrieben 20 %, bezogen auf das Jahr 2010.[5] Dies verdeutlicht, dass durch eine Elektrifizierung des Wärme- und Verkehrssektors mit energieeffizienten Technologien sowohl End- als auch Primärenergieeinsparungen möglich sind.

1.2.3 Entwicklung des Stromprofils von 2013 bis 2015

Ein Überblick über die derzeitige Entwicklung des Stromprofils in Deutschland ist anhand der Jahre 2013 bis 2015 in Tab. 1.4 aufgezeigt.

---

[4] Vgl. BMWi, 2015c.

[5] Vgl. Sterner, M. & Stadler, I., 2014, S. 56.

Tab. 1.4 Stromprofile 2013 bis 2015. (In Anlehnung an Bundesnetzagentur, 2015a; BMWi, 2015c[a]; Agora Energiewende, 2016[b])

	2013		2014		2015	
	[GW]	[TWh]	[GW]	[TWh]	[GW][c]	[TWh]
Bruttostromerzeugung	–	633,2	–	614	–	647,1
Bruttostromverbrauch	–	599,4	–	578,5	–	597
Konventionelle Erzeuger	105,14	447,1	106,08	426,6	105,29	453
Erneuerbare Erzeuger	83,1	146,4	90,03	154,8	93,88	194,1
Windkraft (davon Offshore)	33,968 (0,508)	51,7 (0,9)	38,334 (0,994)	57,3 (1,4)	41,353 (2,786)	86,0 (8,1)
Photovoltaik	36,34	29,6	38,24	33	38,85	38,5
Handelssaldo	–	32,49	–	34,52	–	50,1

[a] Bruttostromerzeugung und Bruttostromverbrauch, außer Werte 2015
[b] Energiemengen des Jahres 2015
[c] Stand September 2015, Photovoltaik – August 2015

▶ **Stromprofil** Ein *Stromprofil* stellt die Stromerzeugung (aus bestimmten Erzeugungsanlagen) und den Stromverbrauch (bestimmter Verbraucher) gegenüber. Ein Stromprofil kann dabei sowohl den zeitlichen Verlauf über das Jahr als auch die jährlichen Gesamtenergiemengen darstellen.

Aus den Entwicklungen der vergangenen Jahre wird ersichtlich, dass es 2015 zu einer enormen Steigerung der erneuerbaren Energiemenge trotz moderaten Anstiegs der installierten Leistungen gekommen ist. Erneuerbare Energien deckten 32,5 % des Bruttostromverbrauchs im Jahr 2015. Windenergie hatte den stärksten Zuwachs um ca. 50 % zum Vorjahr. Konventionelle Energien sowie der Bruttostromverbrauch blieben im Verlauf der 3 Jahre nahezu konstant. Der Exportsaldo stieg um fast 50 % an. Die höchsten Exportüberschüsse mit mehr als 10 TWh im Jahr 2015 entstanden zu den Ländern Österreich, Schweiz, Frankreich und Niederlande. Dies lag v. a. daran, dass Deutschland im Jahr 2015 zusammen mit Skandinavien die günstigsten Großhandelsstrompreise in Europa vorzuweisen hatte. Der größte Exportüberschuss von etwa 30 TWh bestand zu Österreich, welcher im Vergleich zum Jahr 2013 um etwa 15 TWh deutlich anstieg. Die höchste Ausprägung des Exportüberschusses war im Winter und Frühling zu beobachten. Die größten Importüberschüsse 2015 bestanden zu Dänemark, Schweden und Tschechien, wobei diese jeweils unter 3,5 TWh betrugen.[6] Eine gewisse Abhängigkeit des Exportes vom Day-Ahead-Preis und somit von der erneuerbaren Stromerzeugung lässt sich aus vergangenen Preisaufzeichnungen ableiten. Im Jahr 2014 betrug der durchschnittliche Exporterlös 32,12 €/MWh, wobei der durchschnittliche EPEX Day-Ahead-Spotpreis bei 32,76 €/MWh lag. Die durchschnittlichen Importpreise waren gegenüber dem durchschnittlichen Spotpreis mit 34,05 €/MWh leicht erhöht.[7]

[6] Vgl. Agora Energiewende, 2016.
[7] Vgl. Bundesnetzagentur, 2015a, S. 143–145.

1.2.4 Prognosen eines zukünftigen Erzeugungs- und Verbrauchsprofils

Das Energiekonzept der Bundesregierung aus dem Jahr 2010 geht von einer Reduktion des Bruttostromverbrauchs im Stromsektor um 25 % bis 2050 bezogen auf das Jahr 2008 aus. Durch eine Einsparung von 25 % würde sich der Bruttostrombedarf von 618,2 TWh im Jahr 2008 auf 463,65 TWh reduzieren. Mit einem sinkenden Stromverbrauch können hohe Erneuerbare-Energien-Anteile auch mit einem etwas geringeren Ausbau erreicht werden, und der Bestand an Pumpspeichern und Speicherwasser hätte einen relativ gesehen größeren Einfluss. Da der Stromsektor neue Brücken zum Wärme- wie auch Verkehrssektor schließt, bleibt jedoch abzuwarten, inwieweit das Ziel der Bundesregierung mit der Integration dieser neuen Verbraucher auch erreicht werden kann. Die Reduktion des Bruttostromverbrauchs des Jahres 2013 zu 2008 betrug ca. 3 %. Somit sind zunächst umfangreiche Effizienz- und Ausbaumaßnahmen für das kurzfristige Ziel einer 10%igen Stromeinsparung im Jahr 2020 gegenüber 2008 notwendig. Bei weiterer linearer Degression von 3 % innerhalb von 5 Jahren könnten 7,2 % im Jahr 2020 und 25,2 % im Jahr 2050 erreicht werden.[8]

In einer durch das Bundesministerium für Umwelt (BMU) beauftragten Leitstudie von Nitsch, J. et al. (2012) zur Entwicklung des zukünftigen Stromprofils wurden mehrere Langfristszenarien überprüft. Das Szenario A stellt eine durchschnittliche Variante der Entwicklung des Energiebedarfs und des Erneuerbare-Energien-Ausbaupfades dar. Alle folgenden Werte wurden zur Übersichtlichkeit auf ganzzahlige Werte gerundet. Im Szenario A wurde eine 25 %ige Einsparung des Endenergiebedarfs im Stromsektor von 524 TWh auf 393 TWh im Jahr 2050 angenommen. Hierbei sind bereits neue elektrische Wärmeerzeuger wie Wärmepumpen mit 14 TWh und ein 50%iger Anteil der Elektromobilität am Individualverkehr mit 44 TWh berücksichtigt. Der übrige Individualverkehr wird in diesem Szenario mit Biokraftstoffen sowie über Wasserstoff nutzende Fahrzeuge abgedeckt. Für die Verwendung von Wasserstoff wurden zusätzlich zum Endenergieverbrauch von 393 TWh im Stromsektor 89 TWh im Verkehrssektor, 18 TWh zur Wärmebereitstellung und 4 TWh zur kurzfristigen Rückverstromung angesetzt. Daraus ergibt sich ein Gesamtpotenzial zur Elektrifizierung des Wärmesektors von 94 TWh (32 TWh neue Verbraucher) und des Verkehrssektors von ca. 149 TWh (133 TWh neue Verbraucher). Zudem waren im Jahr 2008 etwa 91 TWh des Bruttostromverbrauchs nicht endenergierelevant.[9] Für 2050 wird prognostiziert, dass dieser Betrag auf 80 TWh sinkt. Letzteres ist auf eine Abnahme des Eigenverbrauchs der Kraftwerke und der sonstigen nicht-endenergetischen Abnehmer zurückzuführen – trotz eines Anstiegs der Leitungsverluste. Für das Szenario A der BMU-Leitstudie resultiert ein Bruttostromverbrauch von 584 TWh im Jahr 2050. Das entspricht einem leicht verminderten Bruttostromverbrauch im Vergleich zu den Jahren

[8] Vgl. BMWi, 2015c.

[9] Netz- und Speicherverluste, Eigenverbrauch Kraftwerke sowie Stromverbrauch der Mineralölwirtschaft und des Kohlebergbaus.

2013 bis 2015 aus Tab. 1.4. Die Entwicklung der prognostizierten Struktur der Bruttostromerzeugung bis zum Jahr 2050 gemäß Szenario A ist in Abb. 1.8 dargestellt. Daraus lässt sich die zukünftige primäre Erzeugungsrolle von Wind- und Photovoltaikanlagen ablesen.

Die gesamte installierte Erzeugerleistung bis zum Jahr 2010 betrug weniger als 150 GW. Im Szenario A wird von einer Steigerung dieser Leistung auf etwa 226 GW bis zum Jahr 2050 ausgegangen.[10] Der konventionelle Kraftwerkspark wird mit ca. 35 GW und die regenerativen Erzeugungsanlagen werden mit ca. 180 GW inklusive Importe prognostiziert. Die einzelnen Leistungen sind in Tab. 1.5 enthalten. Ein Vergleich mit den technisch ökologischen Potenzialen erneuerbarer Energien in Deutschland aus Abschn. 1.1.2 zeigt, dass diese Leistungen umsetzbar sind.

Alle anderen Szenarien neben dem Szenario A der BMU-Leitstudie stellen abweichende Annahmen auf Basis des Szenarios A dar, welche zu einer differenzierten Entwicklung des Bruttostromverbrauchs im Jahr 2050 führen. Ausgewählte Szenarien – nach der maßgeblichen Anpassung zum Szenario A und den resultierenden Bruttostromverbräuchen im Jahr 2050 – sind in Tab. 1.6 aufgezeigt.

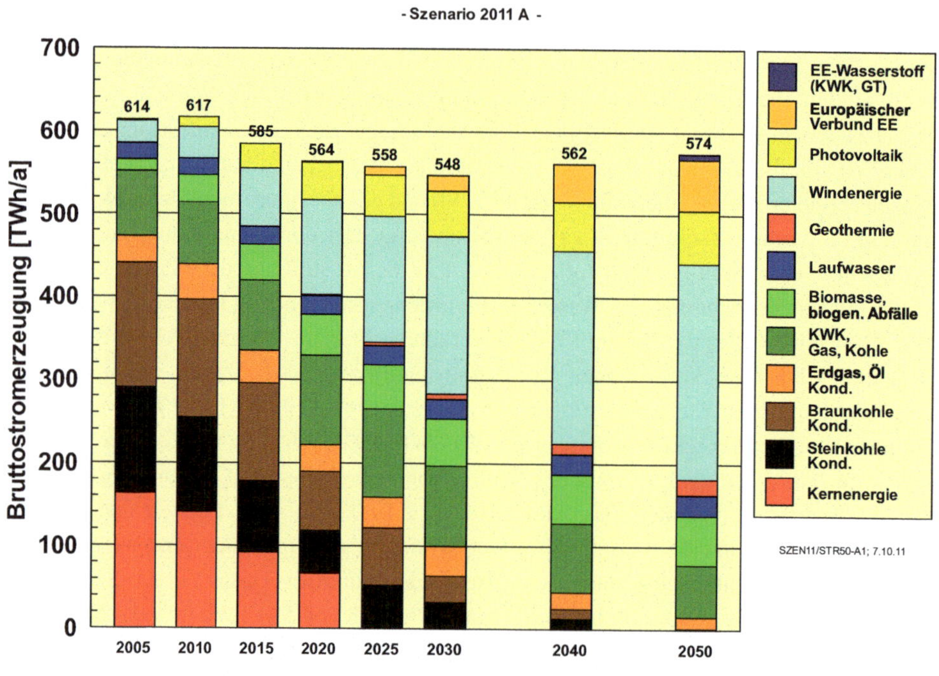

Abb. 1.8 Struktur der Bruttostromerzeugung im Szenario A der BMU-Leitstudie. (Nitsch, J. et al., 2012)

[10] Inklusive EE-Wasserstoff und Pumpspeicherwerke.

Tab. 1.5 Leistungen einzelner Erzeuger und Speicher im Jahr 2050 nach Szenario A der BMU-Leitstudie. (In Anlehnung an Nitsch, J. et al., 2012)

Windkraft (davon Offshore)	Photovoltaik	Wasserkraft	Biomasse	Geothermie	Import	Erdgas	Kohle	EE-Wasserstoff (KWK, GT)	PSW
82,8 GW (32 GW)	67,2 GW	5,2 GW	10,4 GW	2,95 GW	10,5 GW	30,2 GW	4,6 GW	3,3 GW	9,0 GW

Tab. 1.6 Bruttostromverbrauch bei Anpassung der Annahmen auf Basis des Szenarios A der BMU-Leitstudie. (In Anlehnung an Nitsch, J. et al., 2012)

Maßgebliche Anpassungen der Annahmen des Szenarios A	Bruttostromverbrauch 2050
100 % statt 50 % Elektromobilität (kein Wasserstoff im Verkehrssektor)	534 TWh
Methanisierung des kompletten Wasserstoffanteils aus Szenario A (38 TWh zusätzlich)	622 TWh
25%ige Reduktion des Endenergiebedarfs in Bezug auf die bestehende Anlagentechnik im Jahr 2008 – neue Verbraucher wie Elektrofahrzeuge und Wärmepumpen werden zusätzlich beaufschlagt (44 + 14 TWh)	636 TWh

Da für die Wasserstoffproduktion ein Gesamtnutzungsgrad von 76 % und für erneuerbares Methan von 60,9 % im Jahr 2050 unterstellt wurde und die Verbrennung dieser Gase ebenfalls verlustbehaftet ist, sind durch effizientere Technologien Energieeinsparungen möglich.

Das Ziel der Primärenergieeinsparung von mindestens 50 % bis zum Jahr 2050 wird hauptsächlich durch die direkte Erzeugung von Strom aus Windkraft-, Photovoltaik- und Wasserkraftanlagen sowie durch den Ausbau von KWK-Anlagen erreicht. Diese weisen höchste Wirkungsgrade auf, da Abwärmeverluste vermieden werden.

1.2.5 Mögliche Stromprofile je Ausbaugrad

Anhand der Berechnung möglicher zukünftiger Stromprofile werden im Folgenden je nach erneuerbarem Ausbaugrad der Leistungs- und der Platzbedarf von Wind- und Photovoltaikanlagen ermittelt und das Einspeiseprofil der dargebotsabhängigen Erzeuger dem Stromverbrauchsprofil des Jahres 2014 gegenübergestellt. Durch diese Betrachtung werden Anforderungen für zukünftige Stromprofile mit ansteigenden erneuerbaren Anteilen an der Stromerzeugung ersichtlich. Dies dient als Basis für die Ausführungen zum Stromspeicherbedarf in Kap. 2.

1.2.5.1 Berechnungsgrundlagen zu möglichen Stromprofilen

Grundlage für die Berechnung möglicher zukünftiger Stromprofile waren die Daten des „Agorameter v5.2", Stand Mai 2015. Dieses von Agora Energiewende (2015a) aufbereitete Datenmaterial dient der Darstellung der aktuellen und historischen Stromerzeugung sowie des Stromverbrauchs in Deutschland. Die Stromerzeugung ist aufgeteilt nach den erneuerbaren Energien aus Windkraft, Solar, Wasserkraft und Biomasse (inklusive biogener Hausmüll), den konventionellen Kraftwerken mit Kernenergie, Braunkohle, Steinkohle und Erdgas, den sonstigen Erzeugern mit beispielsweise Mineralöl oder Müll sowie Pumpspeicherwerken (inklusive Speicherwasser). Zusätzlich erhält das Agorameter die inländische Stromnachfrage, die kommerziellen länderspezifischen Stromimporte und -exporte sowie den Börsenstrompreis des Day-Ahead-Marktes der EPEX SPOT.

Einschränkungen des Agorameter

Die Daten des Agorameter weichen von den veröffentlichten Erzeugungs- und Verbrauchswerten des BMWi (2015c) ab, da der Eigenstromanteil von Erzeugern abgezogen und lediglich die Nettostromerzeugung berücksichtigt ist.[11] Die inländische Stromnachfrage laut Agorameter stellt den Endenergieverbrauch des Stromsektors dar, zuzüglich der Netz- und Speicherverluste und des Stromverbrauchs der Mineralölwirtschaft sowie des Kohlebergbaus, jedoch ohne den Eigenverbrauch der Erzeuger. Dies weicht vom BMWi veröffentlichten Bruttostromverbrauch aus Abschn. 1.2.2 ab. Der Anteil von erneuerbarem Strom zum Stromverbrauch im Jahr 2014 betrug laut Agorameter 28,52 %. Das BMWi wies einen Anteil von 27,76 % zum Bruttostromverbrauch aus. Die erneuerbaren Ausbauziele nach dem Energiekonzept der Bundesregierung beziehen sich als Bruttostromerzeugung regenerativer Erzeuger auf den Bruttostromverbrauch. Entsprechend kommt es bei den erneuerbaren Ausbaugraden nach den Daten des Agorameter zu geringfügigen Abweichungen. Die Stromerzeugungsdaten basieren auf den stundenscharfen Veröffentlichungen der EEX. Da diese Mengen meist nur einen Teil der tatsächlich erzeugten Strommenge abbilden, wurden diese Datenreihen seitens Agora Energiewende korrigiert. Nachdem die vollständige inländische Stromnachfrage derzeit nicht stundenscharf durch Datensätze der 4 Übertragungsnetzbetreiber abgebildet wird, berechnet Agora Energiewende diese selbst. Die inländische Stromnachfrage ergibt sich als Differenz aus der stündlichen Nettostromerzeugung sowie dem jeweiligen Handelssaldo zum Ausland. Die Import- und Exportmengen stammen beim Agorameter von den Transparenzdaten des ENTSO-E und werden aus den angemeldeten kommerziellen Handelsflüssen (cross-border-commercial schedules) ermittelt. Diese weichen jedoch von den tatsächlich realisierten Handelsflüssen (final cross-border schedules) ab, die erst mit 7 Tagen Verzögerung vorliegen. Dadurch kommt es zu einer Abweichung von den ausgewiesen Export- und Importmengen des BMWi und den Daten des Agorameter. Der Exportsaldo laut BMWi betrug im Jahr 2014 etwa 35,5 TWh, im Vergleich zu 40,25 TWh laut Agorameter. Bei den Day-Ahead-Börsenstrompreisen handelt es sich um unveränderte stündliche Werte des deutsch-europäischen Marktgebiets, bereitgestellt von der EEX. Aufgrund der beschriebenen Einschränkungen sind die Auswertungen in den folgenden Kapiteln als Richtwerte zu verstehen. Die Analyse dient einer Abschätzung sowie einer Plausibilitätsprüfung der Studienergebnisse zum Stromspeicherbedarf, welche in Abschn. 2.8 erläutert werden.

[11] Tab. 1.16 in Abschn. 1.3.7.

Annahmen und Berechnungsschritte

Anhand der historischen Werte des Agorameter für das Jahr 2014 wurde durch Hochskalieren der Einspeiseleistungen von Windkraft- und Photovoltaikanlagen der prozentuale Anteil der erneuerbaren Energien am Stromverbrauch verändert. Der Skalierungsfaktor, mit welchem die stündlichen Windkraft- und Photovoltaikeinspeisungen je nach erneuerbarem Ausbaugrad multipliziert wurden, ergibt sich nach Gl. 1.1.

Gl. 1.1: Skalierungsfaktor *x* [–] für Windkraft und Photovoltaikeinspeisungen je nach erneuerbarem Ausbaugrad

$$x = \frac{(E_{\mathrm{SV}} \times n_{\mathrm{EE}}) - (E_{\mathrm{EE}} - E_{\mathrm{FE}})}{E_{\mathrm{FE}}} \tag{1.1}$$

E_{SV} Jahresstromverbrauch [kWh]
n_{EE} Erneuerbare-Energien-Anteil [%]
E_{EE} Jahresenergiemenge erneuerbarer Energien [kWh]
E_{FE} Jahresenergiemenge der fluktuierenden Erzeuger – Windkraft und Photovoltaik [kWh]

Der Jahresstromverbrauch wurde als konstant über den kompletten Betrachtungszeitraum angesetzt. Diese Annahme basiert darauf, dass bis zum Jahr 2050 ähnliche jährliche Verbrauchswerte im Vergleich zum Jahr 2014 prognostiziert werden (vgl. BMU-Leitstudie; s. Abschn. 1.2.4). Zudem wurde angenommen, dass alle negativen Residuallasten durch Anpassung des Stromverbrauchprofils integriert werden. Dadurch ist eine Berücksichtigung von Effizienzsteigerungen bestehender Anwendungen, von Verbrauchswerten neuer Anwendungen und von Umwandlungsverlusten möglicher Stromspeicher nicht erforderlich. Die Erneuerbare-Energien-Anteile bestimmen sich stets auf Basis des Jahresverbrauchs 2014. Die Jahresdauerlinie der Wind- und Photovoltaikeinspeisungen im Jahr 2014 diente als Referenz für alle Folgejahre.

► **Jahresdauerlinie** Eine Jahresdauerlinie stellt die geordneten Leistungswerte über die Jahresstunden dar und verdeutlicht somit die Häufigkeit bestimmter Leistungen im jährlichen Verlauf.

Im Jahr 2014 wies die Erzeugung aus Windkraftanlagen in Bezug auf die installierten Leistungen niedrigere durchschnittliche Volllaststunden im Vergleich zu vorangegangenen Jahren auf. Dies verdeutlicht ein Jahr mit geringem Windangebot.[12] Für die Ermittlung der Stromprofile wurde ein gleichbleibendes Leistungsverhältnis von Windkraft zu Photovoltaik angenommen, welches im Referenzjahr in etwa 50:50 betrug. Der höchste Ausgleichseffekt in Deutschland ergibt sich bei einem Verhältnis der installierten Windkraft-

[12] Vgl. BMWi, 2015c.

zur Photovoltaikleistung von etwa 60:40.[13] Dadurch stellt die nachfolgende Analyse eine Zukunftsprognose mit hohem Photovoltaikanteil und niedrigem Windangebot dar, welche nicht zu einem Systemoptimum führt. Für das zukünftige Stromprofil Deutschlands wurde angenommen, dass Wasserkraft, Biomasse sowie der biogene Anteil des Abfalls ihr Ausbaupotenzial zur Stromerzeugung im Jahr 2014 bereits ausgeschöpft haben und somit kein weiterer Zubau erfolgt. Geothermie blieb komplett unberücksichtigt. Aufgrund der Speichermöglichkeiten[14] von Biomasseanlagen wurde eine Abregelung von Einspeiseleistungen ab einer 100%igen Stromerzeugung aus dargebotsabhängigen Anlagen angenommen. Mittels einer Erhöhung der Erzeugerleistung bzw. des Speichervolumens ist die Energiemenge des Jahres 2014 aus Biomasse auch bei steigenden Abregelungen möglich. Deshalb wurde diese konstant bei höheren Ausbaugraden angesetzt. Dadurch konnte die Berechnung des Skalierungsfaktors mit den erneuerbaren Energiemengen des Jahres 2014 durchgeführt werden. Für Wasserkraft wurde das Einspeiseprofil des Jahres 2014 zugrunde gelegt. Für alle konventionellen Erzeuger wurde eine 100%ige Flexibilität je nach Bedarf angenommen. In Summe mit Biomasseanlagen bilden diese Erzeuger in der Auswertung der Stromprofile die regelbaren Erzeuger ab.

Für die Einspeisung aus regenerativen Erzeugungsanlagen wurde des Weiteren eine Abregelung von Einspeisespitzen von 3 % der Jahresenergiemenge für alle zukünftigen Stromprofile berücksichtigt, da neueste Untersuchungen dies als eine kosteneffiziente Alternative gegenüber dem Netzausbau ermittelt haben.[15] Im Jahr 2014 wurden Einspeisemanagementmaßnahmen bei 1,581 TWh und Maßnahmen nach § 13 Abs. 2 EnWG bei 31,3 MWh an erneuerbaren Energien ergriffen. Damit betrug die gesamte abgeregelte Menge an erneuerbaren Energien 1,6123 TWh.[16] Dies entspricht einem prozentualen Anteil von 1,04 % an der gesamten erneuerbaren Energiemenge von 154,8 TWh. Zur Berücksichtigung der abregelbaren Leistungsspitzen von 3 % der Gesamtjahresenergiemenge wurde eine weitere Reduzierung um 1,96 % von Wind- und Photovoltaikeinspeisungen für alle zukünftigen Stromprofile vorgenommen. Eine derartige Abregelung führt zu einer Begrenzung der Einspeiseleistung dieser Anlagen in 468 h im Jahr. Die in Summe aus Windkraft und Photovoltaik maximal aufgetretene Einspeiseleistung des Jahres 2014 hätte damit um etwa 37 % von 40,53 auf 25,5 GW reduziert werden können.

Für die Ermittlung des derzeitigen und zukünftigen Flächenbedarfs von Windkraft- und Photovoltaikanlagen wurden Richtwerte für *typische* Anlagen einer Windkraftanlage an Land sowie für Aufdach- und Freiflächen-Photovoltaikanlagen aus dem „Energieatlas Bayern" herangezogen. Die Richtwerte sind in Tab. 1.7 aufgelistet. Für Windkraftanlagen wurde ein Flächenbedarf von 50 m^2/kW angenommen. Diese Fläche wird benötigt, um die notwendigen Abstände in einem Windpark einzuhalten. Der Flächenbedarf für Fundament und Kranstellfläche beträgt lediglich 0,86 m^2/kW. Die übrige Fläche kann größtenteils an-

---

[13] Abschn. 2.8.1.

[14] Beispielsweise durch Einspeisung von aufbereitetem Biogas (Biomethan) ins Erdgasnetz.

[15] Vgl. E-Bridge Consulting GmbH, 2014 – Abschn. 1.3.2.2.

[16] Abschn. 1.3.5.5.

Tab. 1.7 Richtwerte für typische Windkraft- und Photovoltaikanlagen in Deutschland im Jahr 2015. (In Anlehnung an StMWi, 2016a; StMWi, 2016b)

	Onshore-Windkraftanlagen	Photovoltaik-Dachanlage	Photovoltaik-Freiflächenanlage
Installierte Leistung	3000 kW	20 kW	1500 kW
Flächenbedarf	2600 m² (Fundament und Kranstellfläche) Ca. 15 ha je Anlage im Windpark	150 m²	4,5 ha
Platzbedarf	0,86 m²/kW (50 m²/kW)	7,5 m²/kW	30 m²/kW

derweitig genutzt werden. Für Offshore-Windparks wurde ein identischer Flächenbedarf angenommen. Für Photovoltaikanlagen wurde eine Aufteilung der Gesamtleistung zu jeweils 50 % als Aufdach- und als Freiflächenanlage angenommen. Daraus ergibt sich ein Platzbedarf von 18,75 m^2/kW. Bei der Auswertung des Flächenbedarfs von fluktuierenden Erzeugern diente Bayern als Vergleichsfläche mit einer Fläche von 70.550 km^2 sowie Deutschland mit einer Fläche von 348.540 km^2.

Untersuchungsrahmen
Anhand dieser Annahmen sind im Folgenden die Stromprofile Deutschlands für erneuerbare Anteile am Stromverbrauch von 45, 60 und 80 %, welche die Ausbauziele der Bundesregierung bis 2050 widerspiegeln, sowie zusätzlich von 100 % dargelegt. Die Stromprofile werden bezüglich der Einspeiseleistungen dargebotsabhängiger Erzeuger, dem notwendigen Flächenbedarf für Photovoltaik- und Windkraftanlagen und der Residuallast analysiert. Des Weiteren wird das Stromprofil des Jahres 2014 detailliert bezüglich der Einspeiseprofile der dargebotsabhängigen Erzeuger betrachtet.

► **Residuallast** Die Residuallast ist die Differenzleistung aus dem Stromverbrauch und der Stromerzeugung mittels dargebotsabhängigen Erzeugern.

Aus den stündlichen Einspeiseleistungen der dargebotsabhängigen Erzeuger und der Stromlast lässt sich die Residuallast nach Gl. 1.2 ermitteln. Negative Residualmengen kennzeichnen Energiemengen, die über das Verbrauchsprofil hinaus erzeugt werden können. Positive Residualmengen stellen diejenigen Energiemengen dar, bei denen die dargebotsabhängigen Erzeuger nicht das Verbrauchsprofil abdecken können. Zukünftig muss Flexibilität im Stromsystem geschaffen werden, wodurch Residuallasten ausgeglichen werden können.

Gl. 1.2: Residuallast P_{RL} [kW]

$$P_{RL} = P_S - P_{DAE} \tag{1.2}$$

P_S Stromlast bzw. Stromverbrauch [kW]
P_{DAE} Einspeiseleistung dargebotsabhängiger Erzeuger [kW]

1.2.5.2 Auswertung der dargebotsabhängigen Erzeuger im Referenzjahr 2014

Anhand der installierten Leistungen des Jahres 2014 nach dem Monitoringbericht der Bundesnetzagentur (2015a) (38,33 GW an Windkraft- und 38,24 GW an Photovoltaikanlagen) wurden die Erzeugerklassen Windkraft und Photovoltaik ausgewertet. Der Flächenbedarf von Windkraft- und Photovoltaikanlagen betrug nach den Richtwerten für typische Anlagen aus Tab. 1.7 in Summe 2633,5 km^2. Dies entspricht einem Anteil von 3,73 % der Fläche Bayerns und 0,76 % der Fläche Deutschlands. Mit der Jahresenergiemenge des Agorameter von 56,163 TWh an Windenergie und 34,932 TWh an Solarenergie ergeben sich für die installierten Leistungen 1465 bzw. 913,5 Volllaststunden. Die Jahresdauerlinie von Photovoltaik- und Windkrafteinspeisungen ist in Abb. 1.9 dargestellt. Sie verdeutlicht noch einmal, dass Photovoltaikanlagen an weniger als 4000 h im Jahr Strom erzeugen und Windkraftanlagen es nahezu ganzjährig ermöglichen. Die maximal aufgetretenen Einspeiseleistungen beliefen sich auf 32,74 GW bei Windkraft- und 25,74 GW bei Photovoltaikanlagen. Diese Leistungen entsprechen ca. 85,4 % bzw. 67,3 % der installierten Leistungen.

Die Jahresdauerlinie der aufsummierten Einspeiseleistungen aller dargebotsabhängigen Erzeuger ist in Abb. 1.10 aufgezeigt. Die maximal aufgetretene aufsummierte Einspeiseleistung aus Windkraft- und Photovoltaikanlagen betrug 40,53 GW. Windkraft- und Photovoltaikanlagen ergänzen sich im Jahresverlauf und weisen nur geringfügig Überschneidungen auf. Zusammen mit Wasserkraftanlagen lässt sich das Maximum der Einspeiseleistung aller dargebotsabhängigen Erzeuger ermitteln, welches 42,58 GW im Jahr 2014 betrug.

Das Erzeugungsprofil der dargebotsabhängigen Erzeuger im Verhältnis zur Stromlast für das Jahr 2014 ist in Abb. 1.11 dargelegt. Eine negative Residuallast trat zu keinem Zeitpunkt im Jahr auf. Die stündliche Residuallastdifferenz lag maximal bei 11,238 GW und minimal bei minus 20,452 GW.

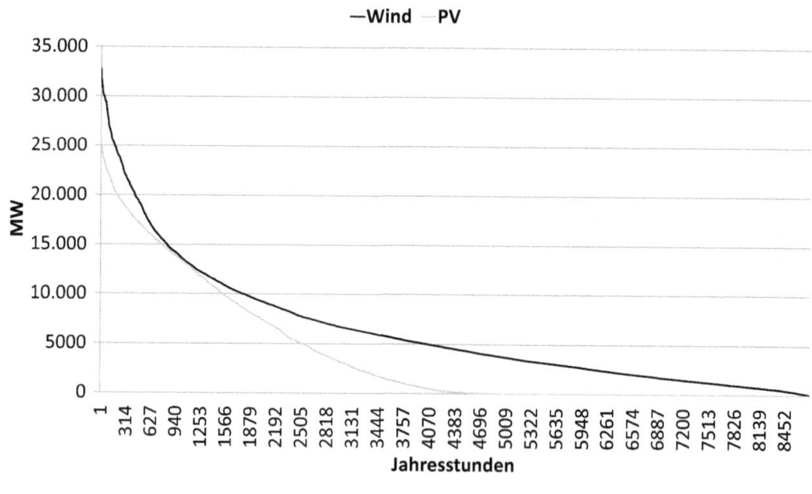

Abb. 1.9 Jahresdauerlinie der Windkraft- und Photovoltaikeinspeisungen im Jahr 2014

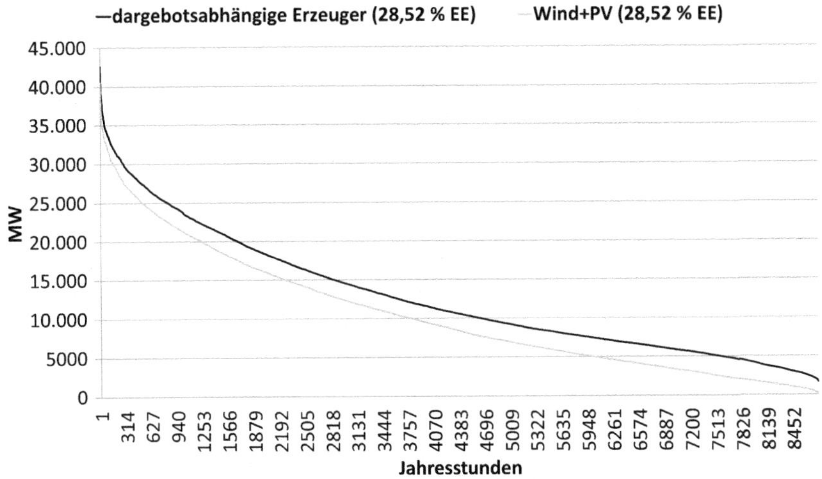

Abb. 1.10 Jahresdauerlinie von dargebotsabhängigen Erzeugern im Jahr 2014

Residuallastdifferenzen Die *stündlichen Residuallastdifferenzen* kennzeichnen den Leistungsgradienten der Residuallast und somit die stündlich benötigte Flexibilität zur Leistungserhöhung bzw. Lastreduktion (positiv) sowie zur Leistungsreduktion bzw. Lasterhöhung (negativ).

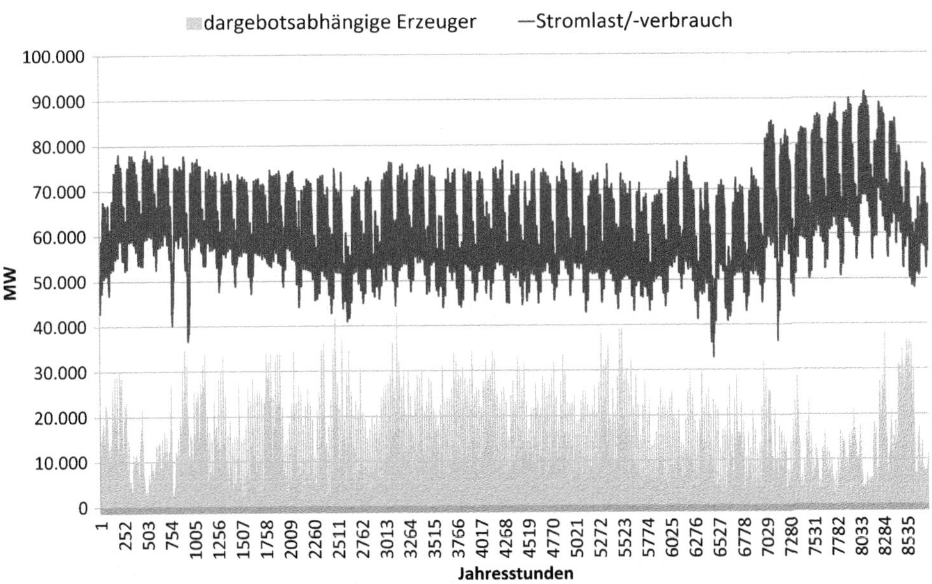

Abb. 1.11 Einspeiseprofil dargebotsabhängiger Erzeuger im Verhältnis zur Stromlast im Jahr 2014

1.2.5.3 Stromprofile je nach Erneuerbare-Energien-Anteil

In Abb. 1.12–1.15 sind die Einspeiseprofile der dargebotsabhängigen Erzeuger im Verhältnis zur Stromlast je nach Erneuerbare-Energien-Anteil bis zu einer erneuerbaren Vollversorgung dargestellt.

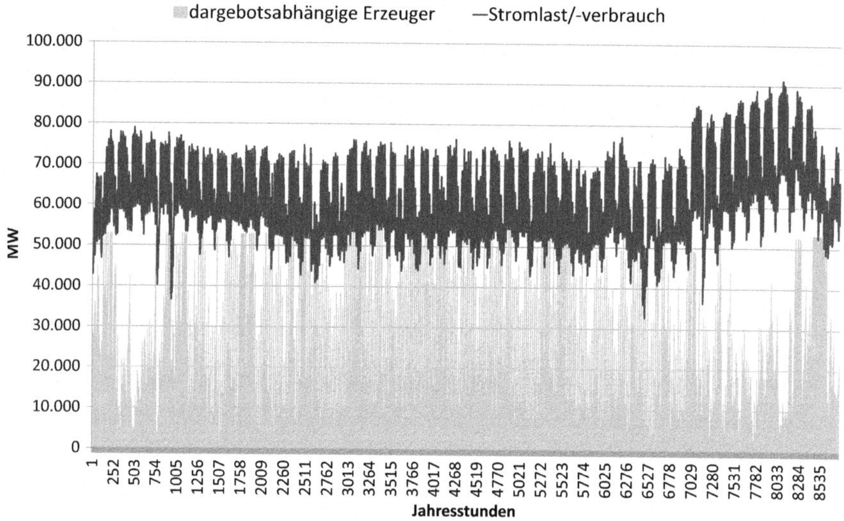

Abb. 1.12 Einspeiseprofil dargebotsabhängiger Erzeuger im Verhältnis zur Stromlast bei 45 % Erneuerbare-Energien-Anteil (Skalierungsfaktor 2,02)

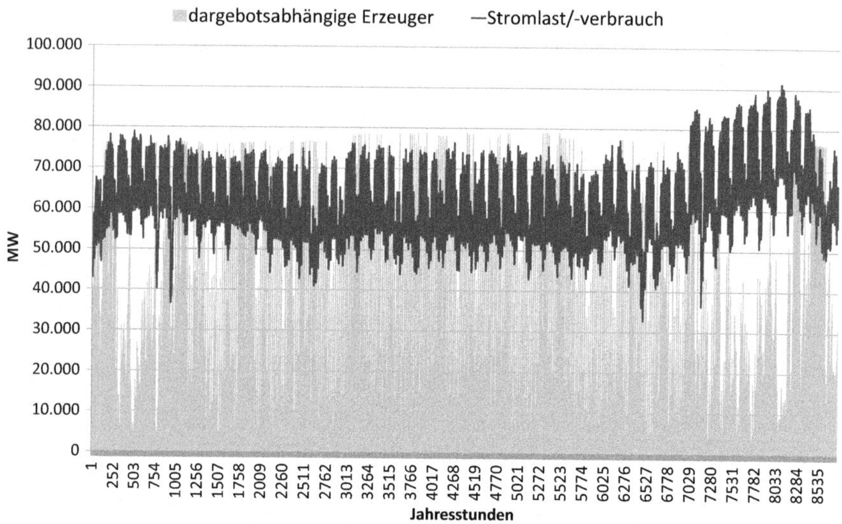

Abb. 1.13 Einspeiseprofil dargebotsabhängiger Erzeuger im Verhältnis zur Stromlast bei 60 % Erneuerbare-Energien-Anteil (Skalierungsfaktor: 2,94)

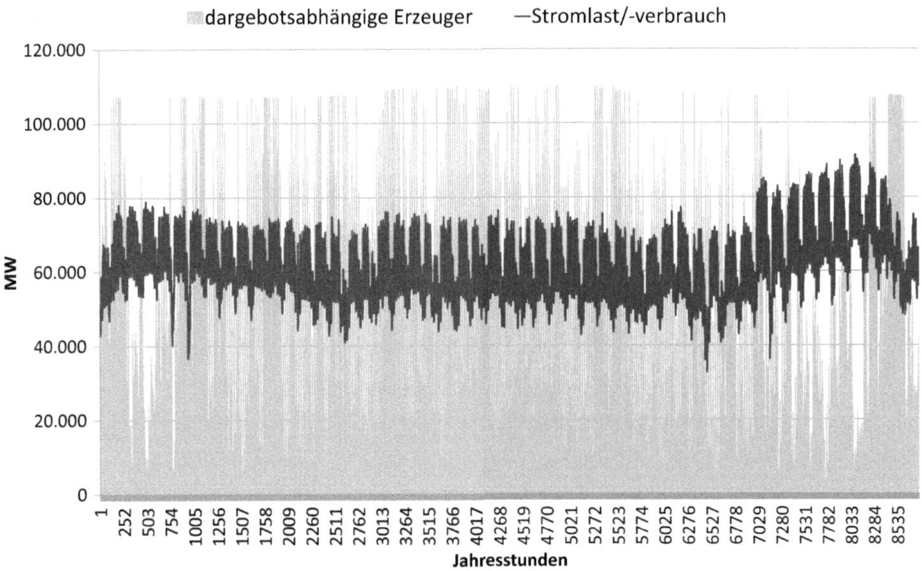

Abb. 1.14 Einspeiseprofil dargebotsabhängiger Erzeuger im Verhältnis zur Stromlast bei 80 % Erneuerbare-Energien-Anteil (Skalierungsfaktor: 4,15)

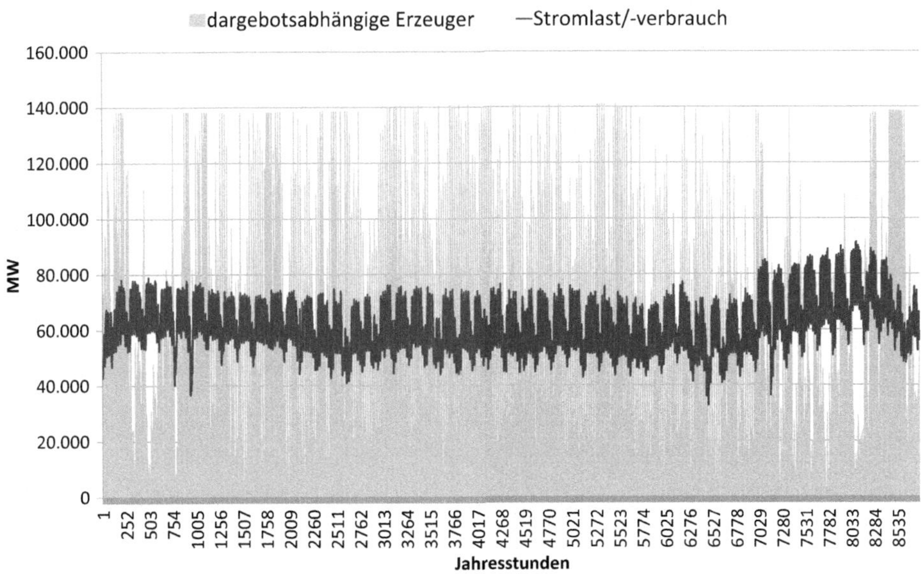

Abb. 1.15 Einspeiseprofil dargebotsabhängiger Erzeuger im Verhältnis zur Stromlast bei 100 % Erneuerbare-Energien-Anteil (Skalierungsfaktor: 5,37)

1.2.5.4 Stromprofile im Vergleich

Die Kennwerte der Stromprofile für die verschiedenen erneuerbaren Ausbaugrade, differenziert nach fluktuierenden, dargebotsabhängigen und regelbaren Erzeugern, sowie die negativen Residualmengen und Residuallastdifferenzen sind in Tab. 1.8 zusammengestellt.

Um die Residuallasten, die Einspeiseleistungen der dargebotsabhängigen Erzeuger und die Residuallastdifferenzen je nach erneuerbarem Ausbaugrad vergleichend gegenüberzustellen, wurden diese als Jahresdauerlinien in Abb. 1.16, 1.17 und 1.18 zusammengestellt.

Tab. 1.8 Kennwerte der Stromprofile je nach Ausbaugrad der erneuerbaren Energien

		28,52 % EE (2014)	45 % EE	60 % EE	80 % EE	100 % EE
Fluktuierende Erzeuger	Installierte Leistung [GW]	76,57	154,67	225,12	317,76	411,18
	Prozentualer Anteil am Bruttostromverbrauch [%]	16,75	33,22	48,22	68,22	88,22
	Flächenbedarf [km²]	2633	5327	7732	10.939	14.146
	Flächenbedarf anteilig zu Bayern (Deutschland) [%]	3,73 (0,76)	7,55 (1,53)	10,96 (2,22)	15,51 (3,14)	20,05 (4,06)
Dargebotsabhängige Erzeuger	Maximale Einspeiseleistung [GW]	42,58	55,78	79,07	110,12	141,17
	Minimale Einspeiseleistung [GW]	1,62	1,83	2,01	2,25	2,5
Regelbare Erzeuger	Benötigte Einspeiseleistung [GW]	88,05	86,66	85,42	84,20	83,46
	Volllaststunden der benötigten Einspeiseleistung [h/a]	4915	3960	3062	1814	527
Residuallastdifferenzen	Positiv [GW]	11,24	13,2	20,1	33,85	47,6
	Negativ [GW]	20,45	20,32	20,2	24,79	34,91
Negative Residualmengen	Energiemenge [TWh]	–	0,01	7,92	52,53	119,01
	Last [GW]	–	2,6	25,9	56,95	88
	Volllaststunden der negativen Residuallast [h/a]	–	4,34	305,67	922,34	1352

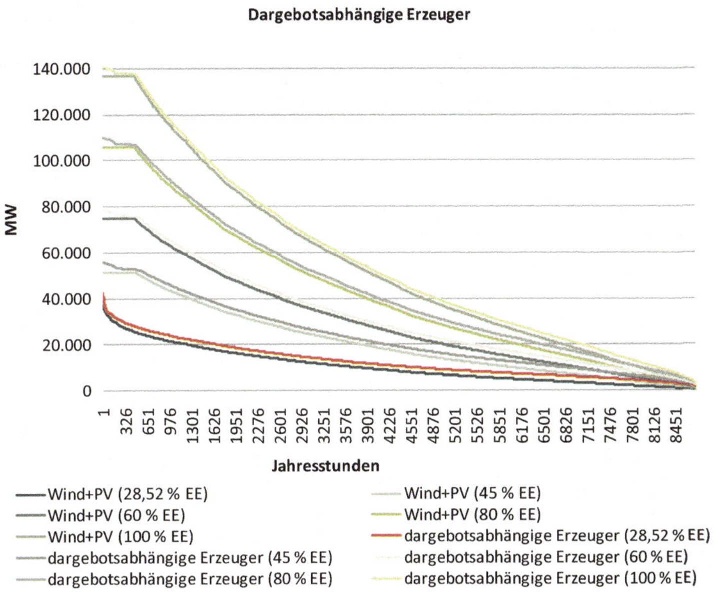

Abb. 1.16 Jahresdauerlinien der dargebotsabhängigen Erzeuger je nach Ausbaugrad der erneuerbaren Energien

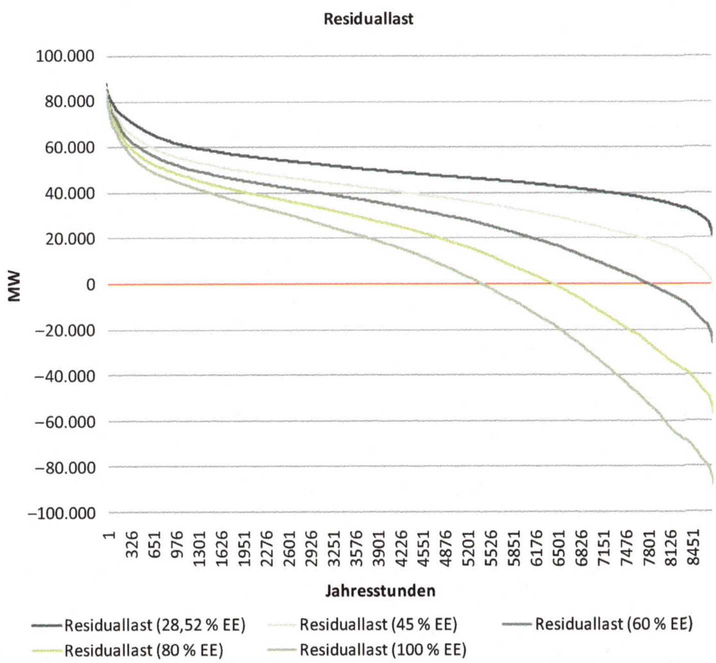

Abb. 1.17 Jahresdauerlinien der Residuallast je nach Ausbaugrad der erneuerbaren Energien

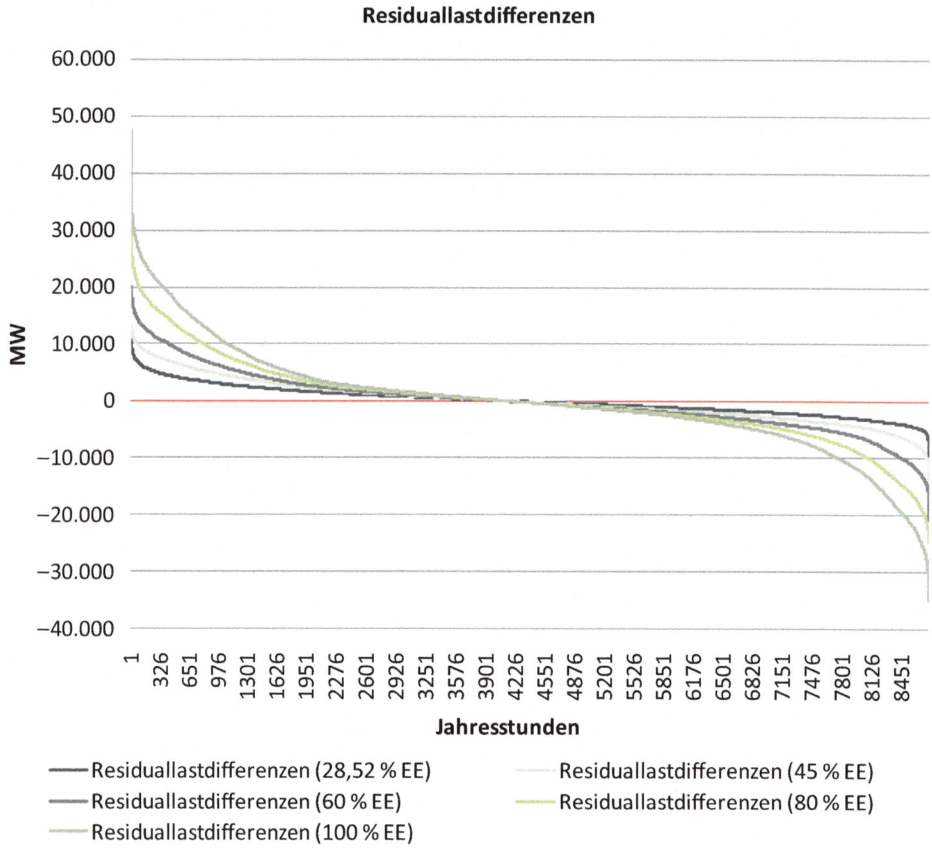

Abb. 1.18 Jahresdauerlinien der stündlichen Residuallastdifferenzen je nach Ausbaugrad der erneuerbaren Energien

Eine negative Residuallast trat erstmals bei einem erneuerbaren Ausbaugrad von 45 % auf, wobei selbst bei 60 % die gesamte jährliche Energiemenge der negativen Residuallast weniger als 8 TWh und somit ca. 1,5 % des jährlichen Stromverbrauchs betrug. Stromspeicher können die aus negativen Residuallasten resultierenden überschüssigen Energiemengen aufnehmen und zu Zeiten positiver Residuallasten ins Netz zurückspeisen. Werden nur die negativen Residuallastmengen betrachtet, besteht bis zu einem erneuerbaren Ausbaugrad von 60 % ein sehr geringer Stromspeicherbedarf. Dies ändert sich bis zu einem Anteil von 80 % erheblich, da mit 52,53 TWh in etwa die 6-fache Energiemenge durch negative Residuallasten hervorgerufen wird. Der tatsächliche Stromspeicherbedarf ist von zahlreichen Faktoren abhängig, dazu mehr in Kap. 2. Für die Ermittlung des Stromspeicherbedarfs ist eine ausschließliche Betrachtung von negativen Residuallasten nicht ausreichend.

1.3 Ausgangslage und notwendige Anpassungen der Stromnetze und des Stromsystems an eine veränderte Einspeisesituation

1.3.1 Netzdaten

Das Stromnetz gliedert sich, wie in Tab. 1.9 aufgelistet, in 4 Spannungsebenen, die über Umspannwerke bzw. Transformatoren miteinander verbunden sind. In Deutschland ist das Übertragungsnetz in 4 Regelzonen mit den Übertragungsnetzbetreibern (ÜNB) Amprion, 50 Hertz, TenneT und TransnetBW unterteilt. Diese sind dafür zuständig, das Übertragungsnetz diskriminierungsfrei zu betreiben, zu warten und bedarfsgerecht zu optimieren sowie zu verstärken und auszubauen. Sie gewährleisten die Sicherheit und Zuverlässigkeit des Elektrizitätsversorgungssystems in enger Zusammenarbeit mit den anderen europäischen Netzbetreibern.

„Die Verteilnetze in Deutschland mit ca. 1,75 Mio. km Leitungslänge, ca. 98 % des gesamten deutschen Stromnetzes, werden von ca. 888 Verteilernetzbetreibern (VNB) betrieben" (E-Bridge Consulting GmbH, 2014, S. II). Bereits 2012 waren 90 % der installierten Leistung von Erneuerbare-Energien-Anlagen an Verteilnetze angeschlossen. Diese Anlagen sind jedoch nicht gleichmäßig auf alle Verteilnetzbetreiber in Deutschland aufgeteilt. Wenige ländliche Netzbetreiber (5 % aller Netzbetreiber) hatten 2012 eine installierte Leistung an regenerativen Erzeugungsanlagen pro Entnahmestelle, die höher war als die jeweilige Jahreshöchstlast. Die höchste Anzahl der Erneuerbare-Energien-Anlagen ist in der Niederspannungsebene vorhanden. Im Jahr 2012 waren ca. 1 Mio. Photovoltaikanlagen mit durchschnittlich 14,2 KW installierter Leistung in dieser Netzebene angeschlossen. Windkraftanlagen sind in der Regel nicht in der Niederspannungsebene vorzufinden. In der Mittelspannungsebene besteht die höchste Einspeiseleistung aus regenerativen Erzeugungsanlagen. In der Hochspannungsebene sind wenige große Photovoltaikanlagen und in erster Linie Windparks (ab ca. 15 MW Nennleistungsgröße des Erzeugungsparks) verortet. Sehr große Windparks werden auch auf der Höchstspannungsebene angeschlossen, das macht jedoch weniger als 10 % der jährlich zugebauten Leistung aus. Im Jahr 2012 waren in etwa 70 % der Photovoltaikleistung am Niederspannungsnetz und etwa 90 % der Windkraftleistung am Mittel- und Hochspannungsnetz – zu ungefähr gleichen Anteilen – angeschlossen. Diese Verteilung wird auch beim zukünftigen Ausbau erwartet.[17] Eine vereinfachte Übersicht über die Stromverbraucher und Stromerzeuger in den jeweiligen Spannungsebenen bietet Abb. 1.19.

Tab. 1.9 Netzdaten, Stand 2012. (In Anlehnung an BMWi, 2014a)

	Verteilnetz		Übertragungsnetz
Niederspannung	Mittelspannung	Hochspannung	Höchstspannung
230/400 V	6–30 kV (meist 20 kV)	60–110 kV (meist 110 kV)	220/380 kV
1,15 Mio. km	508.000 km	95.000 km	35.000 km

[17] Vgl. E-Bridge Consulting GmbH, 2014, S. 13–14.

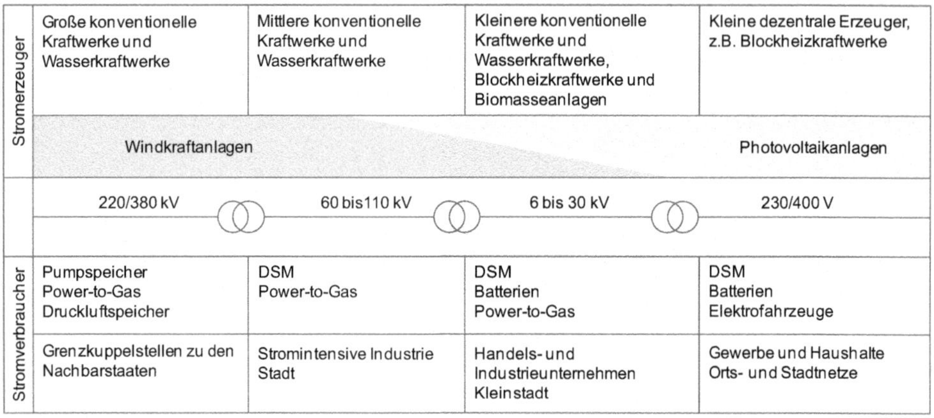

Abb. 1.19 Vereinfachte Darstellung der Netzstruktur sowie der angeschlossenen Erzeuger und Verbraucher. (In Anlehnung an Fuchs, G.; Lunz, B.; Leuthold, M.; Sauer, D.U., 2012)

1.3.2 Stromnetzausbau

Durch die vermehrten Einspeisungen auf Verteilnetzebene ändert sich die Versorgungsaufgabe des Stromnetzes radikal. Im Vergleich zur konventionellen Stromerzeugung, bei der Strom aus Kraftwerken von höheren Netzebenen zu den Endkunden auf den niedrigeren Netzebenen verteilt wird, muss zunehmend der Stromtransport in beide Richtungen auf der Verteilnetzebene ermöglicht werden. Für den Fall einer geringen Last und einer hohen Erneuerbare-Energien-Einspeisung in einem Netzgebiet muss Strom in höhere Netzebenen bzw. andere Regionen abgeführt (Rückspeisefall) werden, was einen Ausbau der Verteil- und Übertragungsnetze erfordert. Zusätzlich wird der Ausbau überregionaler Leitungen benötigt, um die Erzeugungszentren Deutschlands im Norden und Osten mit den Verbraucherzentren im Süden und Westen zu verbinden. Für diesen überregionalen Transport ermittelte die deutsche Energie-Agentur (dena) in der Netzstudie II einen Vorteil von DC-Leitungen (an Land) ab 400 km. Aufgrund eines zunehmenden europaweiten Stromhandels, der Synergieeffekte für die einzelnen Länder schafft, bedarf es eines Ausbaus der grenzübergreifenden Verbindungen. Aufgrund der zentralen Lage Deutschlands und der hohen resultierenden Stromtransite können hierfür zusätzliche Netzengpässe abgeleitet werden.[18]

Basierend auf der „Analyse der Netzausbaukosten und der Kostenverteilungswirkung" des Fraunhofer ISI (2014) wird eine Steigerung der Kosten für die Übertragungs- und Verteilnetze um maximal ein Fünftel der Kosten von 2012 innerhalb der nächsten 10 Jahre als Obergrenze erwartet. Bis 2022 entspricht dies Investitionen von 25–32 Mrd. € im Übertragungsnetz und 18–27 Mrd. € im Verteilnetz.

[18] Vgl. Fraunhofer ISI, 2014, S. 1–2.

1.3.2.1 Übertragungsnetz

Die gesetzliche Grundlage für den koordinierten, beschleunigten und transparenten Netzausbau auf Übertragungsnetzebene bilden das Energieleitungsausbaugesetz (EnLAG), das Bundesbedarfsplangesetz (BBPlG), das Netzausbaubeschleunigungsgesetz (NABEG) und das Energiewirtschaftsgesetz (EnWG). Mit der Verabschiedung des EnLAG im Jahr 2009 hatte der Gesetzgeber 1887 Leitungskilometer als vordringlich energiewirtschaftlicher Bedarf beschlossen. „Die Vorhaben wurden auf Basis der Netzstudie I der Deutschen Energie-Agentur (dena) bestimmt" (Fraunhofer ISI, 2014, S. 12). Verantwortlich für die Planung, Errichtung und den Betrieb der Vorhaben sind die deutschen Übertragungsnetzbetreiber. Diese prognostizierten eine Fertigstellung von etwa 40 % der EnLAG-Leitungskilometer bis zum Jahr 2016.[19] Im Jahr 2011 wurde mit der Novellierung des Energiewirtschaftsgesetzes sowie der Verabschiedung des Netzausbaubeschleunigungsgesetzes ein gänzlich neues Rahmenwerk für den Netzausbau definiert. Die Übertragungsnetzbetreiber sind seit 2012 verpflichtet, der Öffentlichkeit in regelmäßigen Abschnitten einen Netzentwicklungsplan vorzulegen. Dieser soll den aktuellen Stand des Ausbaubedarfs der Übertragungsnetze auf Basis aktualisierter Erzeugungs- und Verbrauchsszenarien widerspiegeln. Die Szenarien werden zuvor in einem separat genehmigten und publizierten Szenariorahmen erarbeitet. Im Bundesbedarfsplangesetz ist gesetzlich festgelegt, welche Ausbauvorhaben im Übertragungsnetz energiewirtschaftlich notwendig und von vordringlichem Bedarf sind. Das Bundesbedarfsplangesetz vom Juli 2013 bildete den Abschluss der ersten Bedarfsermittlung. Grundlage für den Bundesbedarfsplan (BBP) bildet der von der Bundesnetzagentur konsultierte, geprüfte und bestätigte Netzentwicklungsplan (NEP). Für den Bundesbedarfsplan 2013 war dies der Netzentwicklungsplan 2012 für das Zieljahr 2022. Die geschätzten Investitionskosten in das deutsche Übertragungsnetz bis 2022 variierten je nach Szenario des Netzentwicklungsplans zwischen 19 und 23 Mrd. €.[20] Die im EnLAG genannten Vorhaben werden dabei als Startnetz vorausgesetzt. Der Gesetzgeber hat im Bundesbedarfsplan 2013 den vordringlichen Netzausbaubedarf der nächsten 10 Jahre von 8200 km aus dem NEP 2012 auf 5700 km reduziert und die notwendigen Investitionen auf 15 Mrd. € beziffert. Die Investitionen in das Startnetz von jeweils 5 Mrd. € sind sowohl beim Investitionsbedarf des NEP als auch beim BBP enthalten. Der Gesamtnetzausbaubedarf umfasst rund 2900 km an Optimierungs- und Verstärkungsmaßnahmen und 2800 km an Neubauvorhaben.[21] Der Umfang der Vorhaben aus dem BBPIG 2013 und dem EnLAG stellte bis zum Jahr 2022 einen Neubauanteil von 11,8 % am geplanten Übertragungsnetz dar. Bezogen auf die Gesamtleitungslänge von 2012 des deutschen Stromnetzes entspricht dies 0,27 %.[22]

[19] Vgl. Bundesnetzagentur, 2015a, S. 21.

[20] Vgl. Tennet TSO GmbH et al., 2012.

[21] Vgl. Fraunhofer ISI, 2014, S. 16.

[22] Bezogen auf die Leitungskilometer; Übertragungsnetz: 35.000 km (2012), 39.687 km (2022), Ausbau von 2800 + 1887 = 4687 km (11,8 %) – 0,27 % von insgesamt 1,75 Mio. Leitungskilometern.

Weicht ein neuer Netzentwicklungsplan deutlich von der ursprünglichen Prognose ab, wird das Bundesbedarfsplangesetz angepasst. Es wird jedoch mindestens alle 4 Jahre fortgeschrieben. Das Bundesbedarfsplangesetz vom 31.12.2015 bildete den Abschluss der dritten Bedarfsermittlung. Diese Fassung beinhaltet rund 2550 km an Neubautrassen und rund 3100 km an Optimierungs- und Verstärkungsmaßnahmen, die bis zum Zieljahr 2024 notwendig sind.[23]

Über den aktuellen Stand der Bau- und Planungsfortschritte informiert die Bundesnetzagentur im Internet unter www.netzausbau.de. Die Projekte des EnLAG und BBPlG – auf dem Stand zum ersten Quartal 2016 – sind in Abb. 1.20 dargestellt.

Seit 2013 müssen die ÜNB zudem einen Offshore-Netzentwicklungsplan für die Anbindung von Windenergieanlagen auf See erstellen. Dieser bildet die Basis für die Planungen des Ausbaus von Offshore-Windenergieanlagen, der zugehörigen Netzanbindung und der darauf basierenden Förderzusagen. Den ersten Offshore-Netzentwicklungsplan (O-NEP) hat die Bundesnetzagentur Anfang 2014 genehmigt. Nach dem Leitszenario B 2023 beträgt die Gesamtzubaulänge des Offshore-Netzes 2115 km. Der Gesamtinvestitionsbedarf für dieses Leitszenario wurde mit 22 Mrd. € beziffert.[24] Im Koalitionsvertrag vom November 2013 wurden die Offshore-Ausbauziele von 10 auf 6,5 GW im Jahr 2020 und von 25 auf 15 GW im Jahr 2030 angepasst. Diese Ziele wurden bei der Fortschreibung der Offshore-Netzentwicklungspläne berücksichtigt.[25]

Der Szenariorahmen der Netzentwicklungspläne umfasst laut § 12a EnWG mindestens 3 Entwicklungspfade (Szenarien A, B und C), die für die nächsten 10 Jahre die Bandbreite wahrscheinlicher Entwicklungen im Rahmen der mittel- bis langfristigen energiepolitischen Ziele der Bundesregierung abdecken. Eines der Szenarien muss zusätzlich die wahrscheinliche Entwicklung der nächsten 20 Jahre darstellen. Die Netzentwicklungspläne mussten zunächst jährlich von den ÜNB erstellt werden. Mit dem Gesetzentwurf der Bundesregierung zur Änderung von Bestimmungen des Rechts des Energieleitungsbaus vom 20.04.2015 wurden Änderungen wie ein zweijähriger Planungszeitraum für die Netzentwicklungspläne sowie Möglichkeiten zur Verlegung von Erdkabeln in technisch und wirtschaftlich effizienten Teilabschnitten von Höchstspannungsleitungen in den jeweils zutreffenden Gesetzgebungen vorgenommen. Durch die politischen Vereinbarungen der Parteivorsitzenden von CDU, CSU und SPD vom 01.07.2015 soll bei bestimmten Gleichstromtrassen das Erdkabel Vorrang haben.[26] Dies wurde für speziell gekennzeichnete HGÜ-Leitungen in § 3 BBPlG gesetzlich verankert. Diese Kosten wurden in den NEP bis zum Jahr 2015 nicht berücksichtigt. Die Möglichkeiten für eine Erdverkabelung von Wechselstromvorhaben wurden in § 4 BBPlG erweitert. Hier ist für einzelne Pilotvorhaben die abschnittsweise Realisierung als Erdkabel möglich.

[23] Vgl. Bundesnetzagentur, 2016a.
[24] Vgl. TenneT TSO GmbH et al., 2013b.
[25] Vgl. BMWi, 2014a, S. 69.
[26] Vgl. BMWi, 2015d.

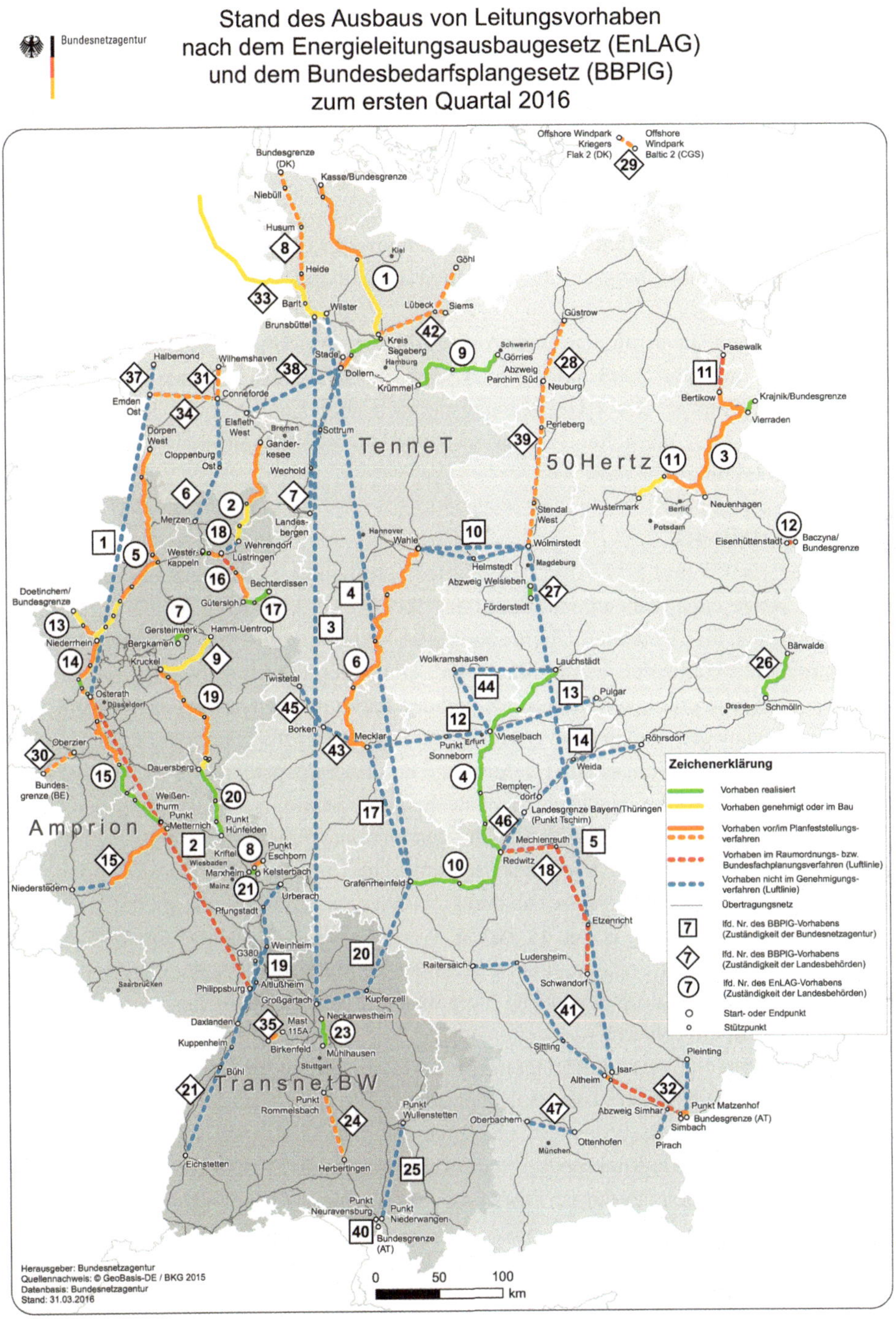

Abb. 1.20 Projekte des BBPlG und des EnLAG, Stand 1. Quartal 2016. (Bundesnetzagentur, 2016a)

Vom Bundesbedarfsplan, der nur den Anfangs- und Endpunkt identifizierter Vorhaben bestimmt, ist die Entscheidung über den Trassenkorridor zu unterscheiden. Überqueren die geplanten Leitungen Staats- oder Ländergrenzen, entscheidet die BNetzA über die Auswahl der Korridore (Bundesfachplanung). Entscheidungen über Trassenverläufe innerhalb eines Bundeslandes treffen die zuständigen Landesbehörden. Die ermittelten Korridore bilden die Grundlage für das Planfeststellungsverfahren. Die Übertragungsnetzbetreiber müssen für jeden Korridor mehrere alternative Leitungsverläufe betrachten. Ihre Vorschläge werden öffentlich diskutiert und auf ihre Umweltverträglichkeit geprüft. Durch einen Planfeststellungsbeschluss werden die exakten Trassenverläufe final festgelegt.

Die jährlichen Investitionen und Aufwendungen im Übertragungsnetz sind von 0,994 Mrd. € im Jahr 2008 auf 1,769 Mrd. € im Jahr 2014 angestiegen. Für 2015 entsprach der Planwert der 4 Übertragungsnetzbetreiber 2,664 Mio. €. Dies entspricht einer Steigerung der jährlichen Investitionen und Aufwendungen im Übertragungsnetz gegenüber 2008 um den Faktor 2,68.[27]

1.3.2.2 Verteilnetz

§ 11 Abs. 1 EnWG und § 12 Abs. 1 EEG 2014 verpflichten Verteilnetzbetreiber (VNB) dazu, ihre Netze entsprechend dem Stand der Technik zu optimieren, zu verstärken und auszubauen, um die Abnahme, Übertragung und Verteilung des Stroms sicherzustellen. Diese gesetzlich vorgegebene Anschluss- und Abnahmepflicht unabhängig von der momentanen Aufnahmefähigkeit des Netzes und der starke Ausbau von regenerativen Energieerzeugungsanlagen stellen die Verteilnetzbetreiber vor große Herausforderungen. „Einer Umfrage der Forschungsstelle Energienetze und Energiespeicher (FENES) unter Verteilnetzbetreibern zufolge sind bereits heute Spannungshaltung, Überlastung der Netzbetriebsmittel, zu geringe Kurzschlussleistungen und unsymmetrische Belastung im Netz aufgrund des Systemwandels drängende Probleme. Die Umfrage bildet etwa 20 % der Niederspannungsnetze (130.000 Netze) ab und gibt daher nur eine Tendenz wieder“ (Sterner, M.; Eckert, F.; Thema, M.; Bauer, F., 2015a, S. 4). Zusätzlich bestehen ein Ausbau- und Erneuerungsbedarf aufgrund der Altersstruktur der Verteilnetze. Untersuchungen des Verbands kommunaler Unternehmen (VKU) ergaben ein durchschnittliches Alter der Netzkomponenten von 30 Jahren.[28]

Der konventionelle Verteilnetzplanungsprozess wird derzeit für 2 Auslegungsszenarien durchgeführt, den Starklastfall und Rückspeisefall. Für den Starklastfall wird angenommen, dass Erneuerbare-Energien-Anlagen eine minimale Leistung bei maximaler Last bereitstellen, und für den Rückspeisefall, dass eine maximale Einspeisung von regenerativen Erzeugungsanlagen bei nur geringer Last (Schwachlast) vorliegt. Die angenommene

[27] Vgl. Bundesnetzagentur, 2015a, S. 90.
[28] Vgl. HWWI; HSH Nordbank; DICE, 2014, S. 17.

Schwachlast wird in den Planungsgrundsätzen der VNB definiert. Somit stellen die momentanen Auslegungsfälle eine Extremwertbetrachtung dar.[29]

Neben den konventionellen Netzausbaumaßnahmen werden die Netzbetreiber den neuen Herausforderungen v. a. dadurch gerecht, dass sie ihre Netze zunehmend intelligent steuern und somit an die geänderten Erfordernisse anpassen (Netzumbau). Dies ist über eine Ausrüstung der bestehende Netze mit Steuer- und Regeltechnik möglich (sog. *Smart Grid*). Hiermit kann beispielsweise auf Lastflusssituationen oder Spannungsänderungen reagiert und durch regelbare Transformatoren aktiv gegengesteuert werden. Als Smart Meter bezeichnete Messsysteme können Viertelstundenwerte erheben und sind darüber hinaus in der Lage, das Verbrauchsverhalten zu veranschaulichen bzw. zu dokumentieren. Diese Messsysteme sind mit einer externen Kommunikationseinheit ausrüstbar, können fernausgelesen werden und eine Fernsteuerung ermöglichen. Einspeisewerte regenerativer Erzeugungsanlagen und Netzzustandsinformationen können bereitgestellt werden, und netzindizierte Schalthandlungen sind möglich.

Die jährlichen Investitionen und Aufwendungen im Verteilnetz sind aufgrund des bereits voranschreitenden Aus- wie auch Umbaus von ca. 5,574 Mrd. € im Jahr 2008 auf ca. 6,193 Mrd. € im Jahr 2014 angestiegen. Der Planwert für das Jahr 2015 betrug 6,648 Mrd. €. Dies entspricht einer Steigerung der jährlichen Investitionen und Aufwendungen im Verteilnetz gegenüber 2008 um den Faktor 1,19.[30]

Eine ausführliche Analyse des zukünftigen Ausbaubedarfs in den Verteilnetzen wurde durch die „Verteilnetzstudie" der dena (2012) und durch die Studie „Moderne Verteilnetze für Deutschland – Verteilernetzstudie" von der E-Bridge Consulting GmbH (2014) durchgeführt.

Verteilnetzstudie

In der dena-Verteilnetzstudie wurde durch ein detaillierteres Netzsimulationsmodell der Netzausbaubedarf ermittelt, wobei die Optimierungsmöglichkeiten durch einen Netzumbau in der Hochspannungsebene berücksichtigt wurden. Die Betrachtung basiert auf einer großen Anzahl realer Netzdaten, die von Verteilnetzbetreibern bereitgestellt wurden, welche rund 50 % der deutschen Verteilnetze betreiben. Hierdurch ist gewährleistet, dass im Vergleich zu Studien, die exemplarische Modellnetze betrachten, eine möglichst hohe Realitätsnähe und damit Genauigkeit erzielt wird. Neben dem zukünftigen Ausbau der erneuerbaren Energien nach dem Szenario B des Netzentwicklungsplans 2012[31] erfolgte eine Betrachtung des Netzausbaus nach den Zielsetzungen der deutschen Bundesländer[32], die allerdings höhere erneuerbare Ausbaupfade für Deutschland ergeben. Für den Stromverbrauch wurde eine konstante Nachfrage auf Basis des Jahres 2010 unterstellt. Der Netzausbaubedarf für die gewählten Betrachtungsjahre und je nach Szenario ist in Tab. 1.10

[29] Vgl. dena, 2012.

[30] Vgl. Bundesnetzagentur, 2015a, S. 91.

[31] Erneuerbare-Energien-Anteil: 62 % an der Bruttostromnachfrage im Jahr 2030.

[32] Erneuerbare-Energien-Anteil: 82 % an der Bruttostromnachfrage im Jahr 2030.

Tab. 1.10 Netzerweiterungsbedarf im Verteilnetz nach der dena-Verteilnetzstudie. (dena, 2012)

Netzerweiterungsbedarf		Szenario B NEP 2012			Bundesländerszenario		
		2015	2020	2030	2015	2020	2030
Ausbau von Stromkreiskilometern [1000 km]	NS	39	45	52	41	48	57
	MS	20	43	72	30	71	117
	HS	3	6	11	3	10	18
Summe Ausbau [1000 km]	–	61	94	135	74	129	193
Modifizierung bestehender Stromkreise [1000 km]	HS	13	19	25	8	15	21
Gesamt [1000 km]	–	74	113	159	82	143	214
Zubau an Trafoleistung [1000 MVA]	MS/NS	5,86	6,88	16,04	12,86	14,11	33,98
	HS/MS	48,07	49,66	53,16	48,74	51,88	59,31
Zusätzliche Umspannwerke [–]	HS/HÖS	14	18	18	11	14	23
Investition [Mrd. €]	NS	2,6	3,0	3,6	2,8	3,2	4,2
	MS	3,2	5,2	7,8	4,1	7,7	12,0
	HS	5,6	10,2	16,1	6,5	15,8	26,3

aufgelistet. Grundlage für die Bedarfsermittlung waren der Einsatz konventioneller Betriebsmittel in den Stromnetzen sowie die geltenden (rechtlichen) Rahmenbedingen. Der Ausbaubedarf wurde nach der Extremwertbetrachtung derzeitiger Planungsprozesse identifiziert. Zusätzliche Varianten, wie z. B. der Einsatz regelbarer Ortsnetztransformatoren, die Anpassung technischer Richtlinien oder eine Abregelung von Einspeisespitzen regenerativer Erzeugungsanlagen, wurden ebenfalls geprüft. Die Ergebnisse sind in Abschn. 2.8.4. aufgezeigt. Im Falle eines marktgetriebenen Einsatzes flexibler Lasten und Speicher wurde ein erhöhter Netzausbaubedarf festgestellt.

Aus den Ergebnissen der dena-Verteilnetzstudie wird der hohe Ausbaubedarf auf der Mittelspannungsebene deutlich. Gemessen an den bestehenden Stromkreiskilometern, müssen in dieser Spannungsebene 15–24 % des Stromnetzes zusätzlich gebaut werden. In der Hochspannungsebene müssen zusätzlich 12–19 % des Stromnetzes neu errichtet und 22–26 % des Netzes durch Um- und Zubeseilung bestehender Freileitungstrassen umgerüstet werden. Geringer ist der Ausbaubedarf auf der Niederspannungsebene mit ungefähr 5 % an neuen Stromnetzen. In höheren Spannungsebenen fällt ein höherer Ausbaubedarf der Netze an, da im netzauslegungsrelevanten Rückspeisefall neben der auf dieser Netzebene angeschlossenen Erzeugungsleistung der Erneuerbare-Energien-Anlagen auch die Rückspeiseleistung der unterlagerten Ebenen aufgenommen werden muss. „Insgesamt sind der Neubau von 135.000 bis 193.000 km Stromkreislänge, die Umrüstung (d. h. Um- und Zubeseilung) von 21.000 bis 24.500 km bestehender Freileitungen in der Hochspannungsebene sowie die Installation einer zusätzlichen Transformatorleistung von 69.000 bis 93.000 MVA bis zum Jahr 2030 erforderlich" (dena, 2012, S. 7). An Gesamtkosten fallen bis zum Jahr 2030 nach der dena-Verteilnetzstudie 27,5 Mrd. € im NEP-

Szenario und 42,5 Mrd. € im Bundesländerszenario an. Dies entspricht annuitätischen Kosten zwischen 1,9 und 3 Mrd. € pro Jahr.[33] Verteilt auf die Spannungsebenen, liegen die Investitionskosten im Hochspannungsnetz am höchsten, was aus höheren Kosten der Kabelinstallation sowie dem Umrüstungsbedarf bestehender Freileitungssysteme resultiert. Die spezifischen Investitionskosten je Kilometer für die Installation von Kabeln sind in der Hochspannungsebene um das 13-Fache höher als in der Niederspannungsebene und um das 10-Fache höher als in der Mittelspannungsebene. Trotz geringerer Ausbaulängen an Stromkreiskilometern resultiert deshalb ein deutlich höherer Investitionsbedarf in der Hochspannungsebene (16,1 Mrd. €). Die erwarteten Kosten laut NEP 2012 in den Bereichen Mittelspannung (7,8 Mrd. €) und Niedrigspannung (3,6 Mrd. €) halbieren sich jeweils.[34]

Moderne Verteilnetze für Deutschland – Verteilernetzstudie

In der Studie „Moderne Verteilnetze für Deutschland – Verteilernetzstudie" von der E-Bridge Consulting GmbH (2014) wurden ähnliche Größenordnungen wie in der dena-Verteilnetzstudie für den Verteilnetzausbau ermittelt. Neben dem Bundesländer- und NEP-Szenario (nach NEP 2013) wurde zusätzlich ein Szenario, welches die aktuellen politischen Ziele nach EEG 2014 widerspiegelt, betrachtet. Damit wurden Szenarien von 128 GW (Szenario EEG 2014), 139 GW (NEP-Szenario) bis 206 GW (Bundesländerszenario) an Erneuerbare-Energien-Anlagenleistung bis zum Jahr 2032 abgedeckt. Zur Ermittlung des Ausbaubedarfs wurden Verteilnetzbetreiber in repräsentative Modellnetzklassen (10 Niederspannungs- und 8 Mittelspannungsmodellnetzklassen) untergliedert, die jeweils eine ähnliche Durchdringung mit regenerativen Erzeugungsanlagen aufweisen. Für jede dieser Modellnetzklassen wurden typische Netzmodelle erstellt. Sie sollen die heutige heterogene Struktur der Verteilernetze abbilden. Die erforderlichen Parameter zur Charakterisierung dieser typischen Netzmodelle basieren auf umfangreichen Analysen der aktuellen Netze. Eine hohe Anzahl von mehr als 2 Mio. simulierten Netzen konnte gewährleisten, dass die Heterogenität der einzelnen Verteilnetze bei der Simulation eine angemessene Berücksichtigung fand. Für die Hochspannungsebene wurden keine Modellklassen gebildet, sondern leitungs- und stationsscharfe Modelle aller deutschen Hochspannungsnetze entwickelt und simuliert. Grundlage für die Bedarfsermittlung waren der Einsatz konventioneller Betriebsmittel in den Stromnetzen sowie die geltenden (rechtlichen) Rahmenbedingen – analog der dena-Verteilnetzstudie.

Für den Betrachtungszeitraum von 2013 bis zum Jahr 2032 wurden insgesamt rund 130.000 bis 280.000 zusätzliche Leitungskilometer und 48.000 bis 129.226 MVA an Transformatorleistung je nach Ausbaugrad (Szenario) errechnet. Dafür sind Gesamtkosten von rund 23,2–48,9 Mrd. € zu erwarten, welche zu 80 % in den Mittel- und Hochspannungsnetzen anfallen. Für Hochspannungsnetze wurde eine vollständige Erdverkabelung angenommen, welche für rund ein Drittel der gesamten Ausbaukosten verantwortlich

[33] Vgl. Fraunhofer ISI, 2014, S. 27.
[34] Vgl. dena, 2012, S. 9.

ist. Für das NEP-Szenario wurden Gesamtkosten von 28 Mrd. € pro Jahr ermittelt.[35] Dies entspricht in etwa dem Wert aus der dena-Verteilnetzstudie. Durch die errechneten Gesamtkosten würden die jährlichen Zusatzkosten bis zum Jahr 2032 (Kapital- und Betriebskosten) auf ca. 1,8 bis 3,8 Mrd. € pro Jahr anwachsen. Dies entspricht einer Erhöhung der Netzkosten um rund 10–20 % gegenüber dem Jahr 2012.[36]

Die wichtigsten Feststellungen der Studie sind folgende: Ein Großteil des Ausbaubedarfs fällt kurzfristig an. Bis zu 70 % des Gesamtbedarfs sind im Jahr 2022 notwendig. Dadurch finden rund 80 % des Anstiegs der jährlichen Kosten bis zu diesem Zeitpunkt statt. Der Ausbaubedarf verteilt sich nicht homogen über alle Verteilernetze, sondern konzentriert sich auf einzelne Netze. So sind in der Niederspannungsebene nur 8 % der ca. 500.000 deutschen Niederspannungsnetze vom Ausbau betroffen. Dagegen tangiert der Netzausbau in der Mittelspannungsebene ca. 39 % der Netze und diese zum Teil erheblich (Erweiterung um bis zu 70 %). Durch diese Verteilung umfasst der notwendige Netzausbau ca. 35 % der Niederspannungsnetzbetreiber und 64 % der Mittelspannungsnetzbetreiber. Die Verteilung des Netzausbaubedarfs auf verschiedene Regionen mit Bezug auf die Spannungsebenen ist in Abb. 1.21 veranschaulicht. In der Niederspannungsebene sind 60 % des Handlungsbedarfes auf Süddeutschland konzentriert. Das liegt daran, dass in dieser Spannungsebene der Netzausbau durch den Zubau von Photovoltaikanlagen getrieben ist. Der Netzausbaubedarf in der Mittelspannungsebene verteilt sich etwa homogen über die Bundesrepublik. Auf der Hochspannungsebene konzentrieren sich 39 % des

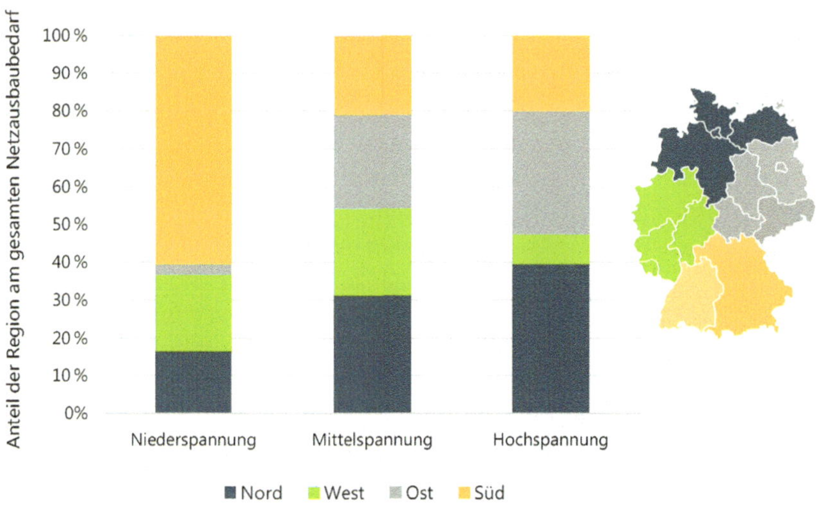

Abb. 1.21 Aufteilung des Netzausbaubedarfs im Verteilnetz. (E-Bridge Consulting GmbH, 2014)

[35] 165.885 km Kabel und 62.396 MVA Transformatorkapazität bis zum Jahr 2032.

[36] Vgl. E-Bridge Consulting GmbH, 2014, S. IV.

gesamten Ausbaubedarfs in den norddeutschen und 33 % in den ostdeutschen Bundesländern.

Eine detaillierte Regionalisierung des Ausbaubedarfs in der Hochspannungsebene nach Bundesländern zeigt Abb. 1.22. Es ist zu erkennen, dass Bundesländer mit großen Netzen (Bayern) oder hohem prognostiziertem erneuerbarem Leistungszubau (Schleswig-Holstein, Brandenburg, Hessen) besonders vom Ausbau betroffen sind. Der absolute Netzausbaubedarf wurde in der Darstellung auf die Einwohnerzahl der jeweiligen Bundesländer bezogen. Bundesländer mit geringer Bevölkerungsdichte sind überproportional vom Netzausbaubedarf betroffen.

Die regional unterschiedliche Verteilung von Ausbaumaßnahmen lässt erwarten, dass die Netzentgelte für Kunden ohne registrierende Leistungsmessung bis ins Jahr 2022 v. a. in den Regionen Nord- und Ostdeutschland um bis zu 16 % ansteigen. Die Regionen Süd- (10 %) und Westdeutschland (4 %) sind dagegen weniger stark betroffen.[37] Bezugsgrößen für diese Werte waren das Netzentgeltvolumen im Jahr 2012 in Höhe von ca. 18 Mrd. EUR und ein Ausbau regenerativer Erzeugungsanlagen gemäß der Ziele des EEG 2014. Die Ergebnisse verdeutlichen die zunehmende regionale Differenzierung von Netzentgelten bei steigenden erneuerbaren Ausbaugraden.

Neben dem konventionellen Netzausbaubedarf wurde in dieser Studie der Einfluss innovativer Planungskonzepte geprüft. Die Erkenntnisse werden im Folgenden zusam-

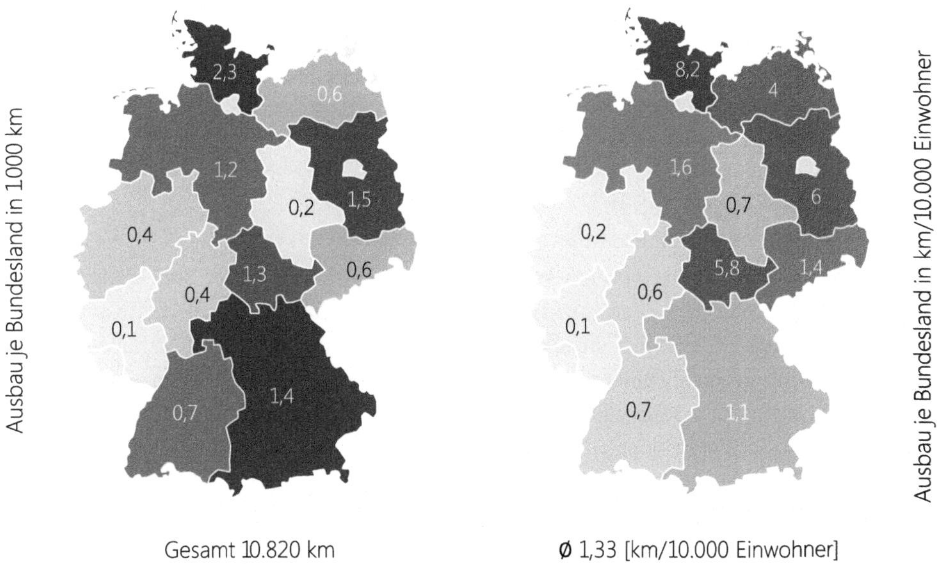

Abb. 1.22 Aufteilung des Netzausbaubedarfs in der Hochspannungsebene. (E-Bridge Consulting GmbH, 2014)

[37] Vgl. E-Bridge Consulting GmbH, 2014, S. V.

mengefasst. Eine Abregelung der jährlichen Einspeisung von Wind- und PV-Anlagen von 1 % der Jahresenergiemenge reicht aus, um den Netzausbaubedarf um ca. 30 % zu senken. Eine Abregelung von 3 % der Jahresenergie würde genügen, um mehr als 40 % des Netzausbaus einzusparen. Ab 3 % nimmt die Effektivität deutlich ab. Durch diese Spitzenkappung können die jährlichen Gesamtsystemkosten um mindestens 15 % reduziert werden. Regelbare Ortsnetztransformatoren können die jährlichen Gesamtkosten um ca. 10 % vermindern. Dadurch kann der Ausbau der Niederspannungsnetze fast vollständig vermieden werden. Eine Kombination aus Spitzenkappung und regelbaren Ortsnetztransformatoren bringt eine Einsparung der jährlichen Gesamtkosten von ca. 20 %. Zusätzlich wurde der Einfluss von Blindleistungs- und Lastmanagement auf den Netzausbau der Verteilnetzebene geprüft. Abweichend von den bestehenden Regularien mit einer $\cos(\varphi)$-Steuerung von 0,9 bzw. 0,95 wurde eine Erweiterung des Blindleistungsmanagements über eine $\cos(\varphi)$-Steuerung von 0,9 hinaus betrachtet. Hierfür zeigte sich nur ein geringer Nutzen. Lediglich in der Niederspannungsebene wurde ein nennenswerter Vorteil in Bezug auf den spannungsbedingten Netzausbau gegenüber den heutigen Regularien identifiziert. Für ein netzdienliches Lastmanagement mit derzeit bestehenden Lasten konnte keine nennenswerte Reduktion des Netzausbaus festgestellt werden. Das liegt daran, dass der größte Netzausbaubedarf in Regionen mit zurzeit verhältnismäßig niedrigen installierten Lasten vorliegt.[38] Der Einfluss neuer Lasten wie Elektrofahrzeuge oder Power-to-Gas-Anlagen in Regionen mit hohem Ausbaubedarf wurde nicht untersucht. Durch die Senkung der Gesamtkosten führen innovative Planungskonzepte im Allgemeinen zu einer Absenkung des durchschnittlichen Netzentgeltanstieges sowie zu einer Abschwächung der regionalen Unterschiede. Auf der anderen Seite findet eine deutliche Verschiebung zu höheren Betriebskosten statt. So würde der Anteil der Betriebskosten an den Ausbaukosten auf bis zu 40 % steigen, verglichen mit rund 16 % beim konventionellen Netzausbau.[39]

1.3.2.3 Grenzkuppelstellen

Das weitere Zusammenwachsen der europäischen Strommärkte ist für die Energiewende von großer Bedeutung, weil stärkere internationale Verbindungen die Effizienz des Gesamtsystems und die Versorgungssicherheit erhöhen können. Der Stromfluss des europäischen Strommarktes wird physikalisch durch die Kapazität der Grenzkuppelstellen beschränkt. Die zukünftig geplanten Übertragungskapazitäten zu den angrenzenden Nachbarländern sind in den Netzentwicklungsplänen für Deutschland bemessen. Tab. 1.11 listet die Austauschkapazitäten des Jahres 2014 aus dem Monitoringbericht 2015 sowie die zukünftig geplanten Kapazitäten aus dem Netzentwicklungsplan 2015 für die Zieljahre 2025 und 2035 auf. Die Zukunftsprognose ergibt sich aus den vorhandenen sowie den im Ten-Year Network Development Plan 2014 (TYNDP 2014) ausgewiesenen Austauschkapazitäten. Der Ten-Year Network Development Plan wird von den europäischen

[38] Vgl. E-Bridge Consulting GmbH, 2014, S. VII–IX.
[39] Vgl. E-Bridge Consulting GmbH, 2014, S. XII.

Tab. 1.11 Austauschkapazitäten zwischen Deutschland und angrenzenden Marktgebieten. (In Anlehnung an TenneT TSO GmbH et al., 2015; Bundesnetzagentur, 2015a)

	In GW	BE	CH	CZ	DK-O	DK-W	FR	LU	NL	NO	PO	SE	AUT	∑
2014	Export	–	1,09	0,66	1,05		2,47	-	2,23	–	0,66	0,32	5,5	13,98
	Import	–	4,0	1,36	1,47		1,8	-	2,26	–	1,36	0,45	5,5	18,2
	In GW	BE	CH	CZ	DK-O	DK-W	FR	LU	NL	NO	PO	SE	AUT	∑
2025	Export	1,0	4,4	1,3	1,0	2,5	3,0	2,3	5,0	1,4	2,0	1,2	5,5	30,6
	Import	1,0	4,2	2,6	1,0	2,5	3,0	2,3	5,0	1,4	3,0	1,2	5,5	32,7
	In GW	BE	CH	CZ	DK-O	DK-W	FR	LU	NL	NO	PO	SE	AUT	∑
2035	Export	2,0	4,4	2,0	1,6	2,5	4,1	2,7	5,0	1,4	2,0	1,2	7,5	36,4
	Import	2,0	5,0	2,6	1,6	2,5	4,1	2,7	5,0	1,4	3,0	1,2	7,5	38,6

BE – Belgien
PL – Polen
NO – Norwegen
∑ – Alle Nachbarländer
CZ – Tschechische Republik
CH – Schweiz
SE – Schweden
FR – Frankreich
DK – Dänemark
AUT – Österreich
NL – Niederlande
LU – Luxemburg

Übertragungsnetzbetreibern alle 2 Jahre gemeinsam erstellt und von der europäischen Regulierungsbehörde ACER geprüft.

1.3.3 Strom- und Spannungsgrenzen

► **Thermischer Grenzstrom** Der thermische Grenzstrom ist der maximale Strom, der durch Betriebsmittel fließen kann, ohne dass diese dauerhaft aufgrund von Überhitzungen beschädigt werden. Die daraus resultierende maximale Strombelastbarkeit darf im Normalbetrieb nicht überschritten werden, um Schädigungen oder eine vorzeitige Alterung zu vermeiden.

Dies findet bei der Auslegung von Betriebsmitteln Berücksichtigung. Aufgrund der thermischen Trägheit und der geringen Wahrscheinlichkeit für das gleichzeitige Auftreten von Jahreshöchstlast und Fehlerfall ist eine kurzzeitige Überlastung im Störfall zulässig.

► **Grenzspannung** Um die Spannungsqualität für die Letztverbraucher zu gewährleisten, müssen minimale und maximale Spannungsgrenzen eingehalten werden. Diese werden in der DIN EN 50160 definiert.

95 % der 10-min-Mittelwerte des Effektivwertes der Versorgungsspannung jedes Wochenintervalls müssen im Bereich ±10 % des Nennwertes liegen. Zusätzlich müssen 99 % der 10-min-Mittelwerte des Effektivwertes der Versorgungsspannung jedes Wochenintervalls im Bereich +10/–15 % des Nennwertes liegen. Ohne Spannungsregelung ist das gesamte Spannungsband auf die Spannungs- und Umspannebenen aufzuteilen. Weitere Anforderungen und Richtlinien gelten für die Sicherstellung der maximalen Spannungsänderung beim Anschluss von Erzeugungsanlagen. Die zulässige Spannungsänderung für

Erzeugungsanlagen mit Einspeisung auf der Mittelspannungsebene wird in den technischen Richtlinien für „Erzeugungsanlagen am Mittelspannungsnetz" des BDEW festgelegt. Im ungestörten Betrieb darf die von allen Erzeugungsanlagen mit Anschlusspunkt in einem Mittelspannungsnetz verursachte Spannungsänderung an keinem Verknüpfungspunkt einen Wert von 2 % gegenüber der Spannung ohne Erzeugungsanlagen überschreiten. Für die Niederspannungsebene wird vom VDE in der Anwendungsregel VDE-AR-N 4105 eine maximale Spannungsänderung von 3 % für Erzeugungsanlagen mit Anschlusspunkt in dieser Netzebene festgelegt.[40]

1.3.4 Qualität und Stabilität der Stromnetze

Qualität – Versorgungssicherheit

„Die Qualität des Netzes ergibt sich aus den technischen Vorkehrungen, die die Netzbetreiber gegen den technischen Ausfall ihres Netzes treffen" (BMWi, 2014a, S. 60). Insbesondere sind möglichst geringe lokale Unterbrechungen der Stromversorgung hinsichtlich Anzahl und Dauer anzustreben. Solche lokalen Unterbrechungen gehen meist auf Überlastungen, Störungen oder Beschädigungen von Netzkomponenten zurück. Das Übertragungsnetz wird mit der sog. *(n–1)-Sicherheit* betrieben, d. h. auch wenn eine entsprechende Leitung, ein Kabelstromkreis, Kraftwerk oder Netztransformator ausfällt (n–1), darf es nicht zu Einschränkungen und Auswirkungen auf die Versorgung kommen, die im schlimmsten Fall zu einem Blackout führen könnten. Die Einhaltung des (n–1)-Kriteriums wird deshalb in der Netzbetriebsplanung und im Netzbetrieb über periodisch durchgeführte Ausfallsimulationen kontinuierlich überprüft.[41] Aufgrund dieser Sicherheit im Übertragungsnetz sind Stromausfälle in dieser Spannungsebene sehr selten. Für Verteilernetze ist die (n–1)-Sicherheit nicht auf allen Spannungsebenen vorgeschrieben. Auf der Hochspannungsebene mit Übertragungsfunktion wird diese Sicherheit gewährleistet. Der hohe Vermaschungsgrad der Verteilnetze untereinander und zu den nachgelagerten Netzen erzeugt eine vergleichbar hohe Sicherheit. Zur Messung der Netzqualität wird von der Bundesnetzagentur jedes Jahr der „System Average Interruption Duration Index" (SAIDI) veröffentlicht. Dies ist ein Maß für die durchschnittliche Unterbrechungsdauer der Stromversorgung. Man spricht von einer Versorgungsunterbrechung, wenn die Spannung am Anschlusspunkt eines Endkunden entweder unterbrochen bzw. auf einen Wert unter 5 % der Nennspannung sinkt (DIN EN 50160) und diese Situation eine gewisse Zeit lang anhält.[42] In den SAIDI fließen ausschließlich ungeplante Unterbrechungen ein, die auf atmosphärische Einwirkungen, Einwirkungen Dritter, Rückwirkungen aus anderen Netzen oder auf andere Störungen im Verantwortungsbereich der Netzbetreiber zurückzuführen sind *und* die länger als 3 min andauern. Im Jahr 2014 lag der SAIDI bei 12,28 min

[40] Vgl. E-Bridge Consulting GmbH, 2014, S. 32 – Thermischer Grenzstrom und Grenzspannung
[41] Vgl. FGH, 2012, S. 5.
[42] Vgl. Energie-Forschungszentrum Niedersachsen, 2013, S. 6.

und damit deutlich unter dem Mittelwert der vergangenen 8 Jahre von 16,72 min. Damit steht Deutschland hinsichtlich der Versorgungssicherheit im internationalen Vergleich mit an vorderster Stelle.[43]

Stabilität

Die Netzbetreiber müssen kontinuierlich Maßnahmen ergreifen und Vorkehrungen treffen, um einen dauerhaft stabilen Betrieb des Stromnetzes zu gewährleisten. Aus den Vorkehrungen, die für einen planbaren und planmäßigen sicheren Betrieb der Netze und gegen Spannungs- und Frequenzschwankungen ergriffen werden, ergibt sich die Stabilität des Netzes. Den Übertragungsnetzbetreibern steht für die Stabilisierung der Netze eine Reihe von Systemdienstleistungen zur Verfügung.

1.3.5 Systemdienstleistungen

Eine Übersicht aller Systemdienstleistungen ist in Tab. 1.12 gegeben. Die einzelnen Systemdienstleistungen werden in den nachfolgenden Kapiteln erläutert. Die Zuständigkeit zur Erbringung von Systemdienstleistungen ist im Energiewirtschaftsgesetz geregelt.

Tab. 1.12 Übersicht der Systemdienstleistungen. (dena, 2014a)

Systemdienst-leistung	Frequenzhaltung	Statische und dynamische Spannungshaltung	Versorgungswieder-aufbau	Betriebsführung
Ziel	- Halten der Frequenz im zulässigen Bereich	- Halten der Spannung im zulässigen Bereich - Begrenzung des Spannungseinbruchs bei einem Kurzschluss	- Wiederherstellung der Versorgung nach Störungen	- Koordination des Netz- und Systembetriebs
Produkte/Maß-nahmen	- Momentanreserve - Regelleistung - Zu-/abschaltbare Lasten - Frequenzabhängiger Lastabwurf - Wirkleistungsreduktion bei Über-/Unterfrequenz (EE- und KWK-Anlagen)	- Bereitstellung von Blindleistung - Spannungsbedingter Redispatch und Countertrading - Bereitstellung von Kurzschlussleistung - Spannungsregelung	- Schaltmaßnahmen zur Störungseingrenzung - Koordinierte Inbetriebnahme von Einspeisern und Teilnetzen - Schwarzstartfähigkeit von Erzeugern	- Netzanalyse und Monitoring - Durchführung Engpassmanagement - Koordination der Erbringung der SDL (netzebenenübergrei-fend) - Beschaffung Verlustenergie
Heutige Erbringer	- Konventionelle Kraftwerke - Flexible steuerbare Lasten - Regelleistungspools (u. a. mit EE-Anlagen und Großbatterien)	- Konventionelle Kraftwerke - Netzbetriebsmittel (z. B. Kompensationsanlagen) - EE-Anlagen	- Netzleitwarten - Schwarzstartfähige, konventionelle Kraftwerke - Pumpspeicherwerke	- Netzleitwarten in Zusammenspiel mit Netzbetriebsmitteln und konventionellen Kraftwerken

[43] Vgl. Bundesnetzagentur, 2015a, S. 70–73.

Maßnahmen nach § 13 Abs. 1 EnWG – Übertragungsnetzbetreiber
Die Systemverantwortung der Übertragungsnetzbetreiber ist nach § 13 EnWG geregelt. Liegt eine Gefährdung bzw. Störung der Sicherheit oder Netzzuverlässigkeit des Stromversorgungssystems vor, müssen Maßnahmen nach Absatz 1 ergriffen werden. Dieser regelt die Verpflichtung zu netzbezogenen Maßnahmen – v. a. durch Netzschaltungen – und zu marktbezogenen Maßnahmen, insbesondere der Einsatz von Regelenergie (vertraglich vereinbarte abschaltbare und zuschaltbare Lasten), Informationen über Engpässe und Management von Engpässen (Redispatch und Einspeisemanagementmaßnahmen) sowie Mobilisierung zusätzlicher Reserven.

Maßnahmen nach § 13 Abs. 2 EnWG – Übertragungs- und Verteilnetzbetreiber
Lässt sich die Gefährdung oder Störung durch Maßnahmen nach § 13 EnWG Abs. 1 nicht oder nicht rechtzeitig beseitigen, sind Betreiber von Übertragungsnetzen berechtigt und verpflichtet, sämtliche Stromeinspeisungen, Stromtransite und Stromabnahmen in ihren Regelzonen anzupassen oder diese Anpassung zu verlangen. Soweit Elektrizitätsverteilernetzbetreiber für die Sicherheit und Zuverlässigkeit der Elektrizitätsversorgung in ihrem Netz verantwortlich sind, sind auch sie gemäß § 14 Abs. 1 EnWG zu Anpassungsmaßnahmen nach § 13 Abs. 2 EnWG berechtigt und verpflichtet. Darüber hinaus sind Verteilernetzbetreiber gemäß § 14 Abs. 1c EnWG verpflichtet, Maßnahmen des Übertragungsnetzbetreibers nach dessen Vorgaben durch eigene Maßnahmen zu unterstützen (Unterstützungsmaßnahmen).

1.3.5.1 Statische und dynamische Spannungshaltung

Im Hinblick auf die Sicherheit und Stabilität des Stromsystems muss der Betrag der Netzspannung sowohl im Normalbetrieb wie auch im Fehlerfall gewahrt werden. Die einzuhaltenden Grenzspannungen sind in Abschn. 1.3.3 beschrieben. Die Netzbetreiber haben verschiedene technische Möglichkeiten zur Verfügung, um die Spannungshaltung zu gewährleisten. „Dies geschieht heute zu einem großen Teil durch die planerische Auslegung der Netze sowie betrieblich durch die Blindleistungsbereitstellung der konventionellen Kraftwerke und die gezielte Stufung von Transformatoren. Darüber hinaus werden Blindleistungskompensationsanlagen und Spannungsregler im Stromnetz eingesetzt" (dena, 2014b, S. 13). Zudem wird, wie in Abschn. 1.3.5.4 erläutert ist, ein Teil des Redispatch und Countertrading aus Gründen der Spannungshaltung veranlasst. Die Bereitstellung von Blindleistung wird auch als statische Spannungshaltung bezeichnet. Eine alternative Bereitstellung von Blindleistung gegenüber konventionellen Erzeugern und Redispatch ist aus heutiger Sicht mittels zusätzlicher Kompensationsanlagen (z. B. Spulen, Kondensatoren), Umrichterstationen der geplanten Hochspannungsgleichstromübertragungstrassen (HGÜ), dezentralen Erzeugungsanlagen in den Stromverteilnetzen und Phasenschiebern möglich. Zusätzlich können stillgelegte Kraftwerke für einen Phasenschieberbetrieb ertüchtigt werden.[44]

[44] Vgl. dena, 2014b, S. 13.

Die Vorhaltung einer ausreichend hohen Kurzschlussleistung, auch dynamische Spannungshaltung genannt, ist notwendig, um u. a. die sichere Erfassung von Kurzschlussereignissen durch die entsprechenden Schutzgeräte, die transiente Stabilität elektrischer Maschinen und einen möglichst lokal begrenzten Spannungseinbruch im Fehlerfall zu gewährleisten. „Die Kurzschlussleistung darf jedoch nicht unzulässig hoch sein, da sonst Betriebsmittel aufgrund zu hoher Kurzschlussströme Schäden erleiden und ggf. Leistungsschalter die hohen Kurzschlussströme im Störfall nicht sicher abschalten können" (dena, 2014b, S. 15). Über Umrichter angeschlossene Anlagen beteiligen sich in Höhe ihres Betriebsstroms an der Kurzschlussleistung. Bei der Verdrängung von Synchrongeneratoren durch Erneuerbare-Energien-Anlagen, die überwiegend mit stromrichtergestützten Technologien einspeisen, unterliegt die zur Verfügung stehende Kurzschlussleistung starken wetter- und tageszeitabhängigen Schwankungen. Es ist möglich, die Bereitstellung von Kurzschlussleistung durch regenerative Erzeugungsanlagen regional ausgeglichener zu verteilen, indem eine Bereitstellung von Kurzschlussleistung aus dem Umrichter auch ohne Wirkleistungseinspeisung ermöglicht wird.[45] Die Bereitstellung von Blindleistung und Kurzschlussleistung ist örtlich an ihre Lage im Netz (Netzknoten) beschränkt und wird durch die Netzbetreiber in Netzanschluss- und Netznutzungsverträgen geregelt.[46]

1.3.5.2 Frequenzhaltung

Für Deutschland sowie für das kontinentaleuropäische Verbundnetz (ENTSO-E RG CE, ehemals UCTE) ist eine Netzfrequenz von 50 Hz mit einer Toleranz der quasistationären Frequenzabweichung von ±200 mHz vereinbart. Die Frequenz ist die Führungsgröße für das Leistungsgleichgewicht zwischen Erzeugung und Verbrauch im elektrischen Energieversorgungssystem. Eine physikalische Abweichung liegt vor, wenn die tatsächliche Einspeisung oder der tatsächliche Verbrauch durch unvorhersehbare Ereignisse, wie z. B. Kraftwerksausfälle, veränderte Witterungsbedingungen oder einen kurzfristig veränderten Verbrauch gegenüber gehandelten Prognosen, nicht mehr durch Marktmechanismen ausgeglichen werden können.

Momentanreserve

Schnelle Frequenzänderungen im Toleranzbereich von ±200 mHz im Stromsystem werden kurzfristig durch die Trägheit der rotierenden Massen von Generatoren des konventionellen Kraftwerksparks gedämpft.

> Die Eigenschaft, durch Aufnahme bzw. Abgabe von kinetischer Energie Frequenzänderungen unter ±200 mHz entgegenzuwirken, wird als Momentaufnahme bezeichnet.

Sind weniger konventionelle Anlagen vorhanden, können regenerative Erzeuger, insbesondere Windkraftanlagen und größere Freiflächen-Solarkraftwerke sowie Batteriespei-

[45] Vgl. dena, 2014b, S. 15–16.
[46] Vgl. Energie-Forschungszentrum Niedersachsen, 2013, S. 202.

cher einen Beitrag leisten. Einerseits kann durch die Leistungselektronik von Einspeisewechselrichtern das träge Verhalten eines elektromechanischen Synchrongenerators nachgestellt werden. Bei dieser Drosselung von erneuerbaren Energien kommt es jedoch zu einem dauerhaften Wirkleistungsverlust. Deshalb stellt die Nutzung der Trägheit von Windenergieanlagen die effizienteste Alternative zur Erbringung der Momentanreserve dar. Im Gegensatz zu Batteriespeichern ist hierfür grundsätzlich kein zusätzlicher Investitionsbedarf notwendig. Stehen Batteriespeicher bereits aus anderen Gründen im Netz zur Verfügung, können diese für die Erbringung der Momentanreserve einbezogen werden. Die Studie „Systemdienstleistungen 2030" der dena (2014a) hat für das Jahr 2030 einen Bedarf an alternativer Bereitstellung von kinetischer Energie zur Erbringung der Momentanreserve von 0,68 MWh und eine alternative Bremsleistung von 254 MW ermittelt. Unter Annahme der Trägheit einer Windenergieanlage mit einer Bremsleistung von bis zu 0,2 MW und einer kinetischen Energie von bis zu 0,55 kWh konnte festgestellt werden, dass die Trägheit von Windkraftanlagen zur Erbringung dieses alternativen Anteils ausreicht. Zum jetzigen Zeitpunkt existiert für die Momentanreserve noch kein Marktmechanismus.[47]

Regelleistung
Bei Überschreitung des Toleranzbereiches von ±200 mHz setzen die Übertragungsnetzbetreiber positive und negative Regelleistung ein. Sie beschaffen die Regelleistung in den 3 Produktqualitäten Primär- und Sekundärregelleistung sowie Minutenreserve über ein regelmäßig durchgeführtes marktbasiertes Auktionsverfahren.

Der Regelleistungsmarkt wird ausführlich in Abschn. 1.4.3 erläutert. Die Produktqualitäten unterliegen unterschiedlichen Kriterien für Anbieter, die in Tab. 1.13 zusammengefasst sind.

„Potenzielle Anbieter am Regelleistungsmarkt müssen vor einer Teilnahme in einem Präqualifikationsverfahren nachweisen, dass die vorgesehenen Erzeugungseinheiten oder ggf. flexible Lasten über die geforderte Verfügbarkeit, Zuverlässigkeit und Regelbarkeit verfügen" (dena, 2014b, S. 10). Die automatisch und frequenzabhängig einsetzende Primärregelleistung (PRL) wird unabhängig vom Eingreifen der Übertragungsnetzbetreiber aktiviert und muss innerhalb von 30 s vollständig bereitstehen und für mindestens 15 min abgegeben werden können. Die Aktivierung der Sekundärregelleistung (SRL) erfolgt in der vom Ausfall betroffenen Regelzone innerhalb von 5 min nach Störungseintritt vollautomatisch durch einen Leistungsfrequenzregler des jeweiligen Übertragungsnetzbetreibers. Hierfür besteht bei den Regelleistungserbringern eine Kommunikationsverbindung mit der Leitwarte des Übertragungsnetzbetreibers. Bei der Minutenreserveleistung (MRL) handelt es sich um ein fahrplangestütztes elektronisches Abrufverfahren durch die Übertragungsnetzbetreiber. Der Abruf der MRL erfolgt im Viertelstundenraster zum Ausgleich von Schwankungen nach einer Vorlaufzeit von 15 min. SRL- und MRL-Abrufe erfolgen nach der Merit Order[48] des Arbeitspreises der Anbieter. Im deutschen Energieversor-

[47] Vgl. dena, 2014b, S. 9–10.
[48] Abschn. 1.5.5.

Tab. 1.13 Kriterien der Regelleistungsprodukte. (In Anlehnung an Energie-Forschungszentrum Niedersachsen, 2013)

Produktqualität	Primärregelleistung	Sekundärregelleistung	Minutenreserve
Ausschreibungszeit	Wöchentlich In der Regel dienstags	Wöchentlich In der Regel mittwochs	Täglich
Erbringungszeit	Mo 0.00 Uhr bis So 24.00 Uhr	HT-Zeit = Werktags 08.00 Uhr bis 20.00 Uhr (ohne Feiertage) NT-Zeit = Gesamtzeit abzüglich HT-Zeit	Jeweils 6 Zeitscheiben täglich à 4 h, beginnend bei 0.00 Uhr
Mindestangebotsgröße	1 MW	5 MW	5 MW
Produkte	1 Produkt mit Regelband +/– angebotene Leistung	4 Produkte – positives (Leistungserhöhung) und negatives (Leistungsabsenkung) Regelband jeweils für HT- und NT-Zeit	12 Produkte – positives wie negatives Regelband jeweils für 4-h-Zeitscheiben
Minimal zu realisierender Leistungsgradient	4 % der Nennleistung/min	1 MW/min	0,33 MW/min
Vergütung	Leistungspreis	Leistungs- und Arbeitspreis	Leistungs- und Arbeitspreis

gungssystem sind die Regelleistungsreserven theoretisch für einen Zeitraum von maximal 1 h zu erbringen. In der Praxis führen aufeinanderfolgende Störungen regelmäßig zu längeren Abrufzeiten.[49] Die Einsatzreihenfolge der Regelleistungsprodukte entspricht Abb. 1.23. In dieser Darstellung ist der Ablauf der Primär- und Sekundärreglung vereinfacht nach der Frequenzänderung, hervorgerufen durch eine Differenzleistung von Verbraucher- und Erzeugerleistung, aufgezeigt.

Während die Kosten der Regelleistungsvorhaltung (Leistungspreise) in die Netznutzungsentgelte einfließen, wird die eingesetzte Regelarbeit (Arbeitspreise) in Form von Ausgleichenergie an die Leistungsungleichgewichte verursachenden Bilanzkreisverantwortlichen abgerechnet. Die Ausschreibungsmenge der SRL und MRL wird von den 4 deutschen Übertragungsnetzbetreibern nach einem einheitlichen mit der BNetzA abgestimmten Verfahren quartalsweise dimensioniert. Im Gegensatz dazu erfolgt die Feststellung des Bedarfs an Primärreserve im Verbund der zentraleuropäischen Übertragungsnetzbetreiber ENTSO-E. Der Gesamtbedarf an Primärregelleistung wird über die Annahme eines zeitgleichen Ausfalls der 2 größten Kraftwerksblöcke innerhalb des Netzgebietes festgelegt, was derzeit einer Gesamtvorhaltung der ENTSO-E von ± 3000 MW entspricht. Die Verteilung auf die beteiligten Netzbetreiber wird jährlich neu berechnet und richtet sich anteilig nach der Stromeinspeisung des Vorjahres.[50]

Die durchschnittlich ausgeschriebenen Leistungen der Regelleistungsprodukte in den Jahren 2013 und 2014 sowie der durchschnittliche Einsatz von SRL und MRL sind in

[49] dena, 2014a, S. 30.

[50] Vgl. Next Kraftwerke GmbH.

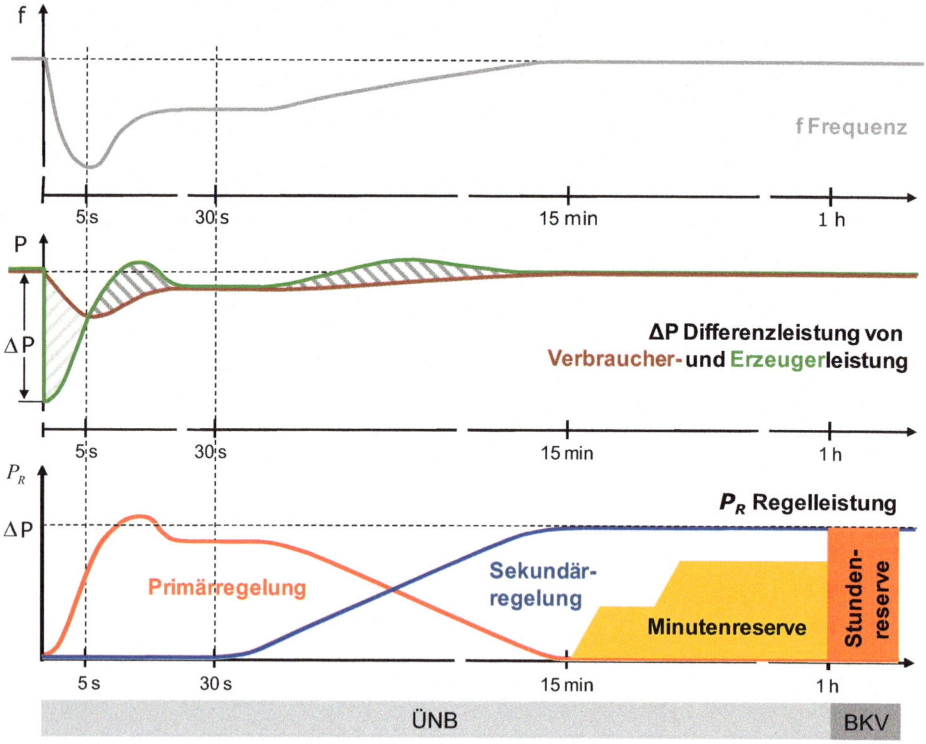

Abb. 1.23 Einsatzreihenfolge Regelenergie – beispielhafter Ablauf der Primär- und Sekundärregelung. (In Anlehnung an Verstege, J., 2003)

Tab. 1.14 aufgelistet. Die Werteentwicklung in den 2 Betrachtungsjahren zeigt eine leichte Minderung der Ausschreibungsmenge von Sekundärregelleistung und Minutenreserve. Der durchschnittliche Einsatz der Minutenreserve stieg jedoch im Jahr 2014 an, während er sich für Sekundärregelleistung reduzierte.

Tab. 1.14 Regelleistungsbilanz 2013 und 2014. (In Anlehnung an Bundesnetzagentur, 2015a; Bundesnetzagentur, 2014a)

	Primärregelleistung	Sekundärregelleistung		Minutenreserve	
		Positiv	Negativ	Positiv	Negativ
Durchschnittlich ausgeschriebene Leistung [MW]	551 (568)[a]	2122 (2058)	2081 (1987)	2483 (2376)	2591 (2540)
Durchschnittlicher Einsatz [MW]	–	166 (133)	264 (184)	201 (262)	215 (288)

[a] (...) – Werte des Jahres 2014

Regelleistung wird im heutigen Stromversorgungssystem hauptsächlich durch konventionelle Kraftwerke und Pumpspeicherwerke bereitgestellt. Alternative Anbieter zur Regelleistungserbringung, die bereits heute am Regelleistungsmarkt ihre Leistung vermarkten, sind Regelleistungspools, bestehend aus Biogasanlagen, Notstromaggregaten, Power-to-Heat-Anlagen, Großbatterien und besonders energieintensive Industrieunternehmen mit flexiblen Lasten. Regelleistungspools werden für Anlagen genutzt, welche die Mindestangebotsgröße unterschreiten. Diese können zu einem virtuellen Kraftwerk mit ausreichender Leistung zusammengeschaltet und vermarktet werden. Eine Besicherung der angebotenen Regelleistung kann im Pool selbst oder auch durch Anlagen Dritter in der gleichen Regelzone erfolgen. Weitere alternative Anbieter, die grundsätzlich Regelleistung erbringen könnten, sind fernsteuerbare Windkraft- oder Photovoltaikanlagen, kleinere Erzeugungsanlagen (z. B. Klein-BHKW), flexible Lasten und Stromspeicher.[51]

Stundenreserve

Die sog. *Stundenreserve* ist nicht Teil des Begriffsfeldes Regelenergie und wird auch nicht über den Regelenergiemarkt ausgeschrieben. Wie in Abb. 1.23 dargestellt ist, löst diese Reserve nach maximal 60 min die Regelleistungserbringung ab. Dann ist der Verursacher der Netzfrequenzschwankung selbst und nicht mehr der Übertragungsnetzbetreiber dafür verantwortlich, das Gleichgewicht im Übertragungsnetz wiederherzustellen. Dies kann durch die Steuerung eigener Kraftwerke abseits des Regelenergiemarkts oder über Handelsgeschäfte erfolgen.

Abschaltbare Lasten Verordnung (AbLaV)

Als weiteres Element der Frequenzhaltung verabschiedete die Bundesregierung mit Zustimmung des Bundesrates im Dezember 2012 die „Verordnung über Vereinbarungen zu abschaltbaren Lasten". Netzbetreiber können dadurch in kritischen Situationen flexible industrielle Lasten, die am Hoch- (mindestens 110 kV) und Höchstspannungsnetz angeschlossen sind, vom Netz nehmen und so die Systemstabilität erhöhen. Industrieanlagen, die sich an dem Ausschreibungsverfahren beteiligen, müssen technisch so ausgerüstet sein, dass sie entweder bei einer bestimmten Frequenzunterschreitung innerhalb 1 s (sofort abschaltbare Last) oder ferngesteuert innerhalb von 15 min (schnell abschaltbare Last) für wenige Stunden im Monat vom Netz gehen können. Durch eine Präqualifikation beim Übertragungsnetzbetreiber müssen das die Anlagen nachweisen. Die monatlich ausgeschriebene Menge beträgt jeweils 1500 MW, die Mindestangebotsgröße (Mindestlosgröße) liegt bei 50 MW, und die Maximalangebotsgröße umfasst 200 MW. Anlagenbetreiber erhalten für die Bereitstellung abschaltbarer Leistung einen Leistungspreis in Höhe von 2500 €/MW und im Falle tatsächlicher Abschaltungen zusätzlich einen Arbeitspreis. Dessen Höhe wird durch die Ausschreibung ermittelt und beträgt mindestens 100 und höchstens 400 €/MWh. Die Finanzierung erfolgt über eine Umlage bei den Stromver-

[51] Vgl. dena, 2014b.

brauchern. Die ersten Ausschreibungen für abschaltbare Lasten durch die Betreiber von Übertragungsnetzen erfolgten am 24. und 25. Juni 2013 für den Zeitraum Juli 2013. Dafür wurden 247 MW an sofort abschaltbaren und 593 MW an schnell abschaltbaren Lasten kontrahiert. Monatlich aktualisierte Informationen zu den Ausschreibungsergebnissen sowie zu den Kosten werden von den Übertragungsnetzbetreibern auf einer gemeinsamen Internetplattform (www.regelleistung.net) bereitgestellt.[52]

Einführung Zuschaltbare Lasten
Zur Verminderung von Abregelungen wurde mit dem EEG 2017 ein Instrument zur Nutzung des Stroms im Wärmebereich als zuschaltbare Last (vgl. § 13 Absatz 6a EnWG) eingeführt. Übertragungsnetzbetreiber können mit KWK-Anlagenbetreibern vertragliche Vereinbarungen zur Reduzierung der Wirkleistungseinspeisung aus der KWK-Anlage und gleichzeitiger Lieferung von elektrischer Energie für die Aufrechterhaltung der Wärmeversorgung schließen. Der Umfang an zuschaltbaren Lasten ist auf bestimmte Netzgebiete (mit Netzengpässe) und auf 2 GW beschränkt. Wird diese Mindestleistung im Netzausbaugebiet nicht durch KWK-Anlagen erreicht, wird die Bundesregierung unmittelbar einen Vorschlag für eine Rechtsverordnung vorlegen, damit auch andere Technologien zum Einsatz kommen können.

Frequenzabhängiger Lastabwurf
Als letzte Sicherungsmaßnahme bei Unterfrequenz greift der frequenzabhängige Lastabwurf, d. h. die automatisierte, stufenweise Trennung der Verbraucher vom Netz. Zur Vermeidung eines Netzzusammenbruchs durch Unterfrequenz gibt es den 5-Stufen-Plan für den Lastabwurf nach den Netz- und Systemregeln der deutschen Übertragungsnetzbetreiber (Transmission Code). Die erste Stufe sieht bei 49,8 Hz den Einsatz von Regelleistung vor. Ab einer Frequenz von 49 Hz beginnt der sofortige Abwurf von Netzlast in 3 Stufen. Ab 47,5 Hz werden Kraftwerke vom Netz getrennt, um eine Zerstörung von Anlagenteilen zu vermeiden. Unmittelbare Folge ist der Versorgungszusammenbruch.

Wirkleistungsreduktion dezentraler Stromerzeuger bei Über- oder Unterfrequenz
Nach den historischen technischen Anschlussbedingungen (TAB) trennen sich dezentrale Erzeugungsanlagen bei Netzfrequenzen von 49,5 oder 50,2 Hz vom Netz. Daraus resultiert aufgrund der stetig steigenden Systemleistung von Erneuerbare-Energien-Anlagen ein starker Frequenzabfall. Erst ein erweiterter Frequenzbereich von 47,5 bis 51,5 Hz in modernen TAB leistet einen hinreichenden Beitrag zur Systemstabilität. Im § 9 EEG 2014 wurde deshalb geregelt, dass Anlagenbetreiber und Betreiber von KWK-Anlagen ihre Anlagen mit einer installierten Leistung von mehr als 100 kW mit technischen Einrichtungen ausstatten, mit deren Hilfe der Netzbetreiber jederzeit die Einspeiseleistung bei Netzüberlastung ferngesteuert reduzieren und die Ist-Einspeisung abrufen kann.

[52] Vgl. BMWi, 2014a, S. 70–71.

1.3.5.3 Netzwiederaufbau – Schwarzstartfähigkeit

Im Falle eines vollständigen oder großräumigen Stromausfalls im europäischen Verbundnetz wird der Versorgungswiederaufbau auf der Basis eines zentralen Konzepts durch Hochfahren schwarzstartfähiger Großkraftwerke im Übertragungsnetz realisiert. Zu Beginn des Netzwiederaufbauprozesses bilden diese Kraftwerke jeweils einzelne Inselnetze. Große Wasserkraftwerke (v. a. Pumpspeicher) und Gasturbinen sind heute Beispiele für schwarzstartfähige Kraftwerke, deren Anfahren mit Batterien bzw. Notstromaggregaten auch im Schwarzfall möglich ist. Parallel zur Zuschaltung weiterer Erzeugungsleistung werden Lasten hinzugenommen. Darauf aufbauend erfolgt sukzessive die Synchronisierung und Verbindung der im Zuge des Wiederaufbaus entstandenen Inselnetze.[53] Der Wiederaufbau von Netzen (Schwarzstart) wird von den Netzbetreibern über bilaterale Verträge organisiert. Dabei handelt es sich teilweise um Vorgaben in den Netzanschlussregeln. Die Vergütung ist aufgrund der OTC-Praxis sehr intransparent. Wird ein Erlös für die Schwarzstartfähigkeit von 5 € je Kilowatt und Monat bzw. 60.000 € je Megawatt und Jahr angenommen, ergibt sich aus den Gesamtkosten des Jahres 2013 für die Schwarzstartfähigkeit aus Abschn. 1.3.5.5 ein Bedarf von 100 MW.[54]

1.3.5.4 Betriebsführung, Engpassmanagement und Verlustenergie

„Im Rahmen der Betriebsführung fällt den Netzbetreibern die Aufgabe zu, das Stromnetz und alle angeschlossenen Erzeugungseinheiten und Lasten zu überwachen und bei Bedarf zu steuern, um einen sicheren Betrieb des Gesamtsystems zu gewährleisten" (dena, 2014b, S. 17). Neben der Koordination und Organisation der Frequenz- und Spannungshaltung sowie des Netzwiederaufbaus auf den verschiedenen Netzebenen zählen ebenso das Engpassmanagement und die Beschaffung von Verlustenergie zu den Aufgaben der Netzbetriebsführung.

Engpassmanagement

- „Unter Engpassmanagement fallen alle Maßnahmen, die ein Netzbetreiber einsetzen kann, um Leitungsüberlastungen durch Netzengpässe in seinem Netz zu vermeiden oder zu beheben" (Bundesnetzagentur, 2016c). Netzengpässe treten auf, wenn durch Stromflüsse in den Stromnetzen, die sich aus den am Strommarkt vereinbarten Einspeisungen ergeben, die Strom- und Spannungsgrenzen nicht eingehalten werden können und die Stabilität und Qualität (n–1-Sicherheit) der Stromnetze nicht mehr gewährleistet ist. Zu den Engpassmanagement-Maßnahmen zählen Redispatch, Countertrading oder Einspeisemanagementmaßnahmen.

[53] Vgl. dena, 2014b, S. 16.
[54] Vgl. Energie-Forschungszentrum Niedersachsen, 2013, S. 202.

Redispatch und Countertrading

- „Redispatch bezeichnet den Eingriff in den marktbasierten Fahrplan der Erzeugungseinheiten zur Verlagerung der Kraftwerkseinspeisungen, um Leitungsüberlastungen vorzubeugen (präventiver Redispatch) oder Leitungsüberlastungen zu beheben (kurativer Redispatch). Redispatch-Maßnahmen können regelzonenintern und -übergreifend angewendet werden. Durch die Senkung der Einspeiseleistung von Kraftwerken bei gleichzeitiger Steigerung der Einspeiseleistung anderer Kraftwerke, in den Ausgleichsgebieten oder anderen auszugleichenden Gebieten, bleibt in Summe die gesamte Einspeiseleistung unverändert" (Bundesnetzagentur, 2015a, S. 101).

Anlagenbetreiber erhalten für den Redispatch-Einsatz eine finanzielle Kompensation. Die Kosten für Redispatch werden über die Netzentgelte auf die Stromkunden umgelegt.

Um kurzfristig auftretende Netzengpässe in Leitungen und Umspannwerken zu vermeiden oder zu beseitigen, wird strombedingter Redispatch eingesetzt. Die Wirkleistungseinspeisung von netztopologisch nahe dem von einer Überlastung betroffenen Netzelement liegenden Erzeugungsanlagen (oder Speichern) wird angepasst, um den Stromfluss auf die betrieblich zulässigen Maximalwerte zu begrenzen.

Zur Aufrechterhaltung der zulässigen Spannungsgrenzen in einem betroffenen Netzgebiet wird zusätzliche Blindleistung durch spannungsbedingten Redispatch bereitgestellt. Die Spannungshaltung an Netzknoten unterliegt dabei anderen Anforderungen an die geografische Anlagenverteilung als die Einhaltung von Stromgrenzen.

- „Countertrading ist das präventive oder kurative, vom ÜNB veranlasste gegenläufige und regelzonenübergreifende Handelsgeschäft, mit dem Ziel kurzfristig auftretende Engpässe zu vermeiden oder zu beseitigen" (Bundesnetzagentur, 2014a, S. 72).

Reservekraftwerksverordnung (ResKV)

Die Bundesregierung hat im Juni 2013 zum Zweck der Gewährleistung der Sicherheit und Zuverlässigkeit des Elektrizitätsversorgungssystems, insbesondere für die Bewirtschaftung von Netzengpässen und für die Spannungshaltung sowie zur Sicherstellung eines möglichen Versorgungswiederaufbaus die Reservekraftwerksverordnung beschlossen. „Sie kodifiziert und systematisiert die seit 2011 bestehende Praxis zur Vorhaltung von Kraftwerken als Reserve für die Absicherung bestimmter Krisenszenarien, insbesondere in den Wintermonaten (Netzreserve). Die Verordnung sieht u. a. eine jährliche Überprüfung der Systemsicherheit im Hinblick auf die verfügbaren Erzeugungskapazitäten durch Übertragungsnetzbetreiber und Bundesnetzagentur vor. Soweit sich hieraus ein Bedarf an Reserveleistung ergibt, wird dieser ausgeschrieben" (BMWi, 2014a, S. 54).

Primär wird die Leistung auf Anlagen aufgeteilt, die der Betreiber stilllegen möchte, der ÜNB und die Bundesnetzagentur aber als systemrelevant erklären. Die restlichen

Leistungsmengen werden über ein Interessenbekundungsverfahren gemäß § 4 ResKV ausgeschrieben. Die bezuschlagten Anlagenbetreiber verpflichten sich gegenüber dem ÜNB, gegen Zahlung einer Vergütung ihre Anlage während der Dauer der Vertragslaufzeit betriebsbereit zu halten und auf Anweisung des ÜNB in das Netz einzuspeisen. Um den Reservebedarf abdecken zu können, kommt ausländischen Kraftwerksbetreibern, insbesondere aus Italien, Frankreich und Österreich, eine große Bedeutung zu. Die Verordnung und die zugrunde liegenden gesetzlichen Vorgaben sind befristet und stellen eine Übergangsregelung für den verzögerten Netzausbau dar. Die ÜNB und die Bundesnetzagentur hatten für das Winterhalbjahr 2014/2015 einen Reserveleistungsbedarf in Höhe von rund 3091 MW identifiziert und bestätigt. Aufgrund des Konzepts der E.ON Kernkraft GmbH zum Kernkraftwerk Grafenrheinfeld bestand ein zusätzlicher Bedarf von insgesamt 545 MW im 1. Quartal 2015. Die Kosten für die im In- und Ausland kontrahierten Reservekraftwerke in diesem Zeitraum beliefen sich auf 78 Mio. €. Im Falle eines Abrufes würden noch die Kosten für die verrichtete Arbeit hinzukommen. Für den Winter 2013/2014 wurde ein Reservekraftwerksbedarf von 2,5 GW von der BNetzA bestätigt, wobei sich die Kosten auf 41 Mio. € beliefen und die Reservekraftwerke nicht zum Einsatz kamen. Nach Abschaltung des Kernkraftwerkes Grafenrheinfeld wird ein Reserveleistungsbedarf von ca. 6000 MW erwartet. Durch weitere Außerbetriebnahmen wird für den Zeitraum 2017/2018 der Netzreservebedarf auf 7000 MW prognostiziert.[55]

Einspeisemanagementmaßnahmen nach § 14 EEG 2014

► Eine speziell geregelte Netzsicherheitsmaßnahme besteht gegenüber Erneuerbare-Energien-, Grubengas- und KWK-Anlagen nach § 14 EEG 2014. Wenn die Netzkapazitäten nicht ausreichen und vorrangige Abregelungsmaßnahmen gegenüber konventionellen Erzeugern ausgeschöpft wurden, kann die bevorrechtigte Einspeisung vorübergehend abgeregelt werden.

Die Netzausbaupflicht der für die Netzengpässe verantwortlichen Netzbetreiber bleibt parallel bestehen. Der Betreiber der abgeregelten Anlage hat Anspruch auf eine Entschädigung der entstandenen Ausfallarbeit und -wärme nach Maßgabe von § 15 Abs. 1 EEG 2014. Die Entschädigungskosten trägt der Netzbetreiber, in dessen Netz die Ursache für die Einspeisemanagementmaßnahme liegt. Der Verteilnetzbetreiber haftet gesamtschuldnerisch mit dem Übertragungsnetzbetreiber, selbst wenn die Abregelung durch einen Engpass im Übertragungsnetz verursacht wurde. Die geläufigen Abkürzungen für das Einspeisemanagement sind *EinsMan* oder auch *EisMan*.[56]

[55] Vgl. Bundesnetzagentur, 2014a, S. 53–54.
[56] Vgl. Next Kraftwerke GmbH.

Verlustenergie nach § 10 StromNZV

► Verlustenergie ist die zum Ausgleich der physikalisch bedingten Netzverluste benötigte Energie.

Die Betreiber von Elektrizitätsversorgungsnetzen sind verpflichtet, Verlustenergie in einem marktorientierten, transparenten und diskriminierungsfreien Verfahren nach § 10 StromNZV zu beschaffen.

1.3.5.5 Umfang der Systemdienstleistungen der Jahre 2013 bis 2015

Die Gesamtkosten der Systemdienstleistungen, die über die Netzentgelte gewälzt wurden, beliefen sich im Jahr 2013 auf 1178 Mio. € und 2014 auf 1096 Mio. €.[57] Die Kosten für Regelleistung sowie Verlustenergie stellten die Hauptkostenblöcke dar. Im Jahr 2014 war ein starker Anstieg von Einspeisemanagement- sowie Redispatch-Maßnahmen zu

Tab. 1.15 Umfang der Systemdienstleistungen 2013 und 2014. (In Anlehnung an Bundesnetzagentur, 2014a; Bundesnetzagentur, 2015a)

Gesetz	Maßnahme	Energiemenge 2013 [GWh]	Kosten 2013 [Mio. €]	Energiemenge 2014 [GWh]	Kosten 2014 [Mio. €]
§ 13 Abs. 1 EnWG	Strombedingter Redispatch	2065	113,3	2368	185,4 (strom- und spannungsbedingt)
	Countertrading	2112	1,6	2597	1,3
	Primärregelleistung	–	85,2	–	103,4
	Sekundärregelleistung	3800 (2300 negativ)	352,9	2800 (1600 negativ)	227,6
	Minutenreserve	702 (458 negativ)	156,1	614 (287 negativ)	106,0
	Schwarzstartfähigkeit	–	5,9	–	5,1
	Blindleistung gesamt	–	33	–	26,7
	Davon spannungsbedingter Redispatch	213	(17,7)	232	Siehe strombedingt
§ 13 Abs. 2 EnWG	Anpassung Netzbetreiber	14,28 (12,8 EE-Anlagen)	–	6,045 (0,0003 EE-Anlagen)	–
	Unterstützung der Netzbetreiber	0,142	–	2,179 (0,031 EE-Anlagen)	–
§ 14 EEG 2014	Einspeisemanagement	554,8 (480,3 Windenergie)	43,735	1581 (1221 Windenergie)	82,69
§ 10 StromNZV	Verlustenergie	–	332,7	–	287,8

[57] Vgl. Bundesnetzagentur, 2015a, S. 122.

verzeichnen. Dies sind Kennzahlen für einen fehlenden Netzausbau. Einspeisemanagementmaßnahmen hatten sich fast verdreifacht. Die abgeregelte erneuerbare Energiemenge entsprach einer Quote von ca. 1,02 %, bezogen auf die gesamte erneuerbare Energiemenge von 154,8 TWh. Trotz des Anstieges von Engpassmanagementmaßnahmen sanken die Gesamtkosten für Systemdienstleistungen im Jahr 2014 gegenüber 2013. Dies lässt sich v. a. auf geringere Netzverluste und einen geringeren Regelleistungsbedarf im Vergleich zum Vorjahr zurückführen. Der Umfang der Systemdienstleistungen in den Jahren 2013 und 2014 ist in Tab. 1.15 dargestellt.

Im ersten Halbjahr 2015 stieg der Umfang von Engpassmanagementmaßnahmen weiter an. Redispatch und Countertrading wurde bis zu diesem Zeitpunkt bei einer Energiemenge von 5253 GWh eingesetzt. Mittels Einspeisemanagements ist eine Ausfallarbeit von 1464 GWh entstanden. Damit wurde bereits im Halbjahr 2015 nahezu die Gesamtjahresmenge des Engpassmanagements von 2014 erreicht.[58]

1.3.6 Bilanzkreis- und Ausgleichsenergiesystem

► Das Bilanzkreis- und Ausgleichsenergiesystem sorgt zusammen mit der Regelleistungsbereitstellung dafür, dass so viel Strom in das Stromnetz eingespeist wird, wie gleichzeitig aus diesem entnommen wird. „Es umfasst insbesondere die Pflichten, alle Erzeuger und Verbraucher in Bilanzkreisen zu erfassen (Bilanzkreispflicht), auf Basis von Last- und Erzeugungsprognosen ausgeglichene Fahrpläne anzumelden und einzuhalten (Pflicht zur Bilanzkreistreue) sowie unvorhergesehene Fahrplanabweichungen durch Ausgleichsenergie abzurechnen (Ausgleichsenergiesystem)“ (BMWi, 2014b, S. 11).

Ein Bilanzkreis ist ein virtuelles Energiemengenkonto, geführt von einem Bilanzkreisverantwortlichen (BKV), und enthält beispielsweise die Kraftwerke eines Kraftwerksbetreibers oder die gesamte Erzeugung und Nachfrage eines Energieversorgers. Zudem werden auch reine Handelsbilanzkreise geführt, welche nur gehandelte Strommengen beinhalten. In den Bilanzkreisen sind jegliche Erzeuger und Verbraucher in Deutschland erfasst. Im Rahmen der Fahrplananmeldung für jede Viertelstunde des Folgetages melden die Bilanzkreisverantwortlichen an, wie viel Strom sie mit welcher Erzeugungsanlage in das Netz einspeisen oder an welchem Netzanschlusspunkt sie Strom aus dem Netz entnehmen wollen. Zudem ist der geplante Stromaustausch mit anderen Bilanzkreisen gemäß den Ergebnissen des Strommarktes in den Fahrplänen enthalten.[59]

Kommt es zu einer physikalischen Abweichung zwischen Erzeugung und Verbrauch wird Regelleistung eingesetzt, sie wird über das Ausgleichsenergiesystem abgerechnet. Die Bundesnetzagentur schreibt seit 2012 im Rahmen des Netzregelverbunds einen bundesweit einheitlichen Preis, den „regelzonenübergreifenden einheitlichen Bilanzaus-

[58] Vgl. Bundesnetzagentur, 2016b.
[59] Vgl. BMWi, 2014b, S. 11.

gleichsenergiepreis“ (reBAP) vor. Mit dem reBAP werden die Kosten verrechnet, die den Übertragungsnetzbetreibern durch den Einsatz von Regelenergie im jeweiligen viertelstündigen Abrechnungszeitraum entstehen. Eine Preisdifferenzierung nach der Ursache des Ausgleichsenergiebedarfs wird dabei nicht vorgenommen. Nach § 8 Abs. 2 StromNZV muss der reBAP für Bilanzkreisüberspeisungen und Bilanzkreisunterspeisungen identisch sein. Der Ausgleichsenergiepreis berechnet sich nach Gl. 1.3.

Gl. 1.3: Berechnung des Ausgleichsenergiepreises reBAP [€/MWh]. (TransnetBW GmbH, 2016)

$$\mathrm{reBAP} = \frac{\sum \mathrm{Kosten}_{\mathrm{NRV}} - \sum \mathrm{Erlöse}_{\mathrm{NRV}}}{\mathrm{Saldo}_{\mathrm{NRV}}} \tag{1.3}$$

$\sum \mathrm{Kosten}_{\mathrm{NRV}}$	Kosten im Netzregelverbund [€]
$\sum \mathrm{Erlös}_{\mathrm{NRV}}$	Erlöse im Netzregelverbund [€]
$\mathrm{Saldo}_{\mathrm{NRV}}$	Saldo des Netzregelverbundes [MWh]

Der Saldo des Netzregelverbunds (NRV) ergibt sich aus der Differenz zwischen eingesetzt positiver und eingesetzt negativer Regelleistung. Sind die Regelzonen im Mittel der Viertelstunde unterspeist, ist der NRV-Saldo positiv und sind die Regelzonen im Mittel der Viertelstunde überspeist, ist der NRV-Saldo negativ. Daher kann der reBAP sowohl positive als auch negative Werte annehmen. Das Vorzeichen des reBAP bestimmt die Zahlungsrichtung zwischen ÜNB und dem Bilanzkreis, wobei 4 mögliche Fälle auftreten können:

- reBAP positiv und BK-Saldo unterdeckt BKV zahlt an ÜNB
- reBAP positiv und BK-Saldo überdeckt ÜNB zahlt an BKV
- reBAP negativ und BK-Saldo unterdeckt ÜNB zahlt an BKV
- reBAP negativ und BK-Saldo überdeckt BKV zahlt an ÜNB

Um extreme reBAP-Preise mit daraus folgenden exorbitanten Geldflüssen zwischen einzelnen oder vielen BKV zu vermeiden, wird eine Begrenzung des reBAP auf den größten Absolutwert aller Arbeitspreise der aktivierten Einzelverträge für SRL und MRL vorgenommen. Eine weitere Begrenzung zielt auf die Vermeidung von hohen Ausgleichsenergiepreisen bei NRV-Salden zwischen minus 125 MWh (minus 500 MW) und 125 MWh (500 MW). Die Begrenzung erfolgt mit einer linear ansteigenden oder abfallenden Funktion in Abhängigkeit des NRV-Saldos, auf Basis des durchschnittlichen mengengewichteten Intraday-Spotmarktpreises. Um ökonomische Anreize von Ausgleichsenergie gegenüber Börsenbezug zu vermeiden, bildet der durchschnittliche mengengewichtete Intraday-Spotmarktpreis der betreffenden Stunde die Untergrenze bei positiven NRV und die Obergrenze bei negativen NRV für den reBAP. Im Falle des Überschreitens von 80 % der in Deutschland kontrahierten positiven oder negativen Regelleistung, bestehend aus SRL und

MRL, wird in Abhängigkeit vom Vorzeichen des Saldos der eingesetzten Regelarbeit entweder ein Zuschlag oder ein Abschlag um 50 %, mindestens jedoch um 100 €/MWh auf den reBAP angewendet.[60]

1.3.7 Gesicherte Leistung – Leistungsbilanz

> Die gesicherte Leistung stellt die zur Verfügung stehende Leistung dar, welche sicher für die Versorgung der Last zu einem bestimmten Zeitpunkt vorliegt. Sie ergibt sich aus der Differenz der installierten Netto-Einspeiseleistung und der Summe der nicht verfügbaren Leistungen und bezieht sich auf einen Stromnetz- und Handelsverbund. Zumeist wird jedoch die gesicherte Leistung länderspezifisch ausgegeben.[61]

Dieses Maß ist insofern entscheidend für die Übertragungsnetzbetreiber, da jederzeit sichergestellt sein muss, dass genügend Erzeugungskapazität vorhanden ist, um die Nachfrage zu decken und dadurch die Systemqualität und -stabilität zu gewährleisten. Je nach Energieträger und Anlagentyp tragen die Stromerzeugungsanlagen in unterschiedlichem Maß zur gesicherten Leistung bei. In Deutschland wird für die Betrachtung der Einspeise- und Lastsituation zum Zeitpunkt der Jahreshöchstlast (Extremwertszenario) von den deutschen Übertragungsnetzbetreibern eine Leistungsbilanz erstellt.

Die Systematik der Leistungsbilanz und die Parameter der gesicherten Leistung sind in Abb. 1.24 aufgezeigt. Die *Last* zum betrachteten Zeitpunkt umfasst sowohl die Leistung aller an das Versorgungsnetz (Übertragungsnetz und Verteilnetz) angeschlossenen Kunden als auch die in den Versorgungsnetzen entstehenden Verluste. Nicht enthalten sind der elektrische Eigenbedarf konventioneller Kraftwerke sowie die Pumpleistung der Pumpspeicherkraftwerke. Eine *Last-Reduktion* kann notwendig werden, um die Netzlast in bestimmten Situationen zu vermindern, beispielsweise durch vertraglich geregelte abschaltbare Lasten. Die Last, die durch die Einspeisungen von Stromerzeugungsanlagen bereitgestellt werden muss, ergibt sich entsprechend aus der Differenz zwischen der Last zum betrachteten Zeitpunkt und der vorliegenden Lastreduktion zum betrachteten Zeitpunkt. Die *Installierte Netto-Einspeiseleistung* beschreibt die Leistung, die von den jeweiligen Erzeugungseinheiten an das Netz abgegeben werden kann. Diese ergibt sich aus der *Installierten (Brutto-)Leistung* abzüglich der elektrischen *Eigenbedarfsleistung*. Richtwerte der Eigenbedarfsleistung von Kraftwerken bei störungsfreiem Betrieb bezogen auf die Bemessungsleistung sind in Tab. 1.16 aufgelistet. Ein Teil der installierten Netto-Einspeiseleistung steht durch (geplante) *Revisionen* nicht zur Verfügung. Des Weiteren werden die Einspeiseleistungen durch technisch bedingte (Kraftwerks-)*Ausfälle* reduziert. Vereinfacht lässt sich diese Ausfallleistung durch Multiplikation einer Ausfallrate mit der installierten Leistung je Primärenergieträger ermitteln.

[60] Vgl. TransnetBW GmbH, 2016.
[61] Vgl. TenneT TSO GmbH et al., 2013a, S. 5.

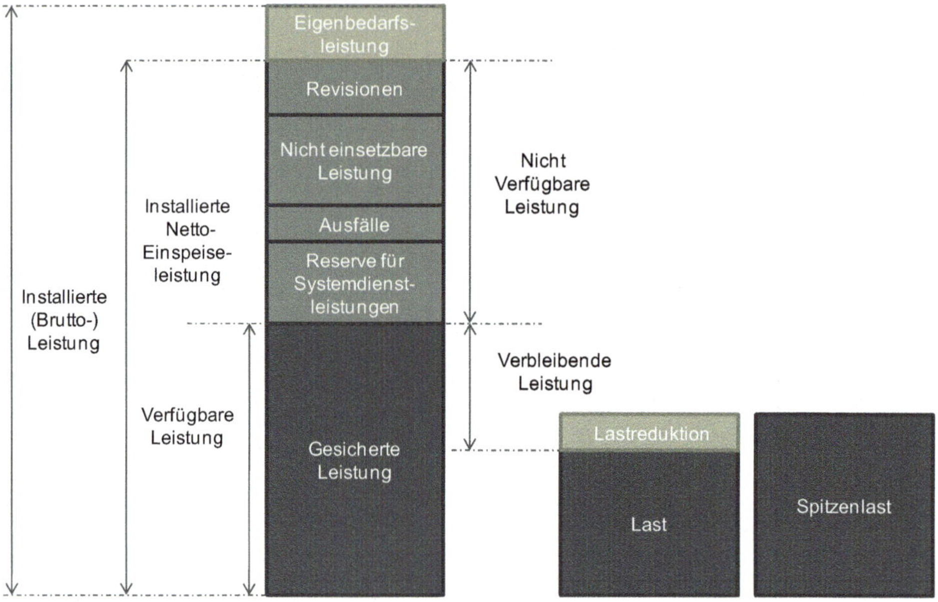

Abb. 1.24 Systematik der Leistungsbilanz – Ermittlung der gesicherten Leistung. (In Anlehnung an TenneT TSO GmbH et al., 2013a)

Ausfallraten geben die statistisch ermittelte ungeplante Nichtverfügbarkeit von Erzeugern als Anteil der installierten Leistung je Primärenergieträger wieder. Anhand statistischer Daten des VGB Power Tech e. V. (europäischer technischer Fachverband für die Strom- und Wärmeerzeugung) geben die Übertragungsnetzbetreiber hierfür Werte nach Tab. 1.17 aus. Die *Nicht Einsetzbare Leistung* beschreibt alle Nichtverfügbarkeiten, welche nicht technisch bedingt sind, wie fehlende Primärenergieträger bei konventionellen Kraftwerken (z. B. Gasknappheit), fehlenden Genehmigungen, Fernwärmeauskopplungen, Brennstoffe mit niedrigerem Heizwert, fehlende netztechnische Anschlussleistung und witterungsbedingte Nichtverfügbarkeiten bei den dargebotsabhängigen Einspeisungen. Die *Reserve für Systemdienstleistungen* wird zur Erbringung von Regelleistung vorgehal-

Tab. 1.16 Richtwerte für die Eigenbedarfsleistung bei störungsfreiem Betrieb bezogen auf die Bemessungsleistung. (Oswald, B.R. & Oeding, D., 2011)

Art	Anteil der Eigenbedarfsleistung
Steinkohlekraftwerk	7–8 %
Dampfkraftwerk mit Gasfeuerung	4–5 %
Braunkohlekraftwerk	9–10 %
Dampfkraftwerk mit Ölfeuerung	5–6 %
Leichtwasserkernkraftwerk	5–6 %
Wasserkraftwerk	1–2 %

Tab. 1.17 Ausfallrate von Stromerzeugungsanlagen. (TenneT TSO GmbH et al., 2013a; nach VGB Power Tech e. V)

Primärenergieträger	Ausfallrate, nicht disponibel [a]
Kernenergie	5,5 %
Braunkohle	6,5 %
Steinkohle	6,0 %
Gas/Öl	2,3 %
Nicht eindeutig zuweisbare Energiequellen	5,6 %

[a] Beginn der Nichtverfügbarkeit ist nicht oder bis 12 h verschiebbar

ten und steht damit nicht zur Verbrauchsdeckung zur Verfügung. Berücksichtigung finden hier lediglich die positiven Anteile der Regelleistung.

Verfügbarkeit Erneuerbare-Energien-Anlagen

Die Ermittlung der *Nicht Verfügbaren Leistung* ist besonders bei Erneuerbare-Energien-Anlagen schwierig. Eine allgemeine Vorgehensweise, die sich bei Windenergie, Photovoltaik, Laufwasser und Biomasse/Biogas anwenden lässt, beruht auf einer Auswertung von historischen Einspeisungen, welche auf die installierte Leistung bezogen werden. Damit sind alle Nichtverfügbarkeiten und die Eigenbedarfsleistungen dieser Erzeuger berücksichtigt. Eine Auswertung der Übertragungsnetzbetreiber ergab die Nichtverfügbarkeitsraten aus Tab. 1.18. Der übrige Anteil entspricht der gesicherten Leistung der jeweiligen Anlage.

Eine Stellungnahme des Weltenergierat Deutschland hat die gesicherten Leistungen fluktuierender Erzeuger und die entgegenstehenden Lasten von 2011 bis 2013 im europäischen Verbundnetz untersucht. Hierfür wurden die Länder Deutschland, Frankreich, Belgien, Niederlande, Luxemburg, Österreich, Schweiz, das Vereinigte Königreich, Polen, Dänemark und Italien einbezogen. Die Höchstlasten von 2011 bis 2013 traten in den betrachteten Ländern dabei nie gleichzeitig auf, sondern lagen um 10–15 GW (2,6–4 %) unter der Summe der nationalen Höchstwerte. Ähnliche Größenordnungen konnten für die positiven wie negativen maximal auftretenden Residuallasten im Verbund ermittelt werden. Die Auswertung zeigt zudem, dass bei einer Betrachtung des Zusammenschlusses der Länder die gesicherte Windleistung knapp verdreifacht wird. Im Bezug zum Jahreshöchstlastzeitpunkt in den Jahren 2009 bis 2013 trat eine gesicherte Windleistung im Verbund

Tab. 1.18 Nichtverfügbarkeitsrate von Erneuerbare-Energien-Anlagen. (TenneT TSO GmbH et al., 2013a)

Art	Biomasse	Windenergie	Photovoltaik	Laufwasser	PSW
Nichtverfügbarkeitsrate	35 %	99 %	100 %	75 %	20 %

der Länder von nie weniger als 9 % auf.[62] Im Jahr 2012 betrug diese in Deutschland zum Jahreshöchstlastzeitpunkt 7,7 %.[63]

Leistungsbilanz Deutschlands
Zum Zeitpunkt der Jahreshöchstlast 2013 war die verbleibende Leistung der 4 deutschen Übertragungsnetzbetreiber mit 37,3 GW deutlich positiv. Im Jahr 2012 betrug die positive Leistungsbilanz lediglich 11,1 GW. Im Bericht der deutschen Übertragungsnetzbetreiber zur Leistungsbilanz 2014 wurden für die Folgejahre bis 2017 steigende positive Leistungsbilanzüberschüsse ausgewiesen. Lediglich für die Regelzone des Übertragungsnetzbetreibers TenneT wurde aufgrund der Abschaltung des Kernkraftwerkes Grafenrheinfeld ein leichter Rückgang der gesicherten Leistung prognostiziert.[64]

1.4 Existierende Strommärkte für Erzeuger, Zwischenhändler und Verbraucher

„Den Strommarkt in seiner jetzigen Form gibt es seit der Liberalisierung 1998. Neben dem sogenannten *Unbundling*, der wirtschaftlichen Trennung von Erzeugung, Transport und Vertrieb, wurden die Strombörse als Großhandelsplattform mit den Spot- und Terminmärkten sowie die Regelenergiemärkte etabliert" (AEE, 2013, S. 1). Die derzeit bestehenden Strommärkte werden in den folgenden Kapiteln erläutert. Mit der Umstellung der Energieversorgung auf erneuerbare Energien befindet sich auch das Strommarktdesign im Wandel. Im Vordergrund der Umstellung steht der kurzfristige Handel, eine Etablierung von Märkten zur Vermarktung von (gesicherter) Leistung sowie von Systemdienstleistungen, als auch eine Grünstromvermarktungsmöglichkeit.

1.4.1 Strombörse

Die Strombörse stellt einen verlässlichen Handelsplatz mit standardisierten Produkten dar und liefert wichtige Preissignale für Marktteilnehmer in anderen Bereichen der Elektrizitätswirtschaft. Die verschiedenen Börsenplätze sind als Übersicht mit den jeweiligen Marktdetails in Tab. 1.19 zusammengestellt.

Deutschland bildet zusammen mit Österreich ein gemeinsames Markt- und Liefergebiet. Es besteht eine Preiszone bezüglich der Stromkontrakte an diesen Börsen. Die Handelsmengen von 2012 und 2014 aus Tab. 1.19 verdeutlichen den stetigen Anstieg des Börsenhandelvolumens, insbesondere des Intraday- wie auch des Terminhandels. Dies lässt darauf schließen, dass immer mehr Handelsteilnehmer den kurzfristigen Handel durch langfristige Terminkontrakte absichern möchten. Zudem zeigt der Anstieg des Intraday-

[62] Vgl. Weltenergierat – Deutschland e. V., 2015.
[63] Vgl. BMWi, 2014a, S. 49.
[64] Vgl. TenneT TSO GmbH et al., 2013a, TenneT TSO GmbH et al., 2014a.

Tab. 1.19 Übersicht der Strombörsen für das deutsche Markgebiet. (In Anlehnung an Bundesnetzagentur, 2015a)

Handelsplatz	EEX[a]	EXAA[b]	EPEX SPOT SE[c]		
Ort	Leipzig	Wien	Paris		
Marktgebiete	Je nach physischer oder finanzieller Erfüllung	Österreich/Deutschland	Deutschland, Frankreich, Österreich, Schweiz		Deutschland
Handelsprodukte für Strom	Graustrom und Herkunftsnachweise	Grau- und Grünstrom	Graustrom	Graustrom	Graustrom
Handelsformen	Terminhandel	Day-Ahead	Day-Ahead	Kontinuierlicher Intraday-Handel	Intraday-Auktion
Auktionszeiten	Täglich 8 bis 18 Uhr	Montag bis Freitag 10:12 bis 10:15 Uhr	Täglich 12 Uhr	Bis 30 min vor Lieferbeginn (Eröffnung 15 Uhr am Vortag)	Täglich 15 Uhr
Produkte	- Futures - Optionen (Spezifikationen nach Laufzeit und Basiswert)	- Einzelstunden - Viertelstunden - Standardisierte Blöcke	- Einzelstunden - Standardisierte Blöcke - Benutzerdefinierte Blöcke (selbstausgewählte Kombination von Einzelstunden) - Smart Blocks (verknüpfte oder exklusive Blockgebote)	- Einzelstunden - Standardisierte Blöcke - Benutzerdefinierte Blöcke	- Viertelstunden
Lieferzeitpunkt nach Handel	Bis zu 6 Jahre	Nächster Tag	Nächster Tag	Untertags	Nächster Tag
Handelsmenge					
2012	445 TWh	9 TWh	245 TWh	16 TWh	–
2014	812 TWh	7,8 TWh	263 TWh	26,4 TWh	–

[a] European Energy Exchange AG
[b] Energy Exchange Austria Abwicklungsstelle für Energieprodukte AG
[c] European Power Exchange

Handels, dass Händler immer häufiger ihre Bilanzkreise glatt stellen, um Ausgleichsenergiekosten zu vermeiden. „Termin- und Spothandel erfüllen unterschiedliche, überwiegend komplementäre Funktionen. Während am Spotmarkt die physische Erfüllung des Stromliefervertrages (Lieferung in den Bilanzkreis) im Vordergrund steht, werden Terminkontrakte überwiegend finanziell erfüllt. Finanzielle Erfüllung bedeutet, dass zwischen den Vertragspartnern zum vereinbarten Erfüllungstermin letztlich keine Stromlieferung, sondern ein Barausgleich in Höhe der Differenz des vorab vereinbarten Terminpreises und des Spotmarktpreises erfolgt" (Bundesnetzagentur, 2014a, S. 117).

1.4.1.1 Spotmarkt

Der Spotmarkt kennzeichnet den kurzfristigen Handel am Vortag (Day-Ahead) sowie mit kürzeren Vorlaufzeiten (Intraday). Neben der EPEX SPOT SE bietet auch die EXAA für das deutsche Marktgebiet die Möglichkeit eines kurzfristigen Handels. Die Day-Ahead-Auktionen finden zu einer festgelegten Tageszeit statt, sodass Liquidität gebündelt wird. Auf diese Weise kann ein zuverlässiger Referenzpreis für das betreffende Marktgebiet ermittelt werden. Auf der Grundlage der Gebote der Handelsteilnehmer werden aus den aggregierten Angebots- und Nachfragekurven für jede Stunde des nächsten Tages nach Einheitspreisverfahren ein Markträumungspreis und das Markträumungsvolumen bestimmt (weitere Details s. Abschn. 1.5.5). Beim Intraday-Handel wird das Einheitspreissystem nicht angewandt. Die Preisbildung findet im kontinuierlichen Handel statt. Alle Kauf- und Verkaufsgebote im Orderbuch werden konstant auf ihre Ausführbarkeit geprüft. Sobald sich 2 Gebote ausführbar gegenüberstehen, werden sie sofort zusammengeführt. Zusätzlich gibt es seit Dezember 2014 eine 15-min-Auktion, in der die 96 Viertelstunden des nächsten Tages gehandelt werden. Bei den Day-Ahead-Auktionen an der EPEX SPOT wie auch EXAA können Gebote preisabhängig oder preisunabhängig abgegeben werden. Im Gegensatz zum preisabhängigen Gebot (Limit Order) gibt der Teilnehmer beim preisunabhängigen Gebot (Market Order) keine festen Preis-Mengen-Kombinationen vor. Preisunabhängigkeit bedeutet, dass die Menge ungeachtet eines Preislimits beschafft bzw. veräußert werden soll. Im Jahr 2014 waren 77 % der ausgeführten Kaufgebote preisunabhängig (gegenüber 70–73 % in den Jahren 2011 bis 2013). Der täglich veröffentlichte Preisindex für das Marktgebiet Deutschland/Österreich ist der Phelix (Physical Electricity Index). Der Phelix-Day-Base ist das arithmetische Mittel der 24 Einzelstundenpreise eines Tages. Der Phelix-Day-Peak wird aus dem arithmetischen Mittel der Stunden 9 bis 20 (d. h. 8:00 bis 20:00 Uhr) gebildet. Base spiegelt die Grundlast, also alle Stunden eines Tages, und Peak die Spitzenlast wider. Des Weiteren wird als Preisindex der ELIX (European Electricity Index) geführt, welcher auf Basis der tatsächlich abgegebenen Gebote aller Marktgebiete der EPEX SPOT berechnet wird.[65]

1.4.1.2 Market Coupling an den Spotmärkten

Zur effizienteren Nutzung der grenzüberschreitenden Transportkapazitäten hat die Europäische Union im Jahr 2009 Vorgaben zum Zusammenschluss der Märkte zu einem europäischen Strombinnenmarkt definiert. Dieser Zusammenschluss wird auch als Market Coupling (Marktkopplung) bezeichnet. Für den Day-Ahead-Markt wurde der Grundstein für den europäischen Strombinnenmarkt bereits 2006 mit dem „Trilateral Market Coupling" zwischen Frankreich, Belgien und den Niederlanden gelegt. Mit dem Market Coupling „North Western Europe" im Februar 2014 schlossen sich 15 europäische Länder zu einem einzigen Strommarkt zusammen. Im Mai 2014 hatten sich diesem Markt außerdem Spanien und Portugal angeschlossen. Im Februar 2015 koppelte Italien seine Grenzen mit Frankreich, Österreich und Slowenien, sodass das gekoppelte Marktgebiet nun 19 Länder umfasst. Diese auch *Multi-Regionen-Kopplung* genannte Marktkopplung deckt rund 85 % des Stromverbrauchs in Europa ab. Die eigentliche Marktkopplung führen die Strombörsen durch. Angebot und Nachfrage werden pro Land von den Börsen so lange miteinander verglichen, bis entweder die Preisdifferenz zwischen 2 angrenzenden Ländern mit mindestens einer gemeinsamen Hochspannungsleitung null oder die zur Verfügung stehende Kapazität aufgebraucht ist. Diese Berechnung geschieht mittels eines von allen Beteiligten anerkannten Optimierungsalgorithmus.[66]

Für den Intraday-Markt ist Market Coupling in Vorbereitung. Dafür haben Strombörsen und Übertragungsnetzbetreiber von 12 Ländern eine Initiative namens „XBID Market Project" ins Leben gerufen.

[65] Vgl. Bundesnetzagentur, 2015a.

[66] Vgl. Swissgrid AG, S. 1–2.

1.4.1.3 Terminmarkt

Der größte Teil der Strommengen an den Strombörsen wird an den Terminmärkten mit einem zeitlichen Abstand bis zu 6 Jahre vor der Lieferung gehandelt oder zumindest finanziell abgesichert. Das Folgejahr hat mit meist über 50 % des Handelsvolumens der Terminkontrakte den größten Anteil. Am Terminmarkt decken sich Lieferanten ein und verkaufen Kraftwerksbetreiber ihren Strom, bzw. Lieferanten und Kraftwerksbetreiber vereinbaren Preise und Mengen für eine zukünftige Lieferung. Die Terminkontrakte (Futures) an der EEX sind mit standardisierten Fälligkeiten und Basiswerten handelbar. Der Basiswert für den Deutsch-/Österreichischen Markt ist der Phelix. Die EEX bietet zudem finanziell erfüllte europäische Optionen auf Grundlast-Stromfutures an sowie Location Spreads mit garantierter Ausführung für ausgewählte finanziell abgerechnete Strom-Futures, um einen effizienten Handel von Preisdifferenzen zwischen Liefergebieten zu ermöglichen.[67]

1.4.1.4 Preisentwicklung in Deutschland

Seit 2011 findet ein kontinuierlicher Rückgang der Stromgroßhandelspreise sowohl am Termin- wie auch Spotmarkt statt. Der Durchschnittswert des Phelix-Day-Base als auch Phelix-Day-Peak sank von 51,15 bzw. 57,12 €/MWh im Jahr 2011 auf 32,76 bzw. 36,80 €/MWh im Jahr 2014. Der durchschnittliche Phelix-Day-Base sank im Jahr 2015 weiter auf 31,68 €/MWh. An den Terminmärkten machte sich der Preisverfall noch deutlicher bemerkbar. Das durchschnittliche Baseload 1-Jahres-Future sank von 56 €/MWh im Jahr 2011 auf 31 €/MWh im Jahr 2015. Auf langfristige Sicht lagen die Preise im Jahr 2015 für Stromlieferungen bis zum Jahr 2019 zum Teil weit unter 30 €/MWh. Daraus lässt sich schließen, dass für die kommenden Jahre nach Ansicht der Stromhändler weiter von einem großen Stromangebot bei niedrigen Erzeugungskosten und verhältnismäßig moderater Stromnachfrage auszugehen ist.[68]

1.4.2 OTC-Handel

Kennzeichnend für den bilateralen Großhandel (OTC-Handel, Over-The-Counter) ist, dass die Vertragspartner einander bekannt sind bzw. spätestens bei Handelsabschluss einander bekannt werden und dass die Parteien die Vertragsdetails flexibel und individuell gestalten können. Die Handelspreise orientieren sich an dem jeweiligen Referenzpreis des Marktgebiets, für Deutschland/Österreich entsprechend der Phelix. Im bilateralen Großhandel spielen Handelsvermittler, sog. *Broker*, eine erhebliche Rolle. Broker dienen als Intermediäre zwischen Käufer und Verkäufer und bündeln Informationen zu Nachfrage und Angebot von Stromhandelsgeschäften. Eine spezielle Funktion hat das OTC-Clearing an der Börse. OTC-Handelsgeschäfte können an der Börse registriert werden, womit das Handelsrisiko der Parteien abgesichert wird. Das OTC-Clearing stellt eine

[67] Vgl. Bundesnetzagentur, 2015a.
[68] Vgl. Agora Energiewende, 2016.

Schnittstelle zwischen dem börslichen und dem außerbörslichen Stromgroßhandel dar. Eine lückenlose Abbildung des OTC-Handels ist nicht möglich, da es weder eindeutig abgrenzbare Marktplätze noch allgemeingültige Kontraktarten gibt. Das Handelsvolumen des außerbörslichen Großhandels, welches zu großen Anteilen über Brokerplattformen läuft, ist um ein Vielfaches höher als das Handelsvolumen an der Börse. Über Brokerplattformen wurden im Jahr 2014 Termingeschäfte mit einem Gesamtvolumen von 4946 TWh vermittelt, wovon 55 % auf Geschäfte für das Folgejahr 2015 entfielen. Das Volumen des OTC-Clearings von Phelix-Terminkontrakten an der EEX entsprach im Jahr 2014 mit 557 TWh in etwa dem Vorjahresniveau.[69]

1.4.3 Leistungsmärkte – Regelleistungsmarkt

Auf dem Großhandelsmarkt wird explizit nur elektrische Arbeit gehandelt. Daher wird dieser auch *Energy-Only-Market* genannt. Implizit werden auch Leistungen vergütet, insbesondere in Form von Deckungsbeiträgen[70] sowie in Strombezugsverträgen, da mit der gehandelten elektrischen Arbeit immer die dafür erforderliche Leistung notwendig wird. Die impliziten Vergütungen von Leistung resultieren aus dem Bilanzkreis- und Ausgleichsenergiesystem sowie den unbedingten Lieferverpflichtungen für die gehandelte Arbeit. Dafür müssen Anbieter am Großhandelsmarkt entsprechende Kapazitäten vorhalten oder kontrahieren. Durch die Verpflichtung zur Zahlung von Ausgleichsenergiekosten bei Bilanzkreisungleichgewichten entstehen bereits im heutigen Stromsystem Anreize, ausreichend Kapazitäten von Erzeugungsanlagen oder flexible Leistung von Verbrauchern für die Erfüllung der Lieferverpflichtungen vorzuhalten sowie die Preis- und Mengenrisiken abzusichern. In Zeiten von Überkapazitäten ist diese implizite Vergütung von Leistung gering. Sie steigt, je knapper die Kapazitäten am Strommarkt sind.[71]

Explizite Leistungsmärkte sind notwendig, um ausreichend Erzeugungskapazität bzw. flexible Lasten für eine ausgeglichene Leistungsbilanz von Erzeugung und Verbrauch zu gewährleisten, wenn dies durch den Energy-Only-Market nicht mehr abgedeckt werden kann. Derzeit besteht ein transparenter Leistungsmarkt für Regelleistung zur Frequenzhaltung. Seit Dezember 2012 werden zudem abschaltbare Lasten als weiteres Element der Frequenzhaltung ausgeschrieben. Zur Bereitstellung gesicherter Leistung werden seit Juni 2013 für Reservekraftwerke Ausschreibungen über ein Interessenbekundungsverfahren durchgeführt. Systemdienstleistungen zur Spannungshaltung, Schwarzstartfähigkeit sowie zum Engpassmanagement (z. B. Redispatch) werden derzeit über bilaterale Kontrakte geregelt und sind dementsprechend intransparent. Aufgrund des hohen Marktvolumens und der Transparenz des Regelleistungsmarktes wird dieser im Folgenden detailliert betrachtet.

---

[69] Vgl. Bundesnetzagentur, 2015a.
[70] Abschn. 1.5.5.
[71] Vgl. BMWi, 2014b, S. 11–12.

Regelleistungsmarkt

Zur Beschaffung von Regelleistung wurde durch die Übertragungsnetzbetreiber ein Regelleistungsmarkt etabliert. Für die Durchführung der gemeinsamen Ausschreibung der ÜNB wird seit dem 01.12.2007 die gemeinsame Internetplattform www.regelleistung.net genutzt. Über diese erfolgen die Veröffentlichung des Ausschreibungsbedarfs, die Abwicklung der Angebotsabgabe und die Information der Anbieter über erteilte Zuschläge bzw. Absagen. Tab. 1.15 (Abschn. 1.3.5.2) zeigt, dass die Sekundärregelleistung die höchsten jährlichen Gesamtkosten in den vergangenen Jahren verursachte, obwohl die durchschnittlich ausgeschriebenen und abgerufenen Leistungen für Minutenreserve etwas höher lagen (vgl. Tab. 1.14).

In der Folge werden die Preis- und Bedarfsentwicklung der Regelleistungsprodukte von 2008 bis 2014 analysiert. Die Daten beziehen sich auf veröffentlichte Werte von www.regelleistung.net, zusammengestellt von neon (2014) und FfE (2015). Für den gesamten Regelleistungsbedarf war ein langfristiger Rückgang um 20 % im Jahr 2014 bezogen auf 2008 trotz eines Anstiegs der Wind- und Solarenergie um ca. 200 % zu verzeichnen. Die Primärregelleistung blieb dabei seit 2008 relativ konstant in Höhe von ca. 600 MW.[72] Die mengengewichteten Monatsmittelwerte der Leistungspreise für positive und negative Reserven und alle Zeitscheiben für die verschiedenen Regelleistungsarten sind in Abb. 1.25 dargestellt. Anhand der Preisaufzeichnung ist abzulesen, dass die Preise am Regelleistungsmarkt stark volatil und damit auch schwer vorhersagbar sind. Lediglich ein jährlich wiederkehrender Preisanstieg zum Jahresende ist für die letzten Jahre analysier-

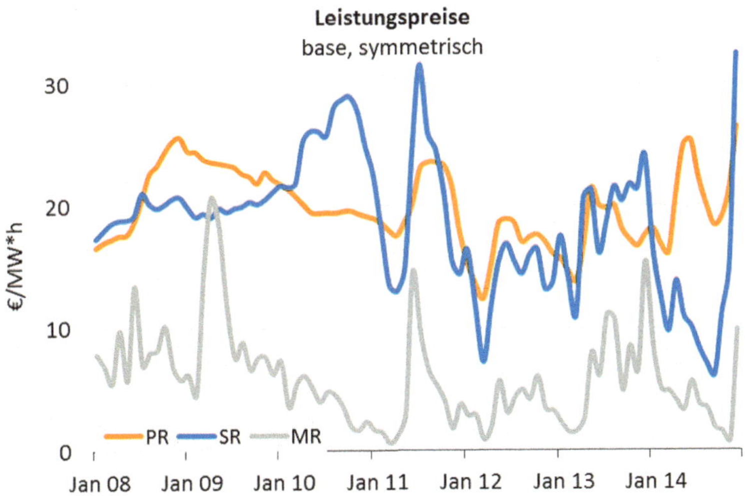

Abb. 1.25 Mengengewichteter Monatsmittelwert der Leistungspreise der Regelleistungsreserven – Primärregelung (*PR*), Sekundärregelung (*SR*), Minutenreserve (*MR*). (neon, 2014)

[72] Vgl. neon, 2014.

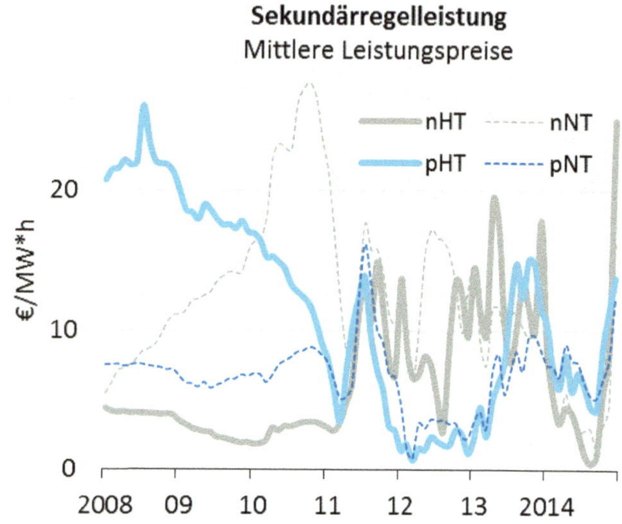

Abb. 1.26 Mengengewichteter Monatsmittelwert der Leistungspreise verschiedener SRL-Produkte (*n* positive, *HT* Hauptzeit, *NT* Nebenzeit). (neon, 2014)

bar. In Abb. 1.26 sind die einzelnen Produkte der SRL separat aufgezeigt. Bezogen auf die Leistungspreise bietet die Minutenreserve wesentlich geringere Erlösmöglichkeiten als die Sekundärregelleistung. Lediglich die negative Minutenreserve und die NT-Zeitscheibe verzeichneten in der Vergangenheit die ablesbaren Preisspitzen aus Abb. 1.25. Im Jahr 2015 hat eine Reduktion der mittleren Leistungspreise für Sekundärregelleistung und Minutenreserve stattgefunden. Einzig die Preise für positive Minutenreserve blieben zu den vorherigen Jahren auf einem ähnlichen Niveau.

Neben den Leistungspreisen ergeben sich durch die Arbeitspreise für MRL und SRL ebenfalls Erlösmöglichkeiten für Anbieter am Regelleistungsmarkt. Die mittleren Arbeitspreise für positive SRL waren in den Jahren 2012 bis 2014 nahezu konstant und für negative SRL leicht steigend. Dies ist in Abb. 1.27 dargestellt. Im Jahr 2015 hat ein Rückgang der mittleren Arbeitspreise für positive und negative SRL stattgefunden.

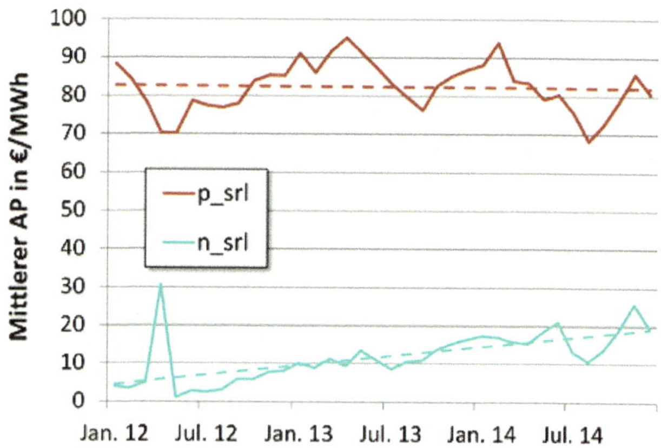

Abb. 1.27 Mittlere Arbeitspreise von positiver und negativer Sekundärregelleistung. (FfE, 2015)

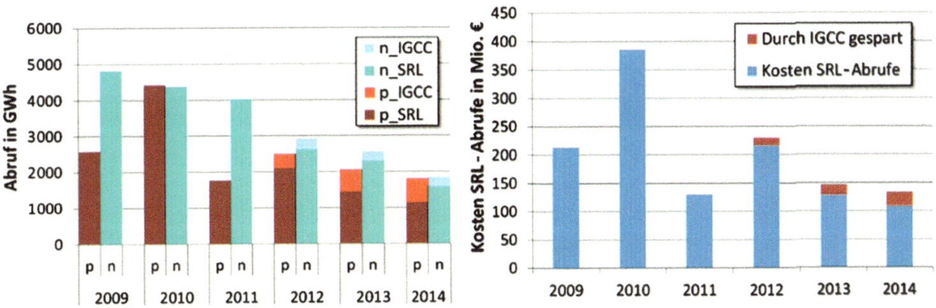

Abb. 1.28 SRL-Abrufe (Energiemengen) und Kosten (*p* positiv, *n* negativ, *IGCC* International Grid Control Corperation). (FfE, 2015)

Die tatsächlich abgerufenen negativen und positiven SRL-Mengen und die Kosten für die SRL-Abrufe sind in Abb. 1.28 dargestellt. Entsprechend sind die Kosten für die Leistungsvorhaltung nicht inbegriffen. In Rot dargestellt sind die Einsparungen durch die Teilnahme an der IGCC (International Grid Control Cooperation). Die IGCC ist eine Kooperation zwischen 7 europäischen Übertragungsnetzbetreibern, die darauf abzielt, den Einsatz von Sekundärregelenergie zu reduzieren. Durch die Einbeziehung des europäischen Verbundnetzes konnten die Kosten für SRL-Abrufe sowie die jährlich abgerufenen SRL-Energiemengen verringert werden.

1.4.4 Grünstrommarkt

Die Betreiber von Erneuerbare-Energien-Anlagen haben derzeit die Möglichkeit, ihre Energiemengen im Rahmen der EEG-Förderung zu vermarkten oder diese ohne EEG-Förderung am freiwilligen Grünstrommarkt (sonstige Direktvermarktung) anzubieten. Eine ausführliche Erklärung zu den Vermarktungsmöglichkeiten nach EEG 2014 erfolgt in Abschn. 1.5.7. Nur bei der sonstigen Direktvermarktung besteht die Möglichkeit, die Grünstromeigenschaft des Stroms über Herkunftsnachweise sichtbar zu machen. Der Strom aus EEG-geförderten Anlagen darf im Rahmen der Direktvermarktung nur als Graustrom an der Börse vermarktet werden. Eine Stromkennzeichnung ist nach EU Binnenmarktrichtlinie 2009/72/EG Artikel 3 Abs. 9 für Stromlieferanten gefordert. Die verschiedenen Systeme zur Grünstromkennzeichnung sind in Abb. 1.29 zusammengefasst und werden im Folgenden erläutert.

Bei der in Deutschland gewählten Lösung handelt es sich um einen Sonderweg, da im benachbarten EU-Ausland auch geförderte Erneuerbare-Energien-Anlagen Herkunftsnachweise erhalten, die vermarktet werden dürfen. Der Gesetzgeber hat einen möglichen Handlungsbedarf für den Grünstrommarkt erkannt und deshalb in § 95 Nr. 6 des EEG 2014 vorgesehen, mithilfe einer Rechtsverordnung ggf. Vermarktungsformen zuzulassen, durch

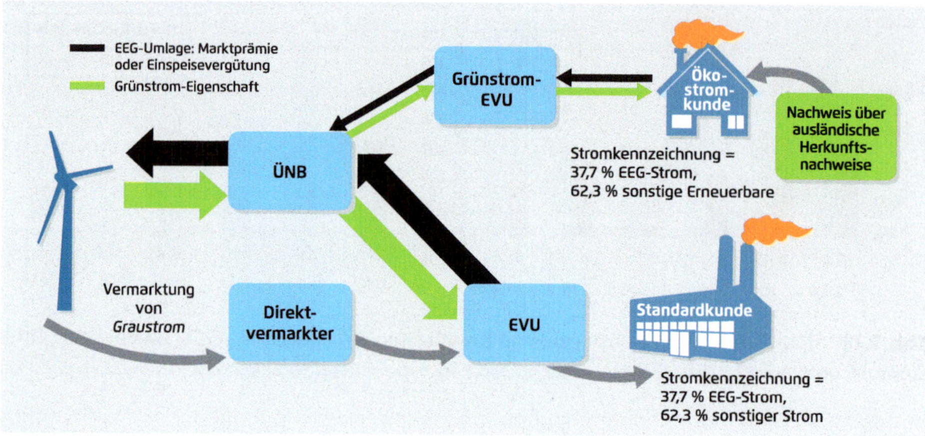

Abb. 1.29 Grünstrommodell nach aktueller Gesetzgebung. (Agora Energiewende & Hamburg Institut, 2015b)

die EEG-Strom als Grünstrom an den Kunden vertrieben werden kann. Das Volumen des Grünstrommarktes wurde für das Jahre 2012 auf fast 5 Mio. Kunden oder rund 30 TWh geschätzt.[73]

Stromkennzeichnung nach EEG

In der nationalen Umsetzung nach § 42 EnWG müssen Energieversorgungsunternehmen auf der Rechnung an nicht privilegierte Letztverbraucher die Zusammensetzung des Strommix nach Energieträgern kennzeichnen. Grundlage für den Erneuerbare-Energien-Anteil ist nicht das Beschaffungsverhalten der Anbieter, sondern ein nach § 78 EEG geregelter Verteilmechanismus, der parallel zur finanziellen Wälzung der EEG-Umlage verläuft. Die Höhe des Erneuerbare-Energien-Anteils am Strommix der Vertriebe muss der von ihnen anteilig gezahlten EEG-Umlage an der Letztverbraucherstrommenge entsprechen.

Stromkennzeichnung mittels Herkunftsnachweisen

Bei Herkunftsnachweisen handelt es sich um ein gesamteuropäisch gültiges Kennzeichnungssystem für Grünstrom, das nach Erneuerbare-Energien-Richtlinie 2009/28/EG von allen Mitgliedstaaten bereitzustellen ist. Die Herkunft des Stromes wird mittels eines elektronischen Dokuments bzw. eines Herkunftsnachweises als gelieferte Energiemenge aus einer bestimmten Anlage bescheinigt. Dieses elektronische Dokument wird im Anschluss der Stromlieferung an den Verbraucher nach einmaliger Nutzung entwertet. Die Herkunftsnachweise werden an den Versorger ausgegeben, der diese nach Lieferung der

[73] Vgl. Agora Energiewende & Hamburg Institut, 2015b, S. 10.

betreffenden Strommenge nachweislich entwerten lassen muss. In § 79 EEG 2014 und den Verordnungen zu Herkunftsnachweisen ist geregelt, wer Herkunftsnachweise erstellen darf, wie diese übertragen werden, an wen diese übertragen werden können und wie sie nach Lieferung der Strommenge entwertet werden müssen. Zuständig für die Registerführung ist seit Januar 2013 das Umweltbundesamt, das zugleich eine Anlagenliste führt. Reine Ökostromanbieter in Deutschland erwerben überwiegend ausländische Herkunftsnachweise. Eine Analyse der Preise für Herkunftsnachweise ist nur eingeschränkt möglich, da diese zum großen Teil über bilaterale Verträge gehandelt werden. Stichprobenhafte Preisuntersuchungen vom Umweltbundesamt ergaben Preise am Spot- wie auch Terminmarkt zum Stand 2012 von 0,2–0,5 €/MWh. Diese beziehen sich auf skandinavische Wasserkraft, die in der Branche als Standardprodukt gilt. Windstromherkunftsnachweise lagen im gleichem Jahr um ca. 35–85 % höher, für Strom aus österreichischer Wasserkraft wurden Preise mit 3–4 €/MWh ermittelt.[74] Eine zentrale Plattform für den Handel mit Herkunftsnachweisen existiert seit dem Jahr 2013 an der EEX, bei der die 3 Produkte „Nordic Hydro“, „Alpine Hydro“ und „Northern Continental Wind“ gehandelt werden. Am häufigsten werden auch hier Nachweise aus skandinavischer Wasserkraft (Nordic Hydro) nachgefragt und veräußert. Herkunftsnachweise von Wasserkraftanlagen aus Deutschland, Österreich und der Schweiz (Alpine Hydro) sowie von Windkraftanlagen (Northern Continental Wind) werden nur sehr wenig bis überhaupt nicht gehandelt. Die Entwicklung des Settlement Price[75] für „Nordic Hydro“ zeigt Preisspannen von rund 0,2 €/MWh im Jahr 2013 auf einen vorläufigen Tiefststand im September 2014 mit unter 0,06 €/MWh. Bis Anfang des Jahres 2015 stieg der Preis wieder an, blieb jedoch unter 0,1 €/MWh. Der Durchschnittspreis seit Beginn des Handels lag bis zum Jahr 2015 bei 0,14 €/MWh. Die Nachfrage an der EEX nach Herkunftsnachweisen zur Gesamthandelsmenge war bis zum Jahr 2015 noch sehr gering. Basierend auf verschiedenen Erhebungsansätzen, wurde im Entwurf der Herkunftsnachweispreisverordnung 2016 in Österreich ein Preisniveau von 0,5 €/MWh für die Ökostromabwicklungsstelle als angemessen festgelegt. Dieses Preisniveau soll das durchschnittliche Preisniveau, das bis Ende 2015 Bestand hatte und zukünftig anzunehmen ist, widerspiegeln. Allerdings ist der Wert als Näherungswert zu betrachten.[76]

Regionalnachweise

Mit dem EEG 2017 wurde die Möglichkeit der regionalen Grünstromkennzeichnung eingeführt und die Herkunftsnachweisverordnung ergänzt und unbenannt in „Herkunfts- und Regionalnachweisverordnung“ (HkRNV). Auf Antrag stellt das Umweltbundesamt Regionalnachweise aus und überträgt und entwertet diese (vgl. §79a EEG 2017). Regionalnachweise können lediglich für direkt vermarktete Anlagen in Anspruch genommen

[74] Vgl. Umweltbundesamt, 2014a.

[75] Abrechnungspreis, der börsentäglich für jeden einzelnen kontinuierlich oder als Trade Registration gehandelten Kontrakt festgelegt wird.

[76] Vgl. E-Control, 2015.

werden. Anlagen mit Einspeisevergütung sind ausgenommen. Der Stromlieferant ist bei Belieferung von Letztverbrauchern in der Region berechtigt, diese Strommengen in der Stromkennzeichnung als regionalen Anteil der „Erneuerbaren Energien finanziert aus der EEG-Umlage", zu benennen. Die Region des belieferten Letztverbrauchers umfasst alle Postleitzahlengebiete, die sich ganz oder teilweise im Umkreis von 50 Kilometern um das Postleitzahlengebiet befinden, in dem der Letztverbraucher den Strom verbraucht. Im Gegenzug verringert sich nach § 53b EEG 2017 der anzulegende Wert für Strom, für den dem Anlagenbetreiber ein Regionalausweis ausgestellt worden ist, bei Anlagen, deren anzulegender Wert gesetzlich bestimmt ist, um 0,1 Cent pro kWh.

1.4.5 Einzelhandel – Endkundenstrompreise

Der Strompreis, den die Endverbraucher wie Haushalte, Gewerbe, Handel, Dienstleistung und Industrie letztendlich bezahlen, setzt sich aus dem Beschaffungspreis (Kosten für die Erzeugung bzw. Beschaffung, Vertrieb und Marge), dem Netzentgelt inklusive Messung, Abrechnung und Messstellenbetrieb sowie Steuern, Abgaben und Umlagen zusammen. Diese gliederten sich im Jahr 2015 auf in die EEG-Umlage, KWK-Umlage, Offshore-Haftungsumlage, §-19-StromNEV-Umlage, Umlage für abschaltbare Lasten, die Konzessionsabgabe, die Stromsteuer und in die Mehrwertsteuer. Der durchschnittliche Strompreis im Jahr 2015 für Haushalte bis zu einem Jahresverbrauch von 3500 kWh betrug 28,72 ct/kWh und setzte sich aus den Bestandteilen nach Abb. 1.30 zusammen. An diesem durchschnittlichen Strompreis hatte das durchschnittliche Netzentgelt einen Anteil von 23,4 %. Das Netzentgelt kann jedoch regional deutlich variieren. Steuern, Abgaben und Umlagen hatten einen Anteil von 52 %. Damit haben die deutschen Strompreise im europäischen Vergleich einen der höchsten Anteile an staatlich induzierten Preisbestandteilen.[77] Die Werte aus Abb. 1.30 verdeutlichen die maximal zu zahlenden Steuern, Abgaben und Umlagen des jeweiligen Jahres.

Für verbrauchsintensive Endverbraucher wurde mit der Einführung der einzelnen staatlichen Umlagen und Abgaben eine Vielzahl von Ausnahmeregelungen getroffen, um energieintensive Produktionsprozesse von Strompreisbestandteilen teilweise zu entlasten oder komplett zu befreien und die Konkurrenzfähigkeit dieser Unternehmen gegenüber dem Ausland zu erhalten. Je nach Jahresverbrauch, Wirtschaftssektor, Verbrauchsschwellen und Höhe der Entlastung unterscheiden sich die Ausnahmeregelungen stark. Die Entlastungsregelungen für die Industrie führen zu höheren Belastungen bei nichtprivilegierten Stromkunden, da diese entsprechend höhere Anteile zur Finanzierung der jeweiligen Umlage beitragen müssen. Im Jahr 2015 zahlten kleine bis mittlere Industriestromkunden (Jahresverbrauch von 160–20.000 MWh) einen durchschnittlichen Strompreis inklusive

[77] Vgl. BDEW, 2015d.

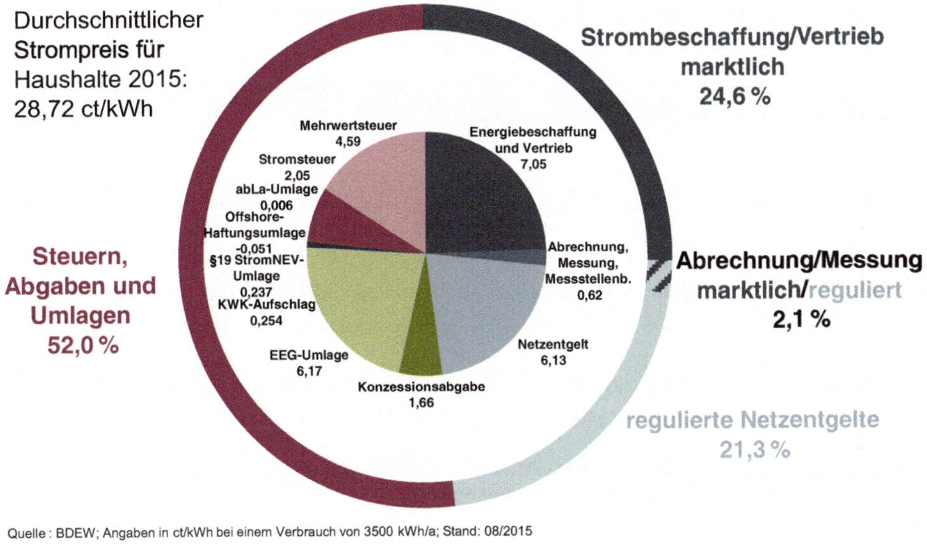

Abb. 1.30 Durchschnittlicher Strompreis für Haushalte im Jahr 2015. (BDEW, 2015e)

Stromsteuer (1,537 ct/kWh[78]) von 15,23 ct/kWh.[79] Die Bandbreite des Strompreises für industrielle Großabnehmer ist in Abb. 1.31 gezeigt. In dieser Darstellung wurde seitens

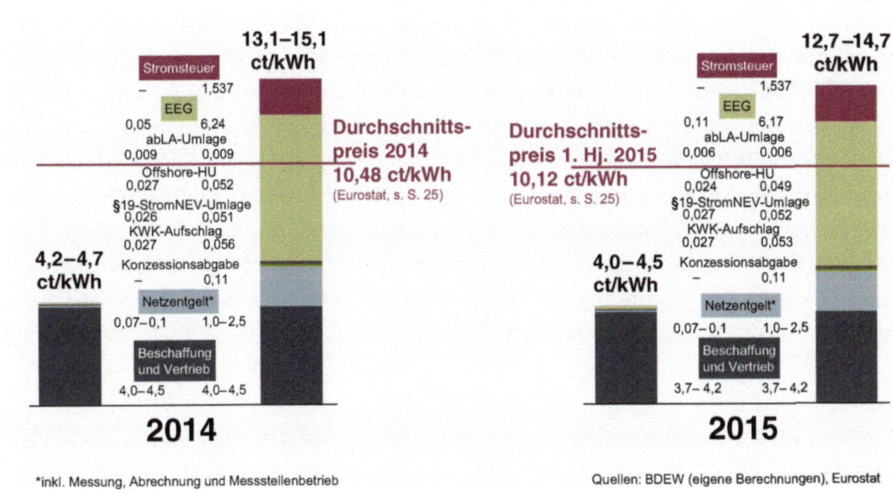

Abb. 1.31 Bandbreite des Industriestrompreises 2014/2015 für einen Großabnehmer mit 100 GWh/a. (BDEW, 2015e)

[78] 75 % der maximal anfallenden Stromsteuer von 2,05 ct/kWh.

[79] Mittelspannungsseitige Versorgung: Abnahme 100 kW/1600 h bis 4000 kW/5000 h.

des BDEW für die Jahre 2014 und 2015 der hypothetische Strompreis für einen Großabnehmer mit einem Jahresverbrauch von 100 GWh bei maximal möglicher Entlastung sowie ohne Möglichkeit zur Nutzung von Entlastungsregelungen ermittelt. Für das jeweilige Jahr ist zudem der Durchschnittspreis für Verbraucher von 70 bis 150 GWh Jahresverbrauch gemäß Eurostat enthalten.

Aufgrund der Höhe der Kostenbelastung, werden die Unterschiede beim Strompreis in erster Linie durch die zu zahlende EEG-Umlage sowie durch die Stromsteuer- und Netzentgeltminderungen bestimmt. Die Ausnahmeregelungen für die verschiedenen Strompreisbestandteile werden im Folgenden erläutert. Für die im Jahr 2014 neu eingeführte Umlage für abschaltbare Lasten (abLA-Umlage) gibt es keine Entlastungsregelungen.

EEG-Umlage

Die EEG-Umlage ergibt sich aus den Kosten für die Förderung der erneuerbaren Energien nach dem EEG. Der Kostenverteilmechanismus des EEG wird im Abschn. 1.5.7 erläutert. Im Jahr 2015 betrugen die zu tragenden Kosten des EEG-Kontos 21,8 Mrd. €. Damit hatte Deutschland im europäischen Vergleich die höchsten absoluten Aufwendungen für erneuerbare Energien.[80] Die Ausnahmeregelungen (Privilegierungen) zur EEG-Umlage sind nach §§ 63 ff. EEG 2014 geregelt. Anspruchsberechtigt auf Minderung der EEG-Umlage sind Unternehmen, die einer Branche nach Anlage 4 EEG 2014 zuzuordnen sind und als stromkostenintensiv (festgelegter Stromkostenanteil an der Bruttowertschöpfung) gelten. Auf die erste GWh Stromverbrauch entfällt immer die volle EEG-Umlage (Selbstbehalt). Erfüllt ein Unternehmen das Kriterium der Stromkostenintensität, wird die EEG-Umlage für den über den Selbstbehalt von 1 GWh hinausgehenden Stromverbrauch auf 15 % der im jeweiligen Jahr gültigen EEG-Umlage begrenzt. Eine weitere Absenkung der zu zahlenden EEG-Umlage besteht durch die Begrenzung der Umlagehöhe auf einen gewissen Anteil an der Bruttowertschöpfung, je nach Kostenintensität. Eine Reduzierung bis auf 0,05 bzw. 0,1 ct/kWh ist je nach Art des Unternehmens möglich. Für Schienenbahnen gelten gesonderte Ausnahmeregelungen. Durch das Grünstromprivileg im EEG 2012 waren zusätzliche EEG-Umlagebefreiungen möglich. Dieses wurde im EEG 2014 gestrichen. Die von der EEG-Umlage entlastete Energiemenge ist seit der Einführung der Privilegierungen stetig steigend. Betrug diese 2012 noch ca. 86 TWh, so stieg sie zum Jahr 2014 bereits auf ca. 107 TWh an.[81]

Netzentgelte

Netzentgelte dienen der Refinanzierung der Stromnetzinfrastruktur und sind in der Stromnetzentgeltverordnung (StromNEV) geregelt. Sie unterliegen der Regulierung durch die

[80] Vgl. BDEW, 2015d, S. 20.
[81] Vgl. BMWi, 2014a, S. 34.

Bundesnetzagentur bzw. der Landesregulierungsbehörden. Sie können dementsprechend vom Netzbetreiber nicht frei festgesetzt werden. Die Höhe der Netzentgelte hängt neben regionalen Faktoren insbesondere davon ab, an welcher Spannungsebene ein Abnehmer angeschlossen ist. Für die Netzentgeltminderung ist die Charakteristik der Netznutzung entscheidend. So profitieren Abnehmer gemäß § 19 StromNEV bei saisonaler und singulärer, atypischer oder intensiver Netznutzung von verminderten Netzentgelten.

§ 19-StromNEV-Umlage

Die durch die Netzentgeltminderungen nach § 19 StromNEV entgangenen Erlöse der Netzbetreiber werden untereinander verrechnet und als Aufschlag auf die Netzentgelte in Form der § 19-StromNEV-Umlage anteilig auf alle Letztverbraucher (auch auf Letztverbraucher mit gemindertem Netzentgelt) umgelegt. Gemäß der Prognose der § 19-StromNEV-Umlage 2015 vom 20.10.2014 betrugen die entgangenen bzw. zu verrechnenden Erlöse ca. 798 Mio. €.[82] Je nach Höhe des jährlichen Stromverbrauchs und Letztverbrauchergruppe sind Begrenzungen nach § 19 Abs. 2 StromNEV möglich.

Stromsteuer

Wird Strom aus dem Versorgungsnetz entnommen, fällt die Stromsteuer an (Verbrauchssteuer), die dem Bund zusteht. Sie wird von den Hauptzollämtern eingefordert. Gesetzesgrundlage bilden das Stromsteuergesetz (StromStG) und die Stromsteuer-Durchführungsverordnung (StromStV). Die Entlastungsregelungen sind in §§ 9, 9a, 9b und 10 StromStG geregelt. Unternehmen des produzierenden Gewerbes zahlen grundsätzlich einen reduzierten Steuersatz und bekommen die gezahlte Stromsteuer zum großen Teil erstattet. Für bestimmte energieintensive Produktionsprozesse gilt eine generelle Stromsteuerbefreiung.[83]

KWK-Umlage

Die Kosten für die Förderung von Kraft-Wärme-Kopplungs-Anlagen, Wärme- und Kältespeichern sowie Wärme- und Kältenetzen im Rahmen des Kraft-Wärme-Kopplung-Gesetzes (KWKG) werden mit der KWK-Umlage finanziert. Die Umlage wird jedes Jahr individuell berechnet. Je nach Höhe des jährlichen Stromverbrauchs und der Letztverbrauchergruppe sind Begrenzungen nach § 26 KWKG möglich.

Konzessionsabgabe

Konzessionsabgaben sind Entgelte, die Energieversorgungsunternehmen zahlen, wenn sie öffentliche Verkehrswege für den Betrieb von Energieversorgungsleitungen nutzen. Diese Entgelte kommen Städten und Gemeinden zugute. Die Konzessionsabgabenverordnung (KAV) regelt die Bemessung und zulässige Höhe der Konzessionsabgaben. Voraussetzung

[82] Vgl. BDEW, 2015e, S. 32.

[83] U. a. für die Elektrolyse.

für eine Reduktion der Konzessionsabgabe ist die Einstufung als Sondervertragskunde nach § 2 KAV. Der Höchstbetrag für Sondervertragskunden beträgt derzeit 0,11 ct/kWh. Liegt der Abnahmepreis bei Sondervertragskunden unterhalb eines Grenzpreises, welcher vom Statistischen Bundesamt ermittelt und veröffentlicht wird, sind diese von der Konzessionsabgabe nach § 2 Abs. 4 KAV befreit.

Offshore-Haftungsumlage
Seit 2013 können Netzbetreiber Kosten für geleistete Entschädigungszahlungen, die aufgrund von Störungen oder Verzögerung der Anbindung von Offshore-Windkraftanlagen entstehen können, durch eine Offshore-Haftungsumlage geltend machen. Je nach Höhe des Stromverbrauchs und Letztverbrauchergruppe bestimmt sich die maximale Höhe der Umlage nach § 17 f Abs. 5 EnWG.

Eigenstromversorgung
Neben den Entlastungsregelungen beim Strombezug über Stromversorgungsunternehmen bestehen Sonderregelungen für die Eigenstromerzeugung. Diese werden spezifisch in Abschn. 3.6.2. erläutert. Im Rahmen der EEG-Prognose der Übertragungsnetzbetreiber zum Letztverbrauch für das Kalenderjahr 2014 wurde die Eigenerzeugung für 2013 auf 56,2 TWh prognostiziert, wovon 53,9 TWh auf die Eigenstromerzeugung der Industrie und 2,3 TWh auf die Eigenstromerzeugung mit Photovoltaik entfielen.[84]

1.4.6 Strommarkt 2.0

Um die Ziele der Energiewende sowie eine Versorgungssicherheit zu minimalen volkswirtschaftlichen Kosten zu gewährleisten, ist eine Weiterentwicklung des Strommarktdesigns notwendig (sog. *Strommarkt 2.0*). Der Markt muss so beschaffen sein, dass jederzeit genau so viel Strom in das Stromnetz eingespeist wird, wie aus diesem entnommen wird. Einerseits muss dazu sichergestellt sein, dass ausreichend Kapazitäten zum Ausgleich von Angebot und Nachfrage vorhanden sind (Vorhaltefunktion). Andererseits müssen Preissignale am Strommarkt jederzeit gewährleisten, dass vorhandene Kapazitäten zur richtigen Zeit und im erforderlichen Umfang kontrahiert und tatsächlich eingesetzt werden (Einsatzfunktion). Die Reform zum Strommarkt 2.0 wurde durch den Gesetzentwurf zur Weiterentwicklung des Strommarktes (Strommarktgesetz), den Referentenentwurf der Kapazitätsreserveverordnung und den Gesetzentwurf zur Digitalisierung der Energiewende Ende 2015 in Angriff genommen. Das Strommarktgesetz basiert insbesondere auf dem Grün- und dem Weißbuch „Ein Strommarkt für die Energiewende", veröffentlicht durch das Bundesministerium für Wirtschaft und Energie (BMWi). Im Weißbuch wurden die Ergebnisse einer wochenlangen öffentlichen Konsultation mit Fachleuten, Wirtschaft und

[84] Vgl. BMWi, 2014a, S. 35.

Verbrauchern sowie den europäischen Nachbarn gebündelt. Die Maßnahmen des Weißbuchs lauten:

- Kern des weiterentwickelten Strommarktes ist das Preissignal – Regelungen sichern hierfür die freie wettbewerbliche Preisbildung ab und lassen Preisspitzen an den Strommärkten zu;
- zentrales Instrument werden die Bilanzkreisbewirtschaftung und das Ausgleichsenergiesystem – Bilanzkreisverantwortliche werden stärker dazu angehalten, ihre Bilanzkreise für jede Viertelstunde ausgeglichen zu halten;
- ab 2016 werden 2,7 GW an Braunkohlekraftwerke schrittweise aus dem Markt genommen, vorläufig stillgelegt und in eine Sicherheitsbereitschaft überführt;
- Monitoring der Versorgungssicherheit mittels eines alle 2 Jahre erscheinenden Berichts;
- Schaffung transparenter und aktueller Strommarktdaten, insbesondere die Einrichtung einer nationalen Informationsplattform sowie die Einrichtung eines zentralen Marktstammdatenregisters;
- Verlängerung der befristeten Netzreserve bis Ende 2023;
- Einführung einer Kapazitätsreserve zur Garantie der Versorgungssicherheit – Schaffung eines Kapazitätspuffers;
- Regelungen zur Erleichterung von Maßnahmen für den Einsatz von Flexibilitätsoptionen werden vorgesehen und geplant;
- die Bundesnetzagentur öffnet die Regelleistungsmärkte für mehr Anbieter durch ein bereits 2015 begonnenes Festlegungsverfahren zu den Ausschreibungsbedingungen für die Regelleistung – kürzere Vorlaufzeiten und kleinere Produkte sollen möglich sein und die Festlegungen des Leistungszuschlags sollen angepasst werden;
- Anreize für die Aggregation von flexiblen Stromverbrauchern (Kleinverbraucher), z. B. durch die Öffnungspflicht der Bilanzkreise für die Sekundärregelenergie;
- energierechtliche Einordnung von Ladepunkten als Letztverbraucher sowie Sicherstellung eines diskriminierungsfreien Zugangs für die Elektromobilität;
- Anpassung staatlich veranlasster Preisbestandteile der Endkundenpreise, die derzeit die Wirkung des Großhandelspreises überlagern – das BMWi entwickelt hierfür ein Zielmodell;
- Änderung der Stromnetzentgeltverordnung, die besondere Netzentgelte für mehr Lastflexibilität öffnet;
- ein einheitliches Entgelt für die Nutzung der Übertragungsnetze soll die deutschlandweit divergierenden Netzentgeltniveaus angleichen;
- Entgeltreduktion durch Abschaffung der vermiedenen Netzentgelte für Anlagen, die ab 2021 in Betrieb gehen;
- Spitzenkappung für fluktuierende Erzeuger – bei der Netzplanung ist die jährliche Stromerzeugung je angeschlossener Onshore-Windenergieanlage und Photovoltaikanlage um bis zu 3 % zu reduzieren.

Im Entwurf des Strommarktgesetzes wurden, aufbauend auf den bewährten Strukturen des liberalisierten Strommarktes, die rechtlichen Rahmenbedingungen für die Stromversorgung weiterentwickelt und optimiert, wie z. B. das EnWG, das EEG oder die Stromnetzzugangsverordnung.[85]

Entwurf der Kapazitätsreserveverordnung
Im Entwurf des Strommarktgesetzes wird eine Kapazitätsreserve eingeführt, welche durch den Entwurf der Kapazitätsreserveverordnung näher ausformuliert wurde. Die Kapazitätsreserve sieht eine zusätzliche Vorhaltung von Erzeugungskapazitäten neben denen des Strommarktes vor, um in bestimmten, außergewöhnlichen und nicht vorhersehbaren Situationen dafür zu sorgen, dass das Gleichgewicht zwischen Stromerzeugung und -verbrauch erhalten bleibt. Die Kapazitätsreserve soll in einer technologieneutralen Ausschreibung gemeinsam von den 4 Übertragungsnetzbetreibern beschafft werden. Die erste Ausschreibung soll im April 2017 für den Vertragszeitraum von Oktober 2017 bis 2019 stattfinden. Für die Betreiber der Anlagen in der Kapazitätsreserve ist für die Leistungsvorhaltung eine Vergütung vorgesehen, welche nach Einheitspreissystem ermittelt werden soll.[86]

Gesetzesentwurf zur Digitalisierung der Energiewende
Mit dem Gesetzentwurf zur Digitalisierung der Energiewende möchte die Bundesregierung die Rahmenbedingungen für intelligente Netze schaffen. Das Gesetz soll die Pflicht zum Einbau sowie die technischen Mindestanforderungen für kommunikationsfähige Stromzähler und intelligente Strommesssysteme (Smart Meter) regeln. Nach dem Gesetzesentwurf ist der Einsatz dieser Systeme für Großverbraucher mit einem Jahresverbrauch über 10.000 kWh ab 2017 obligatorisch. Der Einsatz in privaten Haushalten folgt ab 2020 mit einem verpflichtenden Einbau von Smart Metern ab 6000 kWh und einem optionalen Einbau unterhalb von 6000 kWh Jahresverbrauch.[87]

1.5 Investitionsentscheidungen bezüglich Stromerzeugungseinheiten

Eine Investition in eine Stromerzeugungseinheit ist dann wirtschaftlich von Vorteil, wenn die durchschnittlichen Produktionskosten für Strom geringer sind als die durchschnittlichen Erlöse, die für den erzeugten Strom über die komplette Laufzeit erzielt werden. In den folgenden Kapiteln werden die Kosten verschiedener Erzeugungseinheiten miteinander verglichen. Anschließend werden der hauptsächliche Preisbildungsmechanismus auf den Großhandelsmärkten sowie die Vermarktungsmöglichkeiten und entsprechend die erzielbaren Erlöse von Erzeugungsanlagen erläutert.

[85] Vgl. BMWi, 2015a.
[86] Vgl. BMWi, 2015d, S. 2–3.
[87] Vgl. BMWi, 2015d, S. 4–5.

1.5.1 Stromgestehungskosten

Die Methode der Levelized Costs of Electricity (LCOE) ermöglicht es, Kraftwerke unterschiedlicher Erzeugungs- und Kostenstruktur miteinander zu vergleichen. Diese Methode ist nicht geeignet, um die Wirtschaftlichkeit einer konkreten Anlage zu bestimmen. Dafür muss eine Finanzierungsrechnung unter Berücksichtigung aller Einnahmen und Ausgaben auf Basis eines Cashflow-Modells durchgeführt werden. Die Berechnung der durchschnittlichen Stromgestehungskosten (LCOE) erfolgt auf Basis der Kapitalwertmethode, nach Gl. 1.4. Diese Formel basiert auf den Berechnungsschritten der International Energy Agency.

Gl. 1.4: Stromgestehungskosten LCOE [€/kWh]. (IEA, 2010)

$$\mathrm{LCOE} = \frac{\sum_{t=1}^{n} \frac{\mathrm{Investment}_t + \mathrm{O\&M}_t + \mathrm{Fuel}_t + \mathrm{Carbon}_t + \mathrm{Decommissioning}_t}{(1+i)^t}}{\sum_{t=1}^{n} \frac{\mathrm{Electricity}_t}{(1+i)^t}} \tag{1.4}$$

$(1+i)^t$	Diskontierungsfaktor [–]
$\mathrm{Investment}_t$	Investitionsausgaben im jeweiligen Jahr [€]
$\mathrm{O\&M}_t$	Betriebs- und Wartungskosten im jeweiligen Jahr [€]
Fuel_t	Brennstoffkosten im jeweiligen Jahr [€]
Carbon_t	Kosten der entstandenen Emissionen im jeweiligen Jahr [€]
$\mathrm{Decommissioning}_t$	Entsorgungskosten bzw. Restwert im jeweiligen Jahr [€]
$\mathrm{Electricity}_t$	Produzierte Strommenge im jeweiligen Jahr [kWh]

Mittels eines Diskontierungsfaktors, wird die Verzinsung des Eigen- oder Fremdkapitals über die Lebensdauer berücksichtigt. Betriebswirtschaftlich werden die Gesamtkosten meist in die Anteile Capital expenditure (Capex) und Operational expenditure (Opex) aufgeteilt, wobei Capex die Investitionsausgaben widerspiegeln.

Durchschnittliche Stromgestehungskosten ausgewählter Stromerzeuger in Deutschland

Eine Metaanalyse der Agentur für Erneuerbare Energien hat mehrere Studien zu durchschnittlichen Stromgestehungskosten auf Basis der Kapitelwertmethode verschiedener Erzeugungstechnologien analysiert. Dabei konnte festgestellt werden, dass die Stromgestehungskosten der Windenergie an Land und der Photovoltaik schon 2013 teilweise günstiger als die von Steinkohle- und Gaskraftwerken waren.[88] Die Ergebnisse für die Jahre 2013 bis 2015 sowie die Prognosen für die Jahre 2030 und 2050 sind unter Abb. 1.32 zusammengefasst. Dabei handelt es sich um die Ablesewerte aus den Diagrammen der

[88] Vgl. AEE, 2014b, S. 2.

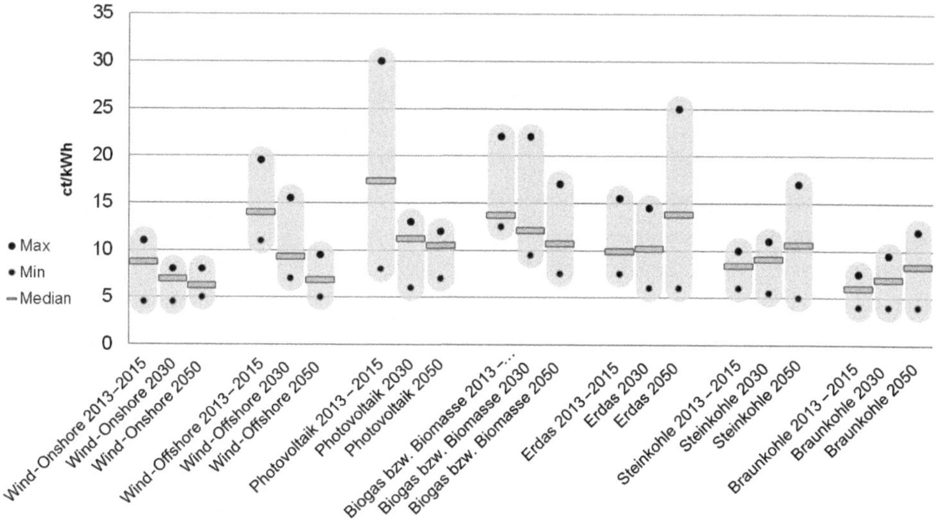

Abb. 1.32 Stromgestehungskosten verschiedener Stromerzeuger von 2013 bis 2050. (In Anlehnung an AEE, 2014b)

Metaanalyse mit einer Genauigkeit von etwa 0,2 ct/kWh, wodurch geringe Abweichungen zu den einzelnen Studienergebnissen bestehen können. Für Photovoltaikanlagen wurde die Eurolectric-Studie von 2010 aufgrund vergleichsweise enorm hoher Werte nicht berücksichtigt. Die größte Schwankungsbreite für die Jahre 2013 bis 2015 weisen Photovoltaikanlagen auf. Dies ist ausschließlich auf ältere Studien vor 2012 zurückzuführen, die eine derartige Kostenreduktion, wie sie 2015 bestand, nicht prognostiziert hatten. Ebenso werden Onshore-Windkraftanlagen in neueren Studien mit geringeren Stromgestehungskosten für das Jahr 2015 eingeschätzt als in älteren. Anders verhält es sich bei der Biomasse. Für diese Anlagen geben v. a. jüngere Studien höhere Stromgestehungskosten an. Eine hohe Schwankungsbreite besteht für Erdgas- und Steinkohleanlagen im Jahr 2050. Der Grund dafür sind Unsicherheiten der zukünftigen Brennstoff- und CO_2-Zertifikatspreise. Für alle konventionellen Anlagen wird übergreifend ein Preisanstieg prognostiziert, da neben den steigenden Brennstoff- und CO_2-Zertifikatspreisen, eine verminderte Laufzeit dieser Kraftwerke angenommen wird. Dies ist auf eine Durchdringung der erneuerbaren Energien zurückzuführen. Anhand der Mittelwerte aus allen betrachteten Studien ergibt sich eine Rangfolge der Stromgestehungskosten im Jahr 2050 von niedrig zu hoch, beginnend bei Wind-Onshore, über Wind-Offshore, Braunkohle, Photovoltaik, Biogas und Biomasse, Steinkohle und endend bei Erdgas für Deutschland.

Die Stromgestehungskosten von Wasserkraftanlagen sind in der Metaanalyse nicht enthalten. In einer Marktanalyse vom Ingenieurbüro Floecksmühle GmbH (2015) wurden diese Kosten sowie die durchschnittliche Vergütung nach EEG 2014 für den Neubau von Wasserkraftanlagen unterschiedlicher Leistung mit Inbetriebnahme im Jahr 2015 dar-

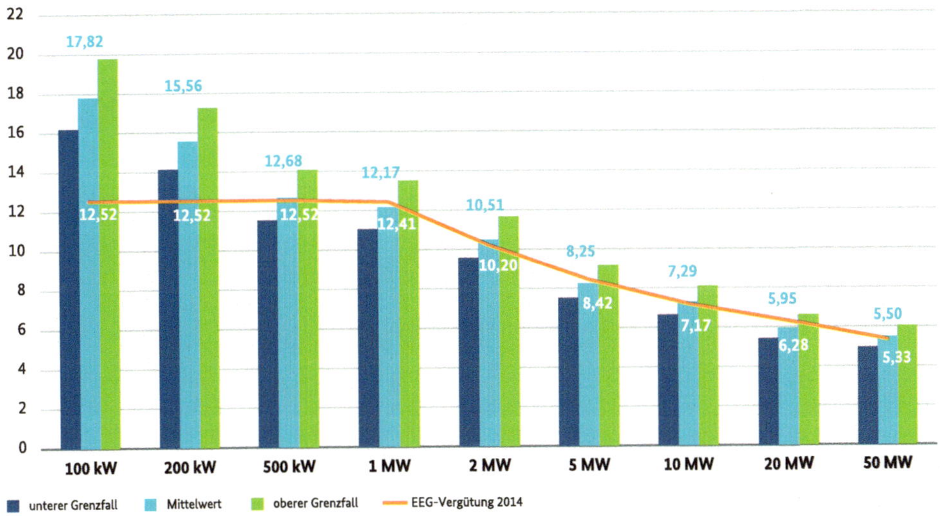

Abb. 1.33 Vergleich der Stromgestehungskosten und Vergütungen beim Neubau von Wasserkraftanlagen. (Ingenieurbüro Floecksmühle GmbH, 2015)

gelegt. Die Ergebnisse sind in Abb. 1.33 gezeigt. Der obere und der untere Grenzfall stellen jeweils die Stromerzeugungskosten bei 110 % bzw. 90 % der gewählten Anzahl an Volllaststunden dar. Eine Reduktion der Stromgestehungskosten ist ab einem Megawatt installierter Leistung abzulesen. Minimale Kosten von 5,33 ct/kWh sind bei 50 MW installierter Leistung erzielbar. Bei Wasserkraftanlagen handelt es sich um eine ausgereifte Technologie, daher sind zukünftige Kostenminderungen wie bei Windkraft- und Photovoltaikanlagen nicht zu erwarten.

1.5.2 Grenzkosten

Für die Entscheidung über den Betrieb einer Stromerzeugungsanlage sind die spezifischen Kapitalkosten nicht relevant, da sie als Fixkosten unabhängig vom Einsatz des Kraftwerks anfallen. Der Betreiber eines bestehenden Kraftwerks wird immer versuchen, die eigene Anlage einzusetzen, wenn er aus dem Stromverkauf in 1 h mehr erlöst, als ihn der Betrieb der Anlage kostet. In erster Näherung ist dies gegeben, wenn die Grenzkosten der Erzeugung kleiner sind als der erzielte Strompreis.

▶ **Grenzkosten** *Grenzkosten* geben die Kosten für die Erzeugung einer zusätzlichen Megawattstunde aus einer bestehenden Anlage an und repräsentieren den variablen Teil der Stromgestehungskosten.

Die Grenzkosten setzen sich aus den Termen in Gl. 1.5 zusammen. Die Grenzkosten sind spezifisch für die jeweilige Produktionsmenge in der betrachteten Zeiteinheit und den zu diesem Zeitpunkt vorherrschenden Preisen für den Brennstoff, für Emissionszertifikate und Betriebsmittel.

Gl. 1.5: Grenzkosten [€/kWh]. (FfE, 2010)

$$\begin{aligned} \text{Grenzkosten} = & \frac{\text{Brennstoffpreis}}{\eta} + \text{Zertifikatspreis} \\ & \times \frac{\text{spez. Emissionsfaktor}}{\eta} + \text{var. Betriebskosten} \end{aligned} \tag{1.5}$$

η Wirkungsgrad der Erzeugungsanlage [–]

Die Produktionsmenge einer Erzeugungseinheit ist aufgrund spezifischer technischer Einschränkungen nicht zu 100 % flexibel. Im Teillastbereich entstehen höhere variable Betriebskosten gegenüber dem Nennlastbetrieb. Die üblichen Kennwerte für bestimmte Kraftwerkstypen sind in Tab. 1.20 enthalten. Anhand dieser Werte sind die Grenzkostenunterschiede zwischen Nennleistungs- und Teillastbetrieb (Minimallast) ablesbar. Bei den technischen Grenzwerten wurden zusätzlich zu den durchschnittlichen Werten Kennwerte für neue Kraftwerke mit einer Inbetriebnahme ab 2010 beigefügt.

Für Erneuerbare-Energien-Anlagen liegen die Grenzkosten mit Ausnahme der Biomasse und Geothermie bei nahezu 0 €/MWh. Dementsprechend bestehen für Wind- und Wasserkraft sowie für Photovoltaikanlagen hauptsächlich Fixkosten. Biomasseanlagen und Geothermieanlagen haben geringe Grenzkosten aufgrund des Strom- bzw. Brennstoffeinsatzes. Infolge des Einspeisevorrangs erneuerbarer Energien und der festen Einspeisevergütung bis zum EEG 2014 waren die Grenzkosten für Erneuerbare-Energien-Anlagen für geförderte Anlagen nicht relevant.

1.5.3 Grenzpreis unter Berücksichtigung von Ab- und Wiederanfahrkosten

Neben den Grenzkosten sind die Kosten für das Ab- und Wiederanfahren eines Kraftwerkes zu berücksichtigen. In der Studie „Negative Strompreise: Ursachen und Wirkungen" von Agora Energiewende (2014b) wurden diese, unter Berücksichtigung der technischen Grenzwerte für übliche Kraftwerke aus Tab. 1.20 untersucht. Abb. 1.34 gibt die ermittelten Grenzpreise wieder (bei einer Verteilung der vermiedenen Ab- und Wiederanfahrkosten auf eine unterschiedliche Anzahl von Stunden unterhalb der Grenzkosten, welche dem Minimallastbetrieb der Kraftwerke entsprachen). Technische Einschränkungen der realisierbaren An- und Abfahrzeiten aufgrund must-run-Kapazitäten blieben unberücksichtigt.

Tab. 1.20 Kennwerte beim Teillastbetrieb verschiedener Kraftwerkstypen. (In Anlehnung an Agora Energiewende, 2014b, S. 23–25; Energie-Forschungszentrum Niedersachsen, 2013, S. 22[a]; Pape, C. et al., 2014, S. 51[b])

	Kernkraft	Braunkohle	Steinkohle	GuD-Kraftwerke	Erdgas Dampfturbine	Erdgasturbine
Mindestleistung [%]	(18)[b]	40 (40)	38 (35)	33 (18)	38	20
Mindeststillstandzeit [h]	(5)	6 (5)	2 (5)	2 (2)	2	0
Mindestbetriebsdauer [h]	(12)	6 (3)	4 (3)	4 (3)	4	1
Anfahrtszeit [h]		2	2	1	1	0
	[3–8–50][a]	[2–5–9]	[1–4–6]	[1–3–5]		[0,33]
Wirkungsgradverluste bei Mindestleistung [%]		5	6	11	6	22
Leistungsänderungsgeschwindigkeit [%/min]		3	4	6	6	20
Grenzkosten Nennlast [€/MWh]	20	18,55	35,33	52,68		
Grenzkosten Minimallast [€/MWh]	20	20,63	40,86	65,23		

[a] [....] –Anfahrtszeiten aus dem heißem Zustand (Stillstandzeit kleiner 8 h)–aus dem warmen Zustand (bis 50 h Stillstandzeit)–aus dem kalten Zustand (mehr als 50 h Stillstandzeit)

[b] (....) – Kraftwerke mit Inbetriebnahme ab 2010

▶ **Grenzpreise** *Grenzpreise* sind die angebotenen Preise von Kraftwerksbetreibern, zu denen diese gewillt sind, eine zusätzliche Megawattstunde zu liefern. Niedrige bzw. negative Gebotspreise auf der Angebotsseite geben eine Rangfolge für die Abschaltung von Kraftwerken bei nicht ausreichender Nachfrage vor. Die Quantität und Höhe dieser Gebote beschreibt die Flexibilität des Kraftwerkparks.

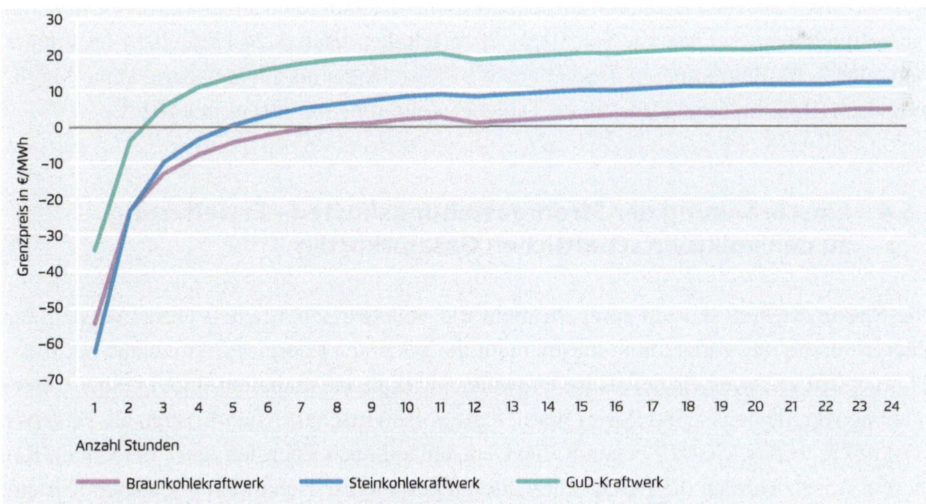

Abb. 1.34 Grenzpreise üblicher Kraftwerkstypen. (Agora Energiewende, 2014b)

In Abb. 1.34 ist ersichtlich, dass aus Kraftwerksbetreibersicht, sofern es sich nur um eine einzelne Stunde handelt, Grenzpreise bis minus 60 €/MWh akzeptabel sind, um einen Ab- und Wiederanfahrvorgang zu vermeiden. Zudem sind Preise zwischen 0 und 10 €/MWh über längere Zeit sehr gut erklärbar. „Selbst wenn die erzielbaren Preise 24 h in Folge zwischen 0 und 10 €/MWh und damit deutlich unter den Grenzkosten eines Braunkohlekraftwerks liegen, ist es für den Betreiber des Kraftwerks doch ökonomisch sinnvoller, das Kraftwerk auf Minimallast zu betreiben, als es zu stoppen und danach wieder anzufahren" (Agora Energiewende, 2014b, S. 26). Dieser Anreiz besteht auch, wenn der Kraftwerksbetreiber bereits auf dem Terminmarkt eine Lieferverpflichtung eingegangen ist, da dieser im Falle der Abschaltung des Kraftwerks die zu liefernde Menge auf dem Spotmarkt beziehen kann. Im Vergleich der Kraftwerkstypen zeigt sich, dass eine Abschaltung von Gaskraftwerken mit geringeren Kosten verbunden ist als die von Kohlekraftwerken. Daher wird mit zunehmend geforderter Flexibilität des konventionellen Kraftwerkparks die Rentabilität von Gaskraftwerken gegenüber Kohlekraftwerken steigen.

Die derzeitige Flexibilität des Kraftwerksparks verdeutlicht sich im Aufkommen negativer Spotmarktpreise, da bis zum Jahr 2015 zu keinem Zeitpunkt im Jahr die Stromlast zu 100 % aus regenerativen Erzeugungsanlagen abgedeckt werden konnte. Im Jahr 2015 verdoppelte sich nahezu die Anzahl der Stunden mit negativen Day-Ahead-Preisen von 64 auf 126 h. Dies entspricht 1,4 % der Jahresstunden. Dabei sank der durchschnittliche negative Strompreis von −15,55 auf −9 €/MWh. Im Jahr 2012 betrug dieser noch −60,51 €/MWh bei 56 h mit negativen Preisen. Das sinkende negative Preisniveau weist darauf hin, dass immer mehr Marktteilnehmer versuchen, stark negative Preise zu vermeiden und Flexibilität zu gewährleisten. Der Anstieg der Jahresstunden mit negativen Preisen ist auf den Ausbau fluktuierender Erzeuger zurückzuführen, weshalb auch in Zukunft mit höheren Jahresstunden zu rechnen ist. Seit 01.01.2016 erhalten nach § 24 EEG 2014 bestimmte Neuanlagen für Zeiträume, in denen negative Preise länger als 6 h andauern, keine Vergütung nach EEG. Im Jahr 2015 gab es 7 solcher Zeiträume mit insgesamt 56 h.[89]

1.5.4 Einschränkung der Stromgestehungskosten – Erweiterung zu den volkswirtschaftlichen Gesamtkosten

Die Stromgestehungskosten spiegeln nicht die volkswirtschaftlichen Gesamtkosten der Energieversorgung wider, da in diesen nicht die gesamten Energiesystemkosten inklusive externer Effekte, wie beispielsweise Umweltauswirkungen, enthalten sind. In einer Untersuchung von Siemens Wind Power wurden die volkswirtschaftlichen Kosten, als *Society's Cost of Electricity (SCOE)* benannt, für Deutschland nach Energieträgern berechnet. Bei diesem Ansatz wurden die LCOE mit weiteren gesamtgesellschaftlich relevanten Kosten- und Erlösfaktoren aus Abb. 1.35 erweitert.

[89] Vgl. Agora Energiewende, 2016.

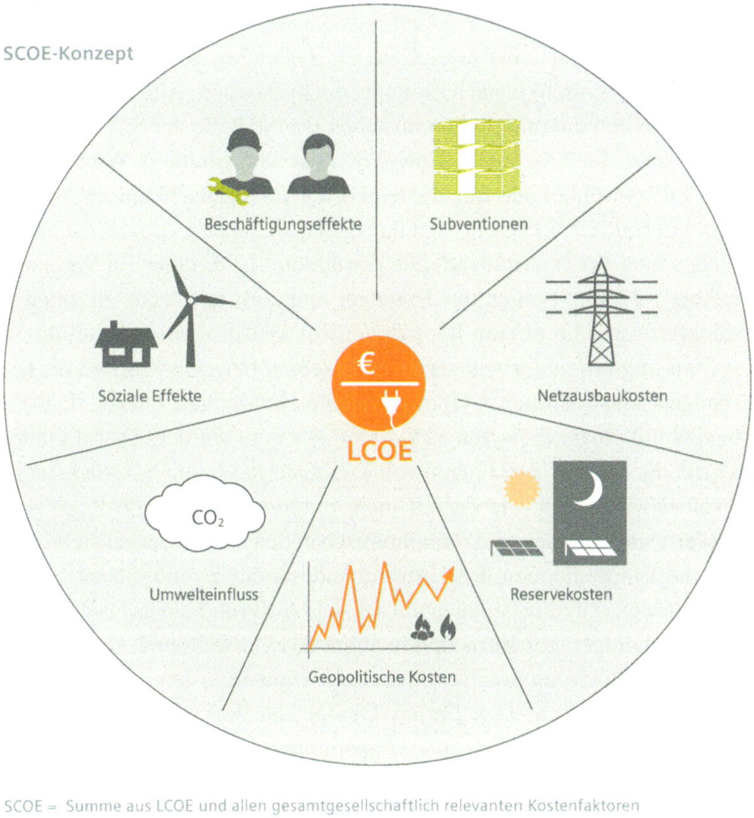

Abb. 1.35 Aufgliederung der SCOE. (Siemens Wind Power, 2014)

SCOE: Society's costs of electricity [EUR/MWh]

Projection for Germany in 2025 –custom Scenario

Legend LCOE Split: CAPEX OPEX Fuel CO_2

	Nuclear	Coal	Gas	Photovoltaics	Wind On	Wind Off
LCOE w/o CO_2	79,2	80,3	67,3	100,2	55,4	95,0
– thereof CO_2	0,0	23,4	10,4	0,0	0,0	0,0
Cost subsidies	47,4	0,0	0,4	0,0	0,0	0,0
Transmission	0,0	0,0	0,0	10,8	3,2	2,8
Variability	1,0	0,5	0,0	15,4	14,5	13,6
LCOE + system costs	**127,6**	**80,8**	**67,8**	**126,4**	**73,1**	**111,4**
Social impact	0,1	0,1	0,1	0,0	4,0	0,0
Employment effects	–34,1	–6,2	0,0	–49,3	–19,4	–49,0
Geopolitical impact	0,3	2,5	5,9	0,0	0,0	0,0
SCOE	**93,8**	**77,2**	**73,8**	**77,1**	**57,8**	**62,3**

E W ST SCC / CWN / 2014-08-26 / Projection for Germany in 2025 –custom Scenario

Abb. 1.36 SCOE-Prognose des Jahres 2025 für Deutschland. (Siemens Wind Power, 2014)

Für eine Energiesystembetrachtung sind v. a. die sog. *Wahren Stromgestehungskosten* kennzeichnend. Hierfür sind außer den LCOE die Systemkosten (Subventionen, Netzausbaukosten und Reservekosten) je nach Erzeuger einzubeziehen. Alle weiteren Kosten- und Erlösbestandteile stellen die makroökonomischen Bestandteile der SCOE dar.

In Abb. 1.36 sind die Ergebnisse einer Prognose von Siemens Wind Power zu den SCOE und LCOE einschließlich der Systemkosten für Deutschland im Jahr 2025 dargestellt. Siemens ermittelte Onshore-Windkraftanlagen als den volkswirtschaftlich günstigsten Stromerzeuger für Deutschland. Die gewählten LCOE lägen im Vergleich mit den Werten aus Abb. 1.32 für regenerative Erzeuger und Gaskraftwerke im unteren Bereich und für Kohlekraftwerke im oberen Bereich der Zukunftsprognosen. Dadurch verschiebt sich das Ergebnis zugunsten der regenerativen Erzeuger bzw. Gaskraftwerke. In den Umweltauswirkungen sind lediglich CO_2-Äquivalente Emissionen integriert, die über den Emissionshandel mit einem Preis von 32 €/t CO_2 gewertet wurden. Damit fanden weitere Umweltauswirkungen neben den Folgen von Treibhausgasen keine Berücksichtigung.

Die Umweltauswirkungen, die derzeit nicht durch entsprechende Regularien in den LCOE eingepreist sind, müssen makroökonomisch in den SCOE Berücksichtigung finden. In Tab. 1.21 sind Empfehlungen des Umweltbundesamtes zu möglichen Umweltkosten verschiedener Stromerzeugungsanlagen aufgelistet. Aufgrund der großen Bandbreite der Umweltkostenschätzungen zur Kernenergie nahm das Umweltbundesamt die Kosten der Technologie mit den höchsten präzise schätzbaren Umweltkosten, in diesem Fall Braunkohle mit 107,5 €/MWh, an. Das Forum Ökologisch-Soziale Marktwirtschaft (FÖS) hat eine breite Literaturauswertung und Expertenbefragung des Schadenserwartungswertes für den Fall katastrophaler nuklearer Unfälle vorgelegt. Unter Berücksichtigung eines Risikoaversionsfaktors resultieren externe Kosten der Atomenergie von 34 ct/kWh (340 €/MWh).[90] „Die Risikoaversion ist ein Element in der Bewertung von Risiken, mit dem das Schadensausmaß von Großereignissen überproportional stark gewichtet wird, um damit die besonderen Auswirkungen solcher Ereignisse abzubilden" (BABS 2013).

In der Studie „Subsidies and costs of EU energy" von ECOFYS aus dem Jahr 2014, beauftragt von der Europäischen Kommission, wird ein Gesamtüberblick über die Energie-

Tab. 1.21 Umweltkosten ausgewählter Stromerzeugungsanlagen. (Umweltbundesamt, 2012a)

Erzeugung mittels	Ø Umweltkosten Gesamt [$ct_{2010}/kWh_{Endenergie}$]	[€/MWh]
Braunkohle	10,75	107,5
Steinkohle	8,94	89,4
Erdgas	4,91	49,1
Öl	8,06	80,6
Wasserkraft	0,18	1,8
Windenergie	0,26	2,6
Photovoltaik	1,18	11,8
Biomasse	3,84	38,4

[90] Vgl. FÖS, 2012.

subventionen und -kosten der 28 EU-Mitgliedstaaten für das Jahr 2012 gegeben. Des Weiteren wurden die externen Kosten für unterschiedliche Energieträger auf Basis eines Life-Cycle-Assessments erhoben und bewertet. Diese Kosten bilden sämtliche volkswirtschaftliche Effekte ab, die nicht durch den Anlagenbetreiber, sondern gesamtheitlich getragen werden müssen. Dazu zählen u. a. Kosten durch den Klimawandel, beispielsweise Ernteausfälle oder Zerstörungen durch Wetterextreme, oder Beeinträchtigungen der Gesundheit sowie vorzeitige Todesfälle. In Abb. 1.37 sind die Stromgestehungskosten, die Förderkosten sowie die externen Kosten der einzelnen Technologien zusammenfassend dargestellt. Das unterste grüne Segment entspricht den durchschnittlichen Stromgestehungskosten gemäß LCOE-Methodik, das mittlere grüne Segment stellt die direkte Förderung (z. B. Steuererleichterungen für den Brennstoff) dar, welche die LCOE entsprechend absenkt. Die in Blau dargestellte zusätzliche Förderung gibt die Höhe der Subventionen an, welche keine Auswirkungen auf die Stromgestehungskosten haben (z. B. Einspeisevergütung nach EEG). Das oberste Segment kennzeichnet die externen Kosten. Alle Kosten bilden das Jahr 2012 ab, wodurch frühere Förderkosten für fossile und nukleare Energieträger nicht enthalten sind. Aus Abb. 1.37 ist abzulesen, dass im europäischen Durchschnitt Stromgestehungskosten mit Onshore-Windkraftanlagen von etwa 60 €/MWh erzielt werden, ähnlich also wie für windreiche Anlagenstandorte in Deutschland. Aufgrund der geringen Anzahl an Sonnenstunden resultieren für Photovoltaikstrom in Deutschland höhere Stromgestehungskosten als im europäischen Durchschnitt. Aus den erheblichen zusätzlichen

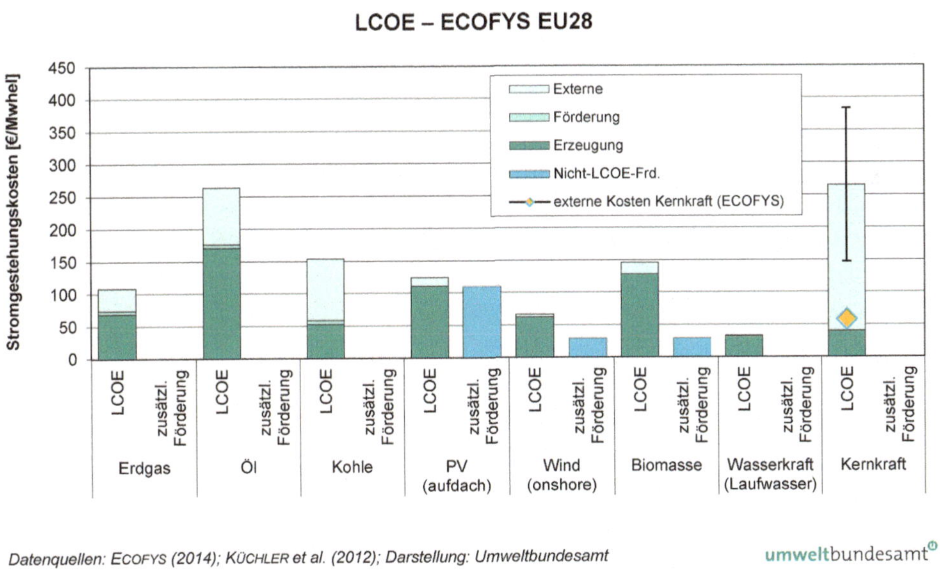

Abb. 1.37 Durchschnitt EU28 der Stromgestehungskosten, externen Kosten und Förderungen des Jahres 2012 nach „Subsidies and costs of EU energy“. (Umweltbundesamt Österreich, 2015; nach ECOFYS)

Förderkosten für Photovoltaik ergeben sich hohe Gesamtkosten für diese Art regenerativer Stromerzeugung. Für Wasserkraftanlagen wurden für das Jahr 2012 im europäischen Vergleich der Stromerzeugungsanlagen die niedrigsten durchschnittlichen Stromgestehungskosten festgestellt. Für diese Anlagen bestanden nahezu keine Förderungen. Zudem treten kaum externe Kosten auf. Die LCOE aus Abb. 1.33 für Neuanlagen in Deutschland mit Inbetriebnahme im Jahr 2015 liegen in etwa 2 ct/kWh über dem europäischen Durchschnitt aus dem Jahr 2012. In einer ähnlichen Größenordnung wie für Wasserkraftanlagen liegen die LCOE für Atomkraftwerke. Für diese Stromerzeuger fallen jedoch hohe externe Kosten an. ECOFYS ermittelte hierfür 17,80 €/MWh, was in etwa dem Wert von Biomasseanlagen entspricht. Die Kosten für die Endlagerung der radioaktiven Rückstände wurden dabei noch nicht berücksichtigt.[91] Für die externen Kosten von Atomstrom ist in Abb. 1.37 zusätzlich die Bandbreite aus weiteren Literaturangaben gezeigt, die von 107,5 bis 340 €/MWh reicht.[92]

Neben den Stromgestehungskosten wurden in der ECOFYS-Studie „Subsidies and costs of EU energy" die durchschnittlichen Wärmegestehungskosten für das Jahr 2012 in Europa ermittelt. Es wurde eine Bandbreite von 6–15 ct/kWh für konventionelle Wärmeerzeuger festgestellt. Lediglich KWK-Anlagen mit Biomasse und Gas als Energieträger ergaben niedrigere durchschnittliche Werte von 3 und 5 ct/kWh.[93] Damit lagen im Jahr 2012 im Durchschnitt die Wärmegestehungskosten in einer ähnlichen Größenordnung wie die Stromgestehungskosten regenerativer Erzeugungsanlagen.

1.5.5 Einheitspreissystem – Merit Order des Kraftwerksparks

► **Merit Order** An den Märkten mit Einheitspreissystem, wie z. B. den Day-Ahead-Märkten, wird den Kraftwerken der Reihe nach ein Zuschlag erteilt, beginnend mit dem aus den Grenzpreisen abgeleiteten niedrigsten Gebot, bis der prognostizierte Bedarf abgedeckt ist. Dies wird auch als Merit Order oder Einsatzreihenfolge der Kraftwerke bezeichnet. Das Gebot des letzten Kraftwerkes, auch als *Grenzkraftwerk* benannt, das noch einen Zuschlag erhält, bestimmt den Strompreis, der dann für alle zustande gekommenen Lieferverträge bezahlt wird (Einheitspreissystem).

Abb. 1.38 zeigt den Preisbildungsmechanismus im Einheitspreissystem für eine einzelne exemplarische Stunde am Tag und in der Nacht im Jahr 2006. Zur Vereinfachung ist die Nachfrage in diesem Beispiel unelastisch, d. h. die Nachfrage sinkt nicht mit steigendem Strompreis (senkrechte Linie).

Beim Einheitspreissystem handelt es sich um einen grundsätzlichen Mechanismus auf Märkten mit vollständigem Wettbewerb. Der Börsenstrompreis ergibt sich aus dem

[91] Vgl. Umweltbundesamt Österreich, 2015.
[92] Siehe oben Angaben vom Umweltbundesamt (2012a) und FÖS (2012).
[93] Vgl. European Comission, 2014, S. 49–50.

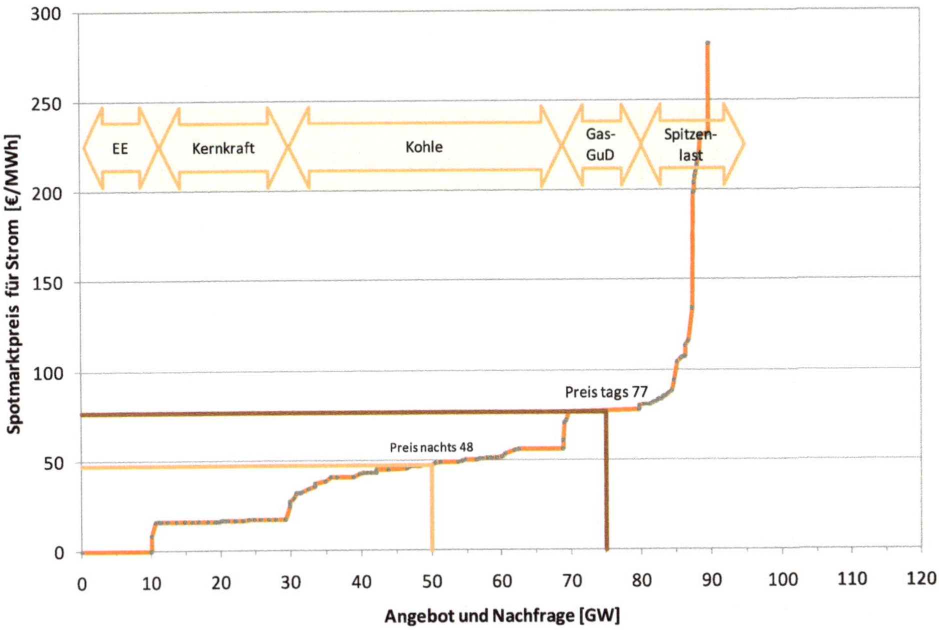

Abb. 1.38 Preisbildungsmechanismus im Einheitspreissystem – Typischer Verlauf der Merit-Order-Kurve an der Strombörse im Jahr 2006 bei mittlerer Verfügbarkeit von Strom aus erneuerbaren Energien (*EE*). (arrhenius Institut für Energie- und Klimapolitik, 2009)

Schnittpunkt von Nachfrage- und Angebotskurve, der als Market Clearing Price bezeichnet wird. Im Falle einer Knappheit bei den Stromerzeugungskapazitäten können auch Preise oberhalb der Grenzpreise des teuersten Kraftwerks entstehen. Die Preise, die auf diese Weise zustande kommen, werden als *Knappheitspreise* benannt. Wenn aber tatsächlich mehr Strom nachgefragt wird, als produziert werden kann, gibt es keinen Markträumungspreis. Die Börsenregeln sehen für diesen Fall vor, dass es einen festen Höchstpreis gibt und die verfügbaren Strommengen proportional auf die Nachfrager verteilt werden.

▶ **Deckungsbeitrag** Die Differenz aus dem vorherrschenden Strompreis und dem jeweiligen Grenzpreis des Kraftwerks wird zumeist als Deckungsbeitrag bezeichnet. Dieser Betrag sollte u. a. die Fixkosten der Kraftwerke decken, die in das Angebot für die Börse (Grenzpreis) nicht eingehen.

Mit dem weiteren Zubau von Erneuerbare-Energien-Anlagen (Verbreiterung des Bereichs *EE* in Abb. 1.38) mit Grenzkosten von nahezu 0 €/MWh (z. B. Windkraftanlagen), verschiebt sich der Market Clearing Price bzw. die Merit Order in Richtung günstigerer Grenzkraftwerke. Da die Stromerzeugung aus Windkraft und Photovoltaik jedoch nicht kontinuierlich erfolgt, sondern stark schwankt, sind das Ausmaß der Verschiebung und damit die Wirkung auf den Strompreis sehr unterschiedlich. Wird in manchen Stunden die Nachfrage durch diese Art von Erzeugern komplett gedeckt, fallen die Börsenpreise auf 0 €/MWh. Aufgrund der Grenzpreismechanismen von konventionellen Kraftwerken (Flexibilität des Kraftwerksparks) und Fördermechanismen von Erneuerbare-Energien-Anlagen kann es auch zu negativen Börsenpreisen kommen. Mit dem weiteren Ausbau der erneuerbaren Energien wird der Strompreis im Laufe der Zeit immer häufiger 0 €/MWh bzw. einen negativen Betrag erreichen. Somit erlangen die Kosten für einen flexiblen Betrieb der Kraftwerke zunehmend an Bedeutung. Die Vorteile von Gaskraftwerken in diesem Zusammenhang sind bekannt und in Abb. 1.34 (Abschn. 1.5.3) veranschaulicht.

1.5.6 Investitionsentscheidungen und Vermarktungsmöglichkeiten von konventionellen Kraftwerken

Investitionen in konventionelle Kraftwerke werden nur dann erfolgen, wenn an den Großhandelsmärkten die zu erwartenden Preise so hoch sind, dass im Vergleich höhere durchschnittliche Deckungsbeiträge zu erzielen sind, als die durchschnittlichen Fixkosten betragen. Solange ausreichende Kapazitäten vorhanden sind, besteht deshalb kein Anreiz, Kraftwerke zu bauen, die zwar schadstoffärmer und flexibler als bestehende Kraftwerke wären, in der Merit Order aber häufig in der Nähe des Grenzkraftwerks angesiedelt sind. Sie würden zwar ihre Betriebskosten decken, jedoch keine ausreichenden Deckungsbeiträge für ihre Fixkosten erwirtschaften.[94]

Beispielhafte durchschnittliche Fixkosten für unterschiedliche Kraftwerke je nach jährlicher Betriebsdauer wurden vom arrhenius Institut für Energie und Klimapolitik im Jahr 2009 ermittelt. Sie sind in Abb. 1.39 dargestellt. Aus den spezifischen Fixkosten wird ersichtlich, dass für konventionelle Kraftwerke hohe Laufzeiten notwendig sind, um möglichst niedrige Fixkosten zu erzielen. Im Vergleich der Kraftwerke eignen sich in Bezug auf die Fixkosten GuD-Kraftwerke deutlich besser für geringere jährliche Betriebsdauern gegenüber Kohlekraftwerken. Mit steigender Durchdringung von erneuerbaren Energiemengen im Stromsystem wird dies von Bedeutung.

Wie in Abb. 1.38 gezeigt, stellten Gaskraftwerke in der Vergangenheit zumeist die Grenzkraftwerke dar. Somit wurden für diese Kraftwerke auf Dauer die geringsten Deckungsbeiträge erwirtschaftet. Der Anreiz für den Zubau von Kraftwerksleistung besteht für Kraftwerke mit niedrigeren Grenzkosten (z. B. Kohlekraftwerke) gegenüber den Grenzkraftwerken, solange bis diese die Grenzkraftwerke ablösen. Durch die Abschaltung von Kohle- und Kernkraftwerken wird zukünftig dieser Entwicklung entgegengewirkt. Damit verschiebt sich die Merit Order in Richtung teurerer Grenzkraftwerke. Solange noch weitere Kraftwerke einsatzbereit sind, steigt der Strompreis auf deren Grenzkos-

[94] Vgl. arrhenius Institut für Energie- und Klimapolitik, 2009, S. 8–9 – Einheitspreissystem und Investitionsentscheidungen in Kraftwerken.

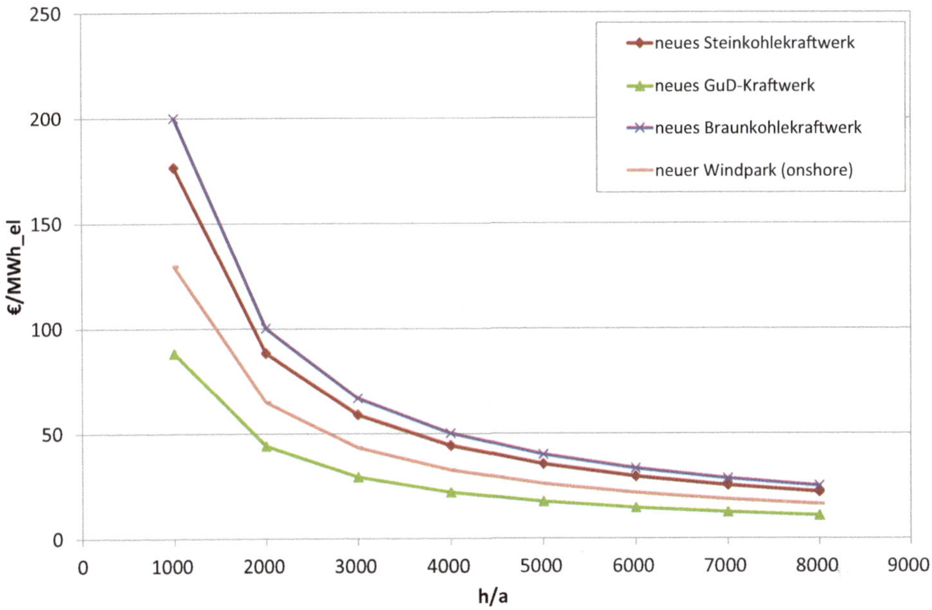

Abb. 1.39 Beispielhafte durchschnittliche Fixkosten je nach jährlicher Betriebsdauer verschiedener Stromerzeugungsanlagen. (arrhenius Institut für Energie- und Klimapolitik, 2009)

ten. Für die bestehenden Kraftwerke ist die Konsequenz eine Erhöhung ihrer Erlöse und damit der Deckungsbeiträge. Nach der ökonomischen Theorie bietet genau dieser Effekt den Anreiz, in neue Kraftwerke zu investieren. Des Weiteren wird ein steigender CO_2-Preis die Wirtschaftlichkeit von Kohlekraftwerken mehr verschlechtern als die von Gaskraftwerken, da diese geringere Emissionen pro MWh aufweisen.[95]

1.5.7 Investitionsentscheidungen und Vermarktungsmöglichkeiten von Erneuerbare-Energien-Anlagen

Im Einheitspreissystem hätten Erneuerbare-Energien-Anlagen, ohne Förderung durch das EEG, mit Ertragsproblemen zu kämpfen, da der Strompreis immer dann besonders niedrig ist, wenn diese viel Strom erzeugen. Abb. 1.40 zeigt dazu ein Schema des Förder- und Kostenverteilmechanismus des EEG 2014. Bei niedrigen bzw. negativen Strompreisen entstehen Kosten, die derzeit über die EEG-Umlage getragen werden müssen, da die Übertragungsnetzbetreiber nicht nur die Vergütungen und Prämien nach EEG an die Anlagenbetreiber, sondern auch für die Abnahme des EEG-Stroms an der Börse zahlen müssen.

[95] Vgl. arrhenius Institut für Energie- und Klimapolitik, 2009, S. 18.

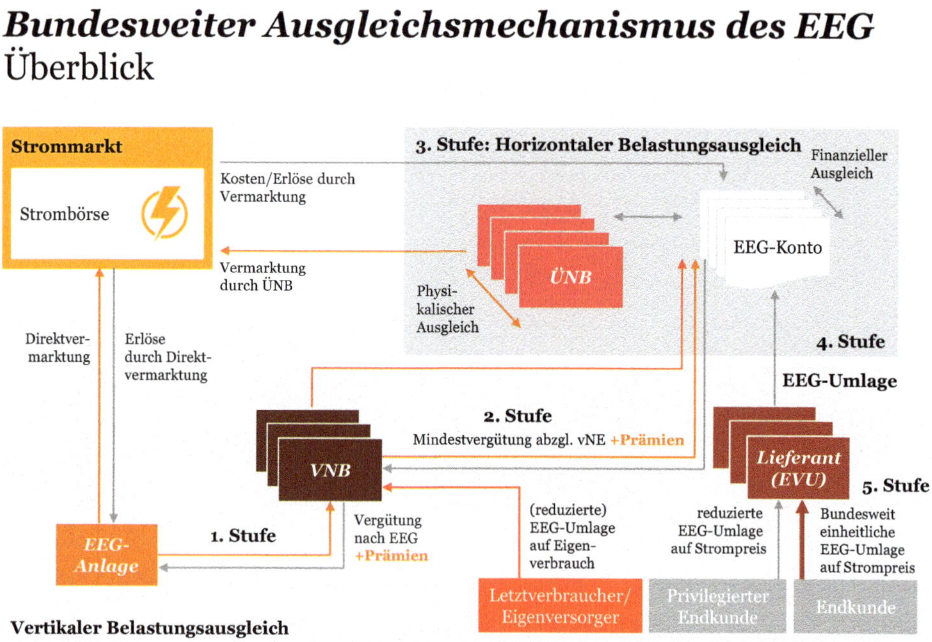

Abb. 1.40 Bundesweiter Ausgleichsmechanismus des EEG 2014. (PWC, 2016)

Die Einführung der verpflichtenden Direktvermarktung im EEG 2014 für bestimmte Anlagen lieferte hierfür zum Teil eine entlastende Wirkung.

In Abb. 1.41 ist die Entwicklung der erneuerbaren Strommengen und EEG-Auszahlungen seit der Einführung des EEG in einer Darstellung zusammengefasst. Hierbei wird die hohe Belastung des EEG-Kontos durch Solar- und Biomasseanlagen deutlich. Windkraftanlagen lieferten den Großteil der Strommengen mit vergleichsweise geringen EEG-Auszahlungen. Dies ist auf geringere (historische) Stromgestehungskosten der Windenergie[96] gegenüber anderen erneuerbaren Erzeugern sowie auf die vorwiegende Direktvermarktung von Windenergieanlagen zurückzuführen.

Einspeisevergütung

Vor dem EEG 2014 bestand für alle förderfähigen Erneuerbare-Energien-Anlagen die Möglichkeit einer garantierten Einspeisevergütung durch die Übertragungsnetzbetreiber. Die Übertragungsnetzbetreiber sind gemäß § 2 AusglMechV verpflichtet, den von ihnen abgenommenen EEG-Strom in der börslichen Day-Ahead-Auktion oder im börslichen Intraday-Handel zu vermarkten. Um dabei den vorrangigen Verkauf des Stroms an der Börse zu gewährleisten, verpflichtet § 1 Abs. 1 AusglMechAV die Übertragungsnetzbetreiber dazu, Gebote zum Verkauf des Stroms nur unlimitiert, d. h. zum niedrigsten Preis, der derzeit

[96] Abschn. 1.1.3.

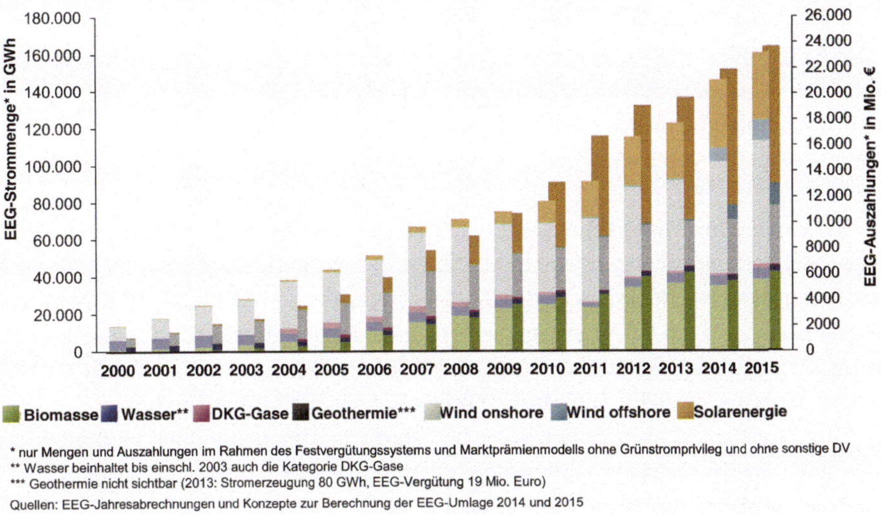

Abb. 1.41 Historische Entwicklung der EEG-Strommengen und -Auszahlungen. (BDEW, 2015b)

bei minus 500 €/MWh liegt, in die Day-Ahead-Auktion einzustellen. Sollten die von den Übertragungsnetzbetreibern vermarkteten Strommengen preissetzend in der Day-Ahead-Auktion sein, liegen die Preislimits aufgrund der gesetzlichen Vorschriften nach § 8 AusglMechAV im Intervall zwischen minus 350 und minus 150 €/MWh.

Direktvermarktung

Der Direktvermarktungsbegriff wurde erstmals mit dem EEG 2012 eingeführt. Seit dem EEG 2014 gilt eine verpflichtende Direktvermarktung für die ab dem 01.08.2014 in Betrieb genommenen Erneuerbare-Energien-Anlagen mit installierten Leistungen über 500 KW. Für Anlagen mit Inbetriebnahme ab dem 01.01.2016 reduziert sich dieser Wert auf 100 kW. Alle Anlagen in der Direktvermarktung müssen fernsteuerbar sein und die Bilanzkreispflichten einhalten. Man unterscheidet zwischen dem Marktprämienmodell (§ 20 Abs. 1 Nr. 1 EEG 2014), der Sonstigen Direktvermarktung (§ 20 Abs. 1 Nr. 2 EEG 2014) und der Regionalen Direktvermarktung (§ 20 Abs. 3 EEG 2014). Anlagenbetreiber in der Direktvermarktung haben im Gegensatz zu Anlagen mit Einspeisevergütung die Möglichkeit, am Regelenergiemarkt teilzunehmen.

Die sonstige Direktvermarktung stellt einen Stromverkauf an den Strommärkten zum Marktpreis ohne weitere Förderung dar. Dieses Modell ist derzeit aufgrund des niedrigen Börsenpreisniveaus nicht kostendeckend, wird jedoch für Anlagen relevant, welche den EEG-Förderzeitraum von 20 Jahren überschritten haben. „Ab 2020 fallen jährlich zwischen 4 bis 6 GW an Erneuerbare-Energien-Anlagen aus der Förderung heraus" (Agora Energiewende & Hamburg Institut, 2015b, S. 2). Wie in Abschn. 1.4.4 erläutert, können für derartig vermarktete Energiemengen Herkunftsnachweise geführt und veräußert werden, wodurch eine zusätzliche Erlösmöglichkeit entsteht.

Der Großteil des direktvermarkteten Stroms wird über das Marktprämienmodell veräußert. Der Anlagenbetreiber erhält dabei keine Einspeisevergütung, sondern muss den Strom über einen Vermarkter an der Börse verkaufen. Dabei wird zwischen dem Einstrommodell und Zweistrommodell unterschieden. Beim Zweistrommodell wird lediglich der Marktwert des Stroms an der Börse durch den Direktvermarkter erwirtschaftet. Damit die Direktvermarktung keinen wirtschaftlichen Nachteil zur Einspeisevergütung für den Anlagenbetreiber darstellt, wird der Differenzbetrag zur Einspeisevergütung durch die Marktprämie vom Netzbetreiber an den Anlagenbetreiber gezahlt. Das EEG 2014 definiert hierfür einen anzulegenden Wert, welcher eine angesetzte Einspeisevergütung einschließlich einer Vermarktungsprämie von 0,2 ct/kWh für regelbare sowie 0,4 ct/kWh für nichtregelbare Anlagen darstellt. Die Marktprämie wird aus der Differenz vom anzulegenden Wert zum Monatsmarktwert an der Börse berechnet. Im Einstrommodell wird die Marktprämie inklusive Vermarktungserlöse durch den Vermarkter an den Anlagenbetreiber im Rahmen eines All-Inclusive-Vertrages ausbezahlt.

Bei der regionalen Direktvermarktung wird der eingespeiste Strom aus Erneuerbare-Energien-Anlagen nicht an der Strombörse gehandelt, sondern an industrielle Abnehmer oder auch Haushaltskunden verkauft (Eigenverbrauch). Diese müssen sich in räumlicher Nähe zur Erzeugungsanlage befinden. Mit dem EEG 2014 wurden höhere Anforderungen an die räumliche Nähe eingeführt, welche in Abschn. 3.6.2 detailliert erläutert werden. Neben den Erneuerbare-Energien-Anlagen kommen hierfür auch andere dezentrale Erzeuger wie hocheffiziente KWK-Anlagen mit Vergütung nach dem KWKG in Betracht.

Der gesamte direktvermarktete Anteil der Erneuerbare-Energien-Anlagen im Jahr 2013 ist in Tab. 1.22 aufgelistet. Dies ist der Anteil, der bereits vor den Regelungen zur verpflichtenden Direktvermarktung im EEG 2014 bestand. Bis zum Jahr 2020 wird dieser Anteil nach heutigen Schätzungen etwa auf 80 % der erneuerbaren Stromerzeugung ansteigen.[97]

Ausschreibungsmodell

Das EEG 2014 sieht nach § 5 Abs. 5 vor, dass ab 2017 die Fördersätze für Erneuerbare-Energien-Anlagen in einem wettbewerblichen Ausschreibungsverfahren zwischen den Anlagenbetreibern ermittelt werden. Dabei werden bestimmte Kontingente ausgeschrieben, wodurch der Leistungszubau begrenzt bzw. festgelegt wird. Bei den Ausschreibungen erhalten Anbieter mit den wettbewerbsfähigsten Stromgestehungskosten einen Zuschlag. Dies wurde bereits im EEG 2014 für Photovoltaikfreiflächenanlagen vorgeschrieben und seit 2015 durchgeführt. Hierfür stellte die Bundesnetzagentur eine Photovoltaikleistung von insgesamt 500 MW zur Auktion. „In einer ersten Ausschreibungsrunde wurden am 1. April 150 MW versteigert, der mittlere Zuschlagswert lag bei 9,17 ct/kWh. In der zweiten Runde am 1. August lag der einheitliche Zuschlagswert bei 8,49 ct/kWh, hier wur-

[97] Vgl. BMWi, 2015a, S. 87.

Tab. 1.22 Jahresarbeit von Anlagen in fester EEG-Vergütung und in Direktvermarktung, Stand 2013. (Bundesnetzagentur, 2014a)

Art	Gesamte Anlagen [GWh]	Anlagen mit EEG-Vergütung [GWh]	Anlagen in Direktvermarktung [GWh]	Anteil direktvermarktete Jahreseinspeisung [%]
Wasser	6265	3007	3258	52,0
Gase	1776	529	1247	70,2
Biomasse	36.258	19.552	16.707	46,1
Geothermie	80	68	12	14,6
Wind Onshore	50.803	7514	43.289	85,2
Wind Offshore	905	0	905	100,0
Solar	28.785	25.259	3526	12,3
Insgesamt	124.872	55.929	68.943	55,2

den ebenfalls 150 MW versteigert. Die Ergebnisse der dritten Ausschreibungsrunde von 200 MW am 1. Dezember lagen noch niedriger, nämlich bei 8,00 ct/kWh" (Agora Energiewende, 2016, S. 15). Das Ausschreibungsmodell wurde im Entwurf des EEG 2017 für weitere Erneuerbare-Energien-Anlagen zum Standard.

1.6 Resümee

Die wesentlichen Säulen der Energiewende bilden der Ausbau der erneuerbaren Energien sowie die Steigerung der Energieeffizienz. Im Jahr 2013 hatte Deutschland im Vergleich zu den angrenzenden Ländern im Stromverbundnetz trotz hoher Endkundenstrompreise einen durchschnittlichen erneuerbaren Ausbaugrad. Der Erneuerbare-Energien-Anteil soll zukünftig v. a. durch den Ausbau der fluktuierenden Erzeuger (Windkraft- und Photovoltaikanlagen), wofür hohe technisch-ökologische Potenziale zur Verfügung stehen, vorangetrieben werden. Die hohen Endkundenstrompreise in Deutschland resultieren aus den erheblichen staatlich induzierten Preisbestandteilen, insbesondere aus den Förderkosten der erneuerbaren Energien, als auch aus den hohen Netzentgelten. Die Förderkosten je Erzeugertechnologie sind im Verhältnis zu den jährlich generierten Energiemengen für Photovoltaik am höchsten. Einerseits fallen in Deutschland aufgrund der geringen Anzahl von Sonnenstunden im europäischen Vergleich höhere Stromgestehungskosten für Photovoltaik an, anderseits wurde in der Vergangenheit ein Großteil der notwendigen finanziellen Förderung zur Marktfähigkeit dieser Technologie durch das EEG übernommen. An der Strombörse haben Erneuerbare-Energien-Anlagen ohne Förderung durch das EEG, aufgrund des Einheitspreissystems und des niedrigen Preisniveaus, mit Ertragsproblemen zu kämpfen. Eine Grünstromvermarktungsmöglichkeit für EEG-Anlagen ist nicht gegeben. Mittels Herkunftsnachweisen können erneuerbare Energiemengen, die nicht über das

EEG gefördert werden, bestimmten Verbrauchern zugeordnet werden, wodurch diese bilanziell bis zu 100 % erneuerbaren Strom beziehen können.

Der Zubau von regenerativen Erzeugungsanlagen erfolgt zum Großteil auf Verteilnetzebene. Im Vergleich zur konventionellen Stromerzeugung, bei der Strom aus Kraftwerken von höheren Netzebenen zu den Endkunden auf den niedrigeren Netzebenen verteilt wird, muss mit zunehmendem erneuerbarem Ausbaugrad der Stromtransport in beide Richtungen auf der Verteilnetzebene ermöglicht werden. Für die Energieverteilung aus den Erzeugungszentren (für Windenergie) im Norden und Osten Deutschlands zu den Verbrauchszentren im Süden und Westen sind überregionale Transportwege notwendig. Die bisherigen Erfahrungen zeigen einen verzögerten Netzausbau auf Übertragungsnetzebene. Auf Verteilnetzebene besteht eine gesetzlich vorgegebene Anschluss- und Abnahmepflicht für Strom aus regenerativen Erzeugungsanlagen, unabhängig von der momentanen Aufnahmefähigkeit des Netzes. Zur Gewährleistung der Stabilität der Stromnetze wird von den Übertragungsnetzbetreibern in Zusammenarbeit mit den Verteilnetzbetreibern eine Reihe von Systemdienstleistungen übernommen. Die Hauptkostenblöcke bilden die Beschaffung von Verlustenergie sowie der Einsatz von Redispatch, Regelleistung und Einspeisemanagementmaßnahmen. Für Regelleistung besteht ein transparenter Leistungsmarkt. Die Preise an diesem Markt sind stark volatil. Zudem ist das Marktvolumen, bezogen auf die einzelnen Regelleistungsprodukte, auf durchschnittlich wenige hundert Megawatt begrenzt.

Im Zuge einer vereinfachten Hochrechnung zukünftiger Einspeiseleistungen der dargebotsabhängigen Erzeuger zeigte sich, dass bis zu einem erneuerbaren Ausbaugrad von 60 % geringe Mengen an überschüssiger Energie durch negative Residuallasten hervorgerufen werden, soweit eine ausreichende Flexibilität des konventionellen Kraftwerksparks vorhanden ist. Um einen erneuerbaren Ausbaugrad von 60 % zu erreichen, müssten die installierten Leistungen von Wind- und Photovoltaikanlagen bei gleichbleibendem Einspeiseprofil des Jahres 2014 nahezu verdreifacht werden. Bei einem erneuerbaren Ausbaugrad von 80 % kommt es zu Einspeiseleistungen von dargebotsabhängigen Erzeugern, welche die maximal auftretenden Lasten des Jahres 2014 deutlich übersteigen und zu hohen überschüssigen Energiemengen führen.

Stromspeicher – Technologien und Bedarf

2

2.1 Definition und Klassifizierung von Energie- und Stromspeichern

▶ **Energiespeicher** „Ein Energiespeicher ist eine energietechnische Einrichtung, welche die drei folgenden Prozesse beinhaltet: Einspeichern (Laden), Speichern und Ausspeichern (Entladen)“ (Sterner, M. & Stadler, I., 2014, S. 26).

Energiespeicher lassen sich in sektorale und sektorenübergreifende, primäre und sekundäre Strom-, Wärme-, Gas- und Kraftstoffspeicher einteilen. Primäre Energiespeicher können nur einmalig geladen und entladen werden, während sekundäre Energiespeicher dies mehrfach ermöglichen. Sektorale Energiespeicher werden ausschließlich in einem der 3 Energiesektoren Strom, Wärme und Verkehr eingesetzt. Eine Kopplung der Energiesektoren ist mittels sektorenübergreifender Energiespeicher möglich. Technischer Vergleichsmaßstab für Energiespeicher bilden die physikalischen Leistungs- und Energiegrößen, wobei die gängigsten in Tab. 2.1 aufgeführt sind.

Tab. 2.1 Ausgewählte Leistungs- und Energiegrößen für Energiespeicher. (In Anlehnung an Sterner, M. & Stadler, I., 2014, S. 37–38)

Kenngröße	Bedeutung
Leistung	Ein-/Ausspeicherleistung
Leistungsdichte	Leistung pro Massen- oder Volumeneinheit
Leistungsgradient	Leistungsbezogene Ein-/Ausspeichergeschwindigkeit
Reaktionszeit	Ansprech- bzw. Zugriffszeit
Speicherkapazität/Energiemenge	Energieinhalt des Speichers
Energiedichte	Energiemenge pro Massen- oder Volumeneinheit
Wirkungsgrad	Effizienz eines Energiewandlungs- oder Energiespeicherprozesses
Selbstentladungsrate	Anteil der während einer Zeitspanne durch Selbstentladung verlorenen gespeicherten Energie
Ein- oder Ausspeicherdauer (E/P-Ratio)	Dauer des Ein-oder Ausspeichervorgangs – Verhältnis der Speicherkapazität eines Speichers zu seinem Leistungsvermögen

M. Zapf, *Stromspeicher und Power-to-Gas im deutschen Energiesystem*,
DOI 10.1007/978-3-658-15073-0_2

Anhand dieser Größen kann für jeden individuellen Zweck der passende Speicher ausgewählt werden. Neben den genannten Größen aus der Tabelle werden Reaktion- bzw. Zugriffszeiten zur zeitlichen Bemessung der Bereitstellung einer geforderten Leistung verwendet. Die Zyklenanzahl bzw. -festigkeit wird genutzt, um die maximale Anzahl an Zyklen aufzuzeigen, bis eine bestimmte Kapazität eines Energiespeichers unterschritten wird. Ein Zyklus stellt eine vollständige Be- und Entladung eines Speichers dar.

Für Batterien sind ferner die Entladetiefe (Depth of Discharge – DOD) und der Ladezustand (State of Charge – SOC) wichtige Kenngrößen. Die maximale Entladetiefe (DOD_{Max}) ist eine prozentuale Angabe der maximalen Energieentnahme einer Batterie von der Gesamtkapazität. Der Ladezustand beschreibt die noch entnehmbare Energiemenge des Speichers.[1] Die Ein- und Ausspeicherdauer kennzeichnet das Verhältnis aus der Speicherkapazität eines Speichers zu seinem Leistungsvermögen und wird als E/P-Ratio bezeichnet. Da sie zumeist auf die Ausspeicherleistung bezogen wird, kann diese auch als Ausspeicherdauer definiert werden. Bei Power-to-Gas ist die Einspeicherleistung maßgeblich. Die Ausspeicherleistung kann stark von dieser abweichen, da die Rückverstromung vom Einspeicherprozess entkoppelt ist.

► **Stromspeicher** *Stromspeicher* kennzeichnen diejenigen Energiespeicher, die durch Stromfluss elektrische Energie, ggf. über einen Energiewandler und ggf. in eine andere Energieform, laden und zeitversetzt wieder elektrische Energie abgeben können.[2]

Stromspeicher können vorrangig für einen zeitlichen und zum Teil auch räumlichen Ausgleich von Unterschieden in Erzeugung, Nachfrage und Systemkapazität im Stromsystem sorgen und zudem durch bestimmte Systemdienstleistungen zum Erhalt der Versorgungssicherheit und der Funktionsfähigkeit des Elektroenergiesystems beitragen. Eine physikalisch-energetische Einteilung von Stromspeichern ist nach Abb. 2.1 möglich. Die aufgelisteten Stromspeicher repräsentieren weitverbreitete Technologien in der jeweiligen Gruppe, die bereits den Status über die Technologieentwicklung hinaus erreicht haben. Power-to-Gas wird in Abb. 2.1 als Sammelbegriff für die Erzeugung, Speicherung und Verteilung von Wasserstoff und Methan verwendet. Das ursprüngliche und patentierte Power-to-Gas-Konzept weicht von dieser Vereinheitlichung ab und wird in Kap. 3 detailliert erläutert. Innerhalb des Kapitels 2 wird Power-to-Gas als Stromspeichertechnologie betrachtet, bei welcher die erzeugten synthtetischen Gase, auch als Speichergase definiert, in Gaskraftwerken, -turbinen oder -BHKWs rückverstromt werden. Auf eine Betrachtung der Brennstoffzellentechnologie wird verzichtet.

Einige elektrische, chemische und elektrochemische Speicherformen können sektorenübergreifend vom Strom- auf den Verkehrssektor angewandt werden, wobei eine Rückverstromung realisierbar ist. Dies ist bei sektorenübergreifenden Energiespeichern vom

[1] Vgl. Sterner, M. & Stadler, I., 2014, S. 37–45, Sterner, M.; Eckert, F.; Thema, M.; Bauer, F., 2015a, S. 4.

[2] Vgl. AEE, 2014a, S. 5.

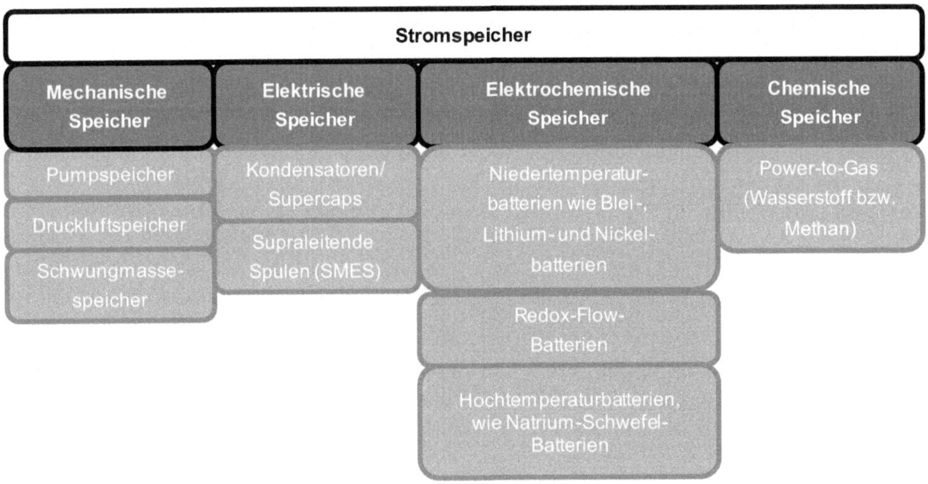

Abb. 2.1 Physikalisch-energetische Einteilung von Stromspeichern

Strom- zum Wärmesektor (thermische Energiespeicher) in der Regel nicht möglich. Diese Energiespeicher werden deshalb nicht zu den Stromspeichern gezählt.

2.2 Technische Erläuterungen zu Stromspeichertechnologien

2.2.1 Speicherkapazität und Ausspeicherdauer

„Rein technisch betrachtet sind in Deutschland ausreichende Speicherkapazitäten für die Energiewende vorhanden: Das *Speicherproblem* ist technisch gelöst. Diese Speicherkapazitäten sind jedoch wenig erschlossen, was vorwiegend an der fehlenden Wirtschaftlichkeit liegt, welche wiederum mitunter durch die Rahmenbedingungen bestimmt ist" (Sterner, M.; Eckert, F.; Thema, M.; Bauer, F., 2015a, S. 4). Typische Speicherkapazitäten und Ausspeicherdauern für ausgewählte Stromspeichertechnologien sind in Abb. 2.2 aufgetragen. Stromspeicher können nach ihrer Ausspeicherdauer in Kurzzeitspeicher (bis zu 1 Tag) und Langzeitspeicher (viele Tage bis zu mehreren Jahren) unterschieden werden.[3] Bezug nehmend auf Abb. 2.2 stellt Power-to-Gas durch die Energiespeicherung in Form von Wasserstoff oder Methan die Langzeitspeichertechnologie der Stromspeicher dar. Vereinzelte Pumpspeicher- und Druckluftspeicherwerke ermöglichen eine Ausspeicherdauer von ca. 1 Woche. Mit elektrochemischen Stromspeichern können maximal mehrere Tage an Ausspeicherdauer realisiert werden.[4]

[3] Vgl. Sterner, M. & Stadler, I., 2014, S. 42.
[4] Vgl. AEE, 2014a, S. 14.

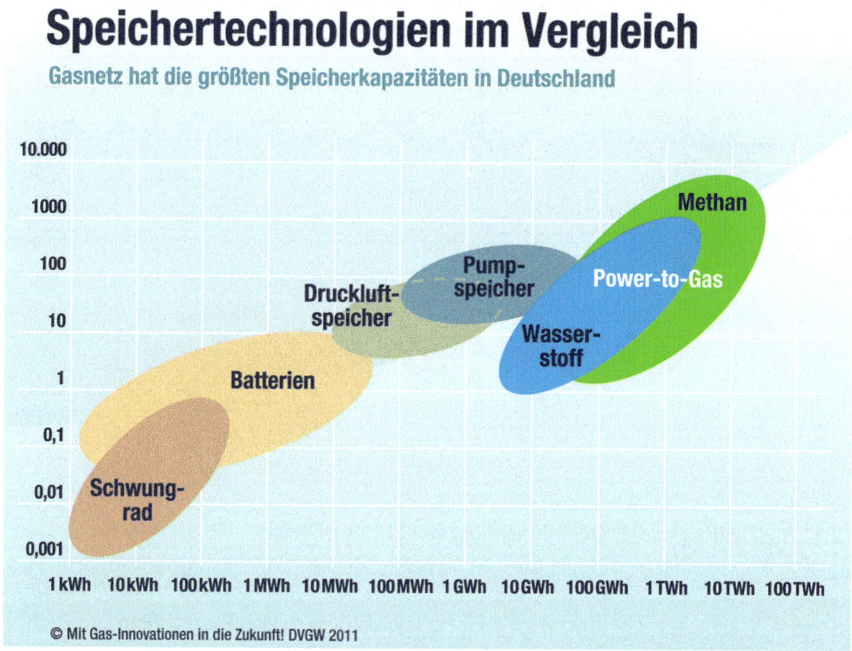

Abb. 2.2 Typische Speicherkapazitäten (*Abszisse*) und Ausspeicherdauern (*Ordinate*, in Stunden) von Stromspeichern. (DVGW, 2016; nach FVEE)

2.2.2 Übersicht ausgewählter technischer Parameter

Ausgewählte technische Parameter von Stromspeichern sind in Tab. 2.2 aufgelistet. Die Werte gehen auf die Veröffentlichung „Energiespeicher" von Sterner und Stadler (2014) zurück, in deren Auswertung etwa 70 der wichtigsten Quellen eingeflossen sind. Aufgrund der hohen Bandbreite, die auf die unterschiedlichen Entwicklungsstände zurückzuführen sind, stellen die Angaben zum besseren Überblick Mittelwerte dar. Die Zusammenstellung wurde durch Werte der Agentur für Erneuerbare Energien zur Reaktionszeit ergänzt. Sehr schnelle Reaktionszeiten sowie hohe Leistungsgradienten sind bei elektrischen Stromspeichern zu verzeichnen. Durch die hohe Zyklenzahl sind diese besonders für kurzzeitige Kapazitätsanforderungen geeignet, die sehr häufig auftreten. Dies trifft ebenfalls auf Schwungmassenspeicher zu. Elektrische Stromspeicher erzielen zwar die höchsten Wirkungsgrade, jedoch mit den geringsten Energiedichten und Ausspeicherdauern. Elektrochemische Speicher können aufgrund einer Vielzahl von Technologien mit unterschiedlichen technischen Parametern für ein breites Anwendungs- und Leistungsspektrum eingesetzt werden. Sie eignen sich insbesondere als Kurzzeitstromspeicher und für Mobilitätsanwendungen. Pumpspeicherwerke stellen eine etablierte Technologie mit guten Wirkungsgraden und großen Kapazitäten dar. Für Neuprojekte besteht die Her-

Tab. 2.2 Übersicht über Mittelwerte der technischen Parameter von ausgewählten Stromspeichertechnologien, Stand 2014. (In Anlehnung an Sterner, M. & Stadler, I., 2014; AEE, 2014a)

Technologie	Energiedichte		Wirkungsgrad	Reaktionszeit	Selbstentladung	Lebensdauer	
	Gravimetrisch [Wh/kg]	Volumetrisch [kWh/m³]	[%]		[%/Tag]	Zyklisch [Zyklen]	Kalendarisch [a]
Kondensatoren (DSK)	0,1–10	10	90–95	< 10 ms	0,004–0,013	1 Mio.	10
Spulen (SMES)	1	10	92	> 1–10 ms	10–12	> 1 Mio.	30
Blei-Säure-Batterien	25–40	25–65	74–89	3–5 ms	0,17	203–1315	10
Nickel-Batterien	55–75	60–105	71	–	–	350–2000	–
Lithium-Batterien	110–190	190–375	90–97	3–5 ms	0,008–0,041	400–1900	15
Natrium-Batterien	100–165	155–255	72–81	–	–	2500–8250	17
Redox-Flow-Batterien	15–50	20–60	71–83	–	0,1–0,4	5755–8593	15
Pumpspeicherwerke	0,3–1,4	0,35–1,1	70–82	> 3 min	0–0,5	12.800–33.000	40–100
Druckluftspeicher diabat (adiabat)	–	2–7	40–55 (60–68)[c]	> 3–10 min	0–10 (0,5–1)	8620–17.100	40
Schwungmassenspeicher	5–90	210	83–93	> 10 ms	72–100	> 1 Mio.	–
Kavernenspeicher (CH_4)	14.300	1100	99	–	–	–	–
Kavernenspeicher (H_2)	34.000	350	95	–	–	–	–

ausforderung der gesellschaftlichen Akzeptanz. Konventionelle Druckluftspeicher weisen derzeit geringe Wirkungsgrade und Energiedichten vor, weshalb diese bisher nur eine untergeordnete Rolle spielen. Adiabate Konzepte könnten zukünftig ein Steigerungspotenzial ermöglichen.

In der Zusammenstellung nach Tab. 2.2 ist Power-to-Gas nicht enthalten. Die technischen Erläuterungen und Kennwerte zu Power-to-Gas-Anlagen werden in Kap. 3 erläutert. Methan und Wasserstoff bieten im Vergleich der Stromspeichertechnologien die höchsten Energiedichten sowie Speicherkapazitäten. Dies sind wichtige Kennwerte für Mobilitätsanwendungen und für die Langzeitstromspeicherung infolge einer ansteigenden fluktuierenden Stromerzeugung. Die Wasserstoffspeicherung ermöglicht eine höhere gravimetrische Energiedichte gegenüber Methan. Jedoch hat Methan eine höhere volumetrische Energiedichte, die höchste aller Speichertechnologien, wodurch ein geringerer Energieaufwand für die Verdichtung gleicher Energiemengen notwendig ist.

2.2.3 Technologischer Entwicklungsstand

Die Einordnung in sog. *Technology Readiness Levels (TRL)* nach Mankins (1995) ist eine etablierte Variante, um den Reifegrad verschiedener Technologien zu bestimmen. Die Zuordnung des Entwicklungsgrades erfolgt nach 9 Ebenen, von der Grundlagenforschung bis zum laufenden Betrieb. Stromspeicher waren im Jahr 2015 bereits technisch weit ent-

Tab. 2.3 Einstufung ausgewählter Stromspeicher zu TRL-Ebenen, Stand 2015. (In Anlehnung an KIT, 2015)

Technologie	Ebene	Erläuterung
Pumpspeicherwerke	TRL 9	**TRL 1** – Beobachtung und Beschreibung des Funktionsprinzips
Diabate Druckluftspeicher	TRL 8	**TRL 2** – Beschreibung des Technologiekonzepts und/oder der Anwendung einer Technologie
Adiabate Druckluftspeicher	TRL 4	**TRL 3** – Nachweis der Funktionstüchtigkeit einer Technologie, „Proof of Concept"
Schwungmassenspeicher	TRL 9	**TRL 4** – Versuchsaufbau im Labor
Doppelschichtkondensatoren	TRL 9	**TRL 5** – Versuchsaufbau in Einsatzumgebung **TRL 6** – Prototyp in Einsatzumgebung
Spulen (SMES)	TRL 7	**TRL 7** – Prototyp im Einsatz
Blei-Säure-Batterien	TRL 9	**TRL 8** – Qualifiziertes System mit Nachweis der Funktionstüchtigkeit im Einsatzbereich
Nickel-Cadmium Batterien	TRL 8	**TRL 9** – Qualifiziertes System mit Nachweis des erfolgreichen Einsatzes
Lithium-Ionen-Batterien	TRL 9	
Redox-Flow-Batterien	TRL 7	

wickelt und vielfältig in der Anwendung. Das Karlsruher Institut für Technologie (KIT) hat die Entwicklungsstadien verschiedener Stromspeichertechnologien im Jahr 2015 eingeordnet. Sie sind zusammen mit der Beschreibung der TRL-Ebenen in Tab. 2.3 zusammengefasst. Chemische Stromspeicher und Natrium-Schwefel-Batterien sind in dieser Auflistung nicht enthalten. Mit Ausnahme der Dampfelektrolyse und biologischen Methanisierung hatten bereits im Jahr 2013 die Technologien des Power-to-Gas-Konzeptes einen Status über den Einsatz eines Prototyps hinaus erreicht (TRL 8). Natrium-Schwefel-Batterien wurden bis zum Jahr 2013 zwischen TRL 7 und TRL 8 eingeordnet.[5]

2.2.4 Systemverträglichkeit und -dienlichkeit

Stromspeicher können durch ihr Betriebsverhalten die dargebotsabhängige Energieerzeugung an den Strombedarf anpassen und dadurch die Residuallast minimieren. Wird dabei die Flexibilisierung des Stromsystems begünstigt, agiert ein Stromspeicher systemdienlich.

► Die *Systemverträglichkeit* beschreibt die Erfüllung von Mindestanforderungen, welche für eine sichere Aufrechterhaltung des Energieversorgungssystems notwendig sind. Im Bezug zum Stromnetz wird diese Verträglichkeit als Netzverträglichkeit verstanden. „Eine Technologie ist dann netzverträglich, wenn sie den Anforderungen der Netzbetreiber an Qualität, Zuverlässigkeit und Sicherheit in ihren Netzen entspricht." (Sterner, M.; Eckert, F.; Thema, M.; Bauer, F., 2015a, S. 10)

[5] Vgl. Sterner, M. & Stadler, I., 2014, S. 612–613.

► Die *Systemdienlichkeit* beschreibt die ideale Eigenschaft eines Betriebsmittels im gesamten Energiesystem und wird im Bezug zum Stromnetz als Netzdienlichkeit definiert. „Netzdienlichkeit bezeichnet ein über die Netzverträglichkeit hinausgehendes Verhalten im Stromnetz, das aktiv zur Stabilisierung und zum reibungslosen Betrieb beiträgt" (Sterner, M.; Eckert, F.; Thema, M.; Bauer, F., 2015a, S. 11).

Die vielseitigen Einsatzmöglichkeiten von Stromspeichern ermöglichen unter bestimmten Voraussetzungen zudem folgende positive Auswirkungen auf das öffentliche Stromnetz (Netzdienlichkeit):

- die Reduzierung zusätzlicher Netzbelastung durch Lastmanagement (z. B. durch geeignete Erhöhung des Eigenverbrauches),
- die verbesserte Integration von Erzeugungsleistung in das öffentliche Netz (Verringerung von Abregelungsmaßnahmen),
- eine Vergleichmäßigung von Lastflüssen im Niederspannungsnetz,
- die Netzstützung, z. B. Spannungshaltung durch geeignete Blindstromeinspeisung,
- ggf. die Vermeidung von Netzausbau und
- die Erbringung von Systemdienstleistungen (Frequenzhaltung, Netzdynamik usw.).

Die System- und Netzdienlichkeit von Stromspeichern wird durch den Einsatz geeigneter Informations- und Kommunikationstechnik (IKT) mit standardisierten Schnittstellen, welche die Flexibilität, Kommunikation und Interaktion unter den verschiedenen Komponenten im Stromsystem erhöht, verbessert.

Ein deutschlandweiter Standard für den netzdienlichen Einsatz von Speichern im Niederspannungsnetz wurde durch den FNN-Hinweis „Anschluss und Betrieb von Speichern am Niederspannungsnetz" geschaffen und ist für alle neu installierten Speichersysteme in dieser Spannungsebene gültig. Die Einhaltung dieser Richtlinie wird in Abstimmung mit den Speichersystemanbietern von den Verteilnetzbetreibern bei Anschluss neuer Speicher im Niederspannungsnetz gefordert. Im FNN-Hinweis ist bereits die Erbringung bestimmter Systemdienstleistungen, wie beispielsweise dezentral bereitgestellte Blindleistung zur Spannungshaltung sowie Wirkleistungsreduktion bei Überfrequenz, enthalten. Der Anschluss und Betrieb von Stromspeichern in den höheren Spannungsebenen ist über die jeweiligen technischen Anschlussbedingungen der Netzbetreiber geregelt. Für die Spannungshaltung in der Niederspannungsebene ist u. a. die lokale Einspeicherung (Wirkleistungsreduktion) von Speichern von Bedeutung. Der Spannungsanhebung, welche aus der Einspeisung von Erneuerbare-Energien-Anlagen resultiert, kann dadurch im Netz entgegengewirkt und damit zur Einhaltung des vorgeschriebenen Toleranzbandes beigetragen werden. Die Netzeinspeisung von Stromerzeugungsanlagen führt zu einer Spannungserhöhung am Einspeisepunkt, während der Verbrauch von Stromlasten zu einer Spannungsreduktion am Abnahmepunkt führt. Durch die Forschungsstelle Energienetze und Energiespeicher (FENES) wurde für ein beispielhaftes Niederspannungsnetz mit verschiedenen Verbrauchern (im Bereich Haushalte, Gewerbe und Landwirtschaft) mit installierter

PV-Anlage untersucht, wie durch den Einsatz von Stromspeichern das vorgeschriebene Spannungsband eingehalten werden kann. Dabei wurde die Worst-Case-Situation betrachtet, d. h. volle Einspeisung bei keinem Verbrauch. Es zeigte sich, dass durch Stromspeicher am Strangende eines Netzes das geforderte Spannungsband ebenso wie durch Stromspeicher an jedem Einspeiser eingehalten werden kann, wobei durch letztere Variante ein stetiger Spannungsverlauf erzielt wird.[6]

Die Einsatzmöglichkeiten bestimmter Stromspeicher für weitere Systemdienstleistungen sowie zum Erzeugungsausgleich sind in Tab. 2.4 aufgelistet.

Eine Einschätzung des BDEW der Potenziale und Marktnähe von Technologien für Systemdienstleistungen gibt Abb. 2.3 wieder.

Tab. 2.4 Einsatzmöglichkeiten von Stromspeichern zum Erzeugungsausgleich und für Systemdienstleistungen. (In Anlehnung an Sterner, M. & Stadler, I., 2014; Sterner, M.; Eckert, F.; Thema, M.; Bauer, F., 2015a)

Technologie	Erzeugungsausgleich		Systemdienstleistungen							
	Spotmärkte	Terminmärkte	Netzengpassmanagement (Redispatch, z. T. auch zur Spannungshaltung)	Momentanreserve	Primärregelleistung	Sekundärregelleistung	Minutenreserve	Bereitstellung von Kurzschlussleistung (dynamische Spannungshaltung)	Bereitstellung von Blindleistung (statische Spannungshaltung)	Schwarzstartfähigkeit
Kondensatoren (DSK)				(x)				(x)	(x)	
Spulen (SMES)				(x)				x	(x)	
Blei-Säure-Batterien	(x)	(x)		x	x	(x)	(x)	(x)	(x)	x
Nickel-Batterien				x	x	(x)	(x)	(x)	(x)	x
Lithium-Batterien	(x)	(x)		x	x	(x)	(x)	x	(x)	x
Natrium-Batterien	(x)	(x)		x	x	(x)	(x)	(x)	(x)	x
Redox-Flow-Batterien	(x)	(x)		(x)	x	(x)	(x)	(x)	(x)	x
Pumpspeicherwerke	x	(x)	x	(x)	(x)	x	x	x	x	(x)
Druckluftspeicher	(x)	(x)	(x)	x	(x)	(x)	x	(x)	(x)	(x)
Schwungmassenspeicher				x	(x)			x	x	
Power-to-Gas mit Rückverstromung über Gaskraftwerke	x	x	x	x	x	x	x	(x)	(x)	x

x – sehr gut geeignet (Technisch machbar und wirtschaftlich sinnvoll)
(x) – gut geeignet (Technisch machbar, Wirtschaftlichkeit zu prüfen)

[6] Vgl. Sterner, M.; Eckert, F.; Thema, M.; Bauer, F., 2015a.

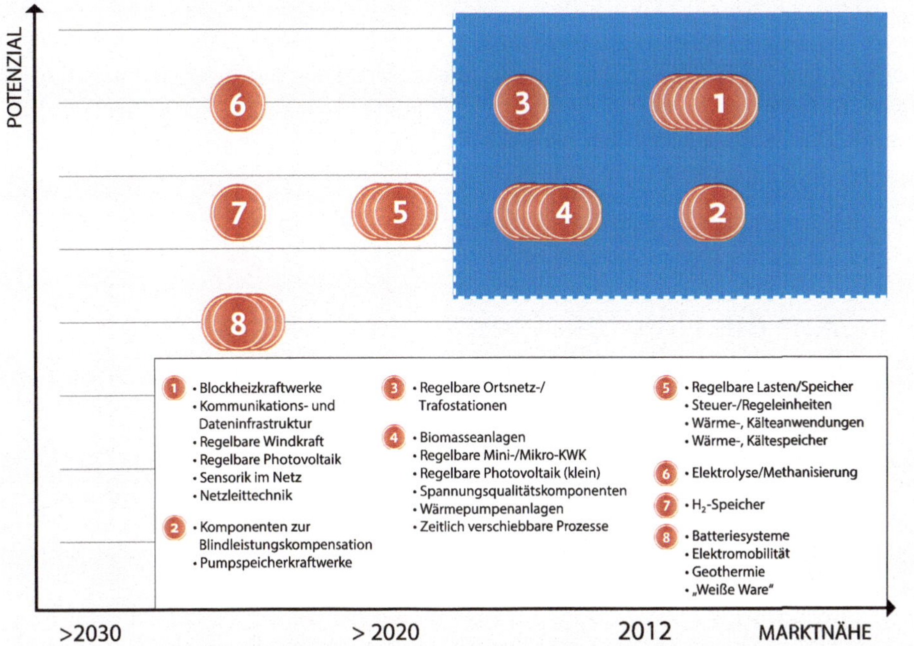

Abb. 2.3 Potenzial und Marktnähe von Technologien für Systemdienstleistungen. (BDEW, 2012)

Das Potenzial kennzeichnet, inwieweit ein Beitrag zur Netzstabilität und -qualität aus technischer Sicht und zu einer effizienten Netzauslastung aus wirtschaftlicher Sicht durch die jeweilige Technologie geleistet werden kann. Das höchste Potenzial, vergleichbar mit regelbaren Ortsnetztransformatoren, regelbaren Erzeugern und Smart-Grid-Komponenten besteht laut BDEW für Power-to-Gas-Anlagen. Dies lässt sich ebenfalls aus Tab. 2.4 ableiten, da insbesondere im Fall einer Rückverstromung über Gaskraftwerke mit Power-to-Gas alle Systemdienstleistungen abgedeckt werden können. Für Batteriesysteme und die Elektromobilität wird das Potenzial geringer eingestuft.

Fahrweisen von Stromspeichern am Beispiel der Eigenverbrauchsoptimierung von PV-Systemen mit Batteriespeichern

Erfolgt die Fahrweise (zeitlicher Speichereinsatz) eines Stromspeichers lediglich marktgetrieben, kann durch die Beladung des Speichers in einem bereits stark belasteten Netzgebiet die Netzlast weiter vergrößert werden. Dies kann zu einem erhöhten Netzausbaubedarf und damit höheren Gesamtsystemkosten führen. Für den netzdienlichen Einsatz von Stromspeichern ist die lokale Einspeise- und Lastsituation im Netz relevant. Dies wird im Folgenden beispielhaft an den derzeit gängigen Fahrweisen von Batteriespeichern zur Eigenverbrauchsoptimierung von PV-Systemen verdeutlicht. Abb. 2.4 veranschaulicht eine konventionelle und netzoptimierte Speicherung.

Bei der konventionellen Speicherung – oder auch *direktes Laden* genannt – wird der generierte Solarstrom ohne Berücksichtigung der Netzsituation oder der momentanen Leistung der PV-Anlage in der Batterie gespeichert. Dies dient der Maximierung der eigens verbrauchten Energiemengen aus einer Photovoltaikanlage. Als netzdienliche Fahrweisen werden derzeit das sog. *verzögerte Laden*, *prognosebasiertes Laden* und *Peak-Shaving* angewandt (s. Abb. 2.4). Beim Peak-Shaving werden die generierten Solarenergiemengen oberhalb einer gewissen Erzeugungsleistung in die Batterie eingespeichert.

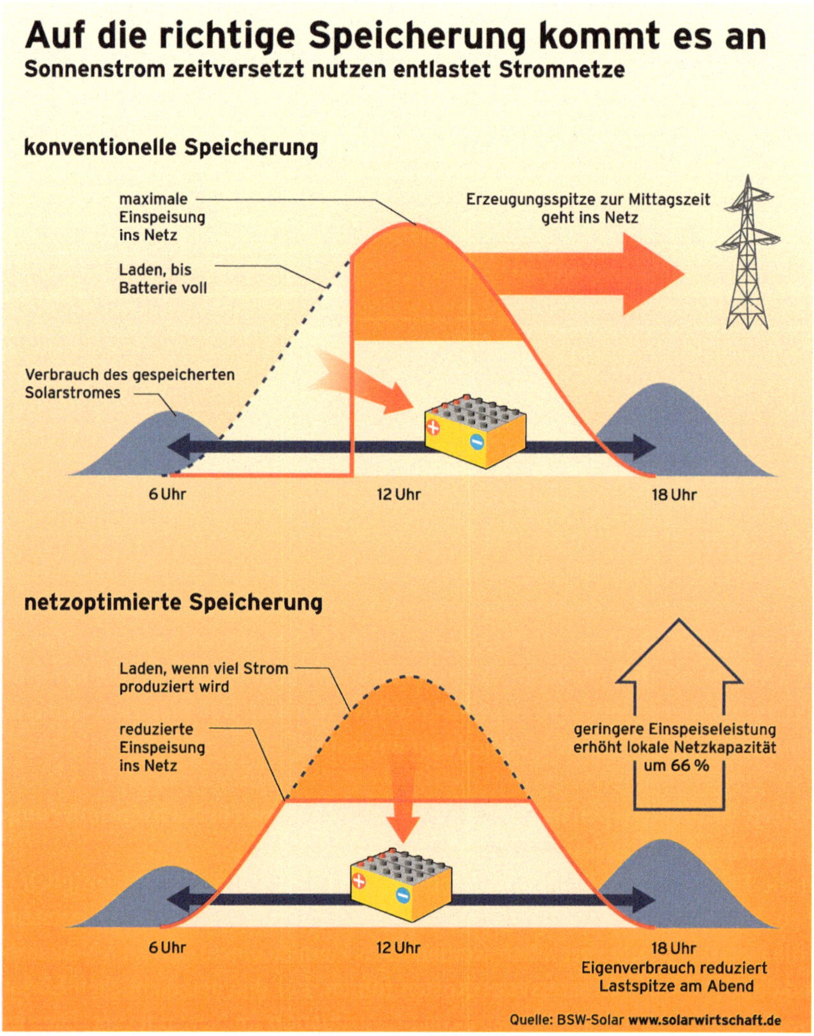

Abb. 2.4 Fahrweisen von Batteriespeichern zur Eigenverbrauchsoptimierung von PV-Systemen. (BSW-Solar, 2016)

Dies verhindert die Einspeisung hoher Leistungsspitzen der Photovoltaikanlage in das öffentliche Stromnetz. Beim verzögerten Laden wird mit einer Regeleinheit der erzeugte Solarstrom über den Tag verteilt teilweise eingespeichert und teilweise in das Netz eingespeist, bis ein vorgegebener Ladezustand der Batterie erreicht ist. Beim prognosebasierten Laden bestimmt eine Last- und Wetterprognose, zu welchem Zeitpunkt des Tages eine Beladung netzentlastend wirkt. Diese Methode erreicht nach dem direkten Laden den höchsten Eigenverbrauch und ist gleichzeitig netzdienlich. Diese Fahrweise ist besonders bei einer verpflichtenden Leistungsreduktion, bezogen auf die installierte Leistung der Erzeugungsanlage, wie sie heute bereits bei PV-Systemen vorgeschrieben ist, am effizientesten, da am wenigsten Energie im Laufe des Jahres abzuregeln ist.

Die aktuelle KfW-Förderung für PV-Batteriespeicher setzt Anreize, Aspekte einer netzdienlichen Fahrweise von Stromspeichern zu berücksichtigen, da die auftretenden Photovoltaikeinspeisespitzen auf 60 % der PV-Generatorleistung gekappt werden müssen, um eine Förderung zu erhalten. Durch den Erfolg dieser Fördermaßnahme wurde gezeigt, dass durch staatliche Förderung von Stromspeichern ein schnellerer Ausbau stattfindet sowie durch Eingrenzungen bestimmte technische und systemrelevante Parameter umsetzbar sind.[7]

2.3 Rechtliche Rahmenbedingungen von Stromspeichern

Der Rechtsrahmen spielt eine zentrale Rolle für die Situation von Stromspeichern und wirkt sich unmittelbar auf die Wirtschaftlichkeit aus. Für Stromspeicher besteht derzeit grundsätzlich keine gesonderte (Rechts-)Kategorie. Hinsichtlich der für die Speicherung aus dem Netz entnommenen Energie sind Stromspeicher sog. *Letztverbraucher* im Sinne des § 3 Nr. 25 EnWG bzw. des § 5 Nr. 24 EEG 2014. Aufgrund dessen sind Stromspeicher grundsätzlich zur Zahlung aller Letztverbraucherabgaben (u. a. Netzentgelte, EEG-Umlage, Stromsteuer, siehe auch Abschn. 1.4.5) verpflichtet. Jedoch existieren punktuelle Regelungen in den Gesetzgebungen für Stromspeicher, welche diese unter bestimmten Voraussetzungen gegenüber Letztverbrauchern privilegieren. Im Rückspeisefall werden Stromspeicher als Erzeuger betrachtet. Dadurch wird verhindert, dass Netzbetreiber Stromspeicher einsetzen können, da diese keine Erzeugungsanlagen betreiben dürfen. § 8 Abs. 4 ResKV ermöglicht jedoch ausnahmsweise die Errichtung und den Betrieb eines Stromspeichers durch einen Übertragungsnetzbetreiber als Netzreserve. Diese dürfen nach § 7 Abs. 1 ResKV aber nur außerhalb des Energiemarktes eingesetzt werden. Die Kostenbelastungen für Stromspeicher aufgrund der jeweiligen rechtlichen Bestimmungen wurden in der Studie „Roadmap Speicher" von Pape et al. (2014) zusammengefasst. Tab. 2.5 gibt einen Überblick. Bei den genehmigungsrechtlichen Anforderungen für Stromspeicher ist zwischen den einzelnen Speichertechnologien zu unterscheiden, da jede dieser eigenen

[7] Vgl. Sterner, M.; Eckert, F.; Thema, M.; Bauer, F., 2015a.

Tab. 2.5 Zusammenfassende Übersicht der rechtlichen Analyse zu Stromspeichern aus „Roadmap Speicher". (Pape, C. et al., 2014)

	Pumpspeicher	Druckluftspeicher	Batterien	PtG (Nutzung eines Gasnetzes)
Befreiung von der EEG Umlage für Strombezug	(+)	(+)	(+)	(+) aber nur bei Rückverstromung und Wiedereinspeisung, ggf. Eigenversorgungsprivileg
Verringerung der EEG-Umlage für Strombezug	(–) außer bei Eigenversorgungsprivileg	(–) außer bei Eigenversorgungsprivileg	(–) außer bei Eigenversorgungsprivileg	(–) außer bei Eigenversorgungsprivileg
Befreiung Netzentgelte für Strombezug	(+)[a] 20 Jahre lang, für ab 2009 neu errichtete Anlagen + Inbetriebnahme zwischen 08/2011 und 07/2026 (+)[a]10 Jahre lang, wenn nach 04.08.2011 Erhöhung Pump-/Turbinenleistung mindestens 7,5 % oder Speicherkapazität mindestens 5 % + nachweislich netzdienliches Nutzungsverhalten[b]	(+)[a] 20 Jahre lang, für ab 2009 neu errichtete Anlagen + Inbetriebnahme zwischen 08/2011 und 07/2026	(+)[a] 20 Jahre lang, für ab 2009 neu errichtete Anlagen + Inbetriebnahme zwischen 08/2011 und 07/2026	(+)[a] 20 Jahre lang, für ab 2009 neu errichtete Anlagen + Inbetriebnahme zwischen 08/2011 und 07/2026
Verringerung Netzentgelte für Strombezug	(+) um maximal 80 %, wenn netzdienliches Nutzungsverhalten (atypische LV)[c]	(+) um maximal 80 %, wenn netzdienliches Nutzungsverhalten (atypische LV)[c]	(+) um maximal 80 %, wenn netzdienliches Nutzungsverhalten (atypische LV)[c]	(+) um maximal 80 %, wenn netzdienliches Nutzungsverhalten (atypische LV)[c] (+) um maximal 90 %, wenn mindestens 7000 h + 10 GWh pro Jahr (stromintensive LV)[d]
Befreiung Netzentgelte für Gaseinspeisung	–	–	–	(+)
Befreiung Netzentgelte für Gasausspeisung	–	–	–	(–) z. B. Rückverstromungs-BHKW
Befreiung Netzentgelte für Stromeinspeisung	(+)	(+)	(+)	(+) z. B. Rückverstromungs-BHKW
Befreiung/Verringerung KWK-Umlage für Strombezug	(+/–) strittig[e]	(+/–) strittig[e]	(+/–) strittig[e]	(+/–) strittig[e]
Befreiung/Verringerung Konzessionsabgaben für Strombezug	(+/–) strittig[e]	(+/–) strittig[e]	(+/–) strittig[e]	(+/–) strittig[e]
Befreiung Stromsteuer für Strombezug	(+)	(–) außer: reines EE-Netz[f]/Eigenerzeugung[g]/räumlicher Zusammenhang[h] etc.	(–) außer: reines EE-Netz[f]/Eigenerzeugung[g]/räumlicher Zusammenhang[h] etc.	(–) außer: reines EE-Netz[f]/Eigenerzeugung[g]/räumlicher Zusammenhang[h] etc.
Erlass Stromsteuer für Strombezug	(–)	(–)	(–)	(+)

[a] Rechtlich nicht eindeutig geregelt ist die Behandlung von Speicherverlusten
[b] § 118 Abs. 6 S. 4 EnWG
[c] § 19 Abs. 2 S. 1 StromNEV
[d] § 19 Abs. 2 S. 2 StromNEV
[e] Umstritten, ob Bestandteil des Netzentgelts und Abhängigkeit von Netzentgeltbefreiung/-verringerung
[f] § 9 Abs. 1 Nr. 1 StromStG
[g] § 9 Abs. 1 Nr. 3a StromStG
[h] § 9 Abs. 1 Nr. 3b StromStG

Vorgaben in verschiedenen Gesetzen, sei es Bergrecht, Wasserrecht, Immissionsschutzrecht, Naturschutzrecht oder Baurecht unterliegt.

Erneuerbare-Energien-Gesetz

Eine Gleichstellung von Stromspeichern und Erneuerbare-Energien-Anlagen ist nach § 5 Nr. 1 EEG 2014 geregelt. Damit besteht nach § 8 EEG 2014 der Anspruch auf vorrangigen Netzanschluss. Durch die Zuordnung zum Anlagenbegriff sind nach § 14 EEG 2014 Maßnahmen des Einspeisemanagements grundsätzlich möglich, wobei der Anspruch auf Härtefallentschädigung nach § 15 EEG 2014 ebenfalls vorliegt. Der Förderanspruch bei einer Zwischenspeicherung in Stromspeichern ist in § 19 Abs. 4 EEG 2014 geregelt. Speicherverluste werden nicht vergütet, lediglich die aus dem Speicher ins Stromnetz eingespeiste Strommenge. Ein Stromspeicherprivileg für die EEG-Umlage besteht nach § 60 Abs. 3 EEG 2014. Soweit einem Stromspeicher Energie ausschließlich zur Wiedereinspeisung von Strom in das Netz entnommen wird, entfällt der Anspruch der Übertragungsnetzbetreiber auf Zahlung der EEG-Umlage. Dies gilt unter Berücksichtigung bestimmter Anforderungen auch für Speichergase. Diese werden nach § 5 Nr. 29 EEG 2014 gesondert definiert (s. a. Abschn. 3.5.1 – Definition Speichergase). Die Eigenversorgung für Letztverbraucher (Eigenversorgungsprivileg) ist separat nach § 61 EEG 2014 geregelt und wird in Abschn. 3.6.2 spezifisch erläutert.

Ausnahmen von der Pflicht zur Zahlung der EEG-Umlage für Stromspeicher wurden im EEG 2017 neu definiert (u. a. vgl. § 61k 2017).

Energiewirtschaftsgesetz und Stromnetzentgeltverordnung

Neben den Regelungen im EEG bestehen Sonderregelungen für Stromspeicher im EnWG. Nach §§ 13 bis 13c EnWG werden Systemdienstleistungen und die Systemrelevanz von Stromspeichern geregelt. Ein allgemeiner Anschlussanspruch an Energieversorgungsnetze für Stromspeicher existiert nach § 17 Abs. 1 EnWG. Netzentgeltbefreiungen sind für Stromspeicher nach § 118 Abs. 6 EnWG definiert. Diese Befreiung ist nur gegeben, wird die elektrische Energie zur Speicherung aus einem Transportnetz- oder Verteilnetz entnommen und zeitlich verzögert in dasselbe Netz zurückgespeist. In diesem Fall werden auch Speicherverluste nicht mit Netzentgelten belastet. Eine Ausnahmeregelung liegt für Power-to-Gas-Anlagen vor, welche auch ohne Rückspeisung der aufgenommenen elektrischen Energie von den Netzentgelten befreit sind. Die Netzentgeltbefreiung nach § 118 Abs. 6 EnWG berührt nicht die Pflicht zur Zahlung der Konzessionsabgabe, KWK-, § 19-Abs. 2-StromNEV-, Offshore- und § 18 AbLaV-Umlage. Dies gilt derzeit als strittig. Ein abschließendes Urteil steht aus.

Nach § 19 StromNEV besteht des Weiteren die Möglichkeit zur Netzentgeltreduzierung für Letztverbraucher und damit auch für Stromspeicher. Für die Einspeisung elektrischer Energie sind grundsätzlich nach § 15 Abs. 1 StromNEV keine Netzentgelte zu entrichten.

Stromsteuergesetz und -verordnung
Im StromStG liegt eine ausdrückliche Begünstigung von Stromspeichern nicht vor. Nach § 9 Abs. 1 Nr. 1 StromStG ist jedoch der vollständige Erlass für Strom, der von einer Elektrolyse verbraucht wird, möglich. Ausgenommen sind die Energiemengen, welche für Peripherie benötigt werden. Somit sind Speichergase grundsätzlich begünstigt. Eine Stromsteuerbefreiung existiert zudem aktuell für Pumpspeicher nach § 12 Abs. 1 Nr. 2 StromStV – andere Stromspeicher, wie z. B. Batterien, sind nicht genannt.

2.4 Stromspeicherbestand

Im Jahr 2014 standen im deutschen Stromnetz nach der Kraftwerksliste der Bundesnetzagentur 9240 MW an Pumpspeicherkraftwerke und 321 MW zusätzliche Leistung des Druckluftspeichers Huntorf zur Verfügung. Diese Anlagen besitzen eine Stromspeicherkapazität von rund 40 Mio. kWh (0,04 TWh). Mehrere Pumpspeicherkraftwerke in Luxemburg und Österreich mit einer Leistung von 2888 MW sind durch langfristige Strombezugsrechte und Direktleitungen Teil des deutschen Stromnetzes. Der Ausbau von (Pump-)Speichern wie auch der Ausbau der erneuerbaren Energien wurde durch eine trilaterale Erklärung der Wirtschaftsministerien von Deutschland, Österreich und der Schweiz vom April 2012 bekräftigt. In den letzten Jahren zeigte sich, dass mehrere Modernisierungsvorhaben oder Neubauten von Pumpspeicherkraftwerken wieder eingestellt oder abgewandelt wurden. Als wahrscheinlich wird ein Zuwachs von 5000 MW an geplanter oder tatsächlich in Bau befindlicher Leistung in Österreich und der Schweiz betrachtet.[8] Das geringe Ausbaupotenzial für Pumpspeicherwerke in Deutschland ist in Abschn. 1.1.2 aufgezeigt.

In der Kraftwerksliste der Bundesnetzagentur sind weder Batteriespeicher noch Pilotprojekte der Power-to-Gas-Technologie aufgenommen. Bis Ende 2015 gab es einen Bestand von über 30 Forschungs- und Pilotanlagen mit Einsatz bzw. Weiterentwicklung des Power-to-Gas-Verfahrens. Zudem führte das Speicherförderprogramm der KfW-Bankengruppe in den vergangenen Jahren bereits zu einem Anstieg der Zahl installierter dezentraler Hausbatteriespeichersysteme in Deutschland. Bis Ende 2014 waren nach Schätzung des Bundesverbands Solarwirtschaft e. V. ca. 15.000 Hausspeicheranlagen (Kleinbatterien) installiert. Darüber hinaus sind schon einzelne Batteriespeicherkraftwerke in

[8] Vgl. AEE, 2014a, S. 8.

Betrieb und weitere in Planung. Bis zum Jahr 2015 hatte der größte Batteriespeicher in Deutschland eine elektrische Anschlussleistung von 10 MW und eine Speicherkapazität von 6,5 MWh.[9] Auf eine Erhebung der Leistungsdaten von Schwungmassenspeichern und rein elektrischen Speichern wird aufgrund ihrer sehr geringeren Speicherkapazitäten verzichtet.

„Zwischen 2000 und 2013 wurden jährlich jeweils zwischen 1,0 bis 1,5 % des deutschen Bruttostromverbrauchs in Stromspeichern gespeichert. Der Stromverbrauch der Speicher schwankte zwischen 6 und 9,2 TWh, während zwischen 4,2 und 7,4 TWh wieder ins Netz abgegeben wurden“ (AEE, 2014a, S. 8–9). Dies entspricht in etwa der Energiemenge der negativen Residuallast bei einem erneuerbaren Ausbaugrad von 60 % aus Abschn. 1.2.5.4.

2.5 Stromspeicherkosten

2.5.1 Kostenbetrachtung ausgewählter Stromspeichertechnologien

In der Kostenbetrachtung von Stromspeichern wird zwischen den spezifischen Investitionen der Konvertereinheit (Leistungskosten) und der Speicherkapazität (Kapazitätskosten) unterschieden. Die Quellen geben sehr große Bandbreiten der momentanen Kosten für die verschiedenen Technologien an. Für die Ermittlung der Stromspeicherkosten wurden die Angaben bzw. Annahmen der Studie „Roadmap Speicher“ von Pape et al. (2014) gewählt. Werte, welche bis zum Jahr 2020 und 2030 für ausgewählte und aussichtsreiche Stromspeichertechnologien nach dieser Studie möglich erscheinen, sind in Tab. 2.6 aufgetragen.

Tab. 2.6 Leistungskosten K_P, Kapazitätskosten K_Q, Wirkungsgrade η, technische Nutzungsdauer n und maximale Entladetiefe DOD_{Max} ausgewählter Speichertechnologien. (In Anlehnung an Pape, C. et al., 2014; KIT, 2016)

Technologie	2020					2030				
	DOD_{Max} [%]	n [a]	η [–]	k_P [€/kW]	k_Q [€/kWh]	DOD_{Max} [%]	n [a]	η [–]	k_P [€/kW]	k_Q [€/kWh]
Blei-Säure-Batterien (Pb)	70	8	0,8	134	146	75	10	0,82	65	80
Lithium-Batterien (Li)[a]	80	10	0,9	131	225	80	12	0,92	65	150
Natrium-Batterien (Na)	90	15	0,8	131	420	90	15	0,84	65	150
Redox-Flow-Batterien	100	22	0,74	1150	300	100	25	0,78	1000	150
Power-to-Wasserstoff (PtW)	–	15	0,38	1700	0,2	–	15	0,42	1550	0,2
Pumpspeicherwerke (PSW)	–	80	0,8	1100	10	–	80	0,8	1100	10
Druckluftspeicher adiabat (DLS)	–	30	0,67	900	40	–	30	0,7	825	40
Angaben aus Kapitel 3.4										
Power-to-Gas ohne Methanisierung (PtG o. M.)	–	20	0,385–0,63	1200	0,0	–	20	0,4125–0,675	600	0,0
Power-to-Gas mit Methanisierung (PtG m. M)	–	20	0,308–0,567	1800	0,0	–	20	0,33–0,6075	900	0,0

[a] Kapazitätskosten von Lithium-Ionen-Batterien aus „Roadmap Speicher“ halbiert

[9] Vgl. Energiequelle GmbH, 2015.

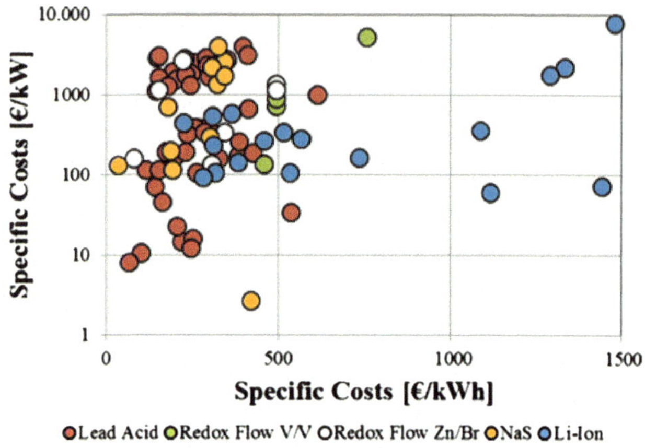

Abb. 2.5 Spezifische leistungs- und kapazitätsbezogene Kosten unterschiedlicher Batterietechnologien nach Literatur- und Herstellerangaben, Stand Juni 2016. (KIT, 2016)

Die maximale Entladetiefe gilt für Batterien. Für alle anderen Speichertechnologien in der Tabelle gibt es dazu keine Einschränkungen, was einer maximalen Entladetiefe von 100 % entspricht. Für Pumpspeicher beziehen sich die Angaben auf Großanlagen. Aufgrund extrem hoher Werte der Studie „Roadmap Speicher" für die Kapazitätskosten von Lithium-Ionen-Batterien wurden diese nach einem Vergleich mit den aktuellen Kosten des Jahres 2016, ermittelt durch das KIT (Abb. 2.5), auf die Hälfte reduziert. Damit ergeben sich 225 €/kWh im Jahr 2020 und 150 €/kWh im Jahr 2030.

Die Werte aus Tab. 2.6 für Power-to-Gas beziehen sich auf die Angaben in Abschn. 3.4. Eine Gasnetzeinspeisung von Wasserstoff wurde mit und ohne Notwendigkeit einer Methanisierung betrachtet. Da das öffentliche Gasnetz und Gaskraftwerke zur Rückverstromung im Bestand vorliegen, wurde zur Vereinfachung angenommen, dass hierfür keine zusätzlichen Kosten anfallen. Für die Kostenentwicklung bis zum Jahr 2030 wurden eine Lernrate von 13 % und eine bis zu diesem Zeitpunkt installierte Leistung an Power-to-Gas-Anlagen von 1 GW vorausgesetzt. Bei diesem Lernkurveneffekt würden sich die spe-

Tab. 2.7 Wirkungsgradannahmen für Power-to-Gas als Stromspeicher

	2020	2030
GuD-Gaskraftwerke (Stromwirkungsgrad)	0,55	0,55
GuD-Gaskraftwerke (Gesamtwirkungsgrad)	0,90	0,90
Elektrolyse	0,7	0,75
PtG ohne Methanisierung, ohne Wärmenutzung	**0,385**	**0,4125**
PtG ohne Methanisierung, mit Wärmenutzung	**0,63**	**0,675**
Verhältnis Wärme zu Strom	**38,88 % zu 61,12 %**	
Methanisierung (Stromwirkungsgrad)	0,8	0,8
Methanisierung (Gesamtwirkungsgrad)	0,9	0,9
PtG mit Methanisierung, ohne Wärmenutzung	**0,308**	**0,33**
PtG mit Methanisierung, mit Wärmenutzung	**0,567**	**0,6075**
Verhältnis Wärme zu Strom	**45,68 % zu 54,32 %**	

zifischen Investitionskosten des Jahres 2020 in etwa halbieren. Die Gesamtwirkungsgrade von Power-to-Gas setzen sich aus den Einzelwirkungsgraden aus Tab. 2.7 zusammen. Hochtemperaturabwärme fällt sowohl bei der Methanisierung als auch bei der Rückverstromung über Gaskraftwerke an. Die Angaben über GuD-Gaskraftwerke stammen aus der Studie „Energiesystem Deutschland 2050“ des Fraunhofer ISE (2013). Bei der Methanisierung wurde eine Wirkungsgradsteigerung mittels Abwärmenutzung von 10 % für diesen Prozess angenommen. Durch die Abwärmenutzung von Power-to-Gas-Systemen lässt sich der Gesamtwirkungsgrad dieser Stromspeichertechnologie deutlich steigern. Nach den hier getätigten Annahmen ist eine Steigerung um etwa 25 % auf bis zu 67,5 % möglich.

In der Studie „Roadmap Speicher“ wurden neben dem ursprünglichen Power-to-Gas-Konzept eine Elektrolyse mit anschließender Wasserstoffspeicherung in Salzkavernen und eine Rückverstromung in speziellen wasserstoffbetriebenen Gasturbinen betrachtet (hier als Power-to-Wasserstoff bezeichnet). Im Vergleich mit den Werten zum ursprünglichen Power-to-Gas-Konzept aus Abschn. 3.4 zeigen sich sehr hohe Kosten. Ferner wurde bei Power-to-Wasserstoff keine Wirkungsgradsteigerung durch Abwärmenutzung berücksichtigt.

Auf eine Ermittlung der Stromspeicherkosten von elektrischen Stromspeichern wurde verzichtet. Mit Kapazitätskosten größer 5000 €/kWh stellen sie die teuersten Speicherkapazitäten dar. Ähnliches gilt für Schwungmassenspeicher mit mehr als 650 €/kWh. Die spezifischen Leistungskosten dieser Technologien sind im Vergleich aller Stromspeichertechnologien mit minimal 125 €/kW am geringsten.[10]

2.5.2 Berechnungsgrundlagen zu Stromspeicherkosten

Im Folgenden wird eine vereinfachte Variante zur Berechnung der Stromspeicherkosten vorgestellt, sie dient dem überschlägigen Kostenvergleich zwischen den Stromspeichertechnologien. Die Selbstentladung von Stromspeichern wird dabei vernachlässigt.

▶ **Stromspeicherkosten** *Stromspeicherkosten* stellen für eine Kilowattstunde die spezifischen Kosten für den Strombezug und anschließender vollständiger Zwischenspeicherung (Einspeichern, Speichern und Ausspeichern) dar.

Analog der Betrachtung der LCOE für Stromerzeugungsanlagen ist für eine konkrete Wirtschaftlichkeitsbetrachtung eine Finanzierungsrechnung unter Berücksichtigung aller Einnahmen und Ausgaben auf Basis eines Cashflow-Modells notwendig. In der vereinfachten Variante setzen sich die Stromspeicherkosten nach Gl. 2.1 aus den variablen und fixen Stromspeicherkosten zusammen.

[10] Vgl. Sterner, M. & Stadler, I., 2014, S. 600–604, Stand 2014.

Gl. 2.1: Stromspeicherkosten k_{Sp} [€/kWh]

$$k_{\text{Sp}} = \frac{k_{\text{F}} + k_{\text{V}}}{\eta} = \frac{\frac{k_{\text{Q}} \times t_{\text{Aus}}}{\text{DOD}_{\text{Max}}} \times (a + nk_{\text{fix}} + nk_{\text{var}}) + k_{\text{P}} \times (a + nk_{\text{fix}} + nk_{\text{var}})}{t_{\text{VL,E}} \times \eta} + \frac{k_{\text{S}} + k_{\text{AUS}}}{\eta} \tag{2.1}$$

k_{F}	fixe Kosten [€/kWh]
k_{V}	variable Kosten [€/kWh]
a	Annuitätsfaktor [1/a]
nk_{fix}	Anteil fixe Betriebskosten [–]
nk_{var}	Anteil variable Betriebskosten [–]
k_{Q}	spezifische Kapazitätskosten [€/kWh]
t_{Aus}	Ausspeicherdauer [h]
DOD_{Max}	maximale Entladetiefe [–]
k_{P}	spezifische Leistungskosten [€/kW]
η	Wirkungsgrad [–]
$t_{\text{VL,E}}$	Volllaststunden Einspeicherung [h/a]
k_{AUS}	Kosten für Abgaben, Umlagen und Steuern [€/kWh]
k_{S}	Strombezugskosten bzw. Strombezugspreis [€/kWh]

Fixe Kosten

Mit den spezifischen Kosten für die Speicherkapazität und Leistung lassen sich die annuitätischen Fixkosten bestimmen, die einen gebräuchlichen Preisindikator für Stromspeicher darstellen. Neben den Investitionskosten sind die Nutzungsdauer, Kapitalzinsen und die jährlich fixen Betriebskosten notwendig. Die Berechnung erfolgt nach Gl. 2.2. Üblicherweise erfolgt eine anteilige Berücksichtigung von fixen Betriebskosten. In der Regel schwanken sie zwischen 1 und 5 % der Investitionskosten.[11] Diese stellen beispielsweise Aufwendungen wie Steuer- und Versicherungszahlungen sowie Instandhaltungs- und Personalkosten dar. Liegen die exakten Kosten hierfür vor, lässt sich die Genauigkeit der Kostenermittlung erhöhen.

Gl. 2.2: Annuitätische Fixkosten k_{a} [€/KW p. a.]

$$k_{\text{a}} = k_{\text{G}} \times (a + nk_{\text{fix}}) \tag{2.2}$$

k_{G} Gesamtinvestitionskosten (s. Gl. 2.4) [€/kW]

„Die Kapitalzinsen (auch kalkulatorische Zinsen) spiegeln den Stand der Konjunktur (Leitzins, Zinspolitik) und der Renditeerwartung der Investoren wider. Werte zwischen

[11] Vgl. Sterner, M. & Stadler, I., 2014, S. 43.

5 und 15 % sind üblich, je nach Zinspolitik und Risikobewertung seitens der Investoren, Banken und Unternehmer. In der Energiewirtschaft sind 10 % ein gängiger Wert" (Sterner, M. & Stadler, I., 2014, S. 44). Aus den Kapitalzinsen und der Nutzungsdauer ergibt sich der Annuitätsfaktor nach Gl. 2.3. Der Annuitätsfaktor wird für die Umrechnung eines Investitionsbetrages in jährlich konstante Zahlungen unter Berücksichtigung von Zinszahlungen verwendet.

Gl. 2.3: Annuitätsfaktor a [1/a]

$$a = \frac{i \times (1+i)^n}{(1+i)^n - 1} \tag{2.3}$$

i Kapitalzinsen [–]
n Nutzungsdauer [a]

Die Gesamtinvestitionskosten spiegeln die Kosten für einen Stromspeicher je aus- bzw. einspeicherbarer Leistung in Kilowatt wider. Je nach Ausspeicherdauer ergeben sich unterschiedliche Kostenbestandteile für die Speicherkapazität und Leistung. Die Gesamtinvestitionskosten sind stets spezifisch für einen bestimmten Stromspeicher mit einer zugeordneten Ausspeicherdauer (E/P-Ratio) nach Gl. 2.4 zu ermitteln. Die maximale Entladetiefe begrenzt die nutzbare Speicherkapazität für bestimmte Stromspeichertechnologien.

Gl. 2.4: Gesamtinvestitionskosten k_G [€/KW]

$$k_G = \frac{k_Q \times t_{Aus}}{DOD_{Max}} + k_P \tag{2.4}$$

Bei Stromspeichern ist kein 100%iger Umsatz von eingespeicherter zur ausgespeicherter Energie möglich. Durch eine Berücksichtigung des Wirkungsgrades, spezifisch je nach Technologie, lassen sich die realen annuitätischen Fixkosten nach Gl. 2.5 ermitteln. Sie stellen die Kosten dar, die jährlich und unabhängig vom Betrieb des Stromspeichers anfallen.

Gl. 2.5: Reale annuitätische Fixkosten $k_{a,real}$ [€/KW p. a.]

$$k_{a,real} = \frac{\frac{k_Q \times t_{Aus}}{DOD_{Max}} \times (a + n k_{fix}) + k_P \times (a + n k_{fix})}{\eta} \tag{2.5}$$

Die fixen Stromspeicherkosten stellen den unflexiblen Teil der Stromspeicherkosten dar. Um diese zu erhalten, müssen die realen annuitätischen Fixkosten eines Speichers auf die Volllaststunden der Einspeicherung nach Gl. 2.6 bezogen werden.

Gl. 2.6: Fixe Stromspeicherkosten $k_{F,Sp}$ [€/kWh]

$$k_{F,Sp} = \frac{k_{a,real}}{t_{VL,E}} = \frac{\frac{k_Q \times t_{Aus}}{DOD_{Max}} \times (a + nk_{fix}) + k_P \times (a + nk_{fix})}{\eta \times t_{VL,E}} \tag{2.6}$$

Anhand der Zyklenfestigkeit lässt sich für einen Speicher annähernd die maximale Anzahl der Volllaststunden der Einspeicherung im Jahr ableiten. Ein Ladezyklus entspricht einer vollständigen Ladung und Entladung. Je nach Ausspeicher- und Nutzungsdauer eines Speichers ergeben sich unterschiedliche mögliche Volllaststunden pro Jahr nach Gl. 2.7.

Gl. 2.7: Volllaststunden der Einspeicherung pro Jahr $t_{VL,E}$ [h/a]

$$t_{VL,E} = \frac{n_{Zyklen}}{t_{LD}} \times t_{Aus} \tag{2.7}$$

n_{Zyklen} Zyklenzahl [–]
t_{LD} Lebensdauer [a]

Variable Kosten
Die variablen Kosten resultieren maßgeblich aus dem Strombezugspreis sowie den dabei auftretenden Abgaben, Umlagen und Steuern. Diese Kosten variieren je nach den rechtlichen Rahmenbedingungen der Stromspeichertechnologien, wie sie in Abschn. 2.3 beschrieben sind. Die Märkte für die Strombeschaffung sind in Abschn. 1.4 erläutert. Darüber hinaus treten variable Betriebskosten auf, welche nur bei Betrieb der Anlagen anfallen, wie beispielsweise für Löhne oder Hilfs- und Betriebsmittel. Es handelt sich um vergleichsweise geringe Kosten. Für überschlägige Wirtschaftlichkeitsbetrachtungen werden die variablen Betriebskosten zumeist vernachlässigt. Zudem können sie – analog zu den fixen Betriebskosten – anteilig auf die Investitionskosten beaufschlagt werden (nk_{var} in Gl. 2.1). Die Genauigkeit der Kostenermittlung lässt sich durch eine exakte Verrechnung dieser Aufwendungen erhöhen. Unter Einbeziehung des Wirkungsgrades je nach Stromspeichertechnologie resultieren die variablen Stromspeicherkosten nach Gl. 2.8.

Gl. 2.8: Variable Stromspeicherkosten $k_{V,Sp}$ [€/kWh]

$$k_{V,sp} = \frac{k_S + k_{AUS} + (k_{var})}{\eta} \tag{2.8}$$

k_{var} variable Betriebskosten [€/kWh]

Reale Stromspeicherkosten beim Power-to-Gas-Konzept durch Einschränkungen bei den Wärmegestehungskosten
Wird eine Wirkungsgradsteigerung beim Power-to-Gas-Konzept analog der Abwärmenutzung berücksichtigt, stellen die Speicherkosten nach Gl. 2.1 sowohl die Kosten für die Stromspeicherung als auch für die Wärmeerzeugung je Kilowattstunde dar. Das Verhältnis von Wärmeerzeugung zu Stromspeicherung liegt nach Tab. 2.7, je nachdem ob eine Methanisierung notwendig ist, bei etwa 0,4 zu 0,6 bzw. 0,45 zu 0,55. Nach ECOFYS lagen im Jahr 2012 die durchschnittlichen Wärmegestehungskosten in Europa bei ca. 3–15 ct/kWh (s. Abschn. 1.5.4). Für Fernwärmekonzepte bei Power-to-Gas-Anlagen können Gestehungskosten bzw. erzielbare Erlöse von 5 ct/kWh angesetzt werden, welche denen von Gas-KWK-Anlagen entsprechen. Die Begrenzung der Wärmegestehungskosten bzw. -erlöse wird in den Stromspeicherkosten nach Gl. 2.9 berücksichtigt.

Gl. 2.9: Reale Stromspeicherkosten $k_{\mathrm{Sp,real}}$ [ct/kWh] beim Power-to-Gas-Konzept mit Abwärmenutzung durch Begrenzung der Wärmegestehungskosten

$$k_{\mathrm{Sp,real}} = \frac{k_{\mathrm{Sp}} - (n_{\mathrm{WG}} \times k_{\mathrm{WG,Max}})}{n_{\mathrm{Sp}}} \tag{2.9}$$

n_{WG} Anteil Wärmegestehung [–]
n_{Sp} Anteil Stromspeicherung [–]
$k_{\mathrm{WG,Max}}$ maximale Wärmegestehungskosten [ct/kWh]

2.5.3 Variable Stromspeicherkosten für 2020 und 2030

Durch gezielte Auslegung sowie Anlagenkonzepte lassen sich ähnliche variable Kosten für die einzelnen Stromspeichertechnologien erzielen. Unterschiede bei der Behandlung von Stromspeichern in den gesetzlichen Regelungen, wie sie beispielsweise für den Erlass bzw. die Befreiung der Stromsteuer bestehen, bedürfen einer Anpassung, um einen fairen Wettbewerb zwischen den Technologien zu gewährleisten. Soweit die variablen Kosten nahezu übereinstimmen, ist der Wirkungsgrad der ausschlaggebende Parameter.

Beispielhafte variable Stromspeicherkosten mit den Wirkungsgraden aus Tab. 2.6 für die Jahre 2020 und 2030 sind je nach Technologie in Tab. 2.8 aufgelistet. Es wurden variable Kosten von 3 ct/kWh, die in etwa das durchschnittliche Preisniveau des Jahres 2015 an den Day-Ahead-Märkten widerspiegeln, sowie 6 ct/kWh, was in etwa dem Preisniveau des Jahres 2015 der regenerativen Erzeugungsanlagen mit den günstigsten Stromgestehungskosten in Deutschland entspricht, betrachtet. Bei einem Vergleich der Technologien wird deutlich, dass Power-to-Gas oder Power-to-Wasserstoff deutlich höhere variable Stromspeicherkosten als alle anderen Technologien aufweisen. Dies ist umso ausgeprägter, je höher die variablen Kosten sind, da der niedrige Wirkungsgrad dadurch stärker ins Gewicht fällt. Durch eine Wärmenutzung lassen sich die variablen Kosten beider Verfahren reduzieren.

Tab. 2.8 Variable Stromspeicherkosten je nach Technologie und variablen Kosten

Variable Kosten	Jahr	Pb	Li	Na	Redox-Flow	PtG o. M.[a]	PtG m. M.[a]	PtW	PSW	DLS
						[ct/kWh]				
3 ct/kWh	2020	3,8	3,3	3,8	4,1	7,8 (4,8)	9,7 (5,3)	7,9	3,8	4,5
	2030	3,7	3,3	3,6	3,8	7,3 (4,4)	9,1 (4,9)	7,1	3,8	4,3
6 ct/kWh	2020	7,5	6,7	7,5	8,1	15,6 (9,5)	19,5 (10,6)	15,8	7,5	9,0
	2030	7,3	6,5	7,1	7,7	14,5 (8,9)	18,2 (9,9)	14,3	7,5	8,6

[a] (...) – Wirkungsgrad mit Wärmenutzung

2.5.4 Reale annuitätische Fixkosten für 2020 und 2030

Nach derzeitigem Marktmodell würden bei 100%iger Abdeckung der Stromlast mit regenerativen Erzeugern *Nullpreise* bzw. negative Preise an der Strombörse resultieren. In diesem Fall sind die fixen Stromspeicherkosten von besonderer Relevanz. Mit den Angaben aus Tab. 2.6, Kapitalzinsen von 7 % sowie jährlich fixen Betriebskosten von 2 %, wurden die realen annuitätischen Fixkosten für 2020 und 2030 je nach Ausspeicherdauer berechnet, dargestellt in Abb. 2.6 und 2.7. Da mit den Werten aus Tab. 2.6 für Natrium- und Redox-Flow-Batterien sowohl höhere variable als auch fixe Stromspeicherkosten bei jeglichen Ausspeicherdauern gegenüber anderen Batteriespeichern anfallen, wurden diese zur Übersichtlichkeit nicht in die Abbildungen integriert. Es wurden zusätzlich die minimalen fixen Wärmegestehungskosten von sensiblen Wärmespeichern berücksichtigt. Die Berechnung dieser Kosten erfolgt analog den Berechnungsschritten für die realen annuitätischen Fixkosten von Stromspeichern. Für sensible Wärmespeicher wurden kapazitätsbezogene Kosten von 80 €/kWh, leistungsbezogene Kosten von 0,2 €/KW, ein Wirkungsgrad von 75 % und eine Nutzungsdauer von 30 Jahren gewählt.[12]

Aus den Abb. 2.6 und 2.7 lässt sich die Ausspeicherdauer ablesen, ab der Langzeitspeicher geringere fixe Stromspeicherkosten gegenüber Kurzzeitspeichern aufweisen. Die Kosten für Power-to-Gas wurden als Bereich angegeben. Die obere Grenze stellt die realen annuitätischen Fixkosten ohne Wärmenutzung und die untere Grenze die realen annuitätischen Fixkosten mit Wärmenutzung dar. Je nach Erlös für die Abwärme ergeben sich Stromspeicherkosten innerhalb dieses Bereiches. Mit der angenommenen Kosteneinsparung bis zum Jahr 2030 ließen sich mit Power-to-Gas ohne Methanisierung selbst bei niedrigen Ausspeicherdauern ähnliche reale annuitätische Fixkosten erzielen wie mit Pumpspeicherwerken. Batterien sind für Ausspeicherdauern bis knapp über 5 h vorteilhaft. Sensible Wärmespeicher ermöglichen bis zu einer Ausspeicherdauer von 10 h niedrigere fixe Wärmegestehungskosten als die technologieübergreifend minimalen fixen Stromspeicherkosten. Der Kostenvorteil von adiabaten Druckluftspeichern der zwischen Ausspeicherdauern von 5–25 h gegenüber Batterien und Power-to-Gas im Jahr 2020 be-

[12] Vgl. Sterner, M. & Stadler, I., 2014, S. 600–604.

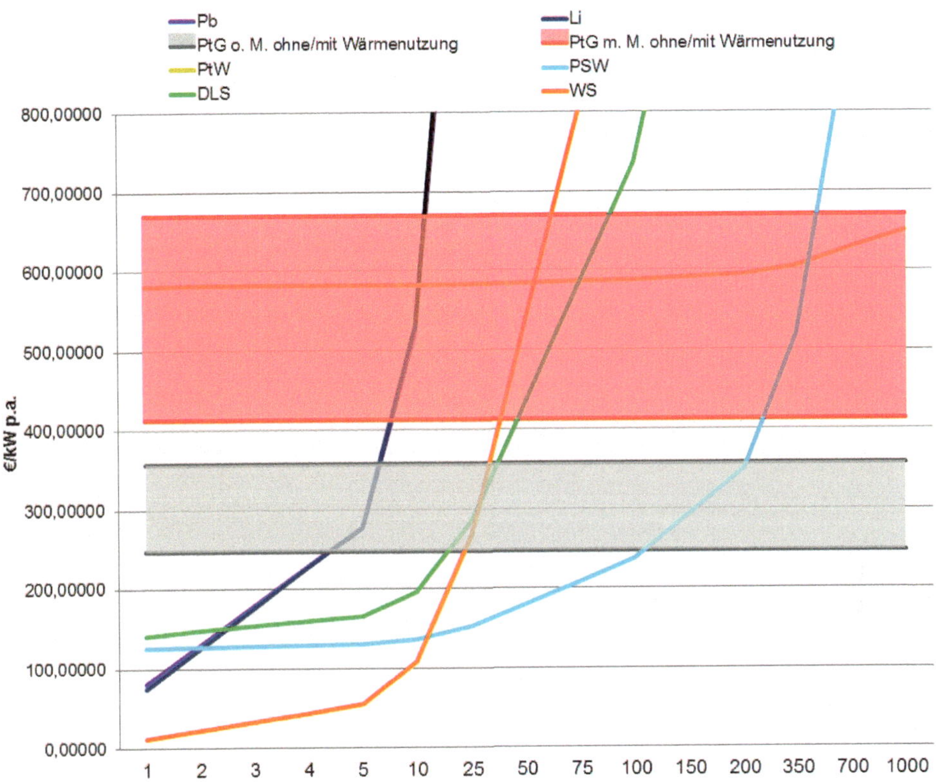

Abb. 2.6 Reale annuitätische Fixkosten (*Ordinate*) in Abhängigkeit der Ausspeicherdauer (*Abszisse*, in h) ausgewählter Speichertechnologien im Jahr 2020

steht, liegt nach den Kostenentwicklungsprognosen für das Jahr 2030 nicht mehr vor. Die Kosten aus den Abbildungen verdeutlichen den hohen Einfluss der Methanisierung wie auch der Abwärmenutzung beim Power-to-Gas-Konzept. Lässt sich Wasserstoff direkt ins Erdgasnetz einspeisen und in konventionellen GuD-Kraftwerken mitverbrennen, sind hohe Wirkungsgrade bei moderaten Leistungskosten umsetzbar. Mit Pumpspeicherwerken sind mit Ausspeicherdauern von bis zu 1 Woche niedrigere reale annuitätische Fixkosten – gegenüber Power-to-Gas-Anlagen mit Methanisierung und ohne Wärmenutzung – erzielbar. Vor allem für das Jahr 2030 wird deutlich, dass die Kosten für Power-to-Wasserstoff aus der Studie „Roadmap Speicher" vergleichsweise hoch ausfallen.

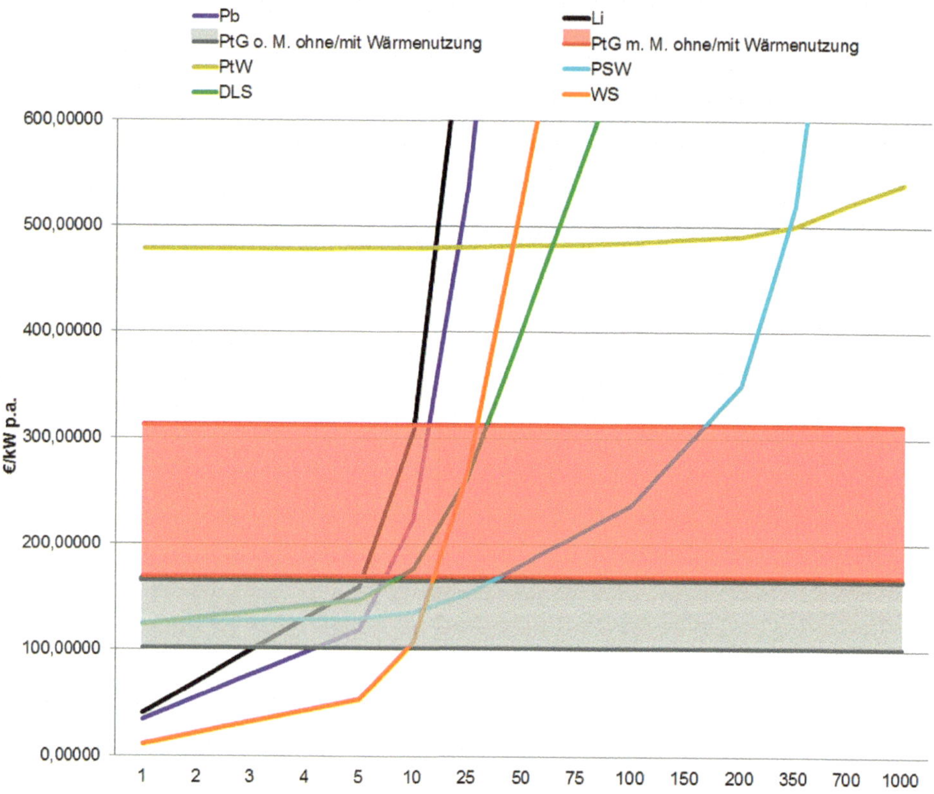

Abb. 2.7 Reale annuitätische Fixkosten (*Ordinate*) in Abhängigkeit der Ausspeicherdauer (*Abszisse*, in h) ausgewählter Speichertechnologien im Jahr 2030

2.5.5 Reale Stromspeicherkosten von Power-to-Gas im Jahr 2030

Für Power-to-Gas-Anlagen ohne Methanisierung ergeben sich mit realen annuitätischen Fixkosten von 101,7 €/kW p. a. (minimale Kosten aus Abb. 2.7) und angenommenen Volllaststunden von 1300 h/a nach Gl. 2.6 fixe Stromspeicherkosten von 7,82 ct/kWh. Werden variable Kosten von 3 ct/kWh und ein Systemwirkungsgrad mit Abwärmenutzung von 67,5 % angenommen, resultieren nach Gl. 2.8 variable Stromspeicherkosten von 4,44 ct/kWh. Aus diesen Werten gehen nach Gl. 2.1 Stromspeicherkosten von 12,26 ct/kWh hervor. Mit einem maximal erzielbaren Erlös für die Abwärme von 5 ct/kWh ergeben sich nach Gl. 2.9 reale Stromspeicherkosten von 17,1 ct/kWh. Im Falle von höheren Volllaststunden der Power-to-Gas-Anlagen, niedrigeren variablen Kosten sowie höheren Wärmeerlösen sind geringere reale Stromspeicherkosten möglich.

2.6 Faktoren des Stromspeicherbedarfs

Der Gesamtstromspeicherbedarf setzt sich aus dem Speicherbedarf aufgrund netzbasierter und marktbasierter Stromüberschüsse sowie aus dem Bedarf für die Erbringung von Systemdienstleistungen zusammen. Dabei kann es zu Überschneidungen kommen. Die wichtigsten Faktoren für den Stromspeicherbedarf sind in Abb. 2.8 zusammengefasst.

Umstellung der Energieversorgung

Die Umstellung der Energieversorgung wurde umfangreich in Kap. 1 erläutert. Der Ausbau von erneuerbaren Energien im Stromsektor führt zu einer voranschreitenden volatilen Erzeugungsstruktur in Deutschland. Dabei ist die natürlich fluktuierende Erzeugung nur bedingt kontrollierbar. Ab einem bestimmten Ausbaugrad und Anteil dieser Erzeuger werden vorrangige Flexibilitätsoptionen Stromüberschüsse und -defizite nicht mehr vermeiden können. Je nach Verbrauchsentwicklung, beeinträchtigt durch Energieeffizienzmaßnahmen, verändern sich der Anteil der erneuerbaren Erzeugerleistung am elektrischen Gesamtenergiebedarf und damit der Stromspeicherbedarf.

Vorrangige Flexibilitätsoptionen

Die Flexibilitätsoptionen im Stromsystem werden in Abschn. 2.7 spezifisch erläutert.

> Als vorrangig gelten Flexibilitätsoptionen, wenn sie entweder wirtschaftlicher sind und/oder gesellschaftlich vor Ort höhere Akzeptanz finden.[13]

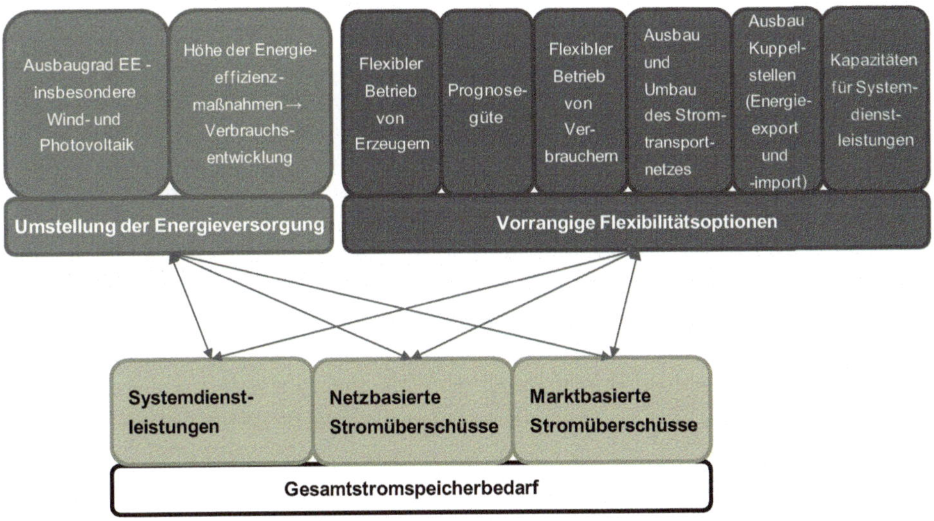

Abb. 2.8 Faktoren des Stromspeicherbedarfs

[13] Vgl. Sterner, M. & Stadler, I., 2014, S. 52.

Marktbasierte Stromüberschüsse

► Marktbasierte Stromüberschüsse entstehen, wenn das vermarktete Stromangebot vom tatsächlichen Strombedarf abweicht.

Marktbasierte Stromüberschüsse werden maßgeblich durch die Residuallast bestimmt. Bei einer negativen Residuallast überschreitet die dargebotsabhängige Stromerzeugung den Verbrauch und damit das Angebot die Nachfrage. Marktbasierte Stromüberschüsse bzw. negative Marktpreise traten bereits im Jahr 2014 auch ohne eine negative Residuallast auf, zu Zeiten mit hoher Einspeisung erneuerbarer Energien und gleichzeitig auftretender niedriger Nachfrage wie nachts oder an Feiertagen. Die negativen Preise an der Strombörse resultierten daraus, dass der Anteil dargebotsabhängiger Erzeuger, in Summe mit dem unflexiblen Anteil konventionellen Erzeuger, den unflexiblen Anteil des Strombedarfes überschritt. Die Ermittlung von marktbasierten Überschüssen kann nach Gl. 2.10 zusammengefasst werden.

Gl. 2.10: Marktbasierte Stromüberschüsse

$$\begin{aligned}\text{Marktbasierte Überschüsse} &= \text{negative Resdiduallast und/oder fehlende Flexibilität}\\ \text{fehlende Flexibilität} &= \text{unflexibler Teil des Verbrauchs}\\ &\quad - \text{unflexibler Teil der Erzeugung}\end{aligned} \tag{2.10}$$

Stromspeicher können als elektrische Verbraucher zu Zeiten mit marktbasierten Stromüberschüssen und niedrigen bzw. negativen Preisen und zeitlich versetzt zu Defizitzeiten und bei hohen Preisen als Stromerzeuger agieren.

Netzbasierte Stromüberschüsse

► Netzbasierte Stromüberschüsse resultieren, wenn Strommengen aufgrund einer fehlenden Kapazität des Stromnetzes nicht eingespeist werden und somit ungenutzt bleiben. Eine ausreichende Kapazität liegt vor, wenn bei der Stromeinspeisung die Strom- und Spannungsgrenzen eingehalten werden sowie die Stabilität und Qualität des Netzes gewährleistet sind.

Netzbasierte Überschüsse werden durch die Höhe von Engpassmanagementmaßnahmen quantifiziert. Der Umfang dieser Systemdienstleistungen in den Jahren 2013 und 2014 ist in Abschn. 1.3.5.5 gezeigt. Einspeisemanagementmaßnahmen stellen netzbasierte Stromüberschüsse aus regenerativen Erzeugungsanlagen dar. Eine Vermeidung dieser Maßnahmen führt direkt zu einem höheren Anteil erneuerbarer Energien am Stromverbrauch. Bei der Vermeidung von Redispatch könnten erneuerbare Energiemengen nur erhöht werden, wenn regenerative Erzeuger (ohne EEG-Vergütung) ihre Leistungen hierfür anbieten. Durch die Reduktion von Redispatch können diejenigen Systemkosten reduziert werden, die notwendig sind, um eine gewisse erneuerbare Energiemenge zu integrieren. In den Jahren 2014 und 2013 zeigte sich jedoch, dass durch eine Erhöhung der Engpassmanagementmaßnahmen nicht zwingend die Systemkosten ansteigen, wenn gleichzeitig Netzverluste und der Einsatz von Regelenergie vermieden werden kann (s. a. Abschn. 1.3.5.5).

Im Vergleich zu den marktbasierten Überschüssen, die sich auf das ganze Markt- bzw. Netzgebiet beziehen, treten netzbasierte Überschüsse lokal und auf allen möglichen Netzebenen auf. Stromspeicher können u. a. einer durch die Einspeisung erneuerbarer Energien verursachten Spannungsanhebung im Netz, durch die lokale Einspeicherung (Wirkleistungsreduktion) oder Blindleistungsbereitstellung, entgegenwirken. Die Einhaltung der Stromgrenzen kann nur durch Lastreduktion im vorgelagerten Netz oder durch direkte Kopplung eines Stromspeichers mit der Erzeugungsanlage erfolgen. Stromspeicher in einer Netzebene können den zu transferierenden Stromfluss für das nachgeschaltete Umspannwerk sowie für die nächst höhere Netzebene reduzieren. Durch den zeitlichen Ausgleich von Unterschieden in Erzeugung, Nachfrage und Systemkapazität im Stromsystem mittels Stromspeichern wird zwar eine geringere Netzkapazität am jeweiligen Netzknoten benötigt, jedoch steht die eingespeicherte Energiemenge nur verzögert zur Verfügung, falls marktgetrieben ein Bedarf besteht. Dementsprechend bedarf es weiterer Erzeuger an anderen Netzknoten mit freier Netzkapazität, welche diese Energiemenge zusätzlich einspeisen (Redispatch). Aufgrund der Anforderung einer bedarfsgerechten Leistungssteuerung kommen neben Stromspeichern hierfür lediglich konventionelle Erzeuger oder Biomasse- bzw. Biogasanlagen in Betracht. Mit dem Power-to-Gas-Konzept kann neben dem zeitlichen Ausgleich zudem der räumliche Ausgleich über die Erdgasinfrastruktur erfolgen. Dadurch kann bei einem konventionellen gasbasierten Stromerzeuger an einem Netzknoten mit freier Netzkapazität Erdgas durch synthetisches Gas ersetzt werden. Zudem würde eine Wasserstoffinfrastruktur weitere Ausgleichsmöglichkeiten bieten.

Systemdienstleistungen

Durch den steigenden Ausbaugrad erneuerbarer Energien entfällt durch die Abschaltung von konventionellen Erzeugern dessen Potenzial für Systemdienstleistungen. Diese Leistungen müssen durch alternative Erbringer abgedeckt werden. Durch eine Veränderung der Einspeisestruktur verändert sich außerdem der lokale Bedarf an Systemdienstleistungen. Der Umfang der Systemdienstleistungen im Stromsystem wird in Abschn. 1.3.5 und das technische Potenzial von Stromspeichern für die Erbringung von Systemdienstleistungen in Abschn. 2.2.4 erläutert.

2.7 Flexibilitätsoptionen im Stromsystem

2.7.1 Prognosegüte

Die Prognosegüte sowohl dargebotsabhängiger Erzeuger als auch des Verbrauchs hat Einfluss auf die Marktpreise sowie auf den Umfang und die Kosten der Ausgleichsenergie.

Fluktuierende Erzeuger werden zunächst mit einer Folgetagsprognose am Day-Ahead-Markt und anschließend mit Kurzfristprognosen am Intraday-Markt gehandelt. Treten Abweichungen bei aktuellen zu vergangenen Einspeiseprognosen auf, können diese Differenzen kurzfristig gehandelt werden. Prognosefehler wirken sich auf die vom Markt erwartete Residuallast aus und haben dementsprechend Einfluss auf den Preis für die Vermarktung. Ein positiver Prognosefehler am Vortag, d. h., es wird mehr prognostiziert und am Day-Ahead-Markt verkauft, als tatsächlich eingespeist werden kann, senkt den Preis für den kurzfristigen Intraday-Handel, und ein negativer Prognosefehler, d. h., es wird weniger prognostiziert und verkauft, als tatsächlich eingespeist werden kann, erhöht den Preis. Für Abweichungen der Prognosewerte von der Ist-Einspeisung, die nicht mehr durch kurzfristige Handelsgeschäfte ausgeglichen werden, wird Ausgleichsenergie notwendig. Diese Energiemenge wird u. a. mittels Regelleistung durch die Übertragungsnetzbetreiber, wie in Abschn. 1.3.5.2 beschrieben, abgedeckt. Auf der Informationsplattform der 4 deutschen Übertragungsnetzbetreiber (ÜNB) wird die stündliche Differenz zwischen den jeweiligen Einspeiseprognosen und den vor- und untertägigen am Spotmarkt erworbenen bzw. veräußerten Strommengen nach § 2 Nr. 5 AusglMechAV ausgewiesen. 2014 wurden netzzonenübergreifend 234,8 GWh zu viel und 479,1 GWh zu wenig Strom am Spotmarkt in Bezug zur jeweils aktuellsten Prognose vor Handelsschluss beschafft.[14] Dies entspricht 0,13 % bzw. 0,27 % von der gesamten Einspeisung aus erneuerbaren Energien in Deutschland im Jahr 2014. Mit dem Anteil der erneuerbaren Energien steigen grundsätzlich die Auswirkungen von Prognosefehlern, die ausgeglichen werden müssen. Die Verbesserungspotenziale für Windleistungsprognosen, welche laut Fraunhofer IWES für den mittleren absoluten Fehler von Prognoseverfahren des Jahres 2007 gegenüber dem Jahr 2020 bestanden, sind in Tab. 2.9 aufgelistet.

Weiterentwicklungen der Prognosemethoden werden zwar die Prognosegüte verbessern. Nur wenn diese auch die erhöhten Auswirkungen des Erneuerbare-Energien-Zubaus kompensieren können, ist mit konstanten Ausgleichsenergiemengen und Spotmarktpreisschwankungen in Zukunft zu rechnen.

Tab. 2.9 Verbesserungspotenziale des mittleren absoluten Fehlers von Prognoseverfahren des Jahres 2007 gegenüber 2020. (dena, 2010; nach Fraunhofer IWES)

Verbesserungspotenziale	Minimale Verbesserung [%]	Maximale Verbesserung [%]
Windparkspezifische Auswahl eines Prognosemodells	8	10
Anwendung mehrerer Wettermodelle mit Klassifikation der Wettersituation	15	20
Selektion optimaler Eingangsparameter	15	20
Verwendung real gemessener Wetterdaten bei Kurzzeitprognosen	10	15
Gesamtverbesserung des mittleren absoluten Fehlers	ca. 40	ca. 50

[14] Vgl. TenneT TSO GmbH et al., 2014b.

Neben den Prognosen fluktuierender Erzeugungsanlagen sind die Lastgangprognosen eine wichtige Kenngröße, sollen Stromverbrauch und -erzeugung aufeinander abgestimmt werden. Bei der Strombeschaffung sowie bei der Lastprognose der Energieversorger wird zwischen folgenden Endverbrauchern unterschieden. Für Verbraucher mit mehr als 100.000 kWh/a werden die tatsächlichen Lastgänge gemessen. Für diese RLM-Kunden (Kunden mit registrierender Leistungsmessung) werden fernauslesbare Viertelstunden-Lastgangzähler verwendet. Für alle anderen Verbraucher verwendet man Standardlastprofile (SLP), die den zu erwartenden Verlauf des Strombedarfs je Kundengruppe wiedergeben. Das bisher verwendete Standardlastprofilverfahren unterscheidet mit Werktag, Samstag und Sonntag für die Jahreszeiten Winter, Übergang und Sommer 9 Typtage. Diese werden zu einem Jahreslastverlauf zusammengestellt und gemäß dem erwarteten Jahresverbrauch eines Kunden skaliert. Im Fall von Haushaltskunden wird zusätzlich eine Dynamisierungsfunktion verwendet, welche den Verbrauch im Winter anhebt sowie im Sommer absenkt. Die derzeitigen Standardlastprofile z. B. für Haushaltskunden bilden den realen Verbrauch nicht exakt ab. Eine Erweiterung des Verfahrens, basierend auf aktuellen Verbrauchsdaten, z. B. durch Smart Meter, erlaubt die zeitnahe Anpassung der Prognose. Dabei besteht die Möglichkeit, eine Korrektur am Vortag durchzuführen, um ggf. am Day-Ahead-Markt zu agieren oder untertägig neu zu prognostizieren und am Intraday-Markt zu handeln.

2.7.2 Flexibler Betrieb von Verbrauchern – Lastmanagement

Durch Lastmanagement (Demand Side Management – DSM) kann in Zukunft ein Teil der Verbraucher an die Erzeugung angepasst werden. Bei DSM-Maßnahmen wird zwischen einer Lastverschiebung und einem Lastabwurf unterschieden. Bei Lastverschiebungsprozessen wird die Last zu einem gegebenen Zeitpunkt reduziert und zu einem späteren Zeitpunkt erhöht. Dies entspricht in seiner Wirkung einer Investition in einen Stromspeicher. Im Gegensatz zu Stromspeichern muss bei der Lastverschiebung zumeist direkt nach der Lastveränderung die erhöhte bzw. reduzierte Last nachgeholt werden. Beim Lastabwurf wird die Last zu einem Zeitpunkt reduziert, ohne dass hieraus eine Lasterhöhung zu einem späteren Zeitpunkt resultiert. In seiner Wirkung entspricht die Nutzung eines solchen DSM-Potenzials einer Investition in eine Stromerzeugungsanlage. Im Gegensatz zu Stromerzeugungsanlagen ermöglicht der Lastabwurf begrenzte bzw. geringe Zugriffszeiten. Beide DSM-Arten wurde in Abb. 2.9 anhand geeigneter bzw. aussichtsreicher Anwendungen und nach Sektoren aufgeteilt. Den Anwendungen sind die jeweiligen Zugriffs- und Verschiebedauern nach einer Analyse mehrerer Studien von der TU Dresden (2014) zugeordnet.

	Anwendung	Art	Zugriffsdauer[a]	Verschiebedauer[b]	Beschreibung
Industrie	Aluminiumelektrolyse	Lastabwurf	4 h	-	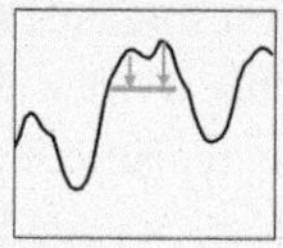 Reduzierung der Last, ohne diese später nachzuholen
	Chlorelektrolyse		4h	-	
	Elektrolichtbogenofen		4 h	-	
	Holzstoffherstellung (Papier)		3 h	-	
	Zementmühle **(Lastabwurf und Lastverschiebung möglich)**		3 h	-	
GHD und Haushalte	Kühlen/Gefrieren	Lastverschiebung	2 h	2 h	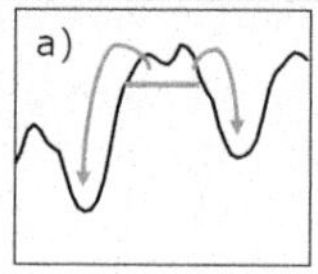 Glättung der Lastkurve
	Warmwasserbereitung		12 h	12 h	
	Nachtspeicherheizung		12 h	12 h	
	Belüftung		1 h	2 h	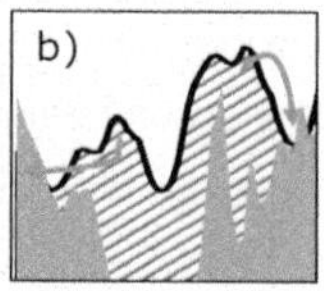 Anpassung an EE-Einspeisung
	Klimaanlage		1 h	2 h	
	Wärmepumpe		/	/	
	Waschen/Trocknen		/	/	

[a] Zeitraum der Lastreduktion, -unterbrechung oder -erhöhung
[b] Maximaler Zeitraum, in dem die erhöhte oder reduzierte Last nachgeholt werden muss

Abb. 2.9 Einteilung von DSM-Maßnahmen. (In Anlehnung an TU Dresden, 2014)

Potenzial
Das technische Potenzial, aufgeteilt nach Sektoren und Anwendungen für das Jahr 2015, wurde von der dena (2010) in der „Netzstudie II“ ermittelt und ist in Abb. 2.10 gezeigt.

Einen positiven Beitrag stellt die Bereitstellung und einen negativen Beitrag die Aufnahme von Strom dar. Für die Bereitstellung des technischen Lastmanagementpotenzials müssten Komforteinbußen und teilweise hohe Investitionen für die Erschließung hingenommen werden. Für das Jahr 2015 wurde in dena-Netzstudie II ein durchschnittlich verfügbares Potenzial von 3,5 GW für die Industrie, 0,6 GW für GHD und 1,4 GW für Haushalte prognostiziert. Bis zum Jahr 2020 wurde gegenüber 2015 eine geringfügige Steigerung des gesamten zur Verfügung stehenden DSM-Potenzials auf maximal 6,6 GW angenommen.

In einer Untersuchung der TU Dresden (2014) wurden neben der dena-Netzstudie II weitere Studien zu Potenzialen, Kosten und zur Nutzungsdauer von DSM-Maßnahmen analysiert. Die Studienergebnisse schwankten aufgrund unterschiedlicher Annahmen, Da-

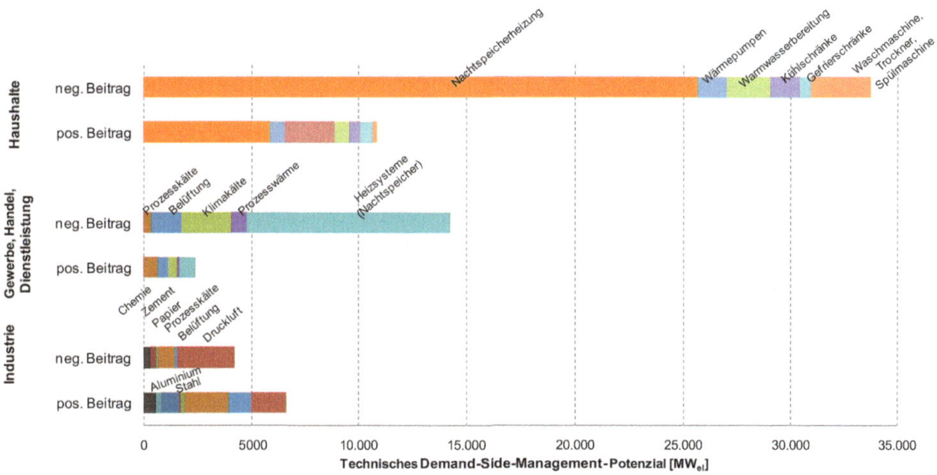

Abb. 2.10 Technisches DSM-Potenzial im Jahr 2015 auf Basis der Dena-Netzstudie II. (Nitsch, J. et al., 2012; nach dena, 2010)

tenverfügbarkeiten und den betrachteten Anwendungen. Das in den untersuchten Studien ermittelte technische Gesamtpotenzial betrug mindestens 27,5 GW und maximal 35,7 GW. Im Durchschnitt ergab sich ein Wert von 32,3 GW. Studienübergreifend war der Beitrag im Haushaltssektor am höchsten und im Industriesektor am niedrigsten, da Produktionsprozesse in der Industrie kontinuierlich ablaufen und an produktions- oder arbeitsschutztechnische Anforderungen gebunden sind. Die Zeit- und Temperaturabhängigkeit im Gewerbe- und Haushaltssektor determiniert zum Teil das hohe technische Potenzial zum Lastausgleich, da dieses nur in wenigen Stunden im Jahr zur Verfügung steht. Das abrufbare technische Gesamtpotenzial ist im Winter und in der Nacht am größten. Im Sommer besteht das höchste Potenzial tagsüber. Die maximale Dauer der Lastveränderung betrug bei den untersuchten Anwendungen zur Lastreduktion nach Abb. 2.9 ca. 4 h. Für die Lastverschiebung konnten teilweise bis zu 12 h ermittelt werden.

Perspektivisch gesehen besteht ein hohes Potenzial für DSM bei neuen elektrischen Verbrauchern im Verkehrssektor z. B. Batteriefahrzeuge oder Power-to-X-Anwendungen sowie im Wärmesektor z. B. Power-to-Heat-Anlagen, Wärmepumpen oder Klimatisierungsanlagen. In der Studie „Roadmap Speicher“ von Pape et al. (2014) wurden für bestehende wie zukünftige Anwendungen Annahmen zu den Lastmanagementpotenzialen nach Tab. 2.10 getroffen. Es wurden hohe zukünftige DSM-Potenziale für Elektrofahrzeuge, Wärmepumpen und für Klimatisierungsanlagen angesetzt.

Tab. 2.10 Annahmen zu Lastmanagementpotenzialen aus „Roadmap Speicher“. (Pape, C. et al., 2014)

	2010		2020		2030 geringe Flexibilität		2030 hohe Flexibilität		2050	
	[TWh]	[GW]	[TWh]	[GW]	[TWh]	[GW]	[TWh]	[GW]	[TWh]	[GW]
Nachtspeicher GHD	6,6	9,5	0	0	0	0	0	0	0	0
Nachtspeicher Haushalte	19,1	33	10,4	18,3	3,4	6,0	3,4	6,0	0	0
Elektrische Trinkwarmwasserspeicher	15,6	6,4	8,1	3,7	2,9	1,2	2,9	1,2	0	0
Waschmaschinen	0	0	0	0	0	0	1,3	3,2	1,3	3,5
Trockner	0	0	0	0	0	0	2,1	3,4	2,0	3,7
Geschirrspüler	0	0	0	0	0	0	1,2	1,8	1,3	2,0
Kühlschrank	0	0	0	0	0	0	3,7	1,2	4,1	1,3
Gefrierschrank	0	0	0	0	0	0	1,5	0,5	1,6	0,6
Wärmepumpen	3,0	1,5	7,1	3,7	11,3	6,0	11,3	6,0	30,0	16,2
Klimatisierung GHD	0	0	2,0	6,6	4,0	12,4	4,0	12,4	10,0	24,7
E-KfZ flexibel	0	0	0,7	0,2	3,3	2,4	10,0	7,3	26,4	65,4
E-KfZ gesamt	0	0	3,4	1,1	16,6	12,2	16,6	12,2	44,0	109,0

Kosten

Die Kosten für unterschiedliche DSM-Maßnahmen sind nach den Daten der TU Dresden (2014) in Tab. 2.11 zusammengestellt, aufgeteilt in fixe und variable Kosten. Zur Einordnung der Werte wurden die Kosten für Gasturbinen und Pumpspeicherwerke, welche ähnliche Wirkungen wie die verschiedenen DSM-Maßnahmen erzielen, gegenübergestellt. Die Fixkosten sind in die spezifischen Investitionskosten und die fixen Betriebskosten untergliedert. Investitionskosten fallen einmalig für die Erschließung des technischen Potenzials an und resultieren für DSM hauptsächlich aus dem Bedarf an Mess-, Regelungs- und Kommunikationstechnik sowie für die Modernisierung des Abrechnungswesens beim Stromversorger. Die jährlichen fixen Betriebskosten für DSM-Maßnahmen, sie fallen regelmäßig und unabhängig vom Einsatz an, stellen beispielsweise Informations-, Transaktions- und Steuerungskosten dar. Die Investitionskosten können nach Annuitäts-

Tab. 2.11 Kosten für DSM-Maßnahmen im Vergleich zu denen von Gasturbinen und Pumpspeichern. (TU Dresden, 2014)

		Gasturbine	DSM Lastabwurf	DSM Lastverschiebung	Pumpspeicherwerke
Variable Kosten [€/MWh]		90	500–1000	0	0–10
Fixe Kosten	**Jährliche fixe Betriebskosten [€/kW p.a.]**	12–20	< 1	25–65	11–24
	Spezifische Investitionskosten [€/kW]	375–650	1–20	40–1200	850–1600

methode auf jährlich notwendige fixe Zahlungen, analog der Berechnungsschritte aus Abschn. 2.5.2, umgerechnet werden. Je nach Volllaststundenzahl der Anlagen ergeben sich aus den annuitätischen Investitionskosten und den jährlichen fixen Betriebskosten die Kosten je Kilowattstunde. Variable Kosten, die nur bei Laständerung von DSM-Maßnahmen notwendig werden, sind beispielsweise Opportunitätskosten für Produktionsausfälle oder -verschiebungen und zusätzliche Personal-, Material- oder Wartungskosten.

Märkte und Einsatzmöglichkeiten

Flexible Lasten können grundsätzlich für verschiedene energiewirtschaftliche Anwendungsfälle an Stromgroßhandels- und Leistungsmärkten als auch zum Bilanzkreismanagement eingesetzt werden. Bisher werden flexible Lasten in Deutschland vorwiegend auf den Leistungsmärkten eingesetzt, hauptsächlich im Rahmen der Abschaltverordnung und in geringerem Umfang auf dem Regelenergiemarkt. Bis Februar 2015 waren 1226 MW zum Einsatz als abschaltbare Lasten präqualifiziert. Rahmenverträge bestanden zu diesem Zeitpunkt nur im Netzgebiet der 50 Hertz Transmission GmbH und der Amprion GmbH. In Süddeutschland sind bislang keine flexiblen Lasten im Zuge der Abschaltverordnung präqualifiziert. Auf dem Regelenergiemarkt lag bis Ende 2014 der Anteil von präqualifizierten Lasten bei rund 1000 MW. Lasten, die für den Regelenergiemarkt präqualifiziert sind, können auch als abschaltbare Last eingesetzt werden. Dadurch überschneiden sich die hier angegebenen Mengen. Flexible Lasten können grundsätzlich alle Regelenergieleistungen erbringen, wobei aufgrund der Präqualifikationsanforderungen und der ausgeschriebenen Produktanforderungen hauptsächlich Sekundärregelleistung und Minutenreserve angeboten werden. Für den grundsätzlichen Einsatz von DSM auf diesen Reservemärkten wirken sich insbesondere lange Ausschreibungszeiträume, eine hohe geforderte Verfügbarkeit sowie große Mindestgebotsgrößen hinderlich aus. Durch gezielte Steuerung der Nachfrage oder im Zuge der Abschaltbare-Lasten-Verordnung kann eine netzentlastende Wirkung mit DSM erzielt werden. Dagegen kann der Einsatz auf dem Strom- oder Regelenergiemarkt aufgrund erhöhter Gleichzeitigkeit wiederum zu Netzengpässen im Verteilnetz führen. Auf den Spotmärkten kann mit DSM in Stunden geringer fluktuierender Einspeisung sowie hoher Last und daraus resultierender hoher Strompreise eine kurzfristige Reduktion der Stromnachfrage erfolgen. Lastspitzen und somit der Einsatz von Spitzenlastkraftwerken werden somit vermieden. Dies wird als Peak Shaving bezeichnet und wirkt sich senkend auf die Peak-Preise aus. Umgekehrt können Leistungsabregelungen, Export oder Stromspeichereinsätze durch eine Nachfrageerhöhung zu Zeiten hoher Einspeisung und geringer Preise vermieden werden. Dieser Mechanismus wird als Valley Filling bezeichnet. Eine Vermarktung ist am Day-Ahead- wie auch Intraday-Markt möglich. Die derzeit bestehende Netzentgeltsystematik sowie der hohe Anteil von Abgaben, Umlagen und Steuern am Endkundenstrompreis wirken einem flexiblen Strombezug entgegen. Unternehmen nutzen Lastmanagementsysteme bisher zumeist um ihre Spitzenlast zu reduzieren und den Stromverbrauch zu vergleichmäßigen. Eine Sonderstellung nehmen große energieintensive Unternehmen mit eigener Bilanzkreisbewirtschaftung ein, die ihren Strom selbst im

Großhandelsmarkt beschaffen und Ausgleichsenergiekosten vermeiden wollen. Durch die Produktionsprozesse (z. B. Aluminiumherstellung, Chlorelektrolyse) mit hohen Volllaststunden sind diese Unternehmen häufig für Lastmanagement gut geeignet und wenden dies neben der Spotmarkt- und Bilanzkreisbewirtschaftung ebenso für die Bereitstellung von Regelleistung oder als abschaltbare Last an.[15]

2.7.3 Flexibler Betrieb von Erzeugern

Flexibler Betrieb von Kraftwerkparks wie auch von KWK-Anlagen wird bereits heute angewandt, sodass sich der Anteil von konventionellen Grundlastkraftwerken immer weiter reduziert. Eine solche Fahrweise ist jedoch durch den Anteil von Must-run-Kapazitäten, die Systemdienstleistungen erbringen und zusätzliche Versorgungsaufgaben erfüllen, sowie durch technische und wirtschaftliche Zwänge begrenzt. Die Flexibilität dargebotsabhängiger Erzeugungsanlagen ist selbstverständlich durch die natürlichen Gegebenheiten limitiert. Diese Anlagen können nur in ihrer Einspeisung gedrosselt werden, was jedoch zu höheren Kosten für die Stromerzeugung je Kilowattstunde aus diesen Anlagen führt.

Systemdienstleistungen

Der Umfang der Systemdienstleistungen im deutschen Stromsystem, der von konventionellen Erzeugern abgedeckt wird, ist in Tab. 2.12 aufgelistet.

Tab. 2.12 Bedarf an technischer Mindesterzeugung im konventionellen Kraftwerkspark. (In Anlehnung an FGH, 2012)

Aspekt	Kriterium für Mindesterzeugung	Resultierende Mindestwirkleistungserzeugung
Redispatchfähigkeit Reservekraftwerke	Sicherung von Flexibilitätspotenzial Erzeugungsverlagerung um bis zu 7 GW	3 GW aus marktbasiert stillstehenden Kraftwerken
Bereitstellung von Kurzschlussleistung (dynamische Spannungshaltung)	Ausreichende Kurzschlussleistungen an Netzknoten und -zweigen	(–) bei Bezug aus dem europäischen Verbund
Bereitstellung von Blindleistung (Statische Spannungshaltung)	Blindleistungsbereitstellung bei Starkwind und Schwachlast	4–8 GW
	Blindleistungsbereitstellung bei Schwachwind und Starklast	16–20 GW
Regelleistung	Sicherstellung der Systembilanz bei gefährdeten und gestörten Betriebszuständen	8–25 GW

[15] Vgl. dena, 2015a.

Die einzelnen Systemdienstleistungen sind in Abschn. 1.3.5 erläutert. Alternative Erbringer für diese Leistungen sind in Abschn. 2.7.5 aufgeführt.

Zusätzliche Versorgungsaufgabe

Weiteren Einfluss auf die Flexibilität von Erzeugern hat die zusätzliche Versorgungsaufgabe einiger Kraftwerke zur Wärmebereitstellung für Fern- und Nahwärmenetze sowie für direkt zugeordnete Industrie- und Kraftwerksprozesse. In vielen Fernwärmenetzen besteht die Möglichkeit, alternativ zur Kraft-Wärme-Koppelung Spitzenlastkessel, Wärmespeicher, Power-to-Heat und die Dynamik des angeschlossenen Wärmenetzes auszunutzen. Durch Gaslieferverträge von KWK-Anlagen mit *Take-or-Pay*, bei welchen festgelegte Gasmengen abgenommen werden müssen, bestehen wirtschaftliche Anreize, auf eine Flexibilisierung bzw. auf einen stromgeführten Betrieb zu verzichten. Agora Energiewende (2014b) ermittelte eine Wirkleistungseinspeisung, die sich aus der Wärmebereitstellung von KWK-Anlagen ergab, von 2–8 GW für exemplarische Tage in den Jahren 2012 und 2013. Zum Teil überschneiden sich die Kapazitäten zur Wärmebereitstellung mit denjenigen für Systemdienstleistungen, v. a. da KWK-Anlagen am Regelenergiemarkt anbieten.

Technische und wirtschaftliche Zwänge

Es bestehen technische und wirtschaftliche Zwänge für Kraftwerke, auf einen flexiblen Betrieb zu verzichten. Diese werden in Abschn. 1.5.3 erläutert. Die Flexibilität des Kraftwerksparks lässt sich anhand der Grenzpreisgebote an den Strommärkten ableiten.

EEG-Anlagen

Durch den Einspeisevorrang von EEG-geförderten Anlagen ist der Strom aus diesen Anlagen gewissermaßen inflexibel, da er vorrangig vor Strom aus anderen Energieerzeugern abgenommen, übertragen und verteilt werden soll. Die verpflichtende Direktvermarktung für bestimmte Anlagen seit dem EEG 2014 liefert Anreize zur markt- bzw. nachfragebasierten Steuerung dieser Anlagen. Durch § 24 EEG 2014 besteht eine Förderkürzung bei negativen Preisen für bestimmte EEG-Anlagen. Der anzulegende Wert wird dann auf null reduziert, wenn 6 aufeinanderfolgende Stunden der Wert der EPEX-Stundenkontrakte negativ ist. Damit wird negativen Preisen entgegengewirkt und eine häufigere Abregelung betreffender Anlagen provoziert. Biomasseanlagen sollen in Zukunft flexibel gesteuert werden. Dafür müssen v. a. wärmegeführte Biogas-BHKW und Biomasseheizkraftwerke durch Gas- und Wärmespeicher, durch Erhöhung der Erzeugerleistung und eine Integration von Power-to-Heat im Wärmekreislauf umgerüstet werden. Eine Flexibilität von Biogasanlagen wird derzeit durch einen Flexibilitätszuschlag sowie durch eine Befreiung der Wärmenutzungspflicht für die Zeit der Direktvermarktung von Biogasstrom gefördert.

2.7.4 Stromexport und -import

Das europäische Stromverbundnetz und die zentrale Lage von Deutschland ermöglichen einen ausgeprägten Stromimport und -export, welcher je nach Ausbaugrad der Netzkuppelstellen in Konkurrenz zur Ein- und Ausspeicherung von Strom in Stromspeichern steht. Des Weiteren führt eine erweiterte Betrachtung der gesicherten Leistung im gesamten Verbundnetz zu geringeren notwendigen Erzeugungskapazitäten, wie in Abschn. 1.3.7 dargelegt ist. Die derzeit vorhandenen als auch die zukünftig geplanten Übertragungskapazitäten sind in Abschn. 1.3.2.3 aufgelistet. Neben dem Ausbaugrad der Kuppelstellen, sind der Erneuerbare-Energien-Anteil und der sonstige Strommix der Länder im Verbundnetz entscheidend, da hierdurch die nationalen Grenzpreise sowie die Höhe fluktuierender bzw. dargebotsabhängiger Erzeuger bestimmt werden. Deutschland weist im europäischen Vergleich geringe Sonnenstunden auf. Zudem sind die Potenziale für Biomasse und Wasserkraft begrenzt. Für Windkraftanlagen besteht das Problem der gesellschaftlichen Akzeptanz. Werden durch eine europäische Betrachtung die Anteile von Wasserkraft und Biomasse am Strommix erhöht, resultieren geringere Fluktuationen bei der erneuerbaren Stromerzeugung. Zudem können Windkraftpotenziale in Regionen mit geringer Bevölkerungsdichte und Photovoltaikpotenziale an Standorten mit höheren Sonnenstunden erschlossen werden. Da Pumpspeicherwerke für bestimmte Ausspeicherdauern eine kosteneffiziente Variante der Stromspeicherung darstellen, ergibt sich die Möglichkeit, europäische Pumpspeicherpotenziale zu nutzen und damit den inländischen Stromspeicherbedarf zu reduzieren. Aufgrund der Übertragungsverluste im Stromnetz sowie des notwendigen Ausbaus der Netze und Kuppelstellen führt eine Nutzung internationaler Erzeugungs- und Speicherpotenziale nicht zwangsweise zu einem Kostenvorteil gegenüber dem nationalen Ausbau. Darüber hinaus steht der Aufbau einer nationalen Versorgungssicherheit über Erzeugungs- und Speichereinheiten dem entgegen.

2.7.5 Alternative Erbringer für Systemdienstleistungen

Alternative Erbringer für Systemdienstleistungen sind notwendig, um die Must-run-Kapazitäten konventioneller Kraftwerke zu verringern bzw. gänzlich zu vermeiden und damit die Flexibilität des Kraftwerksparks zu erhöhen. In der Studie „Systemdienstleistungen 2030“ der dena (2014a) wurden Ersatzmöglichkeiten für Systemdienstleistungen von konventionellen Erzeugungsanlagen geprüft. Es konnte gezeigt werden, dass für die Regelleistungserbringung ausreichend Alternativen zu konventionellen Erzeugern existieren, deren Einsatz sich zudem wirtschaftlicher gestaltet. Für Primärregelleistung stellten Großbatterien die wirtschaftlich günstigste Variante dar.

In den untersuchten exemplarischen Stromverteilnetzen konnte dargelegt werden, dass durch eine gezielte und unabhängig von der Wirkleistungseinspeisung mögliche steuerbare Blindleistungsbereitstellung aus Umrichtern von Windkraft- und Photovoltaikanlagen ein blindleistungsneutraler Betrieb auf allen Verteilnetzebenen technisch möglich ist. Das

Übertragungsnetz, das bisher für den Blindleistungsaustausch im Verteilnetz genutzt wurde, kann dadurch entlastet werden. Zusätzlich zeigten die untersuchten Netzgebiete ein Potenzial zur Blindleistungsbereitstellung aus dem Hochspannungsnetz für das überlagerte Höchstspannungsnetz. Hierbei besteht eine wirtschaftliche Konkurrenz zu Blindleistungskompensationsanlagen. Ein weiterer Beitrag zur Blindleistungsbereitstellung im Übertragungsnetz konnte durch die Umrichterstationen der geplanten HGÜ-Trassen ermittelt werden. Anhand dieser Erkenntnisse wurde nachgewiesen, dass eine kontinuierliche Vorhaltung einer Mindesterzeugung aus konventionellen Kraftwerken nicht zur Deckung des Blindleistungsbedarfs erforderlich ist.

Für die Kurzschlussleistung wurde in der Studie kein Bedarf an einer Mindesterzeugung aus konventionellen Anlagen ermittelt, da fehlende Beiträge derzeit und in Zukunft durch das Ausland abgedeckt werden können. Langfristig hat diese Betrachtungsweise bei einem voranschreitenden erneuerbaren Ausbaugrad im europäischen Verbundnetz Einschränkungen.

Die Redispatchfähigkeit wurde durch die Reservekraftwerksverordnung abgesichert. Hierfür bestehen derzeit ausreichend Kapazitäten, die auch in Zukunft v. a. unter Einbeziehung des Auslandes abgreifbar sind.

2.7.6 Ausbaugrad Stromtransportnetz

Auf Verteilnetzebene besteht ein Ausbaugebot bei unzureichender Netzkapazität infolge eines Zubaus von Erneuerbare-Energien-Anlagen. Dadurch wird der Netzausbau prinzipiell als vorrangige Flexibilitätsoption betrachtet. Auf Übertragungsnetzebene werden durch die 4 Übertragungsnetzbetreiber Netzentwicklungspläne erstellt, welche den Ausbaubedarf für die nächsten 10 bis 20 Jahre beinhalten. Diese dienen als Grundlage für die gesetzliche Umsetzung des Netzausbaus. Derzeitige Erfahrungen zu gesetzlich festgelegten Netzausbaumaßnahmen auf Übertragungsnetzebene zeigen eine verzögerte Umsetzung. Über den aktuellen Stand der Bau- und Planungsfortschritte des Übertragungsnetzes informiert die Bundesnetzagentur im Internet unter www.netzausbau.de. Der Netzausbaubedarf lässt sich anhand des Umfangs von Engpassmanagementmaßnahmen der Netzbetreiber ablesen. Ausführliche Erläuterungen zum Netzausbau sind in Abschn. 1.3.2 enthalten.

2.8 Studien zum Stromspeicherbedarf

2.8.1 Studienübersicht „Energiespeicher"

Im Buch „Energiespeicher" von Sterner und Stadler (2014) wurden die Ergebnisse aus 8 verschiedenen Studien zum Stromspeicherbedarf zusammengeführt. Die Studien lauten im Einzelnen:

BMU „Flexibilitäts- und Speicheroptionen",
BMU „Langfristszenarien" – BMU-Leitstudie,
DIW „Stromspeicher als zentrales Element der Integration von Strom aus erneuerbaren Energien",
ISE „Energiesystem Deutschland 2050",
NOW „Integration von Wind-Wasserstoff-Systemen in das Energiesystem",
SRU „Wege zur 100 % erneuerbaren Stromversorgung",
UBA „Energieziel 2050: 100 % Strom aus erneuerbaren Quellen",
VDE „Energiespeicher für die Energiewende".

Zusammenfassend lässt sich festhalten:

Allgemeine Erkenntnisse der Studien
Die Einspeisungen aus Windkraft- und Solaranlagen ergänzen sich saisonal sehr gut. Bei einem Verhältnis der installierten Leistungen von Wind zu Solar von etwa 60:40 wurden die größten Ausgleichseffekte festgestellt. Die Kopplung des Strom- und Wärmesektors über Lastmanagement, Power-to-Heat, Wärmepumpen, Wärmenetze und Wärmespeicher stellt frühzeitig eine kosteneffiziente Maßnahme der Energiespeicherung dar. Aufgrund der höheren Wirkungsgrade und dem Kostenvorteil bei geringeren Ausspeicherdauern setzen sich Kurzzeitstromspeicher vor Langzeitstromspeicher durch. Bei weiterer Kostendegression sind Batterieparks mit einer Ausspeicherdauer von 1–4 h und Pumpspeichern mit Ausspeicherdauern von 6–8 h die wirtschaftlich günstigsten Kurzzeitstromspeicher. Eine geringfügige Abregelung erneuerbarer Energien ist technisch-ökonomisch sinnvoll, da hierdurch die auszulegende Speicherleistung und somit die Kosten erheblich reduziert werden können. Liegt kein Stromspeicherbedarf vor, sorgen zusätzliche Stromspeicher nicht für eine bessere Integration von erneuerbaren Energien, sondern sie dienen der Einsatzoptimierung fossiler Kraftwerke, wodurch die CO_2-Emissionen steigen.

Netzbasierter Speicherbedarf
Beim heutigen erneuerbaren Ausbaugrad sind die meisten Stromüberschüsse netzbasiert. Nach dem Ausbau der Stromnetze als vorrangige Flexibilitätsoption liegen keine Netzengpässe und damit auch keine netzbasierten Stromüberschüsse mehr vor. In speziellen Fällen können Stromspeicher im Verteilnetz den Netzausbau vermeiden und damit Kosten einsparen. Für die Aufnahme netzbasierter Stromüberschüsse ist der Standort der Stromspeicher entscheidend. Vorteilhafte Standorte sind Regionen mit hoher Windeinspeisung wie Nord- und Ostdeutschland, an denen auch hohe Vollllaststunden erzielt werden können. Ein lediglich marktpreisgetriebener Speichereinsatz kann zusätzliche Netzengpässe und entsprechend netzbedingte Abschaltungen von Speichern verursachen.

Marktbasierter Speicherbedarf
Ein marktbasierter Speicherbedarf ergibt sich bei einem planmäßigen Netzausbau und Flexibilisierung von Kraftwerken und KWK-Anlagen erst ab einem erneuerbaren Anteil

am Stromverbrauch von 40–60 % für Kurzzeitspeicher und 60–80 % für Langzeitspeicher. Marktbasierte Stromüberschüsse ergeben sich bereits ab 40 % erneuerbare Energien falls die Must-run-Kapazitäten konventioneller Kraftwerke nicht reduziert werden. Ein umfangreicher Ausbau der Kuppelstellen und die Erschließung internationaler (bzw. skandinavischer) Wasserkraftkapazitäten führen zu einer drastischen Verringerung des Speicherbedarfs in Deutschland. Für Norwegen wurde eine erschließbare Speicherkapazität von 84 TWh und für Schweden von 34 TWh ermittelt, soweit Stromnetze entsprechend ausgebaut und die Speicherwasserkraft zu Pumpspeichern umgebaut wird.

Vollversorgung mit erneuerbaren Energien

Energiespeicher sind in einer erneuerbaren Vollversorgung systemrelevant, v. a. für die Versorgungssicherheit (gesicherte Leistung). Ab einem Anteil von 80 erneuerbarer Energien am Bruttostromverbrauch erhöhen sich die Stromüberschüsse überproportional, sodass der Speicherbedarf um den Faktor 2 bis 4 steigt. Insbesondere Langzeitspeicher würden verstärkt benötigt. Bei einer Vollversorgung mit erneuerbaren Energien hätte die Energiespeicherung einen Anteil an den Stromgestehungskosten von ca. 20–30 %. Der Bedarf an Backup-Leistung verringert sich dabei trotz massiver Überinstallationen von Windkraft und Photovoltaik gegenüber dem jetzigen kaum. Die heute bereits vorhandene Gasspeicherkapazität wird für den Langzeitspeicherbedarf mittels Power-to-Gas zu maximal 30–40 % (ca. 75–85 TWh) genutzt.

Systemdienstleistungen

Zuzüglich zum Stromspeicherbedarf aus Stromüberschüssen wurde der Bedarf von Stromspeichern für Systemleistungen in der BMU-Leitstudie „Langfristszenarien“ sowie der UBA-Studie „Energieziel 2050: 100 % Strom aus erneuerbaren Quellen“ untersucht, dabei fand lediglich Regelenergie Beachtung. Es wurde ein minimal ansteigender Bedarf von Sekundärregelleistung auf ±2,2 GW sowie ein Anstieg der Minutenreserve im positiven Bereich auf 4 GW bis 2020 ermittelt.[16] Der steigende Bedarf kann laut UBA-Studie durch Pumpspeicher, GuD-Kraftwerke, Gasturbinen, Power-to-Gas-Anlagen und regelbare Lasten samt Wärmespeichern jederzeit gedeckt werden – selbst bei einer erneuerbaren Vollversorgung.

Einschränkungen der Studien

„Die untersuchten Studien weichen in ihrer Fragestellung und hinsichtlich der Modellierungsannahmen voneinander ab. Daher können sie nur in eingeschränktem Maße vergleichend gegenübergestellt werden“ (Sterner, M. & Stadler, I., 2014, S. 100). In den Studien wurden unterschiedliche Annahmen zu den Faktoren des Stromspeicherbedarfs (Abschn. 2.6) getroffen. Teilweise blieben Faktoren unberücksichtigt. Beispielsweise wurde ein vollständiger Netzausbau, beschreibbar mittels *Deutschland als Kupferplatte* bei mehreren Studien angenommen. Des Weiteren wurden für die Bewertung der Wirtschaft-

[16] Vgl. Sterner, M. & Stadler, I., 2014, S. 65.

lichkeit von Stromspeichern und Flexibilitätsoptionen Preis- und Leistungsannahmen zu den einzelnen Technologien getroffen, die von realen bzw. aktuellen Werten sowie bei den Studien untereinander abweichen. Eine Einschätzung der Studienergebnisse ist nur durch eine detaillierte Betrachtung aller Annahmen möglich. In den nachfolgenden Kapiteln werden die Fraunhofer-ISE-Studie „Energiesystem Deutschland 2050", welche Bestandteil dieser Studienübersicht ist, die Agora-Studie „Stromspeicher in der Energiewende" als auch die Verbundprojekt-Studie des BMWi „Roadmap Speicher" detaillierter betrachtet.

2.8.2 „Roadmap Speicher"

In der Studie „Roadmap Speicher" von Pape et al. (2014) wurde eine Residuallastanalyse je nach erneuerbarem Ausbaugrad durchgeführt, und in einer umfassenden und detaillierten mehrstufigen Simulation des zukünftigen Stromversorgungssystems, welche alle genannten Faktoren aus Abschn. 2.6 berücksichtigt, wurden Kosten und Nutzen von Stromspeichern betrachtet.

Residuallastanalyse

Unter Berücksichtigung der Simulation der Erneuerbare-Energien-Einspeisung für eine repräsentative mittel- bis langfristige Technologieentwicklung in Anlehnung an die Leistungsverteilung des Netzentwicklungsplans 2013 Szenario B 2033 und im Mittel über 4 Wetterjahre (2008–2011) wurde für die Residuallastanalyse ein Basisszenario aufge-

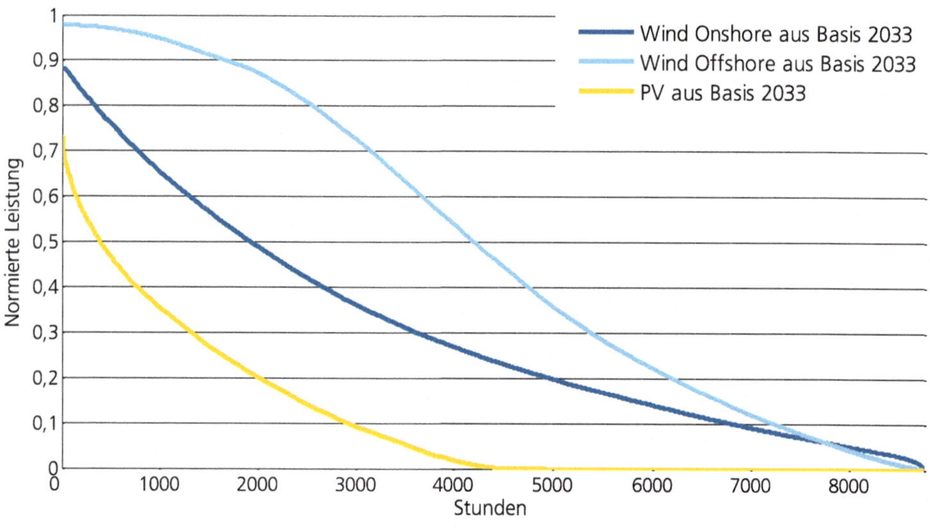

Abb. 2.11 Jahresdauerlinien der Einspeisung aus fluktuierenden Erzeugern gemäß NEP 2013 für das Jahr 2033 nach Auswertung der Wetterjahre 2008 bis 2011. (Pape, C. et al., 2014)

stellt. Die zugrunde gelegten Jahresdauerlinien der Einspeisung für Windkraft- und Photovoltaikanlagen sind in Abb. 2.11 dargestellt. Auffällig ist ein deutlich veränderter Verlauf der Jahresdauerlinie von Onshore-Windkraftanlagen gegenüber den Einspeisungen des Jahres 2014 aus Abschn. 1.2.5.2. Dies ist darauf begründet, dass für diese Anlagen in Zukunft höhere Volllaststunden aufgrund einer voranschreitenden Technologieentwicklung und durch Skaleneffekte (Schwachwindanlagen) prognostiziert werden. Zudem werden die hohen Volllaststunden von Offshore-Windkraftanlagen deutlich.

Da das Zusammenspiel aller erneuerbarer Energien untereinander und in Bezug zur Last entscheidend für eine möglichst gleichmäßige Stromerzeugung durch fluktuierende Erzeuger ist, wurden neben der Basisvariante weitere Szenarien (Anteile der installierten Leistungen von Wind- und Solaranlagen) nach Abb. 2.12 für die Auswertung angenommen. Als Stromlast wurde der Stromverbrauch entsprechend den Vorgaben des Netz-

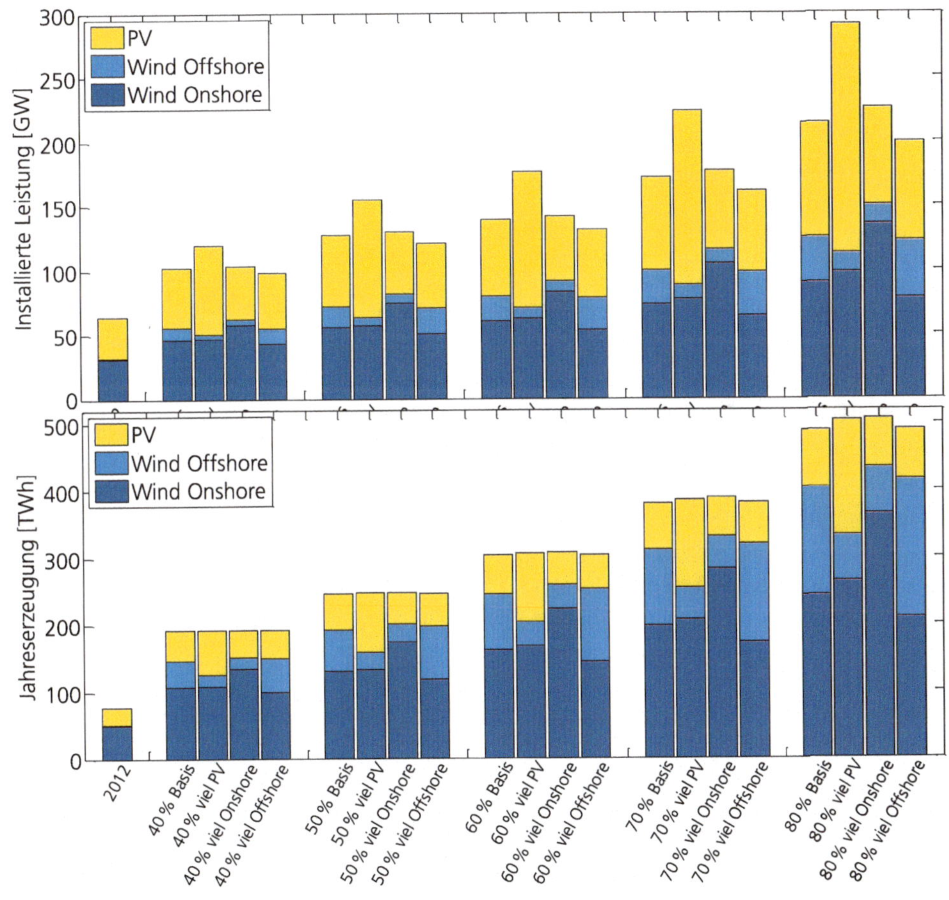

Abb. 2.12 Szenarien mit unterschiedlichen Anteilen fluktuierender Erzeuger. (Pape, C. et al., 2014)

entwicklungsplans 2013 unterstellt. Daraus resultiert ein jährlicher Nettostromverbrauch inklusive Netzverluste von 535 TWh. Zusätzliche Stromverbraucher, z. B. für die Elektromobilität, wurden vereinfacht als der gesamte Anteil der negativen Residuallast berücksichtigt. Dadurch bestimmt sich der Anteil erneuerbarer Energien am Stromverbrauch aus dem Verhältnis von Erneuerbare-Energien-Einspeisung zur positiven Residuallast. Weiterhin wurde eine Stromproduktion aus Wasserkraft, Müll-HKW, Klärgas und Gichtgas als durchlaufende konstante Erzeugung (bzw. im Fall der Wasserkraft als Tagesmittelwerte) angenommen, welche analog zu Windenergie- und Photovoltaikanlagen nicht abgeregelt wird.

Aus Abb. 2.12 wird ersichtlich, dass ein Szenario mit hohem Photovoltaikanteil deutlich höhere zu installierende Leistungen erfordert als ein Szenario mit hohen Windkraftanteil. In Abschn. 1.2.5 sind für einen erneuerbaren Ausbaugrad von 80 % installierte Leistungen von 317 GW an fluktuierenden Erzeugern genannt. Nach der Residuallastanalyse dieser Studie wird im Vergleich ein deutlich niedriger Leistungsbedarf um die 200 GW benötigt. Dies resultiert, neben den geringeren Photovoltaikanteilen gegenüber dem Szenario aus Abschn. 1.2.5 unter anderem aus den höher angenommenen Volllaststunden für Windkraftanlagen.

Die ermittelten Energiemengen und Leistungen der Residualmenge innerhalb eines Jahres wurden nach den zeitlich auftretenden gleitenden Mittelwerten aufgeteilt. Dies erfolgte durch eine Eingruppierung der Werte nach Tab. 2.13. Die Ergebnisse sind in Abb. 2.13 dargestellt.

Kurzfristige Leistungen und Energiemengen der negativen Residualmenge steigen mit dem Ausbaugrad der erneuerbaren Energien an. Die negative Residuallast ist umso ausgeprägter, je höher die Photovoltaik- und je geringer die Offshore-Anteile sind. Zudem zeigt sich mit steigendem Ausbaugrad, dass die Residuallast im Kurzzeitbereich stärker wächst als der kurzfristige Energiebedarf der Residuallast. Dies lässt auf relativ niedrige Volllaststunden für entsprechende Ausgleichsmechanismen (Stromspeicher bzw. Flexibilitätsoptionen) schließen. Bei langfristigen Fluktuationen ist ein deutlicher Anstieg der Energie im Verhältnis zur Leistung festzustellen, was auf höhere Volllaststunden für Ausgleichsmechanismen schließen lässt. Vor allem zeigten sich höhere Energiemengen für Langzeitausgleichsmechanismen zwischen einem erneuerbaren Ausbaugrad von 70 und 80 %. Die positiven Residuallasten blieben über die Zeit nahezu konstant (gleichbleiben-

Tab. 2.13 Zeitliche Einteilung der Residualmengen entsprechend der Fluktuationshäufigkeit. (Pape, C. et al., 2014)

kurzfristig			langfristig	
stündlich	**täglich**	**wöchentlich**	**monatlich**	**jährlich**
Innerhalb eines Tages	Innerhalb einer Woche	Innerhalb eines Monats	Innerhalb eines Jahres	Mittelwert über 4 Wetterjahre
Stundenminus Tagesmittelwert	Tagesminus Wochenmittelwert	Wochenminus Monatsmittelwert	Monatsminus Jahresmittelwert	Verbleibender Energiebedarf

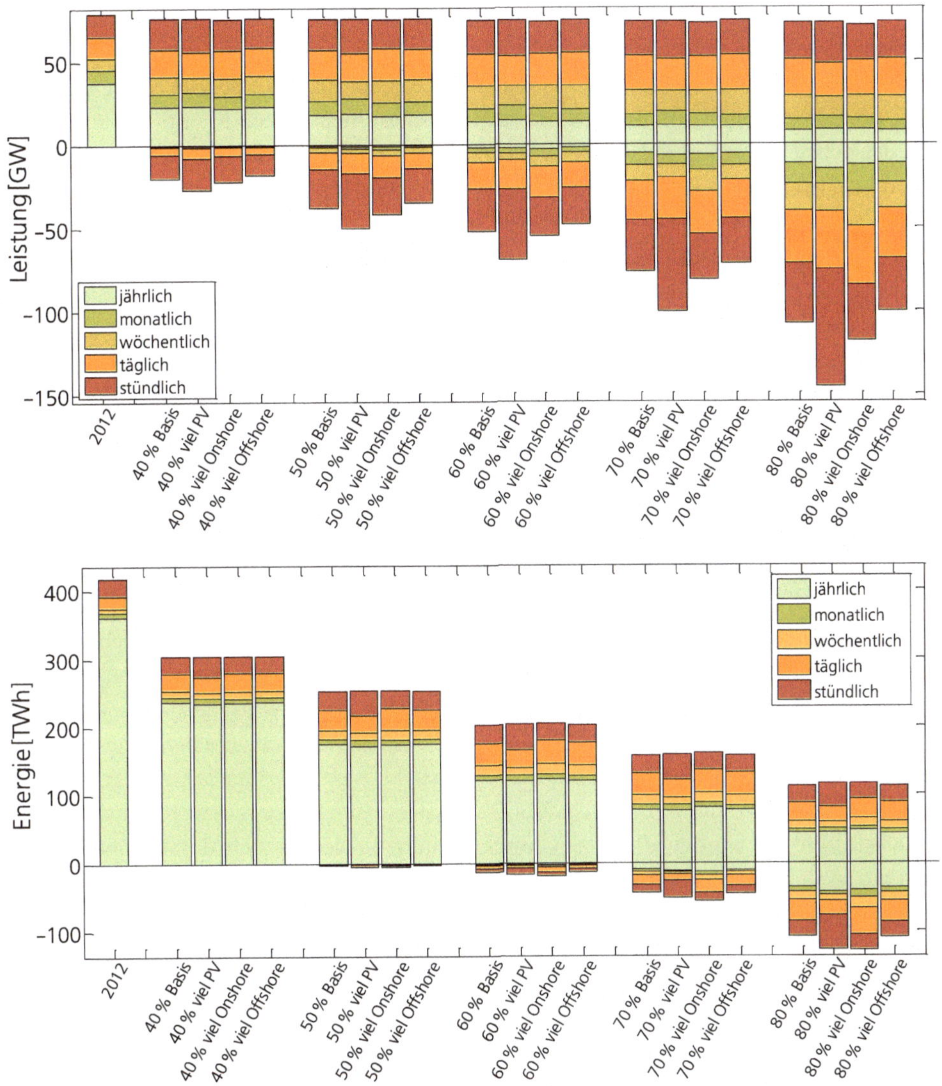

Abb. 2.13 Energiemengen und Leistungen der Residualmenge pro Jahr nach unterschiedlichen erneuerbaren Ausbaugraden und Szenarien. (Pape, C. et al., 2014)

de Back-up-Leistungen), lediglich die korrespondierenden Energiemengen verminderten sich. Dies verdeutlicht die Entwicklung von Grundlast- zu Spitzenlastkraftwerken mit niedrigen jährlichen Volllaststunden bei steigenden Erneuerbare-Energien-Anteilen. Die Abhängigkeit der fixen Kosten ausgewählter Kraftwerke je nach Betriebsstunden im Jahr ist in Abschn. 1.5.6 dargelegt.

Ausführliche Simulation des Stromversorgungssystems
Zur Ermittlung des optimalen Ausbaupfads von Stromspeichern im europäischen Verbundsystem wurde eine mehrstufige Simulation des elektrischen Energieversorgungssystems für Europa durchgeführt. Als Ausbaupfade der erneuerbaren Energien wurden für den deutschen Stromverbrauch 45–50 %, 69 % sowie 88 % und analog für den europäischen Stromverbrauch 26, 37 und 82 % angesetzt. Dies entspricht in etwa den Szenariojahren 2020, 2030 und 2050. Netzbasierte Stromüberschüsse wurden auf Übertragungsnetzebene berücksichtigt. Eine Betrachtung des Stromverteilnetzes erfolgte nicht. Für Stromspeicher wurden Annahmen nach Tab. 2.6 in Abschn. 2.5.1 getroffen.

Mittelfristig (bis 69 % Erneuerbare-Energien-Anteil) wurde in einer gesamtwirtschaftlichen Simulation der zukünftige Speicherbedarf in Abhängigkeit von Szenarien ermittelt, um anschließend die Wirtschaftlichkeit möglicher Speicherprojekte in einer betriebswirtschaftlichen Simulation genauer zu untersuchen. In den Szenarien wurden neben verschiedenen Windausbaugraden (*Wind–*, *Wind+*) und Flexibilität auf Erzeuger- sowie Verbraucherseite (*Flex+*, *Flex–*) ebenso ein beschleunigter und verzögerter Netzausbaugrad (des Übertragungsnetzes) berücksichtigt (*Netz+*, *Netz–*). Diese Ausprägungen wurden in unterschiedlichen Kombinationen zu den Szenarien A bis C zusammengefasst, welche zum Teil weitere Varianten nach Abb. 2.18 enthalten. Anhand einer Marktsimulation konnten zukünftige Markt- und Regelleistungspreise je Ausbaugrad ermittelt werden. Zudem wurde die notwendige Regelleistungsvorhaltung abhängig vom Ausbaugrad berechnet. Der Nutzen von Stromspeicherprojekten ergab sich gesamtwirtschaftlich sowohl aus der Reduktion der Stromerzeugungskosten in der Marktsimulation (*Einsparungen Markt*) als auch der Reduktion der notwendigen Redispatchkosten (*Einsparungen Netz*). Daneben wurde die Vermeidung von Einspeisemanagementmaßnahmen mittels Stromspeichern berücksichtigt. Es wurden die Einsparungen ermittelt, welche sich durch höhere integrierbare Anteile an erneuerbaren Energien ergeben, da Investitionskosten für zusätzliche regenerative Erzeugungsanlagen vermieden werden (*EE-Integration*). Dem Nutzen der jeweiligen Stromspeicher wurden die notwendigen Investitions- und Betriebskosten gegenübergestellt, womit der gesamtwirtschaftliche Nutzen eines zusätzlichen Speichers als auch der maximal sinnvolle Speicherausbau bestimmt werden konnten. Für beispielhafte Stromspeicher wurde an optimalen Standorten in Deutschland eine Simulation der betriebswirtschaftlichen Handelsentscheidungen durchgeführt. Die Wirtschaftlichkeit wurde nach den Erlösmöglichkeiten aus der Vermarktung am Spotmarkt und Regelleistungsmarkt identifiziert.

Für den langfristigen Stromspeicherbedarf (bis zu einem Erneuerbare-Energien-Anteil von 88 %) wurden lediglich die systemischen Vollkosten betrachtet. Eine betriebswirtschaftliche Speichersimulation erfolgte nicht. Es wurden je nach Ausbaustufe die Einsparungen an fossilen Brennstoffkosten inklusive Lastwechsel-, Teillast- und Anfahrkosten und an annuitätischen Investitionskosten von konventionellen Kraftwerken mit zusätzlichen annuitätischen Speicherkosten verglichen.

Ergebnisse bis 69 % erneuerbare Energien am deutschen Stromverbrauch

Unter Berücksichtigung geringer Mengen an abzuregelnden Erzeugungsspitzen wurde bis ca. 60 % erneuerbare Energien am deutschen Stromverbrauch kein Stromspeicherbedarf identifiziert. Die Simulation des Übertragungsnetzbetriebs ergab bis zu einem erneuerbaren Ausbaugrad von 67 % eine deutliche Steigerung des Redispatcheinsatzes. Bei diesem Ausbaugrad wurden hierfür im Minimum 14 TWh ermittelt, welche Kosten von 0,45 Mrd. € verursachen. Im Jahr 2014 betrug die Redispatchmenge ca. 2,6 TWh. Im Falle eines geringen Ausbaus von Erzeugungs- und Nachfrageflexibilitäten und einer Verzögerung des Netzausbaus ergaben sich maximale Werte von 20,4 TWh und Kosten von 0,64 Mrd. €. Bis zu einem erneuerbaren Ausbaugrad von 69 % konnte ein geringer Bedarf an Kurzzeitspeichern festgestellt werden. Erfolgt ein planmäßiger Netzausbau, ist ein netzbasierter Speichereinsatz auf wenige Stunden im Jahr beschränkt. Für einen verzögerten Netzausbau jedoch konnten vermehrt netzbasierte Abregelungen von Erneuerbare-Energien-Anlagen simuliert werden. Diese treten dann im Norden, v. a. lokal an Einspeiseknoten der Offshore-Windenergie-Parks auf. In diesem Zusammenhang wurden die Potenziale für Stromspeicherprojekte nach Abb. 2.14 untersucht.

Das größte Potenzial für Stromspeicher besteht an Standorten, an denen in relativ vielen Stunden die Einspeisung aus Erneuerbare-Energien-Anlagen abgeregelt wird. Da eine zeitliche und eine räumliche Entkopplung mittels Power-to-Gas, durch die Einbeziehung des Gasnetzes möglich ist, wurden 2 Anlagen mit je 600 MW im Norden nahe der Einspeiseknoten der Offshore-Windenergie-Parks und die dazugehörigen GuD-Kraft-

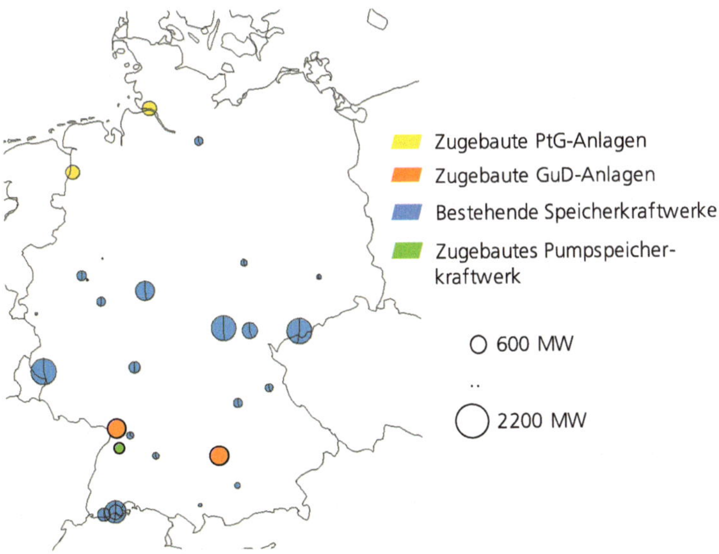

Abb. 2.14 Untersuchte Stromspeicherprojekte der Studie „Roadmap Speicher" bei verzögertem Netzausbau. (Pape, C. et al., 2014)

werke zur Ausbauspeicherung im Süden nahe großer Lastzentren positioniert. Zudem wurde ein Pumpspeicherkraftwerk, zur zusätzlichen zeitlichen Entkopplung im Süden Deutschlands angenommen. Pumpspeicher können grundsätzlich als Freiheitsgrad für den Netzbetrieb zu einer Einsparung von Redispatchkosten beitragen. Da Pumpspeicher derzeit nicht für Redispatch eingesetzt werden und diese den Nutzen von Power-to-Gas-Anlagen im Netzbetrieb reduzieren, wurden derartige Einsparungen nicht weiter in der Simulation berücksichtigt. In Abb. 2.15 zeigt sich im Ergebnis, dass grundsätzlich ein Potenzial für Power-to-Gas-Anlagen zur Entlastung des Übertragungsnetzes besteht. Das Verhältnis von Einsparungen im Gesamtsystem zu den Kosten der Power-to-Gas-Anlagen betrug zwischen 30 und 50 %. Entsprechend konnte kein gesamtwirtschaftlicher Nutzen ermittelt werden. Die Einsparungen schlagen sich in einer zusätzlichen integrierten erneuerbaren Strommenge und verminderten Redispatchkosten nieder. Da die verminderte Abschaltung von erneuerbaren Energien jedoch lokal begrenzt ist, kann der Ausbau des Übertragungsnetzes nur geringfügig ersetzt werden. Eine vollständige Integration der erneuerbaren Energien konnte nicht festgestellt werden. In knapp 4000 h des Jahres war eine Abregelung der Einspeisung aus Erneuerbare-Energien-Anlagen auch mit Power-to-Gas-Anlagen notwendig.

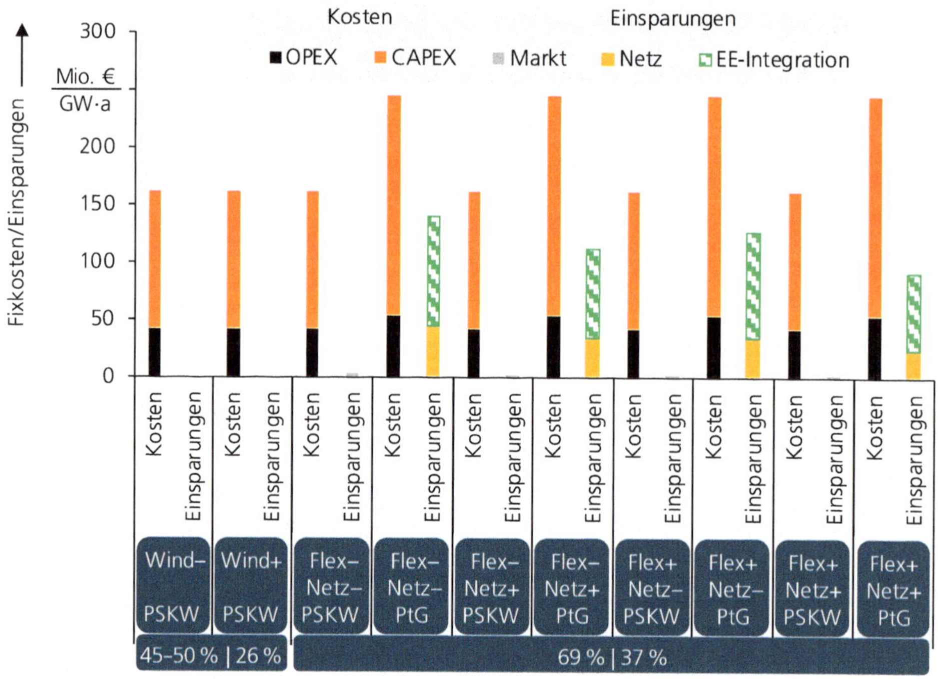

Abb. 2.15 Gesamtwirtschaftliche Betrachtung von Stromspeicherprojekten bis 69 % erneuerbarem Ausbaugrad. (Pape, C. et al., 2014)

Es ist zu berücksichtigen, dass die Einsparungen infolge von Netzengpässen, die aufgrund eines verzögerten Netzausbaus hervorgerufen werden, nach den geplanten Netzverstärkungsmaßnahmen nicht weiter bestehen. In Abb. 2.16 sind die Ergebnisse der Simulation zu den jahresdurchschnittlichen Spotmarkt- wie auch Regelenergiepreisen dargestellt.

Mithilfe der ermittelten Preise wurden die Märkte für Fahrplanenergie und Regelleistung parametriert, um die betriebswirtschaftlichen Handelsentscheidungen für je ein typisches Speicherprojekt an diesen Märkten zu optimieren. Hierbei wurden ein Druckluftspeicher (AA-CAES) mit 300 MW, eine Batterie mit 1 MW, ein Pumpspeicherkraftwerk mit 300 MW und die Power-to-Gas-Anlagen aus Abb. 2.14 mit insgesamt 1200 MW

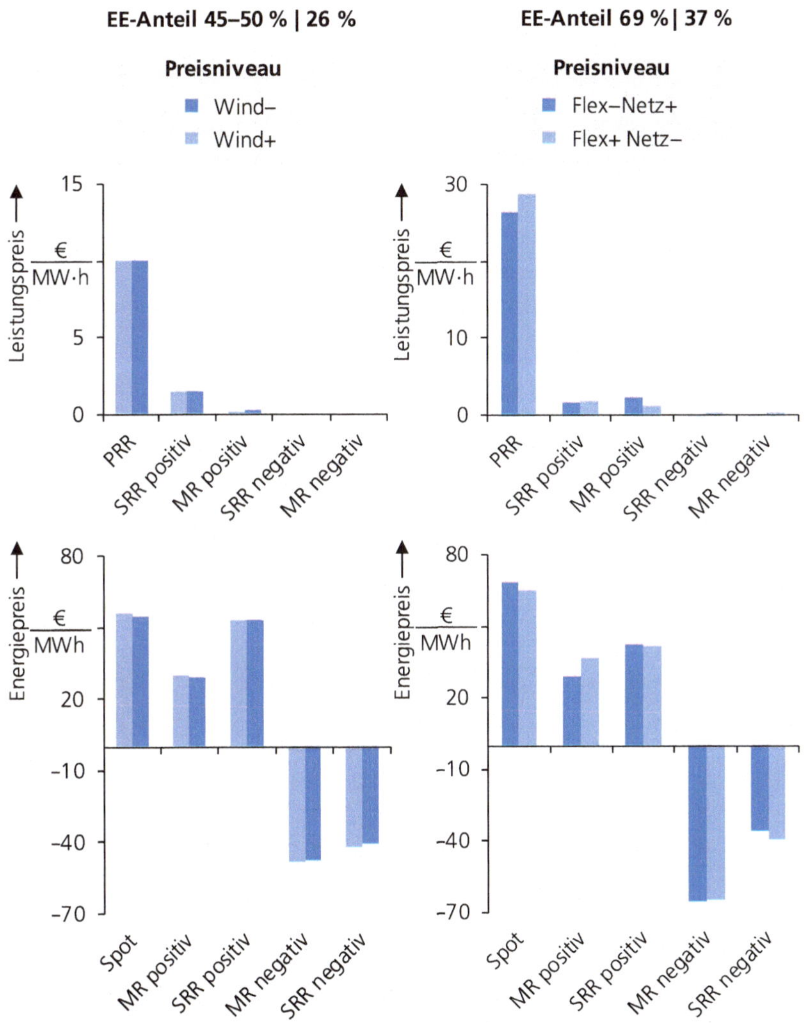

Abb. 2.16 Jahresdurchschnitt der simulierten Leistungs- und Energiepreise. (Pape, C. et al., 2014)

betrachtet. Die ermittelten Erlöse wurden anschließend mit den für die jeweiligen Speicher notwendigen Investitions- (Capex) und Betriebskosten (Opex) verglichen. Die entsprechenden Ergebnisse für alle simulierten Szenarien sind in Abb. 2.17 dargestellt. Aus den Ergebnissen kann abgeleitet werden, dass lediglich Batterien, bei einem Erneuerbare-Energien-Anteil von 69 % wirtschaftlich betrieben werden können. Dies lässt sich v. a. auf die Teilnahme am Primärregelleistungsmarkt zurückführen. Durch den Ersatz konventioneller Must-run-Kraftwerke, sind insbesondere die ersten 500 MW an Batteriespeicher lohnenswert, da diese Primärregelleistung zu geringen Kosten bereitstellen können. Der Einsatz von bestehenden Pumpspeichern, Power-to-Heat oder Windkraftanlagen für Primärregelleistung wurde vernachlässigt. Auch unter Berücksichtigung der gesamtwirtschaftlichen Einsparungen von Power-to-Gas-Anlagen aus Abb. 2.15 könnten mit den ermittelten Erlösen am Spot- und Regelenergiemarkt (ca. 50–75 Mio. €/GW p. a.) nicht ausreichend Deckungsbeiträge für einen wirtschaftlichen Betrieb dieser Anlagen erzielt werden. Gesamtwirtschaftliche Einsparungen sind nicht beliebig mit betriebswirtschaftlichen Erlösen kombinierbar. Aus den Kostenannahmen dieser Studie zu Stromspeichern, welche in Tab. 2.6 in Abschn. 2.5.1 aufgelistet sind, wird ersichtlich, dass hohe Investitionskosten für Power-to-Gas bzw. Power-to-Wasserstoff v. a. mittel- bis langfristig angesetzt wurden. Zudem fand eine Abwärmenutzung für derartige Anlagen keine Berücksichtigung. Dies führt einerseits zu hohen Capex und anderseits zu verminderten Erlösmöglichkeiten. Zudem wurde in der Simulation lediglich der Einsatz von Power-to-

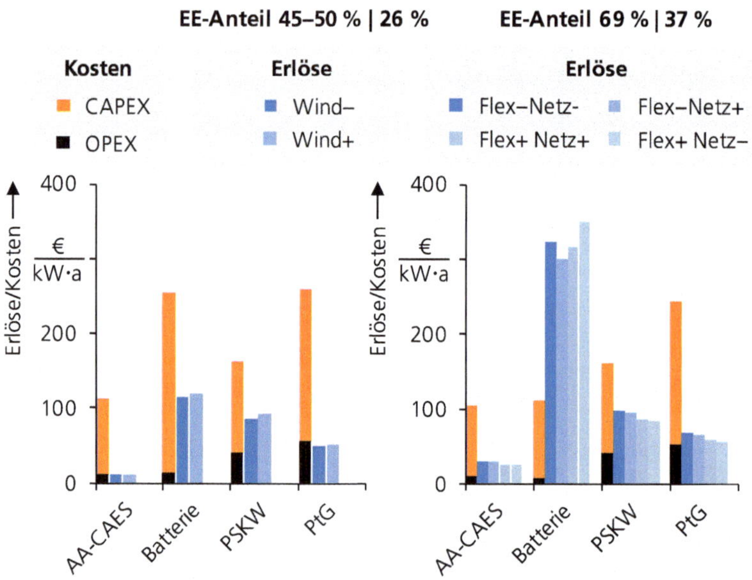

Abb. 2.17 Betriebswirtschaftliche Betrachtung verschiedener Speicherprojekte bis 69 % erneuerbarem Ausbaugrad. (Pape, C. et al., 2014)

Gas als Stromspeicher in Betracht gezogen. Höhere Erlösmöglichkeiten im Verkehrssektor und beim Einsatz für die chemische Industrie wurden nicht betrachtet.

Ergebnisse bis 88 % erneuerbare Energien am deutschen Stromverbrauch
Langfristig besteht bis zu einem erneuerbaren Ausbaugrad von 88 % ein ökonomisches Ausbaupotenzial für Batteriespeicher am Regelleistungsmarkt zwischen 2 und 3 GW je nach Ausbauszenario. Die durchschnittlich ermittelten vorzuhaltenden Regelleistungen (Mittelwert über die Schwankungsbreite) lagen je nach Ausbaugrad zwischen 1,6 und 2,4 GW für positive wie auch negative Minutenreserve und Sekundärregelleistung. Die Primärregelleistung blieb aufgrund ihrer deterministischen Dimensionierung konstant bei 0,6 GW. Diese Werte entsprechen ungefähr den derzeit quartalsweise konstant ausgeschriebenen Leistungen. Mit steigendem Ausbaugrad nahm die Schwankungsbreite zwischen der minimal und der maximal vorzuhaltenden Leistung für Sekundärregelleistung und Minutenreserve im Jahresverlauf stark zu. Bei einem erneuerbaren Ausbaugrad von 88 % weist die Minutenreserve die höchsten Schwankungen und deutlich höhere Maximalwerte über 4 GW, gegenüber der Sekundärregelleistung mit maximal 3 GW, auf.

Aus gesamtwirtschaftlicher Sicht konnte für das europäische Verbundnetz eine Schwankungsbreite des Stromspeicherbedarfs je nach Szenario zwischen 3,4 und etwa 130 GW festgestellt werden. Die Simulationsergebnisse für Deutschland sind in Abb. 2.18 dargestellt. Der Speicherbedarf wird massiv durch den Anteil neuer flexibler Verbraucher wie Elektrofahrzeuge, Klimatisierungsanlagen und elektrische Wärmepumpen bestimmt.[17] Bei unflexibler Integration dieser Verbraucher wurden 13,2 GW und bei 50%iger Erschließung der Lastmanagementpotenziale 8,5 GW an Stromspeichern mit Ausspeicherdauern bis zu 4 h ermittelt. Der größte Stromspeicherbedarf für Deutschland mit 19,2 GW und Ausspeicherdauern bis zu 6 h ergab sich bei unflexibler Einbindung in Kombination mit einem hohen Photovoltaikanteil. Aufgrund der Annahmen dieser Studie mit sehr niedrigen zukünftigen Investitionskosten von Bleibatterien gegenüber Lithium-Ionen-Batterien ergaben Bleibatterien die kosteneffizienteste Variante für den Kurzzeitstromspeicherbedarf. Die abgeregelten Energiemengen aus erneuerbaren Quellen in Deutschland betrugen bei einem Erneuerbare-Energien-Anteil von 88 % in allen Szenarien zwischen 1,0 und 6,1 TWh. Dies entspricht weniger als 1,3 % der erneuerbaren Energiemenge.

Europaweit betrachtet konnte festgestellt werden, dass der Ausbau der Übertragungsnetzkapazitäten meist nur einen geringen Einfluss auf die Simulationsergebnisse zum langfristigen Speicherbedarf hat. Der Ausbau der Austauschkapazitäten entsprechend des Ten-Year-Network-Development-Plans bis 2030 war für die betrachteten Szenarien bereits weitgehend ausreichend, um europaweit Erneuerbare-Energien-Anteile von ca. 82 % zu integrieren. Aufgrund der zentralen geografischen Lage im Stromverbundnetz kommt Deutschland hierfür eine große Rolle zu. Je nach Szenario wurde ein Bedarf zwischen 155

[17] Annahmewerte aus Tab. 2.10 des Abschn. 2.7.2 zeigen die hohen angenommen DSM-Potenziale für diese Anwendungen.

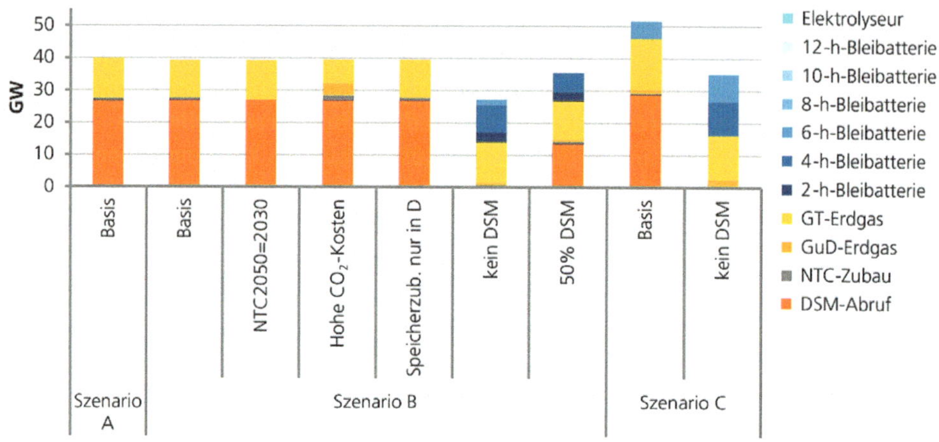

Abb. 2.18 Gesamtwirtschaftlicher Bedarf an Flexibilitätsoptionen und Stromspeichern bei 88 % erneuerbarem Ausbaugrad. (Pape, C. et al., 2014)

und 162 TWh an elektrischer Energie zwischen Deutschland und seinen Nachbarländern ermittelt. Das Simulationsergebnis zeigte, dass insbesondere in europäischen Ländern, die geografisch am Rand Europas liegen, eine vermehrte Abregelung der Stromeinspeisung aus Erneuerbare-Energien-Anlagen notwendig wird. Dies wurde besonders bei Großbritannien und Irland, für die hohe installierte Leistungen an Windenergieanlagen. sowie bei Italien und Spanien, für die ein vermehrter Photovoltaikausbau angenommen wurde, deutlich.

2.8.3 „Energiesystem Deutschland 2050"

Ziel der Studie „Energiesystem Deutschland 2050“ des Fraunhofer ISE (2013) war es, die kostengünstigste Variante der Zusammensetzung des zukünftigen Energiesystems mit dem Ziel der Treibhausgasemissionsminderung um 80 % gegenüber 1990 bis zum Jahr 2050 zu ermitteln. Dabei wurde auf das „Regenerative Energien Modell Deutschland“ (REMod-D) zurückgegriffen. Zusätzlich wurde das ambitionierte Ziel einer 95%igen Emissionseinsparung untersucht. Im REMod-D werden alle Energien der Sektoren Strom, Wärme sowie Verkehr erfasst. Ein Schema des zugrunde gelegten Gesamtsystems und das Ergebnis bei 81%iger Emissionsminderung zeigt Abb. 2.19.

Um ein Optimum der Systemzusammensetzung zu ermitteln, wurde ein generischer Optimierer verwendet. Das Optimum ist dadurch definiert, dass die entsprechende Systemzusammensetzung zu einem Minimum der jährlichen Vollkosten zum Erhalt und Betrieb des Gesamtsystems führt. Für die Berechnung dieser Vollkosten wurden die Anschaffungs- bzw. Errichtungskosten, die Lebensdauer sowie die Betriebs- und Wartungskosten einer jeden im System enthaltenen Komponente berücksichtigt. Durch Multiplikation der

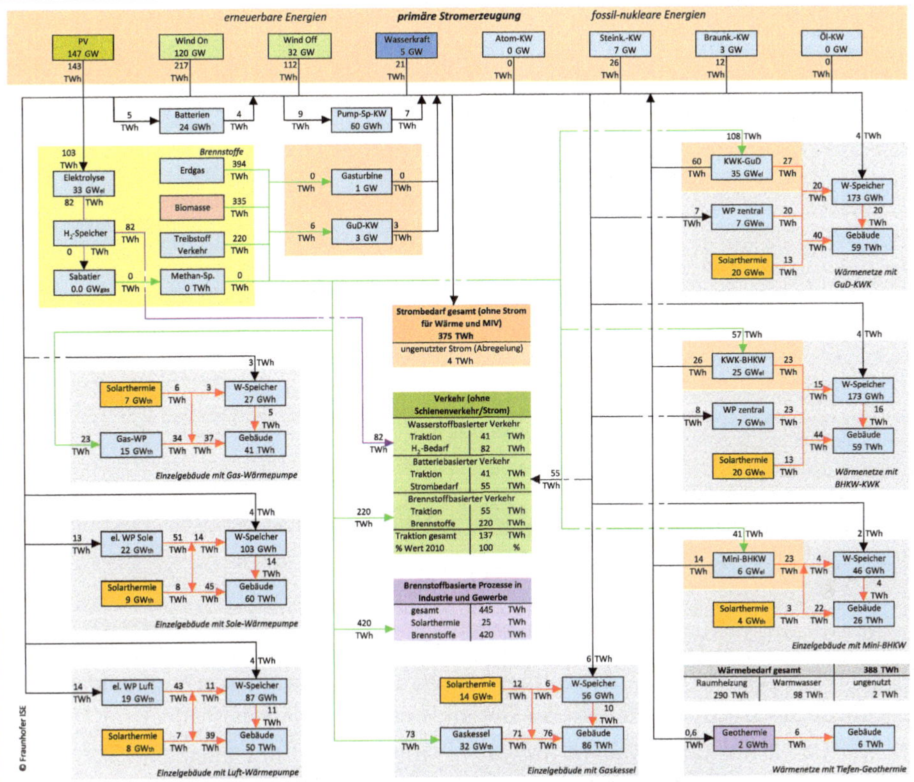

Gesamtergebnisse

fossil-nukleare Energien			*fossil-nukleare Energien*		
	Brennst.	CO_2		Brennst.	CO_2
Energieträger	TWh	Mio t	Energieträger	TWh	Mio t
Öl+Treibstoff	220	65	Braunkohle	36	15
Erdgas	394	89	Atom	0	-
Steinkohle	64	23	**gesamt**	**714**	**191**

Jahr	**2050**		
erneuerbare Energien		*Energetische Sanierung*	
	TWh	Reduktion Heizwärme bezogen auf 2010 um	60 %
Strom	493		
Solarthermie	62	*CO_2-Emissionen (Energie-bed.)*	
Biomasse	335	Reduktion bezogen auf 1990 um	81 %
gesamt	890		

Abb. 2.19 Schema des zugrunde gelegten zukünftigen Energiesystems nach REMod-D – Ergebnis bei 81%iger Emissionsminderung. (Fraunhofer ISE, 2013)

spezifischen Kostenwerte mit der installierten Größe wurde der Kostenbeitrag der jeweiligen Komponente zu den Gesamtkosten errechnet. Finanzierungskosten wurden ebenfalls berücksichtigt, wobei 2 unterschiedliche kalkulatorische Zinsraten verwendet wurden, 4 % für gebäudegebundene Investitionen und 7 % für Investitionen in Infrastruktureinrichtungen und Großanlagen. Auf Basis exogen vorgegebener Größen nach Abb. 2.20 wurde durch den Optimierer eine Minimierung der jährlichen Vollkosten des Systems zur Stromerzeugung und Wärmeversorgung berechnet. Die Annahmen zu den exogenen Größen sind in Tab. 2.14 aufgelistet.

Es wurde angenommen, dass der strombasierte Verkehr in der Stromverbrauchskurve enthalten ist, sodass dieser nicht weiter optimiert wurde. Der Strombedarf für den

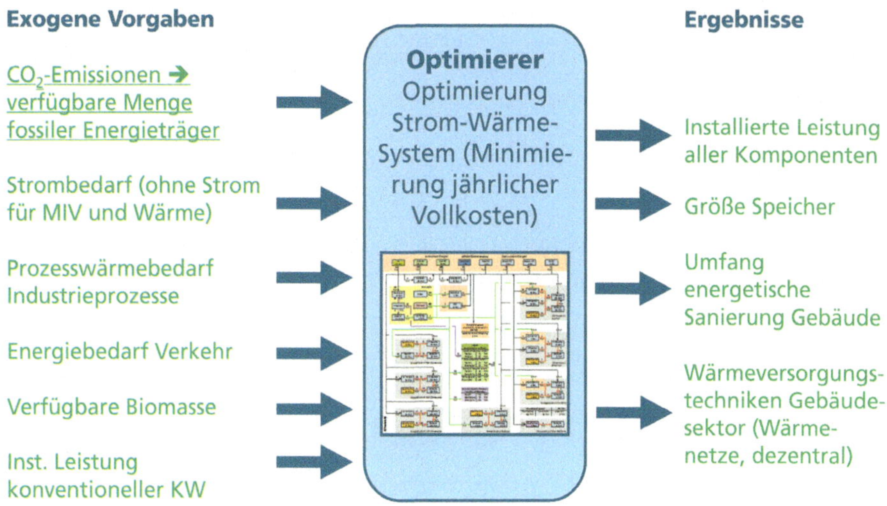

Abb. 2.20 Vorgehen bei der Optimierung. *MIV* motorisierter Individualverkehr, *KW* Kraftwerke. (Fraunhofer ISE, 2013)

Individualverkehr in Form von Elektrofahrzeugen und für die Erzeugung synthetischer Kraftstoffe (Wasserstoff, ggf. erneuerbares Methan) wurde endogen in der Simulation für jede Stunde des Jahres ermittelt. In der Gesamtverteilung wurde dies jedoch mit Anteilen von 50:50 exogen vorgegeben. Des Weiteren wurden Werte für die maximalen Potenziale der erneuerbaren Energien angenommen. Für Ausgleichsmaßnahmen bei positiven und negativen Residuallasten wurde eine Einsatzreihenfolge (Kaskade) nach Abb. 2.21 festgelegt. In der Studie wurde lediglich das deutsche Stromsystem ohne Einfluss von Ex- und Importen betrachtet. Auf eine Betrachtung von netzbasierten Stromüberschüssen wurde gänzlich verzichtet (Kupferplatte Deutschland).

Tab. 2.14 Annahmen zu exogen vorgegebenen Größen. (Fraunhofer ISE, 2013)

Exogene Größen	Angaben
Verfügbare Biomasse	335 TWh/a
Vorgegebene Leistung konventioneller Kraftwerke	7,3 GW Stein- und 2,8 GW Braunkohlekraftwerke
Regelbarkeit konventioneller Kraftwerke	Festgelegter Anteil must-run-Kapazitäten
Traktionsenergie	117 TWh/a
Stromverbrauch ohne *neue Anwendungen*	375 TWh/a
Prozesswärme und Industrieprozesse	445 TWh/a
Solare Prozesswärme	25 TWh/a
Anteil des Verkehrs mit dem gleichen Kraftstoffmix wie heute	40 % (ca. Anteil Schwerlast/Luftverkehr)
Übriger Anteil von 60%	50:50 Batterie und Wasserstoff
Raumwärmebedarf	40 % des heutigen Wertes

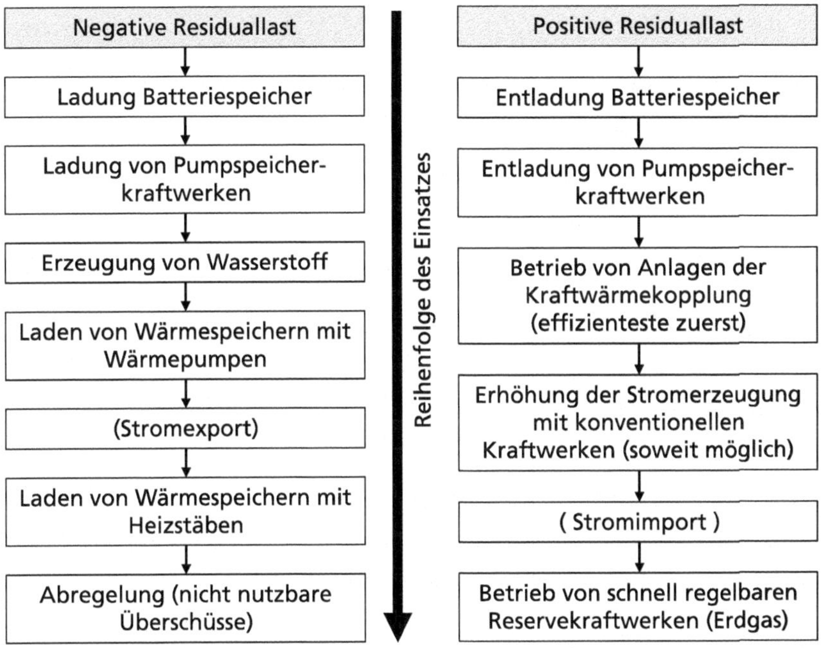

Abb. 2.21 Betriebsführungskaskade der Ausgleichsmaßnahmen im Falle negativer und positiver Residuallasten. (Fraunhofer ISE, 2013)

Mittels der Optimierung konnte das absolute Minimum nicht identifiziert werden, da es sich bei der Modellierung aufgrund verschiedener nichtlinearer Zusammenhänge um ein nichtlineares Problem mit ggf. sehr vielen freien Parametern handelt. Die Erfahrungen in der Anwendung des Modells zeigten, dass es als Lösung unterschiedliche Zielsysteme (jeweils mit ausgeglichener jährlicher Energiebilanz) mit sehr ähnlichen jährlichen Vollkosten gibt. „Dies scheint plausibel, da es sicher nicht nur eine mögliche Zusammensetzung aller Komponenten im Energiesystem gibt, die das Ziel der angestrebten Reduktion von CO_2-Emissionen erreicht, sondern etliche Systemzusammensetzungen, die zu ähnlichen jährlichen Vollkosten zum Erhalt und Betrieb des Gesamtsystems führen" (Fraunhofer ISE, 2013, S. 20).

Ergebnis bei 81 %iger Treibhausgasemissionsminderung gegenüber 1990

Das Ergebnis einer 81%igen Treibhausgasemissionsminderung gegenüber 1990 ist in Abb. 2.19 dargestellt und liefert folgende Erkenntnisse. Fluktuierende Erzeuger decken knapp 78 % der Bruttostromerzeugung, KWK-Anlagen knapp 16 %. Die restliche Erzeugung entfällt auf konventionelle Kraftwerke. Für das Gesamtsystem spielt v. a. Erdgas mit insgesamt 394 TWh als fossiler Energieträger noch eine wesentliche Rolle. Die Bruttostromerzeugung beträgt im betrachteten System rund 634 TWh und liegt damit im ähnlichen Bereich wie heute. Neue Verbraucher kamen im Wärmebereich mit knapp

70 TWh und im Verkehrssektor mit knapp 160 TWh hinzu. Die Summe der bereitgestellten Wärme beträgt 435 TWh und liegt deutlich unter dem heutigen Wert. Wärmepumpen tragen mit knapp 40 % am stärksten zur Wärmebereitstellung bei. Der Gesamtwert für End- bzw. Nutzenergie dieses Szenarios liegt um mehr als 1000 TWh niedriger als heute. Der Primärenergieverbrauch liegt bei knapp 50 % des heutigen Wertes und wird zu 60 % durch erneuerbare Energien bereitgestellt. Wie in Abb. 2.22 gezeigt, tritt eine negative Residuallast an weit mehr als 4000 h im Jahr auf.

Durch Einbeziehung von Batteriefahrzeugen wird die Jahresdauerlinie der Residuallast über die gesamte Breite angehoben. Dies spiegelt die vereinfachende Annahme wieder, dass der Strombedarf für diese Fahrzeuge gleichverteilt über alle Stunden des Jahres auftritt, diese also nicht zum Lastmanagement beitragen. Ferner ist der kleine Einfluss von Kurzzeitspeichern (Batterien, Pumpspeicher) zu sehen. Den größten Minderungseffekt für die Residuallast hat die Nutzung von Strom zur Erzeugung von Wasserstoff, da dieser als chemischer Langzeitspeicher fungiert. Im untersuchten System wird für den Verkehrssektor nur Wasserstoff und nicht die Weiterkonversion in Methan angesetzt. Die Residuallast wird des Weiteren durch die Flexibilisierung von Wärmepumpen in Verbindung mit Wärmespeichern reduziert. Ein größeres Flexibilitätspotenzial besteht durch die direkte Umwandlung von Strom in Wärme mit Heizstäben. Dadurch können auch nach Ausschöpfen aller anderen genannten Ausgleichsmaßnahmen verbleibende negative Residuallastspitzen zu einem großen Teil abgebaut werden. Die unterhalb der Nulllinie und

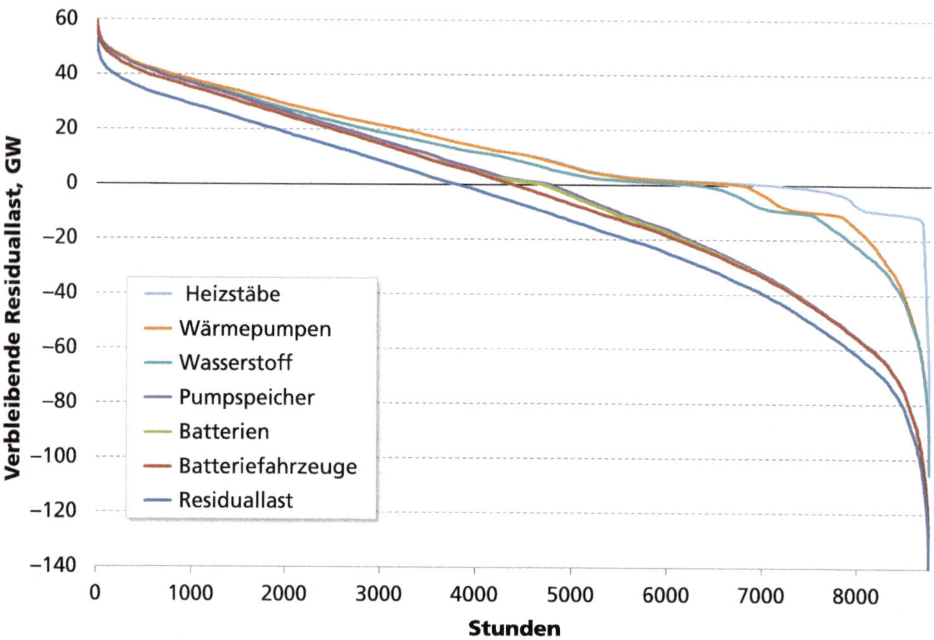

Abb. 2.22 Residuallastverlauf bei 81 % Emissionseinsparung. (Fraunhofer ISE, 2013)

Tab. 2.15 Bedarf an Energiespeichern bei 81 % Emissionsminderung gegenüber 1990. (In Anlehnung an Fraunhofer ISE, 2013)

Technologie	Anzahl/Leistung	Speicherkapazität	Zyklen
Batteriespeicher (Vorgabe für Mobilität)		41 TWh	
Batteriespeicher (je 3 kWh, nach Berechnung)	8 Mio.	24 GWh	167
Elektrolyseure (Vorgabe für Mobilität)	33 GW	82 TWh	2485 Volllaststunden
Pumpspeicher	42	60 GWh	117
Zentrale Wärmespeicher (je 50.000 m³)	150	346 GWh	104
Dezentrale Wärmespeicher (je 800 l)	7 Mio.	319 GWh	138

der obersten hellblauen Kurve verbleibende Fläche stellt nicht nutzbare Überschüsse dar. Als Ergebnis der Kostenoptimierung resultiert, dass es wirtschaftlicher ist, diese Überschüsse abzuregeln als zusätzliche Konverter zu installieren (z. B. Elektrolyseure). Das Ergebnis für den Bedarf an Stromspeichern bzw. Flexibilitätssystemen ist in Tab. 2.15 aufgetragen.

Ergebnis der 95 %igen Treibhausgasminderung gegenüber 1990

Bei höherer Treibhausgasemissionsminderung um mehr als 85 % gegenüber 1990 wurde ermittelt, dass ein massiver Ausbau an fluktuierenden erneuerbaren Energien für die Stromerzeugung notwendig und gleichzeitig eine signifikante weitere Reduktion des Energieverbrauchs erforderlich ist. Dies begründet sich darauf, dass bei sehr hohen CO_2-Reduktionszielen nur noch wenige fossile Energieträger genutzt werden können. Dementsprechend ist die Erzeugung synthetischer Brennstoffe wie Wasserstoff und Methan für Kraftwerke und Kraft-Wärme-Kopplungs-Anlagen erforderlich. Der Anteil von Wasserstoff im Verkehrssektor wurde analog des 81-%-Szenarios festgelegt. Die großen Umwandlungsverluste (geringere Wirkungsgrade gegenüber anderen Speichertechnologien) zur Erzeugung synthetischer Brennstoffe bedingen die Notwendigkeit für einen überproportional starken Ausbau an fluktuierenden Erzeugern. Zugleich bedingt die korrespondierend kleine Menge an verfügbaren fossilen Brennstoffen eine signifikante Verschiebung bei den Techniken zur Wärmebereitstellung. Elektrische Wärmepumpen gewinnen eine dominante Position, und auch die installierte Leistung von Solarthermieanlagen nimmt dadurch deutlich zu. Eine transnationale Betrachtung und Optimierung wird besonders oberhalb einer 80%igen Treibhausgasemissionseinsparung gegenüber 1990 empfohlen. Diese erfolgte mit dem REMod-D jedoch nicht. „Räumliche Ausgleichseffekte und die anteilige Nutzung von Speicherpotenzialen in anderen Ländern (z. B. Alpenraum, Norwegen), die natürlich entsprechende Netze benötigen, sind vermutlich eine wesentlich kostengünstigere Option, als die Installation aufwändiger Wandlungsketten mit vergleichsweise geringer Gesamteffizienz“ (Fraunhofer ISE, 2013, S. 38).

Fortführung für den Verkehrssektor

Das REMod-D wurde in einer weiteren Studie „The Role of Power-to-Gas ...“ des Fraunhofer ISE (2015) um eine Detaillierung für den Verkehrssektor erweitert. Im Gegensatz zum Ursprungsmodel sind für den Verkehrssektor keine festen Anteile für Brennstoffe oder Batteriefahrzeuge angesetzt. Mittels Kostenannahmen zu verschiedenen Fahrzeugtypen, notwendigen Speicher- und Umwandlungstechnologien sowie für Brennstoffe und Emissionszertifikate wurden Brennstoffzellen-, Verbrennungs-, Batterie- und Hybridfahrzeuge nach der günstigsten Variante für das Gesamtsystem untersucht. Für Batterie- und Brennstoffzellenfahrzeuge wurde ein maximales Potenzial aufgrund Einschränkungen in der Infrastruktur und in der Reichweite von 60 % berücksichtigt. Bis zu einer 81%igen Treibhausgaseinsparung gegenüber 1990 stellten Gasverbrennungsfahrzeuge für den Individualverkehr eine kostenoptimale Technologie dar, welche je nach Emissionseinsparungsziel gewisse Anteile von synthetischem Methan benötigen (bei 81%iger Treibhausgaseinsparung gegenüber 1990 – ca. 50 %). Es konnte ermittelt werden, dass ein kostenoptimales System mit einer Treibhausgasemissionsminderung von mehr als 70 % Leistungen von Power-to-Gas im GW-Bereich erfordert.

Bei mehr als 82%iger Emissionsminderung wurden steigende Anteile von Batteriefahrzeugen errechnet, da anderweitig das angenommene Gesamtpotenzial fluktuierender Erzeuger aufgrund höherer Wirkungsgradverluste der Brennstoffzellen bzw. Power-to-Gas-Technologie erreicht wurde. Außerdem wurde festgestellt, dass bei einer Kostenminderung von Brennstoffzellen- und Batteriefahrzeugen um 60 %, Brennstoffzellenfahrzeuge die kostengünstigste Variante für den Verkehr bis zu einer 80%igen Emissionsminderung darstellen. In diesem Fall wäre eine Wasserstoffproduktion mittels Power-to-Gas für diese Fahrzeuge notwendig. 40 % der Energie für den Verkehrssektors wären jedoch mit konventionellen Gasverbrennungsmotoren weiterhin kostenoptimal, da der Anteil von Brennstoffzellenfahrzeugen auf 60 % des Verkehrssektors grundsätzlich begrenzt wurde. Bei höheren Emissionseinsparungen wurden Hybrid-, Batterie- sowie Gasverbrennungsmotoren mit synthetischem Methan kostenoptimal.

Bei 85%iger Treibhausgaseinsparung gegenüber 1990 wurde ein System mit 60 % Batterien- und 40 % Hybridfahrzeugen mit synthetischem Methan als wirtschaftlichste Variante ermittelt.

„Was kostet die Energiewende“

Das Fraunhofer ISE hat das REMod-D weiter optimiert und im November 2015 die Studie „Was kostet die Energiewende“ veröffentlicht. Als maßgebliches Ergebnis wurde festgestellt, dass eine Elektrifizierung des Straßenverkehrs, eine beschleunigte energetische Gebäudesanierung und ein beschleunigter Ausstieg aus der Nutzung von Kohle für die Stromerzeugung zu niedrigeren installierten Leistungen von Solar- und Windenergieanlagen sowie zu kostengünstigeren Transformationspfaden führen als Transformationspfade ohne diese Maßnahmen.

2.8.4 „Stromspeicher in der Energiewende"

Der Schwerpunkt der Studie „Stromspeicher in der Energiewende" von Agora Energiewende (2014a) lag auf einer Betrachtung der Kosten des Stromsystems für die Jahre 2023 und 2033 sowie bis zu einem erneuerbaren Ausbaugrad von 90 % in Deutschland. Es wurden Stromspeicher und Energiespeicher betrachtet, welche sektorenübergreifend für Mobilität, Chemie oder Wärme eingesetzt werden können. Bei der Bedarfsermittlung wurde neben einem marktgetriebenen Stromspeicherbedarf auf Übertragungsnetzebene auch der netzdienliche Einsatz von Stromspeichern auf Verteilnetzebene ausführlich untersucht. Zusätzlich wurden in dieser Studie die Marktpotenziale der Power-to-X-Technologie sowie von Batterien sektorenübergreifend geprüft. Als wahrscheinliches Zukunftssystem wurden ein europäisch vernetzter Strommarkt mit moderaten Ausbau der Grenzkuppelstellen (ca. 10 Jahre verzögert gegenüber Netzausbauplänen) und anderen Flexibilitätsoptionen sowie ein deutlicher, aber im Vergleich zu Deutschland verzögerter Ausbau der erneuerbaren Energien in den deutschen Nachbarländern unterstellt.[18] Durch die Vorgehensweise dieser Studie konnte kein langfristiges Optimum aus Netz- und Speicherausbau sowie anderen Flexibilitätsoptionen ermittelt werden. Stattdessen wurden Einsparungen und Mehrkosten durch zusätzliche Speicher betrachtet.

Netzbasierter Stromspeicherbedarf auf Verteilnetzebene

Es wurden eine Minimierung der Netzausbaukosten und ein Beitrag zur Vermeidung oder Verzögerung von Verteilnetzausbau durch Batteriespeicher für die Jahre 2023 und 2033 geprüft. Aufgrund der Vorzüge von Batteriespeichern bei geringeren Ein- und Ausspeicherdauern wurden ausschließlich diese Stromspeicher untersucht. Das Einsatzschema der Batteriespeicher beruhte auf der Glättung selten auftretender Belastungsspitzen für Verteilnetzbetriebsmittel. Es wurde davon ausgegangen, dass Batteriespeicher an den Anschlusspunkten der Erneuerbare-Energien-Anlagen installiert werden, um die auftretenden Grenzwertverletzungen zu beheben. Die hervorgerufene Verstetigung der Netzbelastung stellt einen netzdienlichen Einsatz dar. „Die Untersuchungen beschränken sich auf die Netze der Niederspannungs- und Mittelspannungsebene, da vorherige Untersuchungen gezeigt haben, dass in den überlagerten Spannungsebenen die notwendigen Kapazitäten der Batteriespeicher und die damit verbundenen Investitionskosten in keinem Verhältnis zu den Investitionskosten in neue Netzinfrastruktur stehen" (Fraunhofer ISE, 2015, S. 53). Zunächst wurde in der Verteilnetzebene anhand eines angenommenen Zubaus von Windkraft- und Photovoltaikanlagen der Netzausbaubedarf ermittelt. Aufgrund der Vielzahl der einzelnen Stromverteilnetze wurden die Zubauprognosen über ein Regionalisierungsverfahren auf alle Gemeinden in Deutschland verteilt. Für die Untersuchung wurden repräsentative Regionen, in denen jeweils 2 NS- und MS-Netze untersucht wurden, aus-

[18] Erneuerbare Energien in Europa gegenüber Deutschland: 20 % geringerer Ausbaugrad bis 2033 und 30 % geringerer Ausbaugrad bei 90 % erneuerbare Energien am Stromverbrauch in Deutschland.

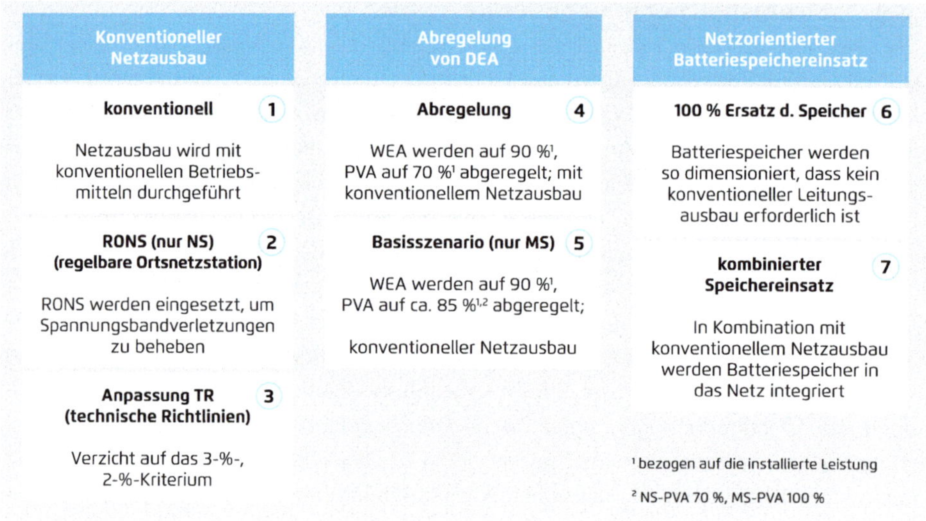

Abb. 2.23 Übersicht zu den analysierten Szenarien im Verteilnetz. (Agora Energiewende, 2014a)

gewählt. Mithilfe einer Grenzkurvenanalyse aus der „dena-Verteilnetzstudie“ wurde der weitere Zubau von dezentralen Erzeugungsanlagen in den ausgewählten Netzen bestimmt. Die Zeitreihen für die Einspeisungen der dezentralen Anlagen wurden aus regional erfassten Wetterdaten der betrachteten Gemeinden abgeleitet. Die Lastzeitreihen wurden mittels Smart-Meter-Messwerten modelliert. Bei einer Verletzung der Spannungs- oder Belastungskriterien der Betriebsmittel wurden Netzausbau, Batteriespeicher sowie weitere Maßnahmen dimensioniert und die Kosten verglichen. Hierfür wurden Annahmen zu Batterie- und Netzausbaukosten sowie Speicherwirkungsgraden getroffen. Eine Beachtung weiterer Kosten, beispielsweise durch Netzverluste, erfolgte nicht. Zusätzliche Einsatzgebiete und damit Erlöse von Speichern wie die Bereitstellung von Systemdienstleistungen oder ein marktorientiertes Verhalten wurden in der Kostenbewertung nicht berücksichtigt. Das Ergebnis für die untersuchten Gebiete wurde aus dem Verhältnis von Erneuerbare-Energien-Anteil zum Gesamtanteil für Deutschland hochskaliert. Für Netzbetriebsmittel wurde eine Lebensdauer von 30 Jahren und für Batteriespeicher von 15 Jahren unterstellt. Die annuitätischen Kosten wurden mit einem Zinssatz von 10 % berechnet. Im Lastfall wurde eine Betriebsmittelbelastung von 100 % im NS-Netz und 60 % im MS-Netz aufgrund der hier einzuhaltenden (n–1)-Sicherheit angesetzt. Im Rückspeisefall wurde für beide Netzebenen eine Betriebsmittelbelastung von 100 % berücksichtigt. Als weiteres Kriterium galt die Einhaltung der Spannungsgrenzen nach DIN EN 50160. Für die Netzausbaubedarfsermittlung wurde das 3-%-Kriterium nach VDE für die NS-Ebene und das 2-%-Kriterium nach BDEW für die MS-Ebene herangezogen. Die Kosteneffizienz einer Maßnahme wurde durch Gegenüberstellung mit anderen Maßnahmen ermittelt.

Hierfür wurden die Szenarien nach Abb. 2.23 untersucht. Szenario 1 kennzeichnet einen konventionellen Netzausbau mittels Extremwertauslegung, Szenario 2 einen vermiedenen konventionellen Netzausbau durch regelbare Ortsnetztransformatoren und Szenario 3 den vermiedenen konventionellen Netzausbau, würde man von dem 2-%- bzw. 3-%-Kriterium für das zulässige Spannungsband absehen. Szenario 4 und 5 stellen den vermiedenen konventionellen Netzausbau mit Abregelungen von dezentralen Erzeugungsanlagen dar. Szenario 6 ist dadurch gekennzeichnet, dass ein 100%iger Ersatz des konventionellen Netzausbaus anhand von Batterien erfolgt und Szenario 7 charakterisiert eine Kombination aus konventionellem Netzausbau und Batteriespeichern. Dabei werden die Speicher für einen jeweils vorgegebenen Prozentsatz der maximal auftretenden Belastung ausgelegt.

Auf der MS-Netzebene wurde ermittelt, dass der Einsatz von Batteriespeichern keine kosteneffiziente Lösung darstellt, um Netzausbau zu vermeiden. Die kosteneffizientesten Varianten stellten die Szenarien 3 bis 5 dar. Selbst ein minimaler Speichereinsatz von 5 % der auftretenden Last war gegenüber dem Szenario 5 weniger kosteneffizient, wie in Abb. 2.24 dargestellt. Nahezu das gleiche Kostenverhältnis ergab sich für das Jahr 2033. Gegenüber dem Basisszenario 5 war der komplette Ersatz des Netzausbaus durch Batteriespeicher im Jahr 2023 sogar um etwa das 30-Fache und im Jahr 2033 um etwa das 120-Fache teurer.

Für das Niederspannungsnetz wurde ermittelt, dass zunächst noch eine genügend große Betriebsreserve besteht, um einen großen Teil der prognostizierten Zubauleistung der Erneuerbare-Energien-Anlagen aufnehmen zu können. Daher benötigt man bis zum Jahr 2023 geringere Investitionen in die Netzinfrastruktur im Vergleich zur Mittelspannungsebene. Wie in Abb. 2.25 aufgezeigt, sind Batteriespeicher und Abregelungen von

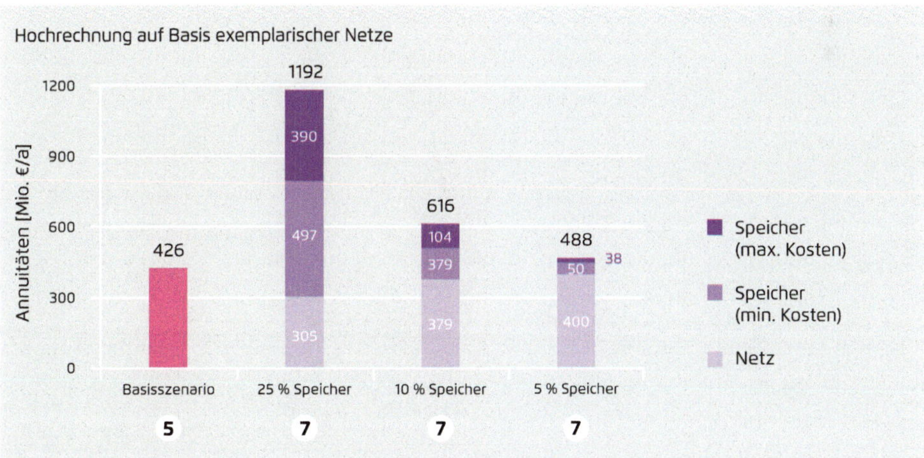

Abb. 2.24 Vergleich der annuitätischen Kosten der Szenarien 5 und 7 im Jahr 2023 auf MS-Ebene. (Agora Energiewende, 2014a)

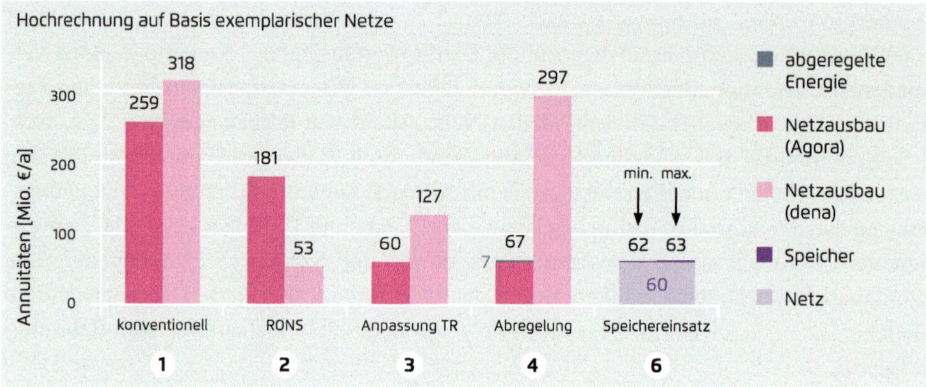

Abb. 2.25 Vergleich der annuitätischen Kosten im Jahr 2023 auf NS-Ebene für verschiedene Netzausbauszenarien und bei Speichereinsatz. (Agora Energiewende, 2014a)

erneuerbaren Energien zu diesem Zeitpunkt gegenüber einem konventionellen Netzausbau oder regelbaren Ortsnetztransformatoren (RONS) kosteneffizienter.

Konventionelle Ausbaumaßnahmen würden ebenso wie der Ausbau von RONS im Vergleich zu den anderen Szenarien Betriebsreserven schaffen, da der Ausbau der Netze und Transformatoren nicht exakt auf die notwendige Versorgungsaufgabe dimensioniert werden kann. Dieser Effekt ist illustrativ in Abb. 2.26 dargestellt.

Aufgrund dieses Effektes nimmt die Kosteneffizienz von Batteriespeichern mit zunehmenden Ausbaugrad von erneuerbaren Energien immer weiter ab. Das Ergebnis für 2033 zeigt Abb. 2.27.

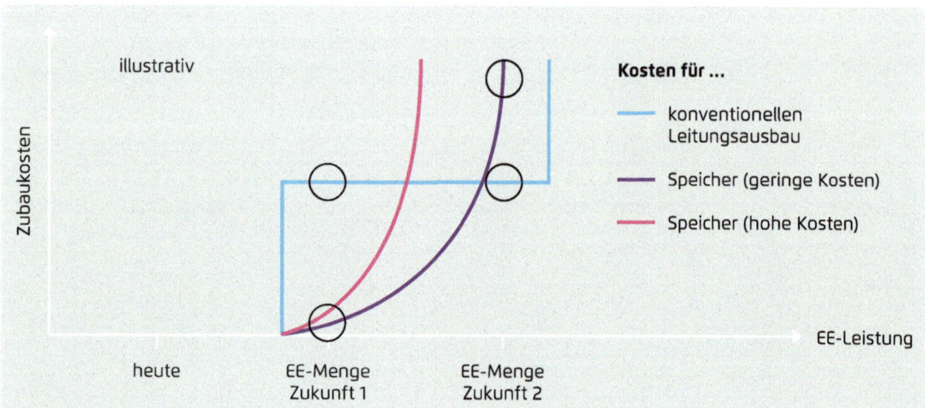

Abb. 2.26 Auswirkung des diskreten Zubaus auf die Netzbetriebsreserven. (Agora Energiewende, 2014a)

Hieraus wird ersichtlich, dass die Kosten des Netzausbaus von 2023 bis zum Jahr 2033 lediglich um etwa das 1,5-Fache und die Batteriekosten um etwa das 3-Fache ansteigen. Dies verdeutlicht den überproportionalen Kostenanstieg von Batteriespeichersystemen zur Vermeidung von Netzausbau bei steigenden Anteilen erneuerbarer Energien. Das kommt daher, dass bei höheren erneuerbaren Ausbaugraden ein immer größer werdender Grundlastanteil abgedeckt werden muss. Dementsprechend ermöglichen Batteriespeicher eine Verzögerung von Investitionsentscheidungen zu konventionellen Ausbaumaßnahmen. Eine Kombination aus Netzausbau und Batteriespeichereinsatz nach Szenario 7 ergab erst bei einem 25%igen Speicheranteil an der Netzbelastung eine Kosteneinsparung gegenüber konventionellem Netzausbau. Bei geringeren Speicheranteilen (bis 10 %) von der aufzunehmenden Netzbelastung konnten keine Kosteneinsparungen mit Batteriespeichern ermittelt werden. Neben dem Speichereinsatz stellten „regelbare Ortsnetztransformatoren“ und „Abregelungen von erneuerbaren Erzeugungsspitzen“ ebenso kosteneffiziente Szenarien dar. Die abgeregelten erneuerbaren Energiemengen nach Szenario 4 entsprechen nach den Berechnungen dieser Studie 4 % des ursprünglichen Jahresertrags und verursachen Kosten von ca. 8 Mio. € pro Jahr. Eine individuelle Abregelung nach Szenario 5 könnte weitere Kosteneinsparungen ermöglichen, wurde für das NS-Netz jedoch nicht betrachtet und ist in Abb. 2.27 nur schraffiert angedeutet. Eine Kombination aus Abregelungen erneuerbarer Energien und Batteriespeichern in den NS-Netzen wurde aus den zuvor beschriebenen Gründen als kostenoptimal bewertet. Eine sehr grobe Hochrechnung mittels der exemplarischen Netze ergab bis zum Jahr 2033 einen Bedarf von ca. 0,7 GW an netzdienlichen Batteriespeichern mit einer Speicherkapazität von 2,1 GWh

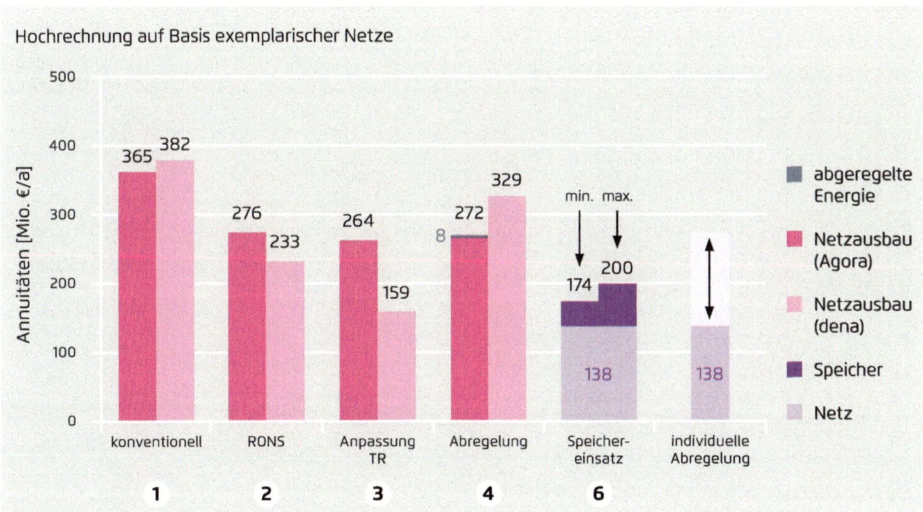

Abb. 2.27 Vergleich der annuitätischen Kosten auf der NS-Ebene im Jahr 2033. (Agora Energiewende, 2014a)

in der Niederspannungsebene für Deutschland. Dabei wurde von einem 60%igen Anteil der prognostizierten Photovoltaikzubauleistung in der NS-Ebene ausgegangen. In einer Sensitivitätsbetrachtung wurde dies für einen erneuerbaren Ausbaugrad von 80 % geprüft, wobei sich regelbare Ortsnetztransformatoren zum kostengünstigsten Szenario entwickelten, dargestellt in Abb. 2.28. Dies lässt sich auf die zunächst höheren Ausbaukosten von RONS und den größeren Betriebsreserven bei steigendem Zubau von Erneuerbare-Energien-Anlagen zurückführen.

Alle Berechnungsergebnisse wurden, wie in den Abbildungen dargestellt, den Ergebnissen aus der dena-Verteilnetzstudie[19] gegenübergestellt. Im Vergleich sind unterschiedliche Tendenzen und Größenordnungen für die zukünftigen annuitätischen Kosten erkennbar. Beide Studien basieren auf ähnlichen Berechnungsschritten, allerdings waren unterschiedliche Referenznetzgebiete gewählt. Die dena-Verteilnetzstudie betrachtet einen großen Anteil der Verteilnetze in Deutschland, wogegen die Agora-Studie exemplarische Netze untersuchte. Die unterschiedlichen Ergebnisse zeigen, dass Studien die Kosten nicht pauschal darstellen können. Vor allem exemplarische Netze können nicht alle Eventualitäten bestehender Netze in Deutschland widerspiegeln, wodurch eine Einzelfallprüfung unerlässlich bleibt. Individuelle Zeitreihenanalysen zur Ermittlung eines Speicherbedarfs in Verteilnetzen bestehen derzeit in der Praxis bei den Verteilnetzplanungsprozessen nicht. Die derzeitige Dimensionierung erfolgt nach Extremszenarien. Dadurch ist eine technisch und wirtschaftlich angemessene Bewertung von Stromspeichern in Verteilnetzen nicht gegeben.

In der Agora-Studie wurden die zusätzlichen Gesamtleitungslängen für die NS- und MS-Netzebene, basierend auf den exemplarischen Stromnetzen, hochgerechnet. Bis 2033

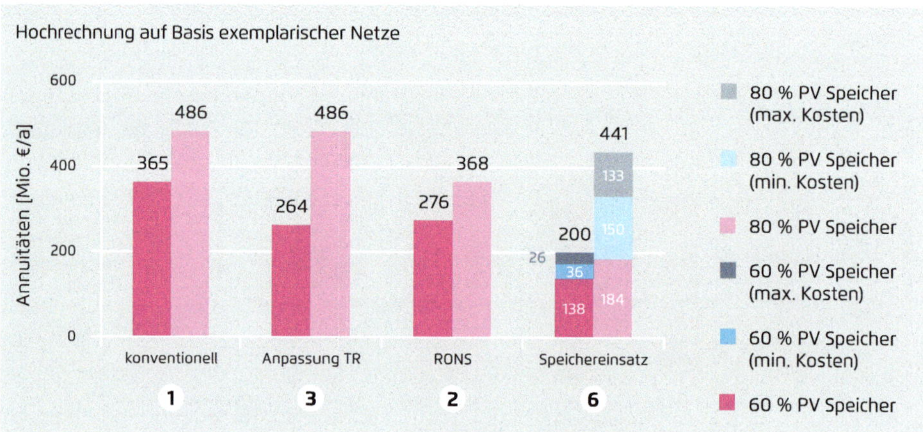

Abb. 2.28 Sensitivitätsbetrachtung bei unterschiedlicher Verteilung der prognostizierten PV-Zubauleistungen auf die Spannungsebenen. (Agora Energiewende, 2014a)

[19] Abschn. 1.3.2.2.

wurde für die MS-Ebene ein zusätzlicher Bedarf von rund 14 % und für die NS-Ebene von zusätzlich 0,04 % ermittelt. Dies weicht von den Werten aus der dena-Verteilnetzstudie ab.

Marktbasierter Stromspeicherbedarf auf Übertragungsnetzebene

Für den marktbasierten Speicherbedarf wurden ein verzögerungsfreier Netzausbau innerhalb Deutschlands und keine hohe Durchdringung sektorenübergreifender Energiespeicher, wie beispielsweise Power-to-X-Technologien oder Batteriespeicher für die Elektromobilität, angenommen. Alternative Flexibilitätsoptionen wie Lastmanagement, flexible Erzeuger mit KWK und der Ausbau der Grenzkuppelstellen wurden in verschiedenen Varianten für 2023 und 2033 untersucht. Für die Entwicklung des Kraftwerksparks und der Stromnachfrage wurden Szenarien der Bundesnetzagentur und der europäischen Übertragungsnetzbetreiber herangezogen, welche unter anderem den Ausbau an Gaskraftwerken für die Bereitstellung der erforderlichen gesicherten Leistung unterstellen. Mittels einer Einsatzsimulation wurde der kosteneffiziente Einsatz von Stromspeichern geprüft. Ein Ergebnis lautete, dass in den nächsten 10 bis 20 Jahren bzw. bis zu einem erneuerbaren Anteil von 60 % am Stromverbrauch andere Flexibilitätsoptionen vor Stromspeichern – wie flexible Kraftwerke oder Lastmanagement – wirtschaftlicher sind. Als gesamtwirtschaftlich effizienteste Flexibilität wurde der Ausbau der Grenzkuppelstellen festgestellt. Ein Stromspeicherbedarf war selbst bei verzögert ausgebauten europäischen Kuppelstellen und anderen Flexibilitätsoptionen bis 2023 nicht vorhanden. Bei einem verzögerten Ausbau und einem Preisverfall bei Speichertechnologien wurde lediglich bis 2033 ein Bedarf von ca. 3 GW an Power-to-Gas als Energiespeicher festgestellt. Erst bei sehr hohen erneuerbaren Anteilen wurde ein Bedarf an Stromspeichern deklariert. Im 90-%-Szenario besteht nach den Analysen dieser Studie bei günstiger Entwicklung der Speicherkosten ein Bedarf von 16 GW an Langzeitspeichern und 7 GW an Kurzzeitspeichern. Dies würde die Abregelung erneuerbarer Energien auf ca. 3 % begrenzen. Für die Langzeitspeicher wurden 2500 Volllaststundenzahlen für die Einspeicherung ermittelt. Für Kurzzeitspeicher wurde v. a. eine Eigenverbrauchsoptimierung von Photovoltaikstrom mittels Batteriespeicher als effizient deklariert.

Ergebnisse zu Power-to-X-Technologien und Batteriespeichern

Märkte für Power-to-X und Batteriespeicher entstehen laut dieser Studie vorrangig im Verkehrs- wie auch im Chemiesektor (Power-to-X). Nach einer Kostenminderung werden diese Technologien bei hohen erneuerbaren Anteilen im Stromsektor zusätzlich benötigt. Es wurde sektorenübergreifend bis zum Jahr 2050 eine zusätzlich hinzukommende elektrische Leistung für Batteriespeicher von etwa 40–170 GW und für Power-to-X von etwa 40–130 GW geschätzt. Eine mögliche Entwicklung der installierten Leistungen der Power-to-X-Technologien in den jeweiligen Sektoren wurde nach Abb. 2.29 prognostiziert. „Power-to-X Anlagen für Mobilitätsanwendungen können ab Mitte der 2020er-Jahre Stromkraftstoffe wirtschaftlich erzeugen, wenn Strom aus erneuerbaren Energien über 4000 bis 5000 h im Jahr für 3 bis 5 Cent/kWh bezogen werden kann“ (Agora Energiewende, 2014a, S. 118).

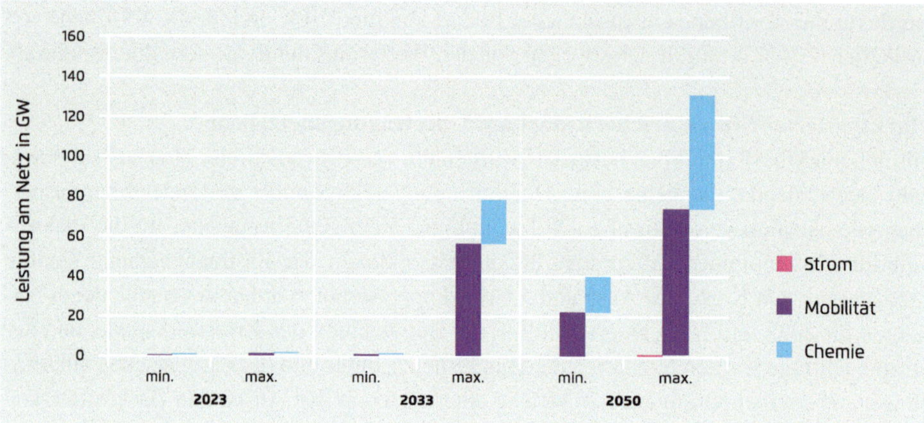

Abb. 2.29 Prognose der zukünftig installierten Leistungen von Power-to-Gas/-Liquids/-Chemicals. (Agora Energiewende, 2014a)

2.9 Maximal notwendige Speicherkapazität aufgrund negativer Residuallasten

Zur abschließenden Einschätzung des zukünftigen Stromspeicherbedarfs wurde ein mögliches Maximalszenario mit Power-to-Gas betrachtet. Die ermittelte Speicherkapazität berücksichtigt keinerlei netzbasierte Stromüberschüsse und -defizite oder den Stromspeicherbedarf aufgrund Systemdienstleistungen. Zudem wurde angenommen, dass alle marktbasierten Stromüberschüsse ausschließlich durch negative Residuallasten hervorgerufen werden. Anhand der Stromprofile aus Abschn. 1.2.5 für 80 und 100 % erneuerbare Energien am Stromverbrauch wurde berechnet, welche Stromspeicherkapazität in Form von Gasspeichern benötigt wird, wenn alle negativen Residuallasten mittels Power-to-Gas-Anlagen mit einem Wirkungsgrad von 70 % ins vorhandene Erdgasnetz eingespeist und mittels Gaskraftwerken mit einem Wirkungsgrad von 60 % ins Stromnetz zurückgespeist werden. Es wurde berücksichtigt, dass sich der Stromverbrauch analog zu den Wirkungsgradverlusten erhöht. Dementsprechend spiegelt die ermittelte Speicherkapazität den Bedarf wider, der aus allen negativen Residuallasten entsteht, würden beim heutigen Einspeise- und Lastprofil bereits höhere erneuerbare Anteile vorliegen. Als Voraussetzung galt, dass Ein- und Ausspeicherleistung nicht identisch sein müssen, da durch eine Entkopplung von Einspeise- und Ausspeiseelementen beim Power-to-Gas-Konzept unterschiedliche Dimensionierungen möglich sind. Dadurch bestimmt sich die Rückspeiseleistung aus der positiven Residuallast und der vorhandenen eingespeicherten Energiemenge zum jeweiligen Zeitpunkt. Für die Residuallast wurden alle erneuerbaren Erzeuger als dargebotsabhängig angenommen, d. h., die Einspeisungen aus Biomasseanlagen wurden als unflexibel bzw. nicht regelbar festgelegt. Diese Einspeisungen entsprachen 2014 im Jahresverlauf nahezu einem konstanten Band von 5 GW.

Grundsätzlich besteht ein hohes Potenzial zur Flexibilisierung von Biomasseanlagen. Die konstante Bandlast dient der Berücksichtigung von wirtschaftlichen oder technischen Zwängen entgegen einer Flexibilisierung von bestimmten Biomasseanlagen wie auch von Müllverbrennungsanlagen (sonstige Erzeuger beim Agorameter) oder KWK-Anlagen. Die resultierenden Jahresdauerlinien von erneuerbaren und regelbaren Erzeugern sind in Abb. 2.30 dargestellt. Die maximal benötigte Leistung für regelbare Erzeuger steigt bei höheren erneuerbaren Anteilen nicht, da diese durch die maximal auftretende unflexible Last im Jahr gedeckelt ist. Es kommt lediglich zu geringeren Laufzeiten für die installierten Backup-Kraftwerksleistungen. Die Einspeiseleistungen aller erneuerbaren Erzeuger nehmen bei einem erneuerbaren Ausbaugrad von 100 % gegenüber 80 % stark zu.

Die Jahresdauerlinien der Residuallasten bei 80 und 100 % erneuerbare Energien am Stromverbrauch unter Nutzung von Power-to-Gas sind in Abb. 2.31 dargestellt.

Die Speicherkapazität bzw. die eingespeicherte Energiemenge in Gasspeichern (bzw. im Erdgasnetz) ergibt sich aus der stündlichen Addition von Einspeisungen bei negativer Residuallast und Ausspeisungen bei positiver Residuallast im Jahresverlauf. Einspeisungen wurden nach Gl. 2.11 und Ausspeisungen nach Gl. 2.12 berechnet.

Gl. 2.11: Stündliche Einspeiseenergiemenge in den Gasspeicher (Gasnetz) E_{Ein} [kWh]

$$E_{\mathrm{Ein}} = P_{\mathrm{RL}} \times \eta_{\mathrm{PtG}} \tag{2.11}$$

P_{RL} Residuallast (negativ) [kW]
η_{PtG} Wirkungsgrad Power-to-Gas (ohne Wärmenutzung) [–]

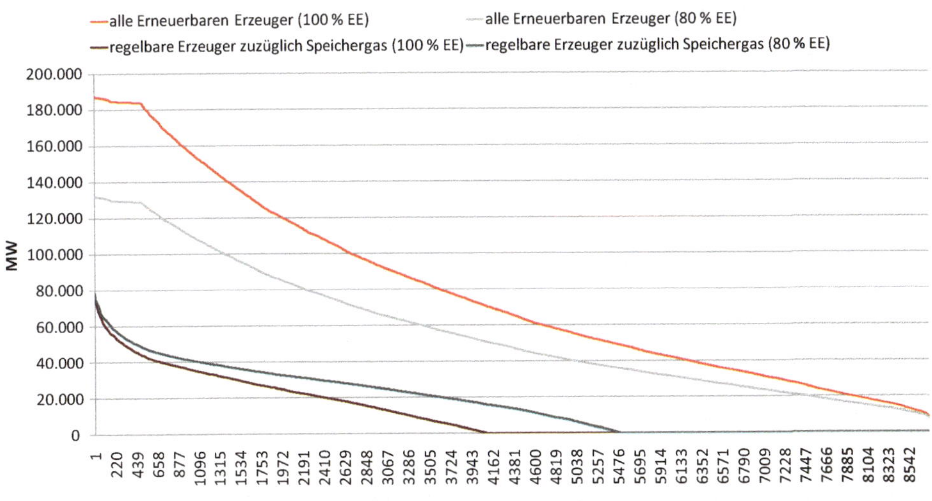

Abb. 2.30 Jahresdauerlinien der regelbaren und erneuerbaren Erzeuger bei 80 und 100 % erneuerbarem Ausbaugrad mit Power-to-Gas

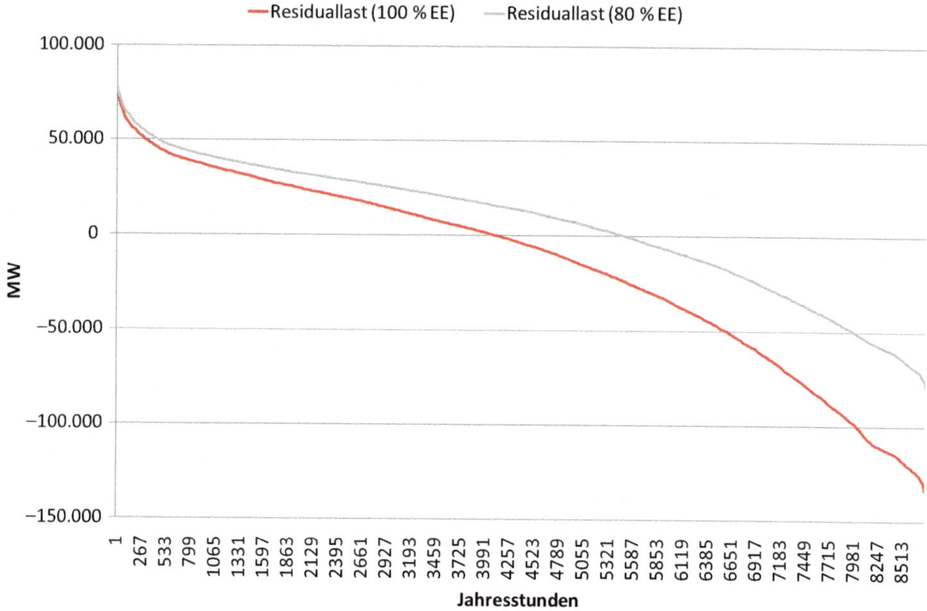

Abb. 2.31 Jahresdauerlinien der Residuallast für 80 und 100 % erneuerbarem Ausbaugrad mit Power-to-Gas

Gl. 2.12: Stündliche Ausspeiseenergiemenge aus dem Gasspeicher (Gasnetz) E_{Aus} [kWh]

$$E_{Aus} = \frac{P_{RL}}{\eta_{GKW}} \tag{2.12}$$

P_{RL} Residuallast (positiv) [kW]

η_{GKW} Wirkungsgrad Gaskraftwerke (ohne Wärmenutzung) [–]

Die negative Residuallast spiegelt die stündlich benötigte Einspeiseleistung wider, welche durch Power-to-Gas-Anlagen abgedeckt werden muss. Es wurde angenommen, dass eine Einspeicherung bei negativen Residuallasten jederzeit möglich ist. Eine Ausspeicherung bei positiver Residuallast kann nur dann erfolgen, wenn eine eingespeicherte Energiemenge durch vorherige Einspeisungen vorlag. Ist dies nicht der Fall, müssen anderweitige regelbare Erzeuger die positive Residuallast decken. Hierfür kommen Kraftwerke in Betracht, die konventionelle Brennstoffe nutzen. Bei einer erneuerbaren Vollversorgung decken die regenerativen Erzeuger zusammen mit den durch Speichergas betriebenen regelbaren Erzeugern (Gaskraftwerke) die Stromlast zu jedem Zeitpunkt im Jahr. Die in diesem Kapitel ermittelten Leistungen und implizierten Werte kennzeichnen einen Maximalbedarf, da mittels Power-to-Gas die größten Umwandlungsverluste im Vergleich zu anderen Flexibilitätsoptionen im Stromsystem entstehen. Zudem stellen die prognostizierten Stromprofile aus Abschn. 1.2.5 jeweils den maximalen Leistungsbedarf von fluktuierenden Erzeugern dar, da keinerlei Technologieentwicklungen und Veränderungen am Einspeiseprofil gegenüber dem Jahr 2014 angenommen wurden. Die Kennwerte der ermittelten Stromprofile mit Power-to-Gas sind den Stromprofilen aus Abschn. 1.2.5 in Tab. 2.16 gegenübergestellt. Dabei wird ersichtlich, dass bei einem erneuerbaren Ausbau-

Tab. 2.16 Vergleich der Stromprofile, Residualmengen und des Flächenbedarfs fluktuierender Erzeuger mit und ohne Power-to-Gas

	80 % EE aus (Kapitel 1.2.5)	80 % EE mit PtG	100 % EE aus (Kapitel 1.2.5)	100 % EE mit PtG
Skalierungsfaktor [–]	4,15	4,82	5,37	6,97
Maximale Einspeiseleistung fluktuierender Erzeuger [GW]	105,92	122,87	136,97	177,77
Installierte Leistung fluktuierender Erzeuger [GW]	317,76	369,07	411,18	533,7
Maximale Einspeiseleistung dargebotsabhängiger Erzeuger [GW]	110,12 (Biomasse 100 % regelbar)	132,13	141,17 (Biomasse 100 % regelbar)	187,02
Flächenbedarf fluktuierender Erzeuger [km²]	10.939	12.690	14.146	18.360
Anteil zu Bayern [%]	15,51	17,99	20,05	26,02
Anteil zu Deutschland [%]	3,14	3,64	4,06	5,27
Gesamtstromverbrauch [TWh]	543,95	603,36	543,95	686,90
Maximale negative Residuallast [GW]	56,95	78,98	88,00	133,88
Energiemenge der negativen Residuallast [TWh]	52,53	102,44	119,01	246,47
Eingespeicherte Energiemenge [TWh]	–	71,71	–	172,53
Ausgespeicherte Energiemenge [TWh]	–	43,02	–	103,52

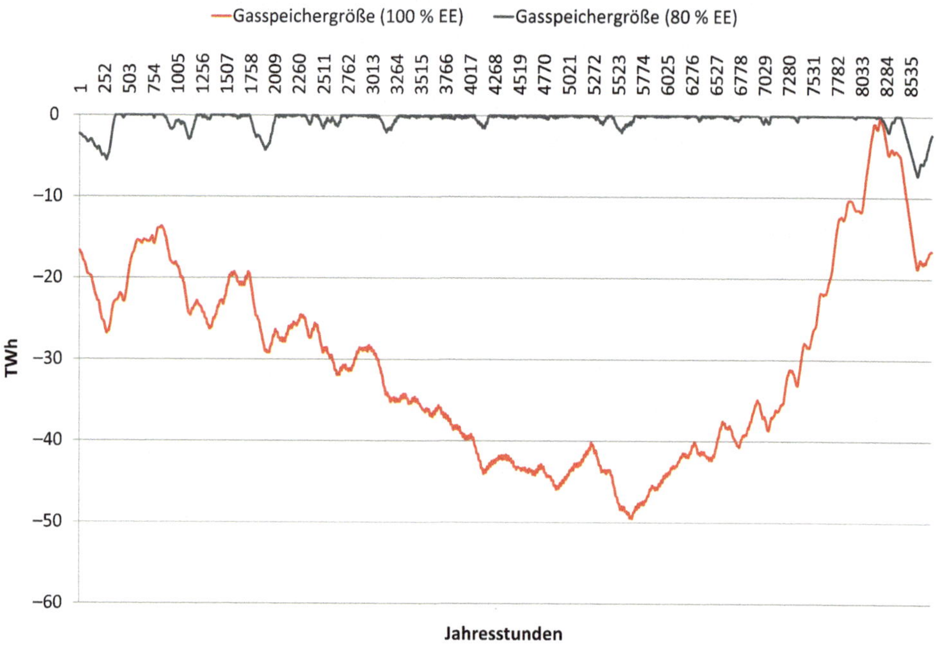

Abb. 2.32 Benötigte Gasspeicherkapazität mit Power-to-Gas im Jahresverlauf bei einem erneuerbaren Ausbaugrad von 80 und 100 %

grad von 80 % die Einspeicherungen aller negativen Residualenergiemengen über Power-to-Gas-Anlagen in Gasspeicher zu geringen Veränderungen für das gesamte Stromprofil führen. Dagegen werden bei einer erneuerbaren Vollversorgung mit Power-to-Gas bedeutend höhere Erzeugungsleistungen im Vergleich notwendig.

Ein stark ansteigender Bedarf zeigt sich bei der notwendigen Speicherkapazität zwischen einem erneuerbaren Ausbaugrad von 80 und 100 %, dargestellt in Abb. 2.32. Diese Darstellung verdeutlicht den resultierenden Speicherfüllstand der Gasspeicher bzw. des Gasnetzes im Jahresverlauf. Bei einem Erneuerbare-Energien-Anteil von 80 % wird ein maximales Gasspeichervolumen für Speichergas von ca. 7,32 TWh benötigt. Bei einer erneuerbaren Vollversorgung erhöht sich dieser Wert um etwa das 7-Fache auf 49,52 TWh.

2.10 Resümee

Der Stromspeicherbedarf resultiert aus marktbasierten sowie netzbasierten Stromüberschüssen. Zusätzlich kann ein Bedarf an Stromspeichern für die Erbringung von Systemdienstleistungen bestehen. Vorrangige Flexibilitätsoptionen beeinflussen je nach Ausbaugrad der dargebotsabhängigen Erzeuger und je nach Energieeffizienzmaßnahmen die Entstehung eines Stromspeicherbedarfs. Ohne diesen führen Stromspeicher nicht zu einer besseren Integration von erneuerbaren Energien, sondern zu einer Laufzeitverlängerung von konventionellen Erzeugern mit der Konsequenz steigender CO_2-Emissionen. Chemische Stromspeicher ermöglichen neben einem zeitlichen auch einen räumlichen Ausgleich von Unterschieden in Erzeugung, Nachfrage und Systemkapazität im Stromsystem. Power-to-Gas stellt eine Langzeitstromspeichertechnologie dar, welche für Ausspeicherdauern von mehreren Wochen eingesetzt werden kann und für die Erbringung aller Systemdienstleistungen prinzipiell geeignet ist.

Bei jeglichen Stromspeichern ist ein netzdienliches Verhalten im Stromnetz, das aktiv zur Stabilisierung und zum reibungslosen Betrieb beiträgt, anzustreben. Erfolgt die Fahrweise eines Stromspeichers lediglich marktgetrieben, können durch die Beladung des Speichers in einem bereits stark belasteten Netzgebiet die Netzlast und somit der Netzausbaubedarf weiter vergrößert werden.

Für die Umsetzung der Energiewende sind in Deutschland, rein technisch betrachtet, ausreichende Speicherkapazitäten vorhanden.[20] Aufgrund der derzeit noch fehlenden Wirtschaftlichkeit sind diese wenig erschlossen. Der Rechtsrahmen spielt hierfür eine zentrale Rolle. Für Stromspeicher besteht derzeit keine gesonderte Rechtskategorie. Jedoch existieren punktuelle Regelungen in den Gesetzgebungen für Stromspeicher, welche diese unter bestimmten Voraussetzungen gegenüber anderen Letztverbrauchern privilegieren.

Mit steigendem Stromspeicherbedarf und -ausbau haben die Stromspeicherkosten einen größer werdenden Anteil an den Stromgestehungskosten bzw. -bereitstellungskosten. In diesem Kapitel wurde eine vereinfachte Variante zur Berechnung der Stromspeicherkosten vorgestellt, welche dem überschlägigen Kostenvergleich zwischen den Stromspeichertechnologien dient.

Der zukünftige Stromspeicherbedarf wurde bereits in einer Vielzahl von Studien untersucht, welche durch unterschiedliche Berücksichtigung der Faktoren des Stromspeicherbedarfs Einschränkungen vorweisen. Für einen Anteil von unter 60 % an erneuerbaren Energien am Bruttostromverbrauch konnte in keiner Studie ein Bedarf von Langzeitstromspeichern ermittelt werden. Die Schwankungsbreite der Studienergebnisse, ab wann Langzeitstromspeicher benötigt werden, liegt zwischen 60 und 95 % erneuerbare Energien am Bruttostromverbrauch. Aufgrund der geringeren Stromspeicherkosten für niedrigere Ausspeicherdauern werden Kurzzeitstromspeicher frühzeitiger benötigt. Bedeutenden Einfluss auf den Stromspeicherbedarf haben v. a. der Im- und Export, die Flexibilisierung des konventionellen Kraftwerksparks und die flexible Integration von neuen Stromverbrauchern wie Elektrofahrzeuge, Klimatisierungsanlagen und elektrische Wärmepumpen. Diese weisen ein hohes Lastverschiebungspotenzial auf. In Bezug auf den kurz- bis mittelfristigen Netzausbau ermöglichen Stromspeicher v. a. eine Verzögerung von Investitionsentscheidungen zu konventionellen Ausbaumaßnahmen. In einem Endausbauszenario kann zudem eine spezifische Dimensionierung der Ausbaumaßnahme auf eine abzudeckende Leistung mit einem Stromspeicher kosteneffizienter als ein Netzausbau mit hohen

[20] Vgl. Sterner, M. & Stadler, I., 2014.

Betriebsreserven werden.[21] Beim Einsatz von Stromspeichern für Systemdienstleistungen stellen insbesondere Großbatterien zur Erbringung von Primärregelleistung eine kosteneffiziente Lösung dar, um konventionelle Must-run-Stromerzeugungsanteile zu vermindern.

Erdgas spielt aus gesamtwirtschaftlicher Sicht bis zu hohen erneuerbaren Ausbaugraden mit mehr als 80 % eine wesentliche Rolle. Im Stromsektor können Gaskraftwerke positive Residuallasten flexibel und schnell regelbar abdecken. Im Verkehrssektor stellen Gasverbrennungsfahrzeuge bis zu hohen Treibhausgasemissionsminderungszielen, welche je nach angestrebter Emissionseinsparung mit gewissen Anteilen von synthetischem Methan betrieben werden können, eine kostenoptimale Technologie dar.[22]

Für eine Vollversorgung mit erneuerbaren Energien ist eine massive Überinstallation von Windkraft- und Photovoltaikanlagen notwendig. Der Bedarf an Back-up-Kraftwerken bleibt dabei in Bezug auf die installierten Leistungen des Jahres 2014 in etwa gleich. Der Stromspeicherbedarf erhöht sich von einem erneuerbaren Ausbaugrad von 80 auf 100 % überproportional. Bei einer erneuerbaren Vollversorgung sind Power-to-Gas-Anlagen als Langzeitstromspeicher systemrelevant. In einer vereinfachten Berechnung, auf Basis der Erzeugungs- und Verbrauchsdaten des Jahres 2014 wurde in diesem Kapitel die maximal benötigte Gasspeicherkapazität, welche notwendig ist, um mittels Power-to-Gas die dargebotsabhängige Erzeugung bei einer erneuerbaren Vollversorgung an den Stromverbrauch anzupassen, mit etwa 50 TWh ermittelt. Hierfür reicht die Gasspeicherkapazität des vorhandenen Erdgasnetzes aus.

[21] Vgl. Agora Energiewende, 2014a.
[22] Vgl. Fraunhofer ISE, 2015.

Power-to-Gas – Stand der Technik und Einsatzmöglichkeiten

3

3.1 Das Power-to-Gas-Konzept

> Das Energiespeicherkonzept Power-to-Gas umfasst die Umwandlung von elektrischer Energie mittels Wasserelektrolyse in die energiereichen Gase (chemische Energie) Wasserstoff (H_2) und – nach optional anschließender Methanisierung – Methan (CH_4). Im Gegensatz zu elektrischer Energie können diese Gase in großen Mengen gespeichert werden. Analog zu elektrischer Energie ist deren Verwendung neben einer Rückverstromung sektorenübergreifend zur Wärmeerzeugung sowie für Mobilitätsanwendungen möglich. Des Weiteren können die Gase zur stofflichen Nutzung in der Industrie eingesetzt werden. Die ursprüngliche Definition des Power-to-Gas-Konzeptes nach Sterner (2009) beinhaltet die Speicherung der erzeugten Gase im vorhandenen Erdgasnetz. Hierbei können die bestehende Speicherkapazität und Infrastruktur des Erdgasnetzes genutzt werden.

Beim ursprünglichen Power-to-Gas-Konzept kann die *Henne-Ei-Problematik* des fehlenden Wasserstoffabsatzmarktes aufgrund einer fehlenden Infrastruktur umgangen werden. Durch die CO_2-neutrale Umwandlung in Wasserstoff oder Methan kann regenerativ und dargebotsabhängig erzeugte Energie in einen Energieträger mit hoher Energiedichte umgewandelt werden, der aufgrund seiner Kompatibilität zu fossilem Erdgas hervorragend gespeichert werden kann. Für die mittels Power-to-Gas erzeugten Gase bzw. für das Konzept bestehen in der Literatur verschiedenste Begrifflichkeiten wie Windgas, e-gas, erneuerbares Methan oder SNG (Synthetic Natural Gas oder Substitute Natural Gas). Innerhalb dieses Buches werden die Gase als synthetische Gase (SNG) oder als erneuerbares Methan, wird Wasserstoff gesondert erwähnt, bezeichnet.

In den folgenden Kapiteln wird ausschließlich das ursprüngliche Power-to-Gas-Konzept betrachtet, aufgezeigt in Abb. 3.1. Abweichend zu dieser Darstellung kann durch eine Eigenversorgung von Power-to-Gas-Anlagen eine Einspeisung der erneuerbaren Energie-

M. Zapf, *Stromspeicher und Power-to-Gas im deutschen Energiesystem*,
DOI 10.1007/978-3-658-15073-0_3

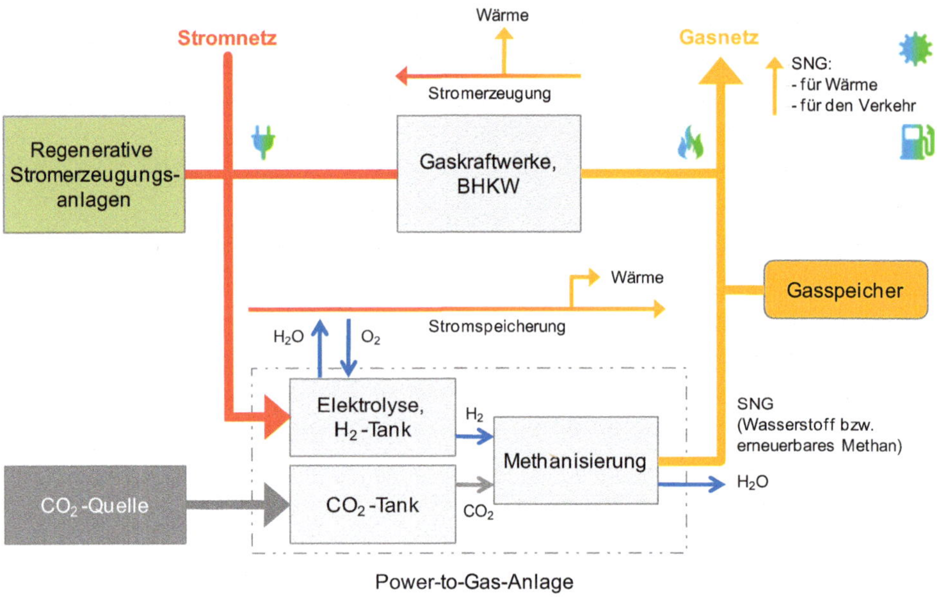

Abb. 3.1 Ursprüngliches Power-to-Gas-Konzept. (In Anlehnung an Specht, M. et al., 2009; Sterner, M., 2009; Sterner, M. Saint-Denan, Y.-M. Gerhardt, N. et al., 2010)

mengen ins Stromnetz umgangen werden. Dadurch lassen sich erneuerbare Energiemengen außerhalb und unabhängig von einem abgeschlossenen Stromnetz bzw. Stromsystem integrieren.

Anwendungsmöglichkeiten des ursprünglichen Power-to-Gas-Konzeptes sind:

- die Stromspeicherung (Rückspeisung über Gaskraftwerke, -turbinen und BHKWs),
- der Energietransport über das Gasnetz und somit eine Entlastung des Stromnetzes,
- die Erbringung von Systemdienstleistungen zur Stabilisierung des Stromsystems,
- die Kopplung des Stromsektors mit dem Wärme- und Mobilitätssektor[1] und
- die Integration erneuerbarer Energiemengen außerhalb des Stromsystems bzw. Stromnetzes.

Der technologische Entwicklungstand aus Abschn. 2.2.3 zeigt, dass für das Power-to-Gas-Konzept bereits im Jahr 2015 ausgereifte Technologien für die einzelnen Prozessschritte zur Verfügung standen. Die kumulierte elektrische Anschlussleistung von Power-to-Gas-Projekten in Deutschland, Dänemark und der Schweiz stieg seit 2011 exponentiell an. Bis zum Jahr 2015 betrug die gesamte installierte Power-to-Gas-Anlagenleis-

[1] Die Nutzung von Wasserstoff in der chemischen Industrie ist im ursprünglichen Konzept nicht enthalten, da dafür die Nutzung des Gasnetzes nicht zweckmäßig ist – Notwendigkeit einer Wasserstoffinfrastruktur.

tung ca. 23,3 MW (Elektrolyseanschlussleistung), aufgeteilt auf mehr als 30 Projekte. Bei einem Drittel der Anlagen, welche auch in etwa ein Drittel der elektrischen Anschlussleistung repräsentieren, kommt eine Methanisierung zum Einsatz. Deutschlandweit konnten 2015 ca. 5900 Nm^3/h an Wasserstoff und 434 Nm^3/h an Methan erzeugt werden. Ein Großteil der Anlagen wurde in der Vergangenheit in Leistungsgrößen zwischen 150 und 400 kW gebaut. Zwischen 2012 und 2015 gingen vermehrt größere Leistungsklassen zwischen 1 und 6 MW in Betrieb. Die Akteure der Power-to-Gas-Branche sind in Deutschland im internationalen Vergleich gut aufgestellt. Ein stark wachsendes Interesse an dieser Technologie im Ausland ist zu beobachten. Die größten Akteure und Stakeholder in Deutschland haben sich auf der Plattform der dena im Internet unter www.powertogas.info zusammengeschlossen.[2]

3.2 Technologieübersicht und Herstellungsverfahren von synthetischen Gasen

Die wesentlichen Verfahrensschritte zur Herstellung von SNG sind die Wasserelektrolyse und die Methanisierung. Wird eine Methanisierung genutzt, müssen Standorte mit ausreichenden bzw. günstigen Konditionen zur Kohlenstoffdioxidbereitstellung gefunden werden. Die Verfahrensschritte, Technologien und CO_2-Quellen werden im Folgenden erläutert.

3.2.1 Elektrolyse

3.2.1.1 Prozessgrundlagen

> Die Elektrolyse kennzeichnet die elektrochemische Zerlegung (Redoxreaktion) einer Substanz durch Stromzufuhr und ist der Umkehrprozess zu dem Prozess eines galvanischen Elements wie einer Batterie, eines Akkumulators oder einer Brennstoffzelle.

Um eine konstant ablaufende Reaktion zwischen den Elektroden zu ermöglichen, ist die Stromzufuhr mit Gleichspannung notwendig. An der Kathode (Minuspol) findet die elektrochemische Reduktion (Elektronenaufnahme, Abnahme der Oxidationsstufe) und an der Anode (Pluspol) die elektrochemische Oxidation (Elektronabgabe, Erhöhung der Oxidationsstufe) statt. Bei der Elektrolyse wässriger Lösungen (Wasserelektrolyse) wird stets Wasser zersetzt, wobei Wasserstoff an der Kathode und Sauerstoff an der Anode entsteht. Durch Zugabe von Säuren wie HCl, Basen wie KOH oder löslichen Salzen wie NaCl wird das Wasser leitfähiger gemacht und so der ohmsche Widerstand herabgesetzt.

[2] Vgl. Sterner, M.; Thema, M.; Eckert, F.; Lenck, T.; Götz, P., 2015b, S. 55–57.

Betriebstemperatur und -drücke

Die Wasserelektrolyse läuft endotherm ab, wobei für die Spaltung von flüssigem Wasser unter Standardbedingungen[3] ein theoretischer Energieaufwand von 285,9 kJ/mol (Brennwert von Wasserstoff) und für gasförmiges Wasser von 242 kJ/mol (unterer Heizwert von Wasserstoff) erforderlich ist. Die Differenz entspricht der Verdampfungswärmeenthalpie von Wasser mit 43,9 kJ/mol. Entsprechend dem zweiten Hauptsatz der Thermodynamik kann ein Teil der Reaktionsenthalpie als thermische Energie aufgebracht werden, welche sich aus dem Produkt der thermodynamischen Temperatur (T) und der Reaktionsentropie (ΔS_{R}) zusammensetzt.

Die minimale Reaktionsenthalpie die als elektrische Energie zur Verfügung gestellt werden muss, stellt die freie Reaktionsenthalpie (ΔG_{R}) dar, welche auch elektromotorische Kraft (EMK) genannt wird. Diese entspricht der Differenz aus der Reaktionsenthalpie (ΔH_{R}) und dem Produkt von T und ΔS_{R}. Die minimale elektrische Zellspannung bei der Wasserelektrolyse unter Standardbedingungen ergibt sich aus der freien Reaktionsenthalpie (ΔG_{R} bzw. EMK) von 237,2 kJ/mol und entspricht 1,23 V. Diese Spannung wird als reversible Zellspannung bezeichnet. Dies setzt voraus, dass der Anteil $T\Delta S_R$ in Form von Wärme in den Elektrolyseprozess integriert wird. Wenn die thermische Energie in Form von elektrischer Energie eingebracht wird, spricht man von der thermoneutralen Spannung, die für flüssiges Wasser unter Standardbedingungen 1,48 V beträgt. Aufgrund der Beziehung $\Delta G_{\mathrm{R}} = \Delta H_{\mathrm{R}} - T\Delta S_{\mathrm{R}}$ sinkt die elektrisch zu erbringende Energie bei steigender Temperatur des Wassers. Bei Wasserdampf mit 1000 °C beträgt diese lediglich 0,91 V. Abb. 3.2 zeigt diese Temperaturabhängigkeit. Zudem wird die Zellspannung in Abhängigkeit des Druckes verdeutlicht, welche logarithmisch ansteigt.

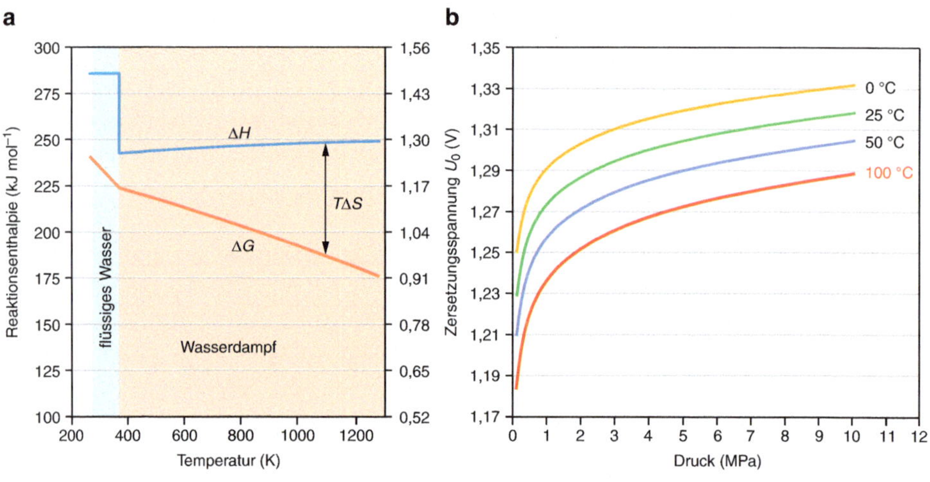

Abb. 3.2 Temperatur- und Druckabhängigkeit der theoretischen Zersetzungsspannung der Wasserelektrolyse. (Kurzweil, P. & Dietlmeier, O. K., 2016)

[3] Standardbedingungen: 298,15 K; 1 bar.

Der thermodynamische Wirkungsgrad der Wasserelektrolyse ergibt sich aus dem Quotienten von ΔG_R zu ΔH_R ($\Delta G_R/\Delta H_R$). Letzterer beträgt unter Standardbedingungen für flüssiges Wasser 83,1 % und für Wasserdampf maximal 94,4 %.

Zellspannungen und Spannungswirkungsgrad

Die praktisch erzielbaren Zellspannungen in realen Wasserelektrolyseuren liegen erheblich über der theoretischen reversiblen oder thermoneutralen Zellspannung. Dies liegt einerseits an sog. *Überspannungen* (Spannungsabfälle) an den Elektroden, die aufgrund von Elektronendurchtrittshemmungen bei den elektrochemischen Reaktionen zustande kommen – auch *Durchtrittsüberspannungen* genannt. Sie treten beim Durchtritt der Ladungsträger an der Grenze von Elektroden und Elektrolyten auf und sind abhängig vom Elektrodenmaterial und den entstehenden Gasen. Zum anderen muss die Widerstandspolarisation überwunden werden, die durch den ohmschen Widerstand der Zelle (Elektrolyt, Separator und Elektroden) hervorgerufen wird. Somit setzt sich die reale Zellspannung bei einer bestimmten Stromdichte aus der Summe der reversiblen Zellspannung, dem ohmschen Spannungsabfall und den Überspannungen an der Anode und an der Kathode nach Gl. 3.1 zusammen.

Gl. 3.1: Reale Zellspannung U_{Zelle} [V]. (Sterner, M. & Stadler, I., 2014)

$$U_{\text{Zelle}} = U_{\text{rev}} + I \times R + |\eta_A| + |\eta_K| \tag{3.1}$$

U_{rev}	reversible Zellspannung [V]
$I \times R$	ohmscher Spannungsabfall am Widerstand – linear abhängig von der Stromstärke [V]
$\lvert\eta_A\rvert$	Überspannung an der Anode – logarithmisch abhängig von der Stromstärke [V]
$\lvert\eta_K\rvert$	Überspannung an der Kathode – logarithmisch abhängig von der Stromstärke [V]

Die einzelnen Faktoren der realen Zellspannung nehmen mit steigender Stromdichte zu und damit auch die reale Zellspannung. Diese Abhängigkeit ist in Abb. 3.3 dargestellt. Aus dem Quotient von reversibler Zellspannung und realer Zellspannung ($U_{\text{rev}}/U_{\text{Zelle}}$) ergibt sich der Spannungswirkungsgrad der Elektrolysezelle. Dieser nimmt mit steigender Stromdichte ab. Ein Teillastverhalten führt dementsprechend zu einer (Spannungs-)Wirkungsgradsteigerung der Elektrolysezelle.

Gesamtwirkungsgrad der Elektrolysezelle/-stacks und eines Elektrolysesystems/Elektrolyseurs

Den Gesamtwirkungsgrad der Elektrolysezelle erhält man durch Multiplikation des Spannungswirkungsgrads mit dem faradayschen Wirkungsgrad. Dieser erfasst den Umsatz der Ladung in einer Elektrolysezelle und ist das Verhältnis von der erzeugten Wasserstoffstoffmenge zur theoretischen Stoffmenge gemäß dem faradayschen Gesetz. „Da die Faraday'schen Wirkungsgrade der AEL und PEMEL Systeme bei 95 bis 98 % liegen und

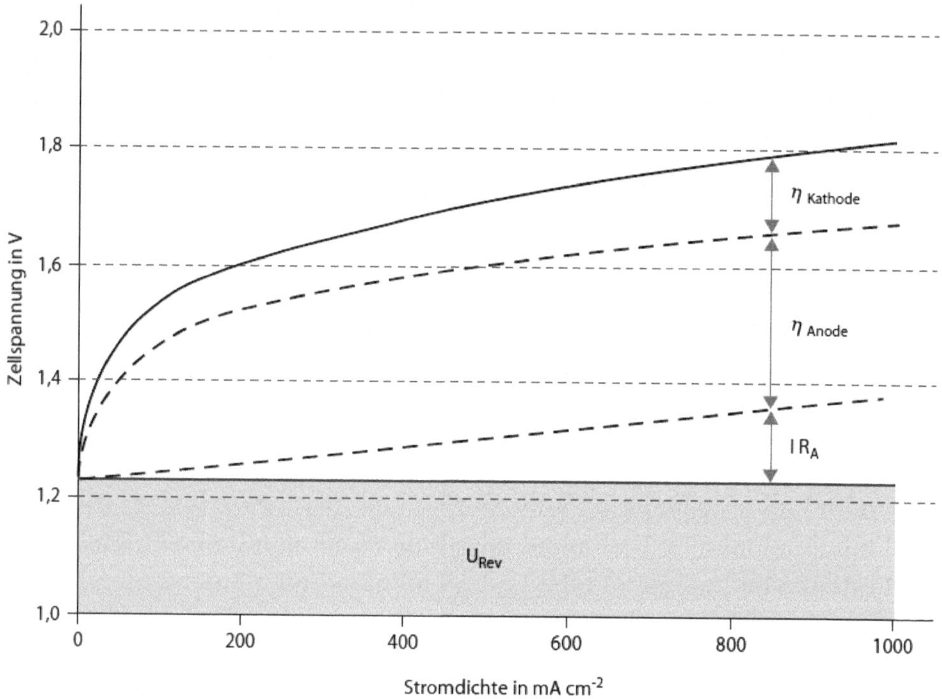

Abb. 3.3 Abhängigkeit der Zellspannung von der Stromdichte. (Smolinka, T.; Hebling, C.; Garche, J., 2011)

über den gesamten Lastbereich nahezu konstant sind, wird der Spannungswirkungsgrad dem Zellwirkungsgrad oft gleichgesetzt" (Energieinstitut-Linz et al., 2014, S. 33). Um den Wirkungsgrad der Elektrolysezelle zu erhöhen, müssen der Energieaufwand zur Wasserspaltung (z. B. durch Temperaturerhöhung) und Energieverluste innerhalb der Zelle (z. B. durch leitfähige Elektrolyte und Katalysatoren) verringert werden.

Der Systemwirkungsgrad eines Elektrolyseurs wird über die benötigte Leistung je Kubikmeter des produzierten Wasserstoffs ermittelt. Hierbei kann ein Bezug auf den Brennwert (3,54 kWh/m^3) oder den Heizwert (3 kWh/m^3) von Wasserstoff erfolgen. Neben den Elektrolysezellen, sind die Umwandlungsverluste der Peripherie einzubeziehen. Ein Teillastverhalten wirkt sich negativ auf die Systemeffizienz aus. Dies ist weitgehend auf lastunabhängige Verbraucher (Peripherie) im System als auch auf höhere Gasverluste im Teillastbetrieb zurückzuführen. Dementsprechend folgen Elektrolysezelleneffizienz bzw. der Spannungswirkungsgrad und die Systemeffizienz einem unterschiedlichen Trend. In Abb. 3.4 sind typische spezifische Energieverbräuche je Wasserstoffproduktionsrate nach Herstellerangaben dargestellt. Wie in der Grafik abgebildet, verringert sich der spezifische Energieaufwand mit zunehmender Wasserstoffproduktionsrate, da periphere Komponenten großer Einheiten effektiver arbeiten und somit weniger Energie pro Normkubikmeter Wasserstoff verbrauchen.

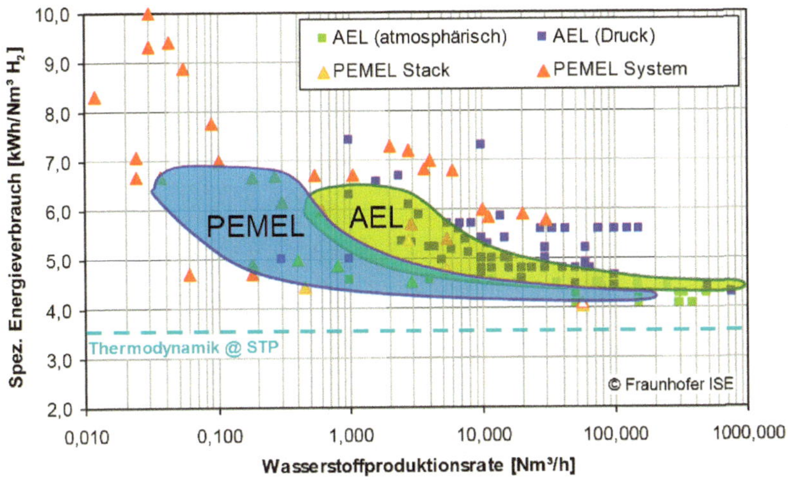

Abb. 3.4 Spezifische Energieverbräuche von Elektrolyseuren. (Smolinka, T.; Hebling, C.; Garche, J., 2011)

Ab einer gewissen Größe lassen sich aufgrund der Modulbauweise von Elektrolyseuren nur noch sehr geringe Energieeinsparungen erzielen. Die dargestellten spezifischen Energieverbräuche betragen für Elektrolysestacks[4] minimal 4,2 kWh/Nm³ und Elektrolysesysteme minimal 4,5 kWh/Nm³. Bezogen auf den Brennwert (Heizwert) entspricht dies einem Stackwirkungsgrad von 84,3 % (71,4 %) und einem Systemwirkungsgrad von 78,67 % (66,6 %). Mittel- bis langfristig (10 bis 20 Jahre) wird mit einem Potenzial von 4,1 kWh/Nm³ für PEM-Elektrolysesysteme bzw. 4,3 kWh/Nm³ für AEL-Elektrolysesysteme gerechnet.[5] Dies entspricht einem Gesamtsystemwirkungsgrad zwischen 70 und 86 %, je nach Bezug auf den Heiz- oder Brennwert.

3.2.1.2 Elektrolyseure

Für die Wasserelektrolyse stehen heute alkalische Elektrolyseure (AEL)[6], Membranelektrolyseure (PEM, PEMEL)[7] und Hochtemperaturelektrolyseure (SOEL[8], HTES[9]) zur Verfügung, die technisch von Bedeutung sind. Die Funktionsweise und der Aufbau der verschiedenen Elektrolyseure unterscheiden sich und werden im Folgenden erläutert. Für die verschiedenen Elektrolysezellen sind der grundsätzliche Aufbau in Abb. 3.5 und die chemischen Reaktionen in Tab. 3.1 zusammengefasst.

[4] Stackdesign in Abschn. 3.2.1.2.
[5] Vgl. Smolinka, T.; Hebling, C.; Garche, J., 2011.
[6] Alcaline Electrolysis.
[7] Proton Exchange Membrane bzw. Polymer Electrolyte Membrane Electrolysis.
[8] Solid Oxide Electrolysis.
[9] High Temperature Electrolysis of Steam.

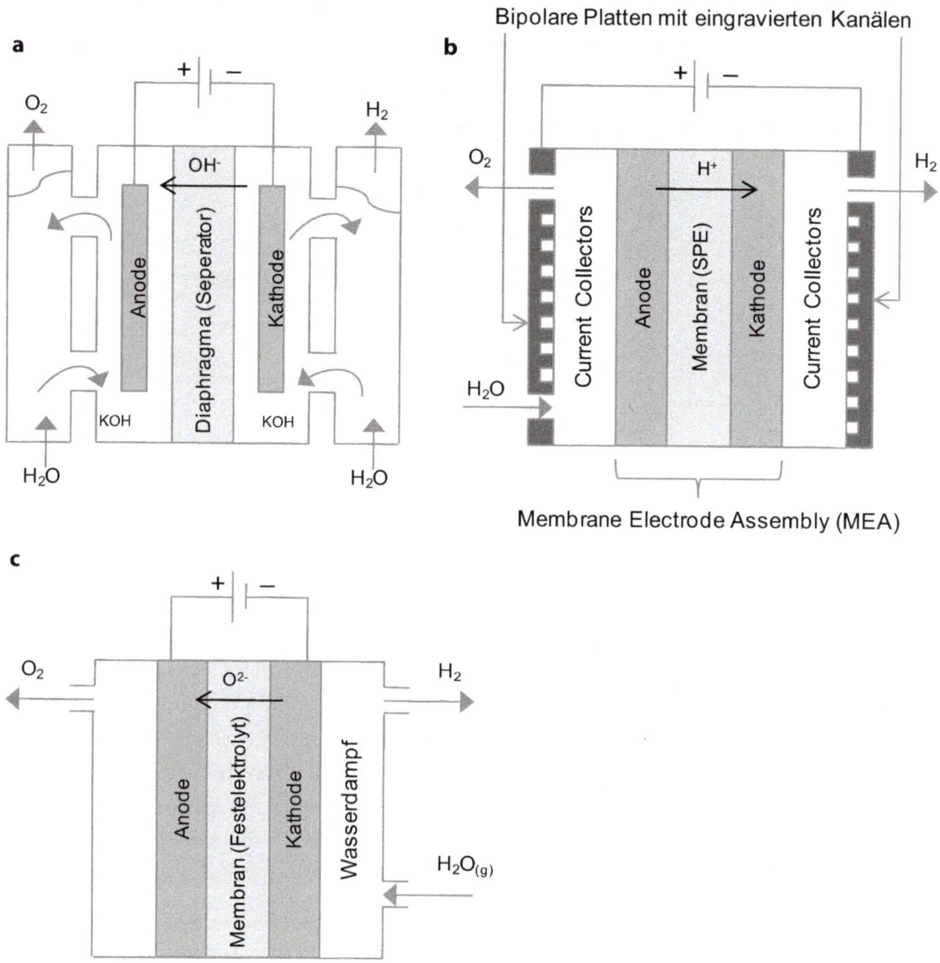

Abb. 3.5 Grundsätzlicher Aufbau der verschiedenen Elektrolysezellen. **a** AEL, **b** PEM, **c** HTES

Tab. 3.1 Chemische Reaktionen bei den verschiedenen Elektrolysezellen

	Alkalische Elektrolyse	Membran-Elektrolyse	Hochtemperatur-Elektrolyse
Kathodenreaktion	$2\,H_2O + 2\,e^- \rightarrow H_2 + 2\,OH^-$	$2\,H^+ + 2\,e^- \rightarrow H_2$	$H_2O + 2\,e^- \rightarrow H_2 + O^{2-}$
Ladungsträger	OH^-	H^+	O^{2-}
Anodenreaktion	$2\,OH^- \rightarrow ½\,O_2 + H_2O + 2\,e^-$	$O^{2-} \rightarrow ½\,O_2 + 2\,e^-$	$O^{2-} \rightarrow ½\,O_2 + 2\,e^-$

Alkalische Elektrolysezellen

Alkalische Elektrolysezellen bestehen aus 2 Halbzellen, die durch ein ionendurchlässiges Diaphragma, auch *Separator* genannt, getrennt und durch einen Zellrahmen abgedichtet sind. In diesem zirkuliert die Elektrolytlösung. Nahe des Diaphragmas liegen auf beiden Seiten die porösen bzw. perforierten großflächigen Elektroden. Wird eine ausreichende

Spannung an die Elektroden angelegt, wird an der Kathode Wasser in atomaren Wasserstoff und Hydroxidionen aufgespalten. An der Anode reagieren die durch das Diaphragma diffundierenden Hydroxidionen zu Wasser und Sauerstoff. Die entstandenen Sauerstoff- und Wasserstoffmoleküle steigen auf, werden vom Elektrolyten abgeschieden und abgeführt. Das bei der Reaktion verbrauchte Wasser wird in beiden Halbzellen nachgefüllt.

PEM-Elektrolysezellen

Eine PEM-Elektrolysezelle besteht aus bipolaren Platten. Eingravierte Kanäle (Flow Fields) in den Platten ermöglichen einen Wasser- wie auch Gastransport. Innerhalb der Platten werden die Anoden- und Kathodenräume durch eine protonenleitende feste Membran, welche als Elektrolyt dient, voneinander getrennt. Dieser wird auch Solid Polymer Electrolyte (SPE) genannt. Die Elektroden sind meist fest mit dieser Membran zum sog. *Membrane Electrode Assembly (MEA)* verbunden. Zwischen MEA und Bipolarplatten befinden sich poröse Stromableiter (Current Collectors), die den Stromfluss zu den Elektroden ermöglichen und für die Produktgase wie auch für Wasser durchlässig sind. Beim Anlegen einer ausreichenden Spannung wird das anodenseitig zugeführte Wasser an der Anode in Sauerstoff und positiv geladene Wasserstoffatome (Protonen) aufgespalten. Die Protonen diffundieren durch die Membran zur Kathode, wo sie unter Energiezufuhr (Elektronen) zu Wasserstoffmolekülen reagieren. Die entstandenen Sauerstoff- und Wasserstoffmoleküle steigen in den Kanälen der bipolaren Platten auf und werden abgeführt. Das bei der Reaktion verbrauchte Wasser wird dem Elektrolyseur an der anodenseitigen Halbzelle nachgefüllt.

Hochtemperaturelektrolysezellen

Eine Hochtemperaturelektrolysezelle besteht aus 2 Halbzellen, die durch einen festen, Sauerstoffionen leitenden und gasdichten Festelektrolyten getrennt sind. An diesem sind beidseitig Elektroden aufgebracht. Im Gegensatz zu PEM- und AEL-Elektrolyseuren wird nicht Wasser, sondern Wasserdampf zugeführt. Ein Teil der Spaltungsenergie kann vom erhitzten Wasser durch eine dem Elektrolyseprozess vorgeschalteten Wärmezuführung bereitgestellt und die Zellspannung so um mehr als 0,5 V, auf unter 1 V gesenkt werden. Damit sind hohe strombezogene Wirkungsgrade erreichbar. Der Wasserdampf wird überhitzt mit etwa 700 bis 1000 °C kathodenseitig zugeführt. Dabei reagiert dieser unter Energiezufuhr (Elektronen) zu Wasserstoffmolekülen und Sauerstoffionen. Die Sauerstoffionen diffundieren durch den Elektrolyten zur Anode, wo sie unter Elektronenabgabe zu Sauerstoffmolekülen reagieren. Fast alle Festoxidzellen (SOEL) sind grundsätzlich umkehrbare Zellen und können neben dem Elektrolysebetrieb auch als Brennstoffzelle eingesetzt werden. Da Hochtemperaturelektrolysen bis zum Jahr 2016 den niedrigsten technologischen Entwicklungsstand der benannten Wasserelektrolysesysteme aufwiesen, werden diese im Weiteren nicht detailliert betrachtet. 2016 lieferte die Sunfire GmbH aus Dresden die weltgrößte kommerzielle reversible Elektrolyse an Boeing mit einer Nennleistung für die Wasserstoffproduktion von 140 kW. Dies zeigt die Dimension aktueller Praxisprojekte und das sich diese Technologie auf den Weg zur Industrialisierung befindet.

Druckniveaus

Grundsätzlich kann zwischen atmosphärischen und druckbehafteten Elektrolyseuren unterschieden werden. Das notwendige Druckniveau von Wasserstoff variiert nach der jeweiligen Verwendung. Während eine nachgeschaltete chemische Methanisierung 20–30 bar benötigt, werden für die direkte Einspeisung in das Gasnetz je nach Netzebene unterschiedliche Druckstufen erforderlich. Ein Wasserstofftransport mittels Gastanks bzw. Pipelines benötigt meist Drücke zwischen 50 und 80 bar. Für die Einspeisung in Salzkavernen, Trailern bzw. Hochdruckspeichern sind Drücke mit mehr als 100 bar möglich. Um Wasserstoff vom atmosphärischen Druck auf ein Druckniveau von 30 bar zu bringen, sind ca. 0,2 kWh_{el}/m^3 notwendig. Die Kompression von Wasser gestaltet sich weniger aufwendig. Höhere Druckniveaus von Elektrolyseuren ermöglichen eine kompaktere Bauweise, jedoch sind damit ein höherer Wartungsaufwand und umfangreichere Sicherheitstechnik erforderlich. Des Weiteren sinkt mit steigenden Drücken die Elektrolyseeffizienz, und zusätzliche Wasserstoffverluste können auftreten. Eine Kosteneffizienz von druckbehafteten gegenüber atmosphärischen Elektrolyseuren ist nicht in jedem Auslegungsfall gegeben. Im Allgemeinen lassen sich Hochdruckelektrolyseure mit der PEM-Technologie besser realisieren. Zudem bieten PEM-Elektrolyseure die Möglichkeiten, Speisewasser unter atmosphärischem Druck anodenseitig einzubringen und kathodenseitig Wasserstoff elektrochemisch zu komprimieren. Dabei spricht man vom *Differenzialdruckverfahren*, mit dem bisher mehrere 100 bar praktisch realisiert werden konnten.[10]

Stackdesign

„Da die Gasproduktionsraten einzelner Elektrolysezellen begrenzt sind, werden für größere Leistungen und Gasmengen die Anzahl der Zellen nach oben skaliert und mehrere Zellen im Filterpressenaufbau zu einem Stack zusammengeschaltet“ (Sterner, M. & Stadler, I., 2014, S. 325). Der Aufbau ist bipolar oder monopolar realisierbar, wobei monopolar eine Parallelschaltung von Elektrolysezellen und bipolar eine Reihenschaltung kennzeichnet.

Stand der Technik

Die wichtigsten Kennzahlen sowie Vor- und Nachteile von AEL- und PEM-Elektrolyseuren sind in Tab. 3.2 aufgelistet. Diese Werte entsprechen dem Stand der Technik des Jahres 2014.

[10] Vgl. Energieinstitut-Linz et al., 2014 – Elektrolysezellen und Druckniveaus.

Tab. 3.2 Stand der Technik 2014 von AEL- und PEM-Elektrolyseuren. (In Anlehnung an Sterner, M. & Stadler, I., 2014; Energieinstitut-Linz et al., 2014; DVGW, 2013b; Smolinka, T.; Hebling, C.; Garche, J., 2011)

	AEL-Elektrolyseure	PEM-Elektrolyseure
Elektrolyt	Flüssig Elektrolytlösung bestehend aus 20–40 % Kaliumhydroxid (KOH bzw. Kalilauge)	Fest Hochporöser Polymerelektrolyt (Solid Polymer Electrolyte, SPE) wie beispielsweise Nafion
Typische Werkstoffe	Stahl (Zellrahmen), Nickel bzw. Nickellegierungen (Katalysatoren, Elektroden), Zirfon (Separator)	Titan (Current Collectors und Bipolare Platten), Edelmetall- bzw. Edelmetalloxid-Katalysatoren (Iridium oder Ruthenium auf der Anode und Platin auf der Kathode)
Betriebstemperatur	40–90 °C	20–100 °C
Druck	1–30 bar	30–50 bar
Spannungswirkungsgrad	62–82 %	67–82 %
Zellspannung	1,8–2,4 V	1,8–2,2 V
Stromdichte	0,2–0,4 A/cm²	0,6–2,0 A/cm²
Wasserstoffproduktionsrate	1–760 m³/h	0,01–30 m³/h
Realisierte elektrische Leistungen	5 kW–3,4 MW	0,5–160 kW
Standzeiten inklusive Überholung	20–30 a	10–20 a
Degradation	< 3 µV/h	< 0,5 µV/h
Energieaufwand	4,5–7,0 $kWh_{el}/m^3\ H_2$	4,5–7,5 $kWh_{el}/m^3\ H_2$
Spezifische Investitionskosten k_0	800–1500 €/kW	2000–6000 €/kW
Aufbau, Anlieferung	10 % k_0	10 % k_0
Wartung, Betrieb, Versicherung	4 % k_0 pro Jahr	4 % k_0 pro Jahr
Vorteile	- Seit vielen Jahren großtechnisch erprobte und kommerziell verfügbare Technologie (langjährige Betriebserfahrung) - Geringste Herstellungs-bzw. Investitionskosten - Hohe Langzeitstabilität - Keine Edelmetallkomponenten	- Hohe Stromdichten - Hoher Spannungswirkungsgrad - Einfacher Systemaufbau - Gute Teil-und Überlastfähigkeit - Schnelle Ansprech-/Reaktionszeiten - Kompaktes Stackdesign
Nachteile	- Optimierungsbedarf im dynamischen Betrieb, Betrieb unter Druck sowie bei der Effizienz - Aufwendige Laugenreinigung und Gasreinigung - Korrosiver flüssiger Elektrolyt	- Bisher nur in kleinen Anlagengrößen erprobt - Hohe Investitionskosten durch kostenintensive Komponenten - Edelmetallkatalysatoren

3.2.1.3 Peripherie

Für den Betrieb einer ganzen Elektrolyseanlage ist eine Reihe dem Elektrolysestack vor- und nachgeschalteter sowie dem Gesamtsystem übergeordneter, peripherer Systeme notwendig. Diese sind für PEM- als auch AEL-Elektrolysesysteme nahezu identisch und in

Tab. 3.3 Peripherie für PEM- und AEL-Elektrolysesysteme. (Zusammengestellt nach Angaben aus Sterner, M. & Stadler, I., 2014)

Vorgeschaltet	Nachgeschaltet	Übergeordnet
Wasseraufbereitung - Entfernung schädlicher Ionen und Schwebstoffe	**Wasserstoffverdichtung und -zwischenspeicherung** - Für den Transport oder für eine nachgeschaltete Methanisierung (Druckniveau, Entkopplung)	**Überwachungs-, Analyse- und Spülsysteme** - Spülung aller gasgeführten Teile (Inertgas) zur Vermeidung einer Explosionsgefahr - Überwachung der Raumluft- und Produktgasqualität zur Vermeidung von Gefährdungen
Laugenkreislauf und -aufbereitung - Für Kalilauge von AEL-Systemen (entfällt für PEM-Systeme)	**Wasserstoffaufbereitung** - Gasnachkühlung sowie Kondensatabscheider - Reinigungs- und Trocknungsanlage (RTA) zur Sauerstoffentfernung bzw. Erhöhung der Wasserstoffreinheit - Optionale Erhöhung der Wasserstoffreinheit mittels zusätzlichen Gasabscheiders (beispielsweise Druckwechseladsorptionsanlage)	**Wärmemanagement** - Wärme- und Kältebedarf zwischen Elektrolytkreislauf, Gaskühlung, Wasserkondensation, Gasreinigung und -verdichtung - Erweiterung denkbar für Methanisierungsreaktor, CO_2-Abscheider bzw. sonstige Wärmeabnehmer wie auch zusätzliche Wärmeerzeuger in räumlicher Nähe **Prozessleitsystem** - Zur Steuerung und Überwachung des Systems **Sonstige Leistungselektronik**

Tab. 3.3 aufgelistet.[11] Die notwendigen Komponenten für den stromseitigen Anschluss, wie beispielsweise Transformator, Gleichrichter oder Kabel, werden nicht zur Peripherie gezählt, sind jedoch je nach Netz- und Anschlusssituation zusätzlich notwendig. Gleiches gilt für die Einspeiseanlage zum gasseitigen Anschluss eines Elektrolysesystems am Erdgasnetz.

3.2.1.4 Teillast- und Überlastfähigkeit

Die Teillastfähigkeit von alkalischen Elektrolyseuren wird von den meisten Herstellern im Bereich von 20–40 % der Nominallast angegeben. Wird ein AEL-Elektrolyseur in diesem Bereich betrieben, wirkt sich dies negativ auf die resultierende Gasqualität aus. Die Hauptursache sind die im rückgeführten Elektrolytstrom gelösten Fremdgase. Eine komplette Trennung bzw. Regelung der beiden Laugenströme würde diesem Problem entgegenwirken. Ein häufiger Betrieb im unteren Teillastbereich bzw. ein häufiges Abschalten führt generell zur Senkung des (energetischen) Wirkungsgrades (hohe Querdiffusionen, Regeneration der Reinigung, Spülung, etc.). Im ausgeschalteten Zustand ist vielfach das Anlegen von einem sog. *holdingcurrent* (Haltestrom) notwendig, um vor erhöhter Korrosion (Degradation) zu schützen. Auch eine Überlastfähigkeit ist bei AEL-Systemen generell

[11] Vgl. Sterner, M. & Stadler, I., 2014, S. 326.

sehr begrenzt bzw. wird zum Teil völlig ausgeschlossen. Es gibt vereinzelt Bestrebungen, die teils vorhandene Überlastfähigkeit von 120–140 % der Nennleistung auf über 150 % zu steigern. Generell ist davon auszugehen, dass eine Überlastfähigkeit bis zu 300 %, wie sie mit der PEM-Technologie möglich ist, in naher Zukunft nicht erreicht werden kann. Die Überlastfähigkeit von Elektrolyseuren ist wenig erprobt und zeitlich begrenzt einsetzbar, wodurch diese Betriebsweise in Planungsprozessen von Elektrolyseanlagen bis zum Jahr 2015 wenig bis keine Berücksichtigung fand. Die PEM-Elektrolyse ermöglicht einen großen Teillastbereich, was insbesondere für die Kopplung mit fluktuierenden Erzeugern von Vorteil ist. Auf Zell- und Stackebene kann bis auf 0 % Teillast abgeregelt werden. Auf Systemebene wird jedoch die untere Grenze auf ca. 5 % der nominalen Leistung wegen des Eigenverbrauchs der Peripheriekomponenten begrenzt. Neben dem Teillastverhalten der Elektrolysezellen ist die Dynamik der Peripheriekomponenten entscheidend. Die Zeitkonstanten nachgeschalteter Systemkomponenten bei AEL-Elektrolyseuren wie Laugenpumpen, Druckregler oder Produktgasseparatoren sind wesentlich größer als die der Zelle. Die Systemperipherie der PEM-Elektrolyseure wie Zirkulationspumpen oder Flüssig-Gas-Separatoren weist ebenfalls höhere Zeitkonstanten auf, hat aber im Vergleich zu AEL-Elektrolysesystemen eine geringere thermische Kapazität. Dadurch kann der Betriebspunkt gut einem intermittierenden Leistungseintrag folgen. Ferner erreicht ein PEM-Elektrolyseur in der Startphase schnell die Betriebstemperatur.[12]

Das Zentrum für Sonnenenergie- und Wasserstoffforschung Baden-Württemberg (ZSW) hat die Regelbarkeit der alkalischen Elektrolyse bei der im ZSW-Technikum in Stuttgart bestehenden 250-kW-Power-to-Gas-Anlage getestet. Abb. 3.6 zeigt beispielhaft das notwendige Zeitintervall vom Stand-by-Betrieb mit einer Stacktemperatur von 70 °C bis zum Erreichen einer 100%igen Elektrolyseleistung. Hierfür waren weniger als 100 s nötig.[13]

Das Fraunhofer-Institut für Solare Energiesysteme (ISE) hat Untersuchungen zur Dynamik von PEM-Elektrolysesystemen durchgeführt, wobei einzelne Komponenten analysiert wurden. Ein PEM-Elektrolyseur wurde in eine Testfeldumgebung integriert und für verschiedene Lastpunkte, aufgeschlüsselt nach dem elektrischen Energiebedarf des Zellstapels, der 24-V- und 48-V-Verbraucher, dem Kälteaggregat und der Gastrocknung, eines fluktuierend aufgeprägten Leistungsprofils getestet. Als Leistungsprofil diente ein Einspeiseprofil eines Windparks mit 36 MW installierter Leistung. Die Leistungswerte des Erzeugungsprofils wurden auf die mittlere Leistung des Elektrolyseurs bei 60 A normiert, sodass ein Überlast- und Teillastverhalten simuliert werden konnten. Das Erzeugungsprofil bestand aus Minutenwerten eines Monat, die um den Faktor 4 gestaucht wurden, um ein Wochenprofil zu generieren. Die Bruttowasserstoffproduktion des Elektrolyseurs, bestehend aus 46 Zellen, betrug bei 60 A 1150 l/h. Der Anteil der Peripherie betrug etwa 5 % der Leistungsaufnahme. Abb. 3.7 zeigt eine exemplarische Messreihe bei der Kopplung des Elektrolyseurs mit dem Windparkprofil.

12 Vgl. Energieinstitut-Linz et al., 2014.
13 Vgl. ZSW, 2014.

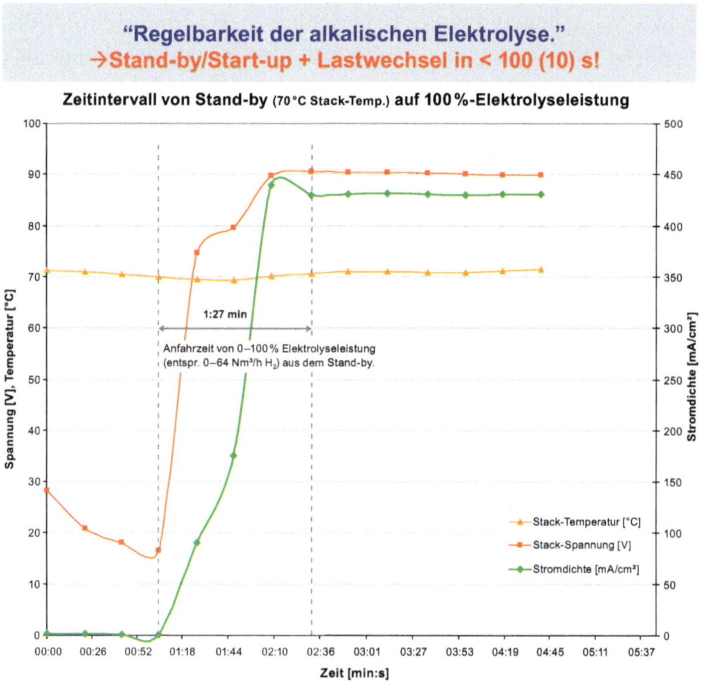

Abb. 3.6 Regelbarkeit eines AEL-Elektrolyseurs. (ZSW, 2014)

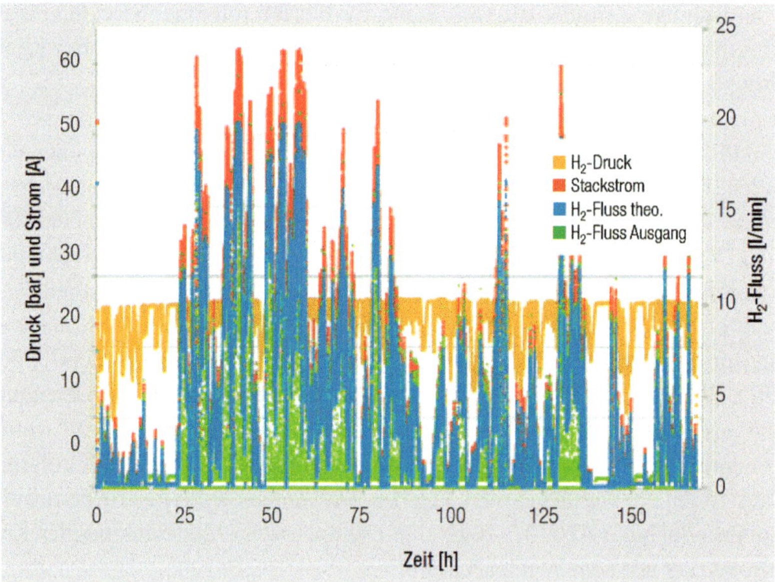

Abb. 3.7 Dynamisches Verhalten eines PEM-Elektrolyseurs unter Aufprägung des fluktuierenden Leistungsprofils eines Windparks. (Fraunhofer ISE, 2014)

Der Elektrolyseur konnte dem fluktuierenden Leistungsangebot verzögerungsfrei folgen. Auf Systemebene lag das Antwortverhalten im Minutenbereich, auf Zellebene sogar im Subsekundenbereich. Zeitlich begrenzt konnte neben dem Teillast- auch ein Überlastbetrieb von 200 % realisiert werden. Beim Kaltstart benötigten die Aufheiz- und Druckaufbauphase mehrere Minuten. Der Wasserstoffdruck konnte aufgrund des Wasserstoffverbrauchs für die Druckwechseladsorptionsgastrocknung (PSA) bei kleineren Stromdichten nicht konstant gehalten werden. Hier wurde ein Optimierungspotenzial identifiziert. Der Energiebedarf der Peripherie war nahezu unabhängig vom Lastpunkt. Jedoch zeigte sich eine Abhängigkeit von der Außentemperatur, da diese einen Einfluss auf den Energiebedarf des Kühlkreislaufes hat. Unterhalb von 4 % wurde kein Wasserstoff erzeugt. Dies spiegelt den Eigenverbrauchsanteil wider. Dieser Anteil sollte bei energiewirtschaftlichen Anwendungen eine untere Betriebsgrenze darstellen. Der Systemwirkungsgrad blieb über einen Bereich von 20–60 A relativ konstant, was die gegensätzliche Auswirkung des Teillastverhaltens auf den Zell- und Peripheriewirkungsgrad verdeutlicht. Der Zellwirkungsgrad nahm mit abnehmender Stromstärke zu, während der Peripheriewirkungsgrad (mit Berücksichtigung der Gastrocknung) sank. Unter 20 A fiel der Systemwirkungsgrad stark ab. Der durchschnittliche Systemwirkungsgrad, bezogen auf den Heizwert, betrug ca. 45 %. Durch eine optimierte Betriebsführung und eine Anpassung des Verhältnisses der Nennleistung des Elektrolyseurs zur Nennleistung der Erzeugungsanlage kann der Systemwirkungsgrad optimiert werden. Bei den gewählten Randbedingungen ließen sich jährliche Vollaststunden zwischen 3000 und 4700 h erzielen.[14]

Eine Langzeitstabilität von PEM- wie auch AEL-Systemen konnte derzeit für den intermittierenden Betrieb noch nicht nachgewiesen werden. Bisherige Betriebserfahrungen zeigen eine Verringerung der Lebensdauer aufgrund Degradation.

3.2.2 Methanisierung

Innerhalb des Power-to-Gas-Konzeptes ist die Methanisierung der zweite wesentliche – jedoch optionale – Verfahrensschritt neben der Elektrolyse. Hierfür stehen chemische und biologische Verfahren zur Verfügung. Beide Verfahren haben gemeinsam, dass in einer exothermen Reaktion das Syntheseprodukt erneuerbares Methan aus Wasserstoff und Kohlendioxid bzw. -monoxid entsteht. Durch die freiwerdende Wärme in exothermen Prozessen kommt es zu einem Energieverlust, falls diese Wärme ungenutzt bleibt. Für die Methanisierung sind aus der Literatur Konversionsverluste von 20 % bekannt.[15] Hinsichtlich des Gesamtwirkungsgrads der Methanisierung ist der Energieaufwand für die Anlagentechnik der Methanisierung zu berücksichtigen, wie z. B. Verdichter, Aufbereitungsanlagen oder Rührwerke. Ein Vorteil der Methanisierung gegenüber der Nutzung von Wasserstoff ist die ca. 3-fach höhere volumetrische Speicherdichte und die Einspeisung als Austauschgas in das öffentliche Erdgasnetz.

[14] Vgl. Fraunhofer ISE, 2014.
[15] Vgl. DVGW, 2013a.

Stand der Technik

Die wichtigsten Kennzahlen sowie die Vor- und Nachteile von biologischen und chemischen Methanisierungsanlagen sind in Tab. 3.4 zusammengefasst. Die Werte entsprechen dem Stand der Technik des Jahres 2014.

Tab. 3.4 Stand der Technik 2014 von chemischen und biologischen Methanisierungsanlagen. (In Anlehnung an DVGW, 2014a; Sterner, M. & Stadler, I., 2014)

	Chemische Methanisierungsanlagen	Biologische Methanisierungsanlagen
Katalysator	Meist nickelbasiert	Enzyme von Mikroorganismen aus der Domäne der Archaeen
Betriebstemperatur	200–700 °C	40–70 °C
Betriebsdrücke	Druckbehaftet bis 80 bar	Atmosphärisch und Druckbehaftet bis 20 bar
GHSV (Gas Hourly Space Velocity)	500–5000 h^{-1}	< 110 h^{-1}
Energiebedarf Methanisierung (Einspeisedruck 16 bar)	< 0,4 kWh/m^3_{SNG}	0,4–1,8 kWh/m^3_{SNG}
Systemwirkungsgrad ohne Wärmenutzung	< 83 %	< 71,6 % (integrativ) 73–77 % (selektiv)
Systemwirkungsgrad mit Wärmenutzung	> 90 %	< 93,2 % (integrativ) 78,4–82,4 % (selektiv)
Spezifische Investitionskosten k_0	< 400 €/kW	650–400 €/kW (integrativ) 600–1200 €/kW (selektiv)
Planung und Bau	–	15–20 % k_0
Peripherie	–	5 % k_0
Wartung, Betrieb, Versicherung	3 % k_0 pro Jahr	3 % k_0 pro Jahr
Vorteile	- Hohe energetische Wirkungsgrade - Geringe Reaktorgröße - umfangreichere Erfahrungen im großtechnischen Einsatz - Reaktionswärme sehr gut und vielseitig nutzbar	- Hohe Flexibilität und Robustheit - Gut geeignet für kleine Anlagen bis ca. 5 MW, v. a. bei Kopplung mit Biogas- oder Kläranlagen - Flexibles Lastwechselverhalten - Sehr hohe Methananteile >98 % realisierbar - Niedrige Prozesstemperaturen und -drücke
Nachteile	- Mäßig flexibles Lastwechselverhalten - Geringe Toleranz gegenüber Spurenstoffen - Methangehalt von maximal 95 % im Produktgas (once-through)	- Reaktionswärme bedingt nutzbar aufgrund des geringen Temperaturniveaus - Hoher Strombedarf für das Rührwerk und die Gaseinbringung – geringe energetische Wirkungsgrade - Konstante Fütterung der Bakterien notwendig - Abwasserrecycling und ggf. -aufbereitung notwendig

3.2.3 Chemische Methanisierung

3.2.3.1 Prozessgrundlagen

> Bei der chemischen Methanisierung läuft die Sabatier-Reaktion ab, dabei reagieren Kohlenstoffdioxid bzw. Kohlenstoffmonoxid mit Wasserstoff zu erneuerbarem Methan und Wasserdampf. Die Reaktion ist in umgekehrter Richtung als Dampfreformierung von Erdgas bekannt, welches das am häufigsten genutzte Verfahren zur Gewinnung von Wasserstoff ist. Die Sabatier-Reaktion stellt zudem eine Spezialform der Fischer-Tropsch-Synthese dar.

Die chemischen Gleichungen der Sabatier-Reaktion sind in Gl. 3.2 beschrieben.

Gl. 3.2: Sabatier-Reaktion

$$\begin{aligned} CO_{2(g)} + 4H_{2(g)} &\leftrightarrow CH_{4(g)} + 2H_2O_{(g)} \qquad \Delta H_R^0 = -165{,}0\frac{kJ}{mol} \\ CO_{(g)} + 3H_{2(g)} &\leftrightarrow CH_{4(g)} + 2H_2O_{(g)} \qquad \Delta H_R^0 = -206{,}2\frac{kJ}{mol} \end{aligned} \tag{3.2}$$

Eine direkte Hydrierung von Kohlenstoffdioxid läuft eher selten ab. Zumeist wird dieses sehr schwach reaktive Gas in Kohlenmonoxid vor der eigentlichen Methanisierungsreaktion aufgetrennt. Diese Auftrennung wird als Wassergas-Shift-Reaktion bezeichnet. Diese chemische Reaktion lässt sich mit Gl. 3.3 beschreiben.

Gl. 3.3: Wassergas-Shift-Reaktion

$$H_{2(g)} + CO_{2(g)} \leftrightarrow CO_{(g)} + H_2O_{(g)} \qquad \Delta H_R^0 = 41\frac{kJ}{mol} \tag{3.3}$$

Für chemische Methanisierungsanlagen von Power-to-Gas-Anlagen stehen meist Eduktgase[16] mit hohem CO_2-Gehalt und keinem bzw. geringen CO-Gehalt zur Verfügung. Die Wassergas-Shift-Reaktion wird ausgenutzt, um das CO/CO_2-Verhältnis auf die optimalen Betriebsbedingungen einzustellen.

Katalysatoren

Zur Herabsetzung der Aktivierungsenergie für den Methanisierungsprozess werden Katalysatoren eingesetzt, welche derzeit zumeist auf Nickelbasis ausgeführt sind. Nickelkatalysatoren sind ausreichend selektiv, weisen eine gute katalytische Wirkung auf und sind v. a. in ausreichendem Maße und günstig erhältlich. Als Produktgase entstehen neben CH_4 und H_2O auch noch CO und nicht umgesetzte Eduktgase. Des Weiteren kann es zur Bildung von festem Kohlenstoff kommen, der sich möglicherweise im Reaktor und

[16] Edukt: Ausgangsstoff einer chemischen Reaktion.

auf den Katalysatoren ablagert. Um eine Vergiftung bzw. Deaktivierung der verwendeten Katalysatoren zu verhindern, müssen schädliche Gasverunreinigung und Spurenstoffe vermieden werden. Besonders gegen Schwefelverbindungen, wie z. B. H_2S oder COS, gegen organischen Schwefel sowie Chlor und Schwermetalle sind Katalysatoren hochempfindlich. Deshalb werden bei einer chemischen Methanisierung hohe Anforderungen an die vorgelagerte Gasaufbereitung gestellt. Bei einer fehlenden Wärmeabführung besteht die Gefahr einer Hotspot-Bildung im Reaktor, bei der es zu einer punktuellen Überhitzung des Katalysators kommt. Folge einer Überhitzung sind eine Verschiebung des Reaktionsgleichgewichts in Richtung Eduktgase sowie eine Deaktivierung oder sogar dauerhafte Beschädigung des Katalysators.

Betriebstemperaturen und -drücke

Die Methanisierungsreaktionen sind stark exotherm und volumenreduzierend. Aus thermodynamischer Sicht bzw. nach dem Prinzip von Le Chatelier sind niedrige Temperaturen und hohe Drücke von Vorteil, um das Reaktionsgleichgewicht in Richtung Methan zu verschieben. Abb. 3.8 zeigt den erreichbaren Methangehalt des Produktgases der CO_2-Methanisierung in Abhängigkeit der Parameter Betriebstemperatur und -druck.

Temperatur und Druck werden u. a. durch die optimalen Betriebsbedingungen des eingesetzten Katalysators bestimmt. Die Temperaturniveaus sind durch die Anspringtemperatur, das Umsatzverhalten sowie Aktivierungs- und Deaktivierungsmechanismen (thermische Stabilität, Vergiftung, Kohlenstoffablagerungen) des Katalysators begrenzt. Bei Nickelkatalysatoren sollte die Prozesstemperatur nicht unter 200 °C fallen, um die Bildung

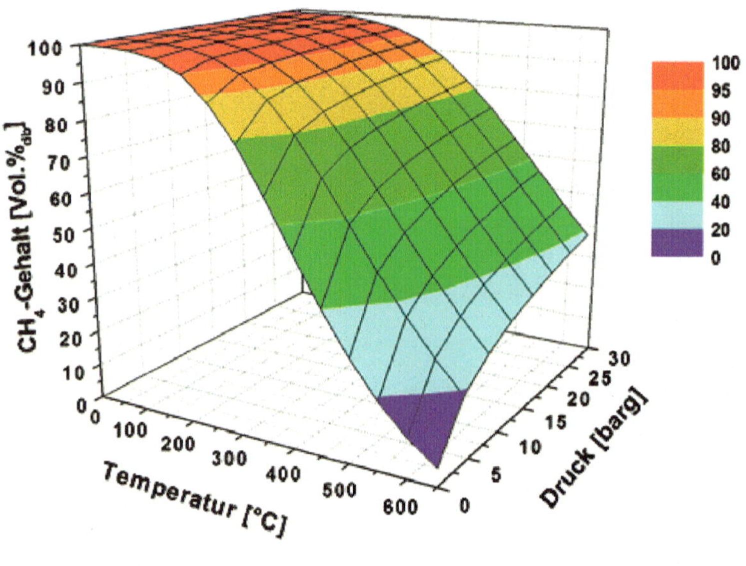

Abb. 3.8 Methanausbeute im Gleichgewicht als Funktion von Temperatur und Druck bei 80 Vol.-% H_2 und 20 Vol.-% CO_2 (barg = bar_{abs} – bar_{atm}; db = dry basis). (van Basshuysen, R., 2015)

des Katalysatorgifts Nickeltetracarbonyl zu vermeiden. Je nach einzuhaltender Temperatur ergibt sich ein minimaler Druck, um eine gewisse Umsatzrate bzw. einen bestimmten Methangehalt im Produktgas zu erhalten.

Wärmemanagement

Damit die Methanisierungsreaktion in einem günstigen Temperaturbereich abläuft, ist ein Wärmemanagement notwendig, das die freiwerdende Energie zuverlässig abführt. Die freiwerdende Prozesswärme sollte genutzt werden, um den Wirkungsgrad des Gesamtsystems, die Wirtschaftlichkeit und letztendlich auch die CO_2-Bilanz zu verbessern. Dementsprechend bieten sich Örtlichkeiten mit Wärmesenken an, die Heizwärme oder Prozessdampf benötigen, z. B. Biogasanlagen oder angeschlossene Fern- und Nahwärmenetze. Systemintern kann bei einer Power-to-Gas-Anlage die Prozesswärme beispielsweise für Hochtemperaturelektrolysen oder für die Gasaufbereitung (z. B. eine CO_2-Abtrennung mittels Aminwäsche) genutzt werden. Auch eine Kälteanforderung ist mittels Absorptionskältemaschinen realisierbar. Außerdem ist eine Verstromung der freiwerdenden Wärme aufgrund der hohen Temperaturen ebenso möglich. Letzteres ist jedoch nur bei einer Eigenstromversorgung oder im Falle einer zeitlichen Entkopplung zwischen Elektrolyse und Methanisierung anwendbar. Eine Stromeinspeisung zu Hochstromzeiten, in denen Elektrolyseure betrieben werden sollten, wäre für das Gesamtsystem kontraproduktiv. [17]

3.2.3.2 Reaktorkonzepte

Für die chemische Methanisierung stehen unterschiedliche Reaktorkonzepte zur Verfügung, die nach folgenden Verfahren eingeteilt werden können:

2-Phasen-Reaktoren (Edukte gasförmig, Katalysator fest)

- Wirbelschicht (Forschungsstadium):
  - Eduktgas wird von unten in den Reaktor geblasen, reißt dabei den feinkörnigen Katalysator mit und wird umgesetzt
  - Katalysator wird mechanisch vom Produktgasstrom getrennt (fällt in Bunker) und die Reaktionsprodukte werden ausgeleitet
- Festbett (kommerziell):
  - Meist als Rohrbündelreaktor ausgeführt (Sonderformen: Platten- und Wabenreaktoren)
  - Eduktgase strömen von oben ein, durchströmen die Rohre, in denen der Katalysator als Festkörper in einer feinkörnigen Schüttung eingebracht ist und werden umgesetzt
  - Rohre werden außen von einem Wärmeträgermedium zur Wärmeabfuhr umströmt

[17] Vgl. Sterner, M. & Stadler, I., 2014, S. 340–342 – Prozessgrundlagen.

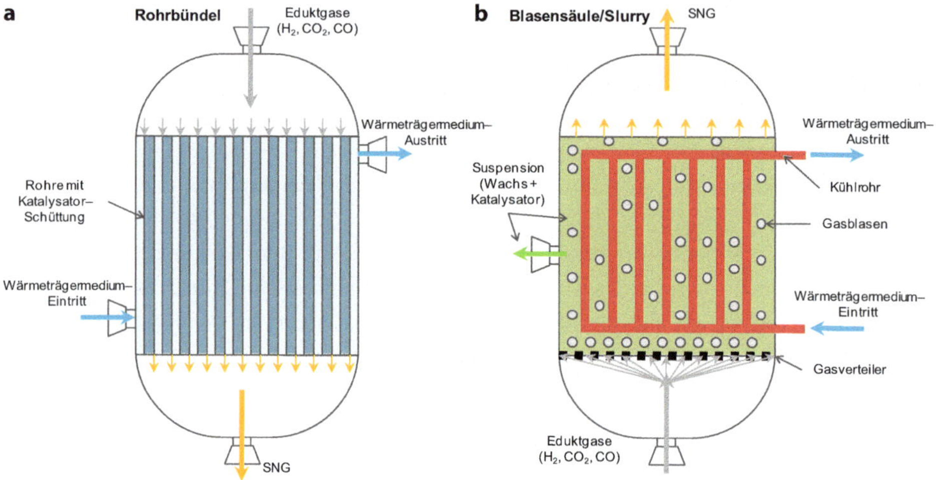

Abb. 3.9 Schematische Darstellung eines 2-Phasen und 3-Phasen-Reaktors. **a** Rohrbündelreaktor, **b** Blasensäulenreaktor

3-Phasen-Reaktoren (Edukte gasförmig, Wärmeträgermedium flüssig, Katalysator fest)

- Blasensäule – Slurry (Forschungsstadium):
  - Behälter mit einer Kühlspule, der mit einer Suspension (Slurry), bestehend aus Wachs und Katalysatorteilchen, gefüllt ist
  - Eduktgase werden von unten eingeführt, gleichmäßig in die Suspension durch einen Gasverteiler eingetragen und beim Aufstieg durch die Suspension umgesetzt
  - Eine Kühlschlange führt die freiwerdende Wärme ab

In Abb. 3.9 ist sowohl der prinzipielle Aufbau eines 2-Phasen-Reaktors (Rohrbündelreaktor), als auch eines 3-Phasen-Reaktors (Blasensäulenreaktor) dargestellt.

Als Wärmeträgermedium zur Wärmeabfuhr werden Wasser, Salzschmelzen oder Thermoöle eingesetzt. Das Synthesegas kann bei allen Reaktoren entweder nur einmal durch den Reaktor geführt werden (Once-through-Betrieb), wobei verbleibende Restgase zur Wärmeerzeugung oder Kraft-Wärme-Kopplung genutzt werden, oder dem Reaktor werden nicht umgesetzte Synthesegase erneut zugeführt (Produktgas-Recycle-Loop) und ggf. reformiert, um eine möglichst hohe Umsatzrate und SNG-Qualität zu erzielen (Full-conversion-Betrieb).[18]

3.2.3.3 Produktgasqualität

Das ZSW hat Festbettreaktoren in verschiedenen Leistungsklassen und für unterschiedliche Reaktorsysteme (Rohrbündel- und Plattenreaktor) getestet. Bei einfachem Reak-

[18] Vgl. Energieinstitut-Linz et al., 2014, Sterner, M. & Stadler, I., 2014, S. 364–365.

tordurchgang (once-through) eignete sich die Beschaffenheit des Produktgases stets zur Einspeisung in das deutsche Erdgasnetz der Gasgruppe L gemäß DVGW G 260/262, ohne dass nach der Gastrocknung eine weitere Gasaufbereitung erforderlich wurde. Methananteile von mehr als 95 Vol.-%, die für einen Austauschgas zur Einspeisung in das H-Gasnetz erforderlich sind, konnten mit once-through nicht bzw. nur sehr begrenzt erreicht werden. Ein Rohrbündelreaktor wurde mit einem Membran-Gastrennprozess, bei dem nicht umgesetzte Eduktgase der Methanisierung wieder vollständig zugeführt wurden (Recycle-Loop), ausgestattet. Mit diesem Full-conversion-Betrieb konnten Gasqualitäten der Gasgruppe H erzielt werden. Zudem war durch diese Betriebsweise eine Absenkung des Betriebsdrucks der Methansynthese möglich.[19]

3.2.3.4 Dynamischer Betrieb

Die dynamische Fahrweise eines chemischen Reaktors und der Betrieb bei unterschiedlichen Lastpunkten hängen von verschiedenen Kriterien ab. Das Wärmemanagement muss bei Lastwechseln eine gleichmäßige Temperierung des Reaktors gewährleisten, um eine Hotspot-Bildung zu vermeiden. In Stand-by-Zeiten entstehen zudem Wärmeverluste durch Konvektion und Strahlung, die durch eine zusätzliche elektrische Begleitheizung bzw. eine ausreichend dicke Wärmedämmung des Reaktors ausgeglichen werden müssen. Für die Anfahrzeit des Reaktors ist die Masse des Katalysatorbettes ein Kriterium. Zudem werden die Anfahr- und Abfahrzeiten (Rampen) eines Reaktors durch Spülvorgänge beeinflusst. Vor der Benutzung ist ein Reaktor mit Wasserstoff vorzuspülen, um Katalysatorschädigungen zu vermeiden. Aus diesem Grund dürfen auch im Stand-by Zustand keine schädlichen Restgase im Reaktor verbleiben, weshalb dieser mit Wasserstoff befüllt bzw. unter Inertatmosphäre gehalten wird.[20]

Adiabate Festbettreaktoren haben nach Angaben aus dem Jahr 2014 eine Mindestlast von 40 %. Eine Dreiphasenmethanisierung kann in einem weiteren Bereich geregelt werden. Hiermit werden Mindestlasten kleiner 20 % erreicht, wobei deutlich kleinere Mindestlasten denkbar sind, aber bisher nicht nachgewiesen wurden.[21]

Das dynamische Betriebsverhalten für An- und Abfahrvorgänge sowie Lastwechsel wurde durch das ZSW für einen Rohrbündelreaktor (Festbett) einer 250 kW Power-to-Gas-Anlage getestet. Ein beispielhaftes Betriebsverhalten zeigt Abb. 3.10. Der Reaktor wurde im Stand-by Zustand unter Wasserstoffatmosphäre gehalten. Beim Anfahren wurde ein stöchiometrisch eingestelltes H_2/CO_2-Gemisch zugegeben, bis ein stationärer Zustand mit konstanter Produktgasqualität erreicht war. Es erfolgten Lastwechsel zwischen 100 und 70 % anhand stöchiometrisch eingestellter Rampen der Eduktgasströme. Nach dem Abfahren wurde der Reaktor mit Wasserstoff gespült und wieder in den Stand-by-Zustand versetzt. Diese Vorgänge wurden mehrmals wiederholt. Es zeigte sich, dass An- und Abfahrzeiten im Bereich weniger Minuten realisiert werden können, Anfahrzeiten im Vergleich aber zeitaufwendiger sind. Dies geht auf die thermische Trägheit

[19] Vgl. van Basshuysen, R., 2015, S. 160–161.
[20] Vgl. Sterner, M. & Stadler, I., 2014, S. 342–343.
[21] Vgl. DVGW, 2014a, S. 36–37.

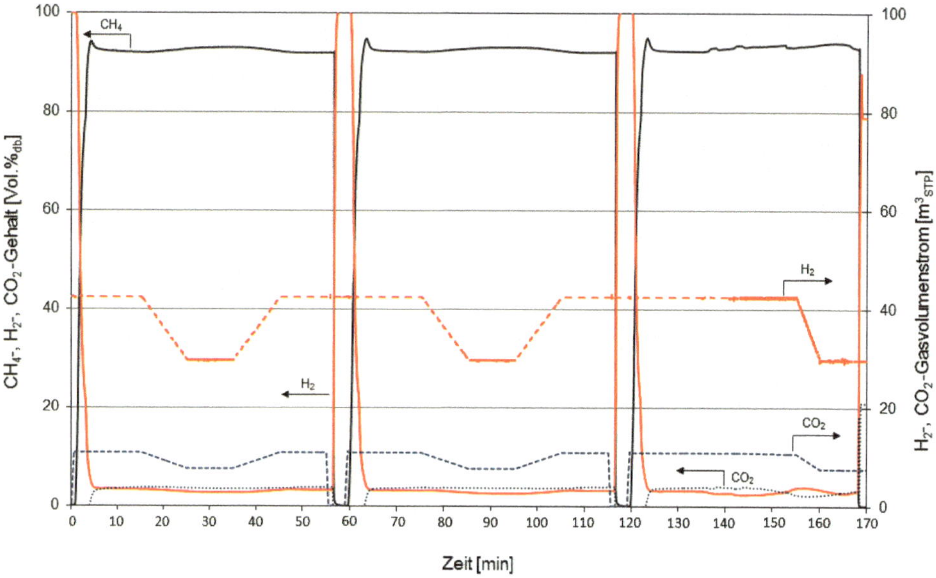

Abb. 3.10 Gaszusammensetzung bei Anfahr- und Abfahrvorgängen sowie bei Lastwechseln eines Rohrbündelreaktors als Funktion des Eduktgasvolumenstroms. (ZSW, 2014)

der Reaktorsysteme sowie die erhöhte Spülzeit zurück. Während der Betriebszeit verdeutlichte sich eine nahezu konstante Gaszusammensetzung. Lastwechsel hatten auf die Produktqualität (L-Gas) bzw. den Methangehalt keinen wesentlichen Einfluss.[22]

Das dynamische Betriebsverhalten von Rohrbündelreaktoren kann außerdem anhand der praktischen Erfahrung der 6-MW-Power-to-Gas-Anlage, betrieben durch die Audi AG im niedersächsischen Werlte, ausgewertet werden. Diese Anlage hat erstmals Ende des Jahres 2013 ein Austauschgas in das dort vorhandene Erdgasnetz der Gasgruppe L eingespeist. Das Betriebsverhalten in der Anfahrphase wird exemplarisch in Abb. 3.11 demonstriert. Der Anfahrvorgang erfolgt hier ebenfalls aus dem Standby-Zustand unter Wasserstoffatmosphäre (bei $t = 0$ s) unter Zugabe eines stöchiometrisch eingestellten H_2/CO_2-Gemisches. Die Produktgaszusammensetzung wurde am Reaktorausgang nach Auskondensation des Produktwassers gemessen. Die Methankonzentration im Produktgas betrug nach etwa 300 s mehr als 90 Vol.-%. Als ein weiteres Kriterium neben dem Methangehalt wurde für die Einspeisung in das Gasnetz eine Wasserstoffkonzentration von weniger als 5 Vol.-% herangezogen. „Dieser Wert wurde nach weiteren knapp 100 Sekunden unterschritten, so dass nach etwa 400 Sekunden das Produktgas nach Auskondensieren des Wassers und Zudosierung von Luft zur Anpassung der brenntechnischen Eigenschaften als Austauschgas in das örtliche L-Gasnetz eingespeist werden konnte" (van Basshuysen, R., 2015, S. 162).

[22] Vgl. van Basshuysen, R., 2015, S. 160.

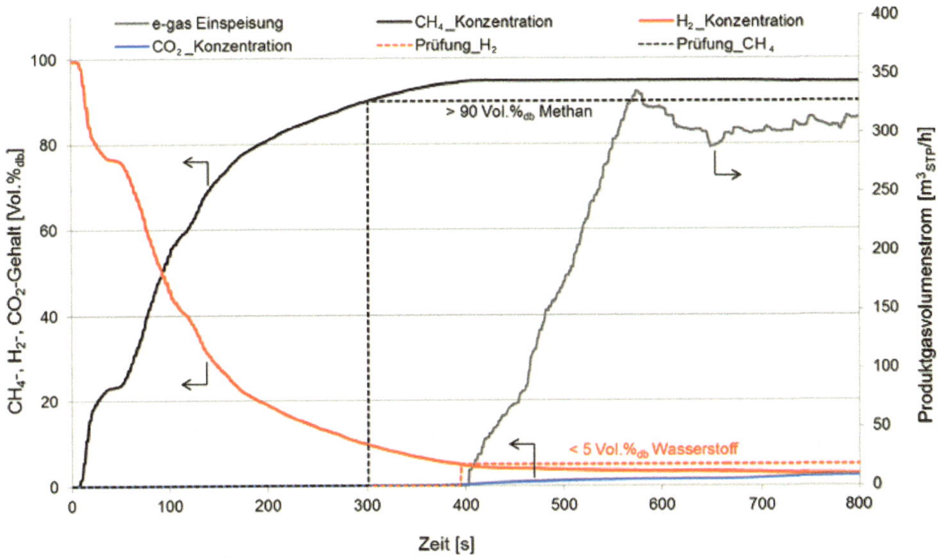

Abb. 3.11 Gasqualität beim Anfahren eines Rohrbündelreaktors und bei der Einspeisung des Produktgases in das Erdgasnetz. (Audi AG)

Die aufgeführten Testverfahren beziehen sich ausschließlich auf den dynamischen Betrieb von Festbettreaktoren. Um Anfahrzeiten von Methanisierungsanlagen zu kompensieren, werden Zwischenspeicher benötigt, damit H_2 und CO_2 unabhängig produziert werden können. Dadurch ist es außerdem möglich, die Methanisierung über Zeiten aufrechtzuerhalten, in denen kein H_2 bzw. CO_2 produziert wird. Den zusätzlichen Kosten für die Speicherung stehen geringere Baugrößen für die Methanisierung wie auch höhere Umsatzraten an Produktgas gegenüber.

3.2.4 Biologische Methanisierung

3.2.4.1 Prozessgrundlagen

Die biologische Methanisierung, auch als mikrobielle Methanisierung bezeichnet, stellt eine weitere Möglichkeit zur Methanisierung des in der Elektrolyse produzierten Wasserstoffs dar. Diese basiert auf den natürlichen Stoffwechselprozessen von Mikroorganismen aus der Domäne der Archaeen (Archaea). Als Katalysator wirken die Enzyme der Mikroorganismen (Biokatalysatoren). Die Archaeen zählen zu den ältesten Lebewesen der Erde. Sie lassen sich in verschiedene Abteilungen untergliedern. Für die biologische Methanisierung sind v. a. die Euryarchaeota relevant, die auch als methanogene Archaeen bezeichnet werden. Diese lassen sich in die 3 Klassen Methanobacteria, Methanococci und Methanomicrobia unterteilen, die wiederum aus insgesamt 6 Ordnungen bestehen. „Die Temperaturoptima verschiedener Archaeen erstrecken sich von mesophilen (33–

45 °C) über thermophile (65–70 °C) bis hin zu hyperthermophilen (65–85 °C) Temperaturbereichen. Der optimale pH-Wert bewegt sich jeweils im neutralen Bereich zwischen 6,8 und 7,2“ (van Basshuysen, R., 2015, S. 172). Archaeen benötigen anaerobe (sauerstofffreie) und wässrige Lebensräume, da Sauerstoff auf die Organismen toxisch wirkt und die Eduktgase Wasserstoff und Kohlendioxid nur in gelöster Form aufgenommen und verwertet werden können. Für die Biogas- bzw. Klärgaserzeugung werden Archaeen seit Jahrzehnten technisch genutzt. Der Biomasseabbau erfolgt durch eine Vielzahl von unterschiedlichen Mikroorganismen (Mischkulturen) in aufeinander aufbauenden Schritten, äquivalent zu natürlich stattfindenden Abbauprozessen. Der letzte Abbauschritt zur Methanbildung, die sog. *Methanogenese*, wird von den methanogenen Archaeen vollzogen, welche die durch vorherige Stoffumwandlungsschritte bereitgestellten Grundstoffe zu Methan umsetzen. Man unterscheidet 2 Hauptreaktionswege, die hydrogene (hydrogenotrophe) und acetoklastische Methanogenese. Acetoklastisch bezeichnet die Spaltung von Acetat bzw. Essigsäure in CO_2 und CH_4, wobei dies nur von wenigen Archaeen umgesetzt werden kann. Die Methanbildung aus Kohlenstoffdioxid und Wasserstoff wird als hydrogen bezeichnet. Nahezu alle methanogenen Archaeen können Wasserstoff zu Methan synthetisieren, wobei Methanobacteria am häufigsten bei gezielter Wasserstoff- und Kohlendioxidbeaufschlagung in erhöhter Konzentration zu finden sind.[23]

► Die biologische Methanisierung beruht auf der hydrogenen Methanogenese, entsprechend dem Ausgangsstoff Wasserstoff aus dem vorgelagerten Elektrolyseprozess, mit Archaeen als Biokatalysator. Die hierfür anwendbare chemische Reaktionsgleichung lässt sich, analog wie bei der chemischen Methanisierung, durch die Sabatier-Reaktion beschreiben.

3.2.4.2 Reaktor-/Prozesskonzepte

Für die biologische Methanisierung stehen 2 verschiedene Prozesskonzepte zur Verfügung, die integrative Methanisierung in einer Biogasanlage und die selektive Methanisierung in einem separaten Reaktor. Bei beiden Konzepten läuft die Methanisierung entweder im mesophilen oder thermophilen Bereich von 40–70 °C ab. Aufgrund der niedrigeren reaktorvolumenbezogenen Methanbildungsraten im Vergleich zur chemischen Methanisierung, auch als GHSV (Gas Hourly Space Velocity) bezeichnet, werden viel größere Reaktorvolumina benötigt. Die biologische Methanisierung befand sich im Jahr 2015 noch in der Entwicklungsphase, wobei erste Pilot- und Demonstrationsanlagen realisiert wurden. Für die reaktorvolumenbezogene Methanbildungsrate werden in der Literatur Werte zwischen 25 und 110 h^{-1} angegeben. Für chemische Methanisierungsanlagen liegen die *GHSV* bei bis zu 5000 h^{-1}. Offen ist die großtechnische Umsetzung des Verfahrens. Aufgrund der schlechten Löslichkeit von Wasserstoff in den Fermenter- bzw. in den Reaktorflüssigkeiten stellt die Bereitstellung von Wasserstoff an die Mikroorganismen die größte verfahrenstechnische Herausforderung dar. Dies wirkt sich auf die Gasqualität und den Energiebedarf für die Durchmischung aus. Als Entwicklungspotenzial werden

[23] Vgl. Energieinstitut-Linz et al., 2014.

das Reaktordesign und die Konzeption eines geeigneten Einbringsystems für Wasserstoff betrachtet. Zudem müssen leistungsfähige Mikroorganismen gefunden werden, die in ausreichender Konzentration hohe Umsatzraten ermöglichen. Eine erhöhte Temperatur kann ebenso wie ein erhöhter Druck zu einer verbesserten Leistung des Prozesses beitragen.[24]

Integrative Methanisierung

Bei der integrativen Methanisierung wird versucht, durch Zugabe von Wasserstoff in eine Bio- oder Klärgasanlage die Methanausbeute zu erhöhen. Die Organismen hierfür sind größtenteils aus der Bio- bzw. Klärgasherstellung in den Fermentern vorhanden. Zusätzlich können den Anlagen einige spezielle methanogene Bakterienstämme eingeführt werden, um die Umsetzung des Wasserstoffes zu optimieren. Mineralien müssen nicht zusätzlich beigemischt werden, da notwendige Nährstoffe für die Bakterien im Fermentersubstrat enthalten sind. Vorteilhaft bei diesem Konzept sind die Nutzung vorhandener Anlagentechnik sowie evtl. Strom- und Gasanschlüsse, was zu einem Kostenvorteil führt. Offene Fragestellungen bestehen bezüglich der maximal realisierbaren Wasserstoffzugabe sowie der erzielbaren Produktgasqualität, da ein zu hoher Wasserstoffpartialdruck im Gärbehälter den Biomasseabbau hemmt, v. a. die acetoklastische Methanproduktion. Die Zugabe von Wasserstoff ist demnach limitiert.

Selektive Methanisierung

Dieses Verfahrenskonzept beruht auf einem eigenständigen Methanisierungsreaktor (sog. *Bioreaktor*), in welchem methanogene Archaeen in einer wässrigen Lösung vorliegen. Hierbei können Rein- und Mischkulturen, aus verschiedenen methanogenen Bakterienstämmen eingesetzt werden. Neben den Eduktgasen Wasserstoff und Kohlenstoffdioxid werden in Wasser gelöste Mineralien für das Wachstum der Organsimen benötigt, wie z. B. N, S, P oder Spurenelemente. Diese werden als wässrige Salzlösungen dem Prozess zugeführt. Neben dieser Flüssigkeitszufuhr ist auch eine kontinuierliche Flüssigkeitsabfuhr notwendig, da Wasser als Reaktionsprodukt entsteht. Dadurch kann das Volumen im Reaktor konstant gehalten werden. Die Umsatzraten und Konzentrationen aller Stoffe (auch die lebende Biomasse wird ständig neu generiert) sind keiner zeitlichen Änderung unterworfen. Eine typische Bauform eines Bioreaktors ist ein Rührkesselreaktor (gerührter, begaster und temperierter Behälter) – auch als CSTR (Continuous stirred-tank reactor) bezeichnet. Die Eduktgase werden hierbei am Boden des Reaktors eingetragen. Gasverteiler, wie beispielsweise eine Lochplatte können eingesetzt werden, um eine Erhöhung des flüssigseitigen Stofftransports von Wasserstoff zu bewirken. Eine gute Durchmischung wird über ein integriertes Rührwerk erzielt. Die Umwandlung in Methan erfolgt über den Weg durch den Reaktor. Das Produkt sammelt sich im oberen Bereich des Reaktors und wird über eine Produktgasleitung abgeleitet. Weitere Reaktortypen sind Rieselbett-, Festbett, Hohlfasermembran- und Keramische-Membran-Reaktoren.

[24] Vgl. DVGW, 2014a, S. 1.

Zur Einspeisung in ein öffentliches Gasnetz ist das Produktgas aufzubereiten, insbesondere um Wasser (Wasserabscheider) und Schwefel (H_2S-Wäscher) zu entfernen. Etwa 5 % des über CO_2 bereitgestellten Kohlenstoffes gehen in Biomasse über.[25] Das biomassehaltige Abwasser kann als Substrat in Biogasanlagen, als Düngemittel oder nach einer Aufbereitung über das Abwassersystem in Kläranlagen entsorgt werden. Die Dimensionierung des Bioreaktors ist aufgrund der unkomplizierten Bauweise sehr variabel, wodurch Reaktorvolumina von mehreren Kubikmetern möglich sind. Aufgrund des spezialisierten Reaktorkonzepts sind bei dieser Option deutlich höhere Umsatzraten und eine höhere CH_4-Konzentration zu erwarten als bei der direkten Zugabe von Wasserstoff in eine Biogasanlage. In Bioreaktoren können neben Rohbiogas auch Abgase mit hoher CO_2-Konzentration ohne weitere Aufbereitung genutzt werden. Die Biokatalysatoren sind nämlich sehr tolerant gegenüber Produktgasverunreinigungen, wie z. B. Schwefelkomponenten, Sauerstoff oder Ammoniak. In Kombination mit Biogasanlagen kann eine Entnahme der Mikroorgansimen vor Ort aus der Biogasanlage erfolgen, wodurch Transportwege eingespart werden. Besonders günstig wirkt sich die Angliederung eines Methanisierungsreaktors an Biomethananlagen aus, da die bestehende Aufbereitungsanlage auch für die Produktgase der Methanisierung genutzt werden kann und weitere Möglichkeiten der Prozessintegration (z. B. Wärmenutzung, Sauerstoffnutzung) bestehen.

3.2.4.3 Produktgasqualität

Trockene Rohgaszusammensetzungen von mindestens 96 Vol.-% CH_4 und maximal 3 Vol.-% H_2 sowie 1 Vol.-% CO_2 wurden bei Demonstrationsanlagen erreicht.[26] Damit sind prinzipiell höhere Methanteile gegenüber der chemischen Methanisierung realisierbar. Eine Einspeisung ins öffentliche Gasnetz der Gasgruppe H gemäß DVGW G 260/262 ist ohne zusätzliche Gasaufbereitung nach einem Wasserabscheider und H_2S-Wäscher möglich.

3.2.4.4 Dynamischer Betrieb

Biologische Methanisierungsanlagen sind sehr robust und lastflexibel. Lastwechsel vom Stand-by-Zustand bis in den Volllastbetrieb können unter bestimmten Bedingungen innerhalb weniger Sekunden realisiert werden. Dies liegt daran, dass die Bakterien ihren Stoffwechsel je nach Nahrungsangebot, also dem Vorhandensein von Wasserstoff und Kohlenstoffdioxid, sehr schnell anpassen und vom Ruhezustand in den *Hochleistungsstoffwechsel* umschalten können. Zudem entfallen – gegenüber der chemischen Methanisierung – Spülvorgänge während Stillstandzeiten, die zu höheren Anfahr- und Abschaltzeiten führen. Die Krajete GmbH konnte experimentell in einem Laborreaktor zeigen, dass ein sofortiger Lastwechsel von 100 auf 0 % und ein Wiederanfahren nach bis zu 23 Tagen (560 h) problemlos möglich ist.[27]

[25] Vgl. DVGW, 2014a, S. 25.
[26] Vgl. Sterner, M. & Stadler, I., 2014, S. 351.
[27] Vgl. DVGW, 2014a, S. 36.

3.2.5 Kohlendioxidquellen

Für die Methanisierung wird CO_2 bzw. CO benötigt, welches bedarfsgerecht bereitgestellt werden muss. Als mögliche Quellen für CO_2-reiche Gasströme kommen Kraftwerke, industrielle Prozesse sowie biogene Quellen in Betracht. Daneben gibt es auch erste Bestrebungen im Forschungsbereich, CO_2 aus der Umgebungsluft zu generieren. Abgasströme von Stromerzeugungsanlagen haben grundsätzlich den Nachteil, dass Power-to-Gas-Anlagen betrieben werden sollen, wenn die fluktuierende Stromerzeugung ohne Brennstoffeinsatz die Nachfrage an Strom übersteigt. Dementsprechend sind das Abgasaufkommen aus Stromerzeugungsanlagen und die Nachfrage an CO_2 für Power-to-Gas-Anlagen zeitlich entgegengesetzt. Klimaneutral bleibt die Nutzung des Eduktgases für die Methanisierung immer dann, wenn CO_2 nicht eigens dafür freigesetzt wurde. Die wesentlichen Anforderungen der CO_2-Quelle für die Methanisierung sind ein hoher Reinheitsgrad sowie eine zeitlich zuverlässige Verfügbarkeit. Zur zeitlichen Entkopplung der CO_2-Erzeugung und -Nutzung sind Speicher notwendig. Neben der CO_2-Abscheideanlage kann je nach Druckniveau der Methanisierung eine Kohlenstoffdioxidverdichtung nötig sein.

3.2.5.1 Fossile Kraftwerke

Fossile Kraftwerksgase eignen sich weniger für die CO_2-Bereitstellung, da diese Kraftwerke mittels erneuerbarer Energien in Zukunft substituiert bzw. in ihrer Laufzeit verringert werden sollen. Sie stellen somit keine nachhaltige CO_2-Quelle dar. Des Weiteren wird bei gleichbleibender Leistung für die CO_2-Abtrennung eine höhere Brennstoffzufuhr erforderlich. Zusammen mit einem hohen Abgasvolumenstrom mit niedrigen CO_{2}-Konzentrationen führt dies zu einem hohen Energiebedarf für die Abtrennung. Daraus resultiert eine geringe Kosteneffizienz von Carbon Capture and Use-Prozessen fossiler Kraftwerke. Ein geschlossener $CO_{2\_}$-Kreislauf ist bei der CO_2-Bereitstellung aus Gaskraftwerken möglich, welche synthetische Gase aus Power-to-Gas-Anlagen nutzen. Eine Substitution dieser Kraftwerke ist auch in Zukunft unwahrscheinlich, durch die Brennstoffzellentechnologien jedoch prinzipiell möglich.

3.2.5.2 Industrielle Prozesse

Bei industriellen Prozessen stammt CO_2 zum großen Teil aus der Verbrennung fossiler Brennstoffe. Im Gegensatz zu fossilen Kraftwerken ist die Substitution einiger Industrieprozesse durch erneuerbare Energien in Zukunft wenig realistisch. Sowohl die Stahl- als auch Zementindustrie sind auf günstige Energieträger mit hohen Energiedichten angewiesen. Wasserstoff und erneuerbares Methan bieten für diese Prozesse Substitutionsmöglichkeiten, sind jedoch auf längere Sicht nicht kosteneffizient in diesen Bereichen einsetzbar. Schlussfolgernd stellt die Nutzung von CO_2 aus industriellen Prozessen eine nur bedingt nachhaltige Lösung dar. „In der Stahlindustrie würden sich mit den heutigen CO_2-Emissionen 142 TWh Stromüberschüsse methanisieren lassen. In der Zementindustrie ist ein Potenzial von 77 TWh vorhanden" (Sterner, M. & Stadler, I., 2014, S. 338). Der größte

Nachteil dieser CO_2-Quellen besteht darin, dass die großen Industriestandorte im Allgemeinen nicht in der Nähe von produktionsreichen Wind- und Solarenergieregionen liegen. Dadurch kann das große CO_2-Potenzial nur begrenzt genutzt werden.

3.2.5.3 Biogene Quellen

Eine nachhaltige CO_2-Gewinnung ist aus biogenen Quellen möglich, insbesondere aus Rohbiogas. Hier treten im Gasvolumenstrom sehr hohe Anteile an Kohlenstoffdioxid auf, wodurch ein geringer Energieeinsatz für die Abtrennung notwendig ist. Rohbiogas enthält abhängig vom Rohstoff 25–55 % CO_2 und 40–75 % Methan. Nach der Aufbereitung von Rohbiogas zu Biomethan steht reines CO_2 zur Verfügung, welches für eine Methanisierung genutzt werden kann. Es besteht die Möglichkeit, Rohbiogas ohne vorherige Aufkonzentrierung des CO_2 für eine biologische Methanisierung zu nutzen. Für eine chemische Methanisierung muss das Rohbiogas vorher einer Feinreinigung unterzogen werden, v. a. um Schwefelverbindungen im Reaktor zu vermeiden. Die regionale Verteilung der bis Mai 2014 in Betrieb und Bau befindlichen Aufbereitungs- und Einspeiseanlagen von Biogas ist in Abb. 3.12 dargestellt. Sie spiegelt auch die Aufbereitungskapazität (bezogen auf Biomethan) wider. Die räumliche Nähe zu Wind- bzw. Solarparks ist in vielen Fällen gegeben.

Die anfallenden Maßnahmen für die CO_2-Nutzung von Biogasanlagen ohne Aufbereitungsanlage, sondern mit einer Vor-Ort-Verstromung sind aufwendiger und teurer. „Der Umbau von Biogasanlagen kann daher erst ab einer Leistung von größer 1 MW_{el} sinnvoll diskutiert werden" (Stockel, W., 2013). Analog zu den Biomethananlagenstandorten aus Abb. 3.12 ist auch die mittlere installierte Leistung von Biogasanlagen mit Vor-Ort-Verstromung in den östlichen Bundesländern sowie in Niedersachen überdurchschnittlich hoch.[28] In Tab. 3.5 sind die theoretischen CO_2-Potenziale aus Biogas in Deutschland aufgelistet. Diese wurden auf Basis des Bestandes (Anlagenanzahl, -größe und -kapazität) des Jahres 2012 ermittelt.

Bereits im Jahr 2007 wurde im Rahmen des „Integrierten Energie- und Klimaschutzprogramms" (IEKP) das Ziel vorgegeben, jährlich 6 Mrd. Nm^3 bis 2020 sowie 10 Mrd. Nm^3 bis 2030 an Biomethan ins Erdgasnetz einzuspeisen. Das entspricht einer Energiemenge von 60 sowie 100 TWh. Die Ziele scheinen nach derzeitigen Entwicklungen nicht umsetzbar. Bis zum Ende des Jahres 2014 wurden 165 Einspeiseanlagen mit einer Ein-

Tab. 3.5 Abschätzung des theoretischen CO_2-Potenzials aus Biogas in Deutschland auf Basis des Bestandes 2012. (In Anlehnung an DLR et al., 2014)

	Biomethan			Biogas
Anlagengröße	< 350 m^3/h	350–700 m^3/h	> 700 m^3/h	> 1 MW_{el}
Anzahl der Anlagen	24	83	13	375
Kapazität Gesamt		ca. 71.700 m^3/h CH_4		600 MW_{el}
CO_2-Potenzial		ca. 330 Mio. m^3/a		ca. 625 Mio. m^3/a

[28] Vgl. DLR et al., 2014, S. 55.

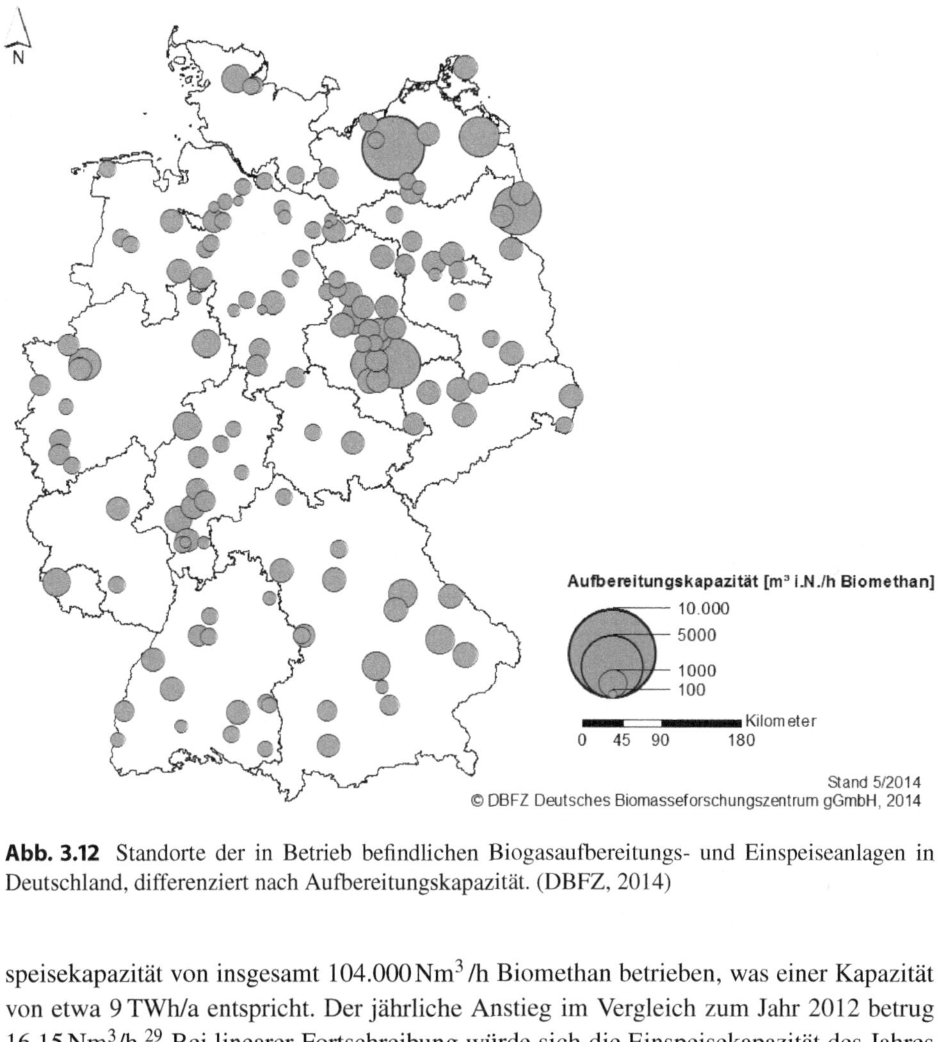

Abb. 3.12 Standorte der in Betrieb befindlichen Biogasaufbereitungs- und Einspeiseanlagen in Deutschland, differenziert nach Aufbereitungskapazität. (DBFZ, 2014)

speisekapazität von insgesamt 104.000 Nm^3/h Biomethan betrieben, was einer Kapazität von etwa 9 TWh/a entspricht. Der jährliche Anstieg im Vergleich zum Jahr 2012 betrug 16,15 Nm^3/h.[29] Bei linearer Fortschreibung würde sich die Einspeisekapazität des Jahres 2014 bis zum Jahr 2020 in etwa verdoppeln auf 200.000 Nm^3/h bzw. 18 TWh.

Bei der Herstellung von Bioethanol und Klärgas fällt ebenfalls biogenes CO_2 an, welches für die Methanisierung erschlossen werden könnte. 2010 bestand hierfür ein Potenzial von 300 Mio. t CO_2 (Bioethanol) bzw. 250 Mio. t CO_2 (Klärgas), womit sich maximal 5 TWh bzw. 4 TWh Stromüberschüsse methanisieren ließen. Mit steigendem Hektarertrag und Anteil von Bioethanol im Verkehrssektor wird bei Bioethanol ein Gesamtpotenzial von 17 TWh bis zum Jahr 2020 prognostiziert.[30]

[29] Vgl. dena, 2015b, S. 6–8.
[30] Vgl. Sterner, M. & Stadler, I., 2014, S. 339.

Weitere mögliche biogene CO_2-Quellen stellen Biomasseheizkraftwerke und Holzvergaseranlagen dar. Nach aktuellen Abschätzungen des theoretischen CO_2-Potenzials solcher Anlagen auf Basis des Bestandes EEG-fähiger Anlagen aus dem Jahr 2012, fallen hierfür ca. 8 Mrd. m^3 CO_2 an, wovon 7,7 Mrd. m^3 CO_2 aus Anlagen mit einer elektrischen Leistung von mehr als 1 MW_{el} stammen. Damit ließen sich etwa 77 TWh erneuerbares Methan pro Jahr erzeugen. In der regionalen Verteilung dieser Anlagen besteht ein deutliches Gefälle. Die Bundesländer Bayern (ca. 235 MW_{el}), Nordrhein-Westfalen (ca. 215 MW_{el}) und Baden-Württemberg (ca. 170 MW_{el}) weisen die größte installierte Leistung auf.[31]

3.2.5.4 Abscheidung aus der Luft

Kohlendioxid kann direkt aus der Umgebungsluft gewonnen werden und bietet damit die Möglichkeit einer standortunabhängigen Methode der CO_2-Gewinnung. Die Umgebungsluft enthält jedoch nur 0,03 bis 0,04 Vol.-% CO_2. Der Energieaufwand für die Gewinnung von reinem CO_2 steigt bei abnehmender CO_2-Konzentration deutlich an. Daher ist es aus energetischen bzw. wirtschaftlichen Gesichtspunkten vorzuziehen, zunächst CO_2-Quellen mit einer erhöhten CO_2-Konzentration einzubeziehen. In Abb. 3.13 ist der minimale Energieaufwand, je nach CO_2-Quelle und -Konzentration, dargestellt. CO_2-Abtrennung aus der

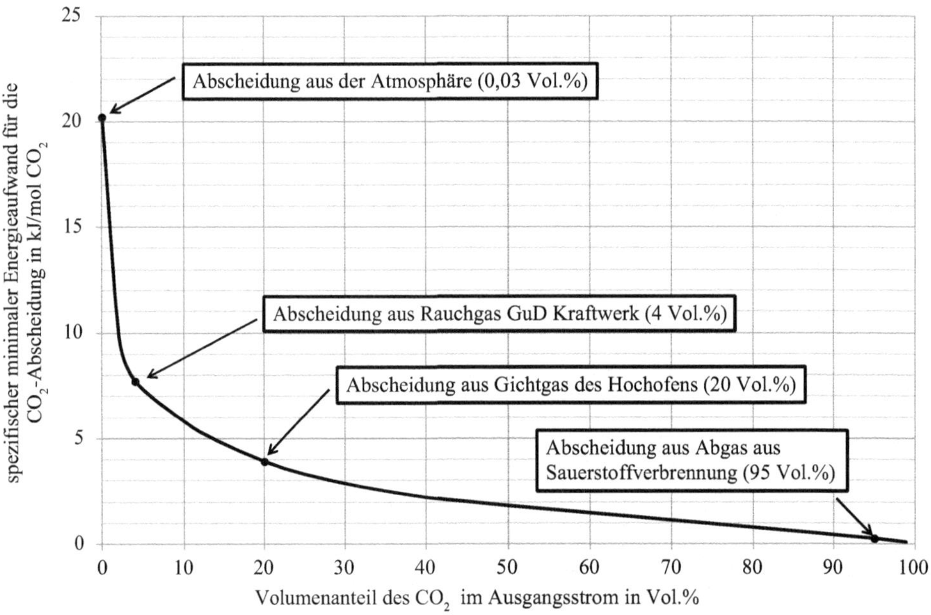

Abb. 3.13 Minimaler Energieaufwand für die CO_2-Abtrennung in Abhängigkeit der CO_2-Konzentration. (Umweltbundesamt, 2014b)

[31] Vgl. DLR et al., 2014, S. 57.

Luft kann sich als mögliche Option in umfassenden erneuerbaren Vollversorgungsszenarien oder an abgelegenen Standorten ohne geeignete CO_2-Quelle anbieten.

3.3 Verwendung der bestehenden Erdgasinfrastruktur

3.3.1 Gasbeschaffenheiten

In Deutschland wird die erforderliche Gasbeschaffenheit für die Einspeisung in das öffentliche Erdgasnetz in den DVGW-Arbeitsblättern G 260 und G 262 (für Gas aus regenerativen Quellen) geregelt. Die brenntechnischen Kenndaten sind im Arbeitsblatt G 260 enthalten und in Tab. 3.6 aufgelistet. Methanreiche Gase werden entsprechend den Wobbe-Indizes in die Gruppen L (low) und H (high) unterteilt. Der Methangehalt sollte bei der Einspeisung in L-Gas-Netze mindestens 90 mol-% und bei der Einspeisung in H-Gas-Netze mindestens 95 mol-% betragen.

► **Wobbe-Index** Der Wobbe-Index entspricht dem Quotient aus dem Heizwert des Gasgemisches und der Quadratwurzel der relativen Dichte. Dieser Index ist ein Kennwert für die Austauschbarkeit von Gasen hinsichtlich der Wärmebelastung der Gasgeräte.

► **Relative Dichte** Die relative Dichte ist das Verhältnis der Dichte eines Gases zur Dichte der trockenen Luft bei gleicher Temperatur und gleichem Druck.

► **Brennwert** Der Brennwert stellt die bei vollständiger Verbrennung unter Standardbedingungen eines trockenen Gases freiwerdende Wärme dar, wenn als Verbrennungsprodukt Wasser flüssig vorliegt.

Für den grenzüberschreitenden Handel mit Erdgas H gelten die Regelungen der EASEE – Gas (European Association for Streamlining of Energy Exchange – Gas). Keine internationale oder europäische Normierung enthält konkrete Vorgaben zur zulässigen Konzentration von Wasserstoff im Erdgasnetz. Deshalb sind bei einem grenzüberschreitenden Handel die nationalen Normen des jeweiligen Landes verpflichtend einzuhalten.

Tab. 3.6 Spezifikation der brenntechnischen Kenndaten gemäß DVGW-AB G 260

DVGW-AB G 260, Stand 2013[a]	
Wobbe-Index Nennwert (W_s) (zulässige Bandbreite im örtlichen Verteilnetz)	
L-Gas [kWh/m³]	12,4 (+0,6/–1,4)
H-Gas [kWh/m³]	15 (+0,7/–1,4)
Brennwert (H_S) [kWh/m³]	8,4–13,1
Relative Dichte [–]	0,55–0,75

[a] Identische Werte zum Stand 2007

In Österreich gilt beispielweise nach ÖVGW G 31 eine maximal einzuhaltende Wasserstoffkonzentration von 4 Vol.-% im Erdgasnetz. In Deutschland ist der maximal zulässige Wasserstoffgehalt im Arbeitsblatt G 262 geregelt. In diesem wird auf technische Restriktionen verwiesen, welche zwischen 1 und 5 Vol.-% H_2 liegen. Bei Erdgasfahrzeugen ist eine maximale Konzentration nach DIN 51624 von 2 Vol.-% H_2 zulässig. Dies ist auf die begrenzte Verträglichkeit der verbauten Stahltanks zurückzuführen. Eine Methanzahl von mindestens 70, welche ein Maß für die Klopfeigenschaft eines gasförmigen Brennstoffs ist, wird vorausgesetzt. Des Weiteren wird auf Restriktionen von Erdgasturbinen, Untertagespeichern und Prozessgaschromatographen (PGC) verwiesen.

Die Einspeisung von Wasserstoff stellt neue Anforderungen an die Gasverwendung, da die Brenn- bzw. Heizwerte von Wasserstoff und Methan deutlich voneinander abweichen. Es müssen wichtige brenntechnische Kenndaten wie der Wobbe-Index, die relative Dichte, der Brennwert und die Methanzahl im Hinblick auf eine Wasserstoffzumischung beachtet bzw. angepasst werden. Reiner Wasserstoff hat einen Brennwert von 3,54 kWh/m^3, eine relative Dichte von 0,0695 und daraus folgend einen Wobbe-Index von 13,43 kWh/m^3. Die Dichte von Wasserstoff unter Standardbedingungen beträgt 0,0899 kg/m^3. Der Einfluss von Wasserstoff auf die Gasqualität verschiedener Gassorten ist in Abb. 3.14 aufgezeigt.

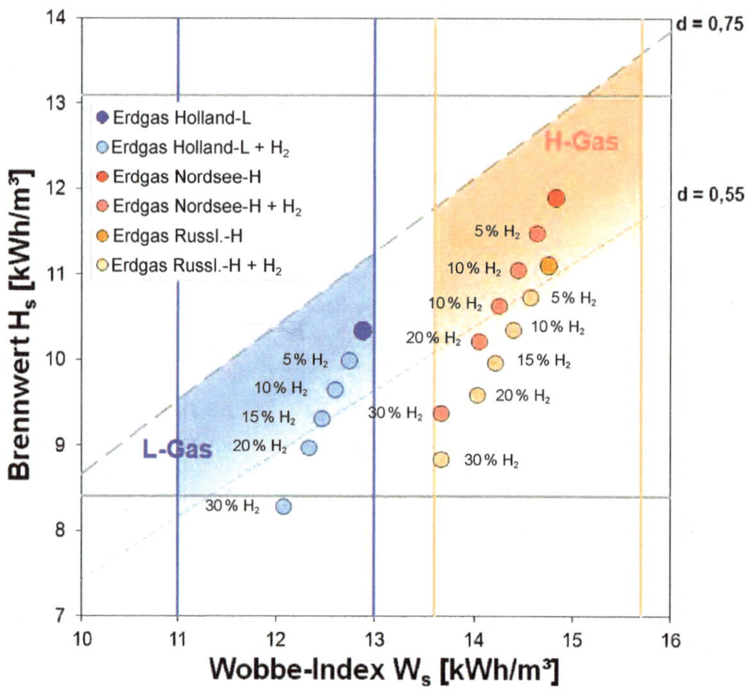

Abb. 3.14 Veränderung der Gasbeschaffenheitskennwerte in Abhängigkeit der Wasserstoffkonzentration für 3 verschiedene Erdgasgrundgase. (DVGW, 2013b)

Der volumetrische Heizwert sinkt mit zunehmender Wasserstoffkonzentration. Dadurch sinkt bei einer Beimischung von 10 Vol.-% H_2 der Heizwert von Erdgas – je nach Qualität – um bis zu 7 %.[32] Die Transportkapazität des Erdgasnetzes wird entsprechend reduziert. Dies kann durch größere Gasmengen bzw. höhere Drücke ausgeglichen werden, um gleichbleibende Übertragungsleistungen zu gewährleisten, das ist jedoch mit höheren Kosten für die Verdichtung verbunden.

Bei der Einspeisung von synthetischen Gasen bzw. Biogas werden neben Wasserstoff folgende Gasbegleitstoffe nach Arbeitsblatt G 262 begrenzt. Der maximale Wassergehalt sollte 200 mg/m^3 bei der Einspeisung in Gasnetze mit einem maximalen Betriebsdruck (MOP) kleiner-gleich 10 bar und 50 mg/m^3, bei der Einspeisung in Ferntransportnetze (MOP) größer 10 bar nicht überschreiten. Der maximale Kohlenstoffdioxidgehalt ist auf 10 mol-% (L-Gas) bzw. 5 mol-% (H-Gas) begrenzt. Der Sauerstoffgehalt darf etwa 1 Vol.-% betragen. In Gasnetzen mit einem maximalen Betriebsdruck (MOP) größergleich 16 bar darf der Sauerstoffanteil am Übergabepunkt zu Gasspeichern und ggf. an Grenzübergabepunkten 0,001 mol-% (Tagesmittelwert) nicht überschreiten, es sei denn, die technische Notwendigkeit besteht nicht.

3.3.2 Wasserstofftoleranz der deutschen Erdgasinfrastruktur

Eine Wasserstoffverträglichkeit des Erdgasnetzes ist aus historischen Gründen gegeben. In der Vergangenheit wurde Kokereigas bzw. Stadtgas, welches über 50 Vol.-% H_2 enthielt, in die Gasinfrastruktur eingespeist, transportiert und in unterschiedlichen Untergrundspeichertypen gespeichert. Die zu Stadtgaszeiten betriebenen Anlagenteile werden teilweise heute noch betrieben. Bei diesen kann grundsätzlich von einer erhöhten Wasserstoffverträglichkeit ausgegangen werden. Die derzeitige Wasserstoffverträglichkeit der wesentlichen Elemente der Erdgasinfrastruktur wurde vom DVGW geprüft. Die Untersuchungsergebnisse sind in Abb. 3.15 dokumentiert, angegeben als maximaler Wasserstoffanteil für die jeweiligen Elemente. Die Verträglichkeit liegt in einem Konzentrationsbereich von 0–70 Vol.-% H_2. Für Rohrleitungen wird eine Wasserstoffbeimischung bis zu 50 Vol.-%, unter Berücksichtigung von europäischen Forschungsergebnissen als unkritisch eingeschätzt. Jedoch sind zentrale Elemente und Infrastrukturbestandteile derzeit noch nicht in hohem Maße H_2-tolerant, und ihre Anpassung führt zu wirtschaftlichen Herausforderungen. Forschungs- und Anpassungsbedarf bestehen v. a. bei Erdgasspeichern, Gasturbinen und den Tanks von Erdgasfahrzeugen. Gasturbinenhersteller geben die Verträglichkeit zwischen 1 und 5 Vol.-% H_2 an, wobei Erweiterungen grundsätzlich technisch möglich sind. Untergrundspeicher sind mit hohen Wasserstoffanteilen technisch beherrschbar, Kavernenspeicher bieten allerdings bessere Voraussetzungen als Porenspeicher. Denn Kavernenspeicher sind für Wasserstoff technisch dicht, führen nicht zu Gasverunreinigung

[32] Vgl. Sterner, M. & Stadler, I., 2014, S. 429.

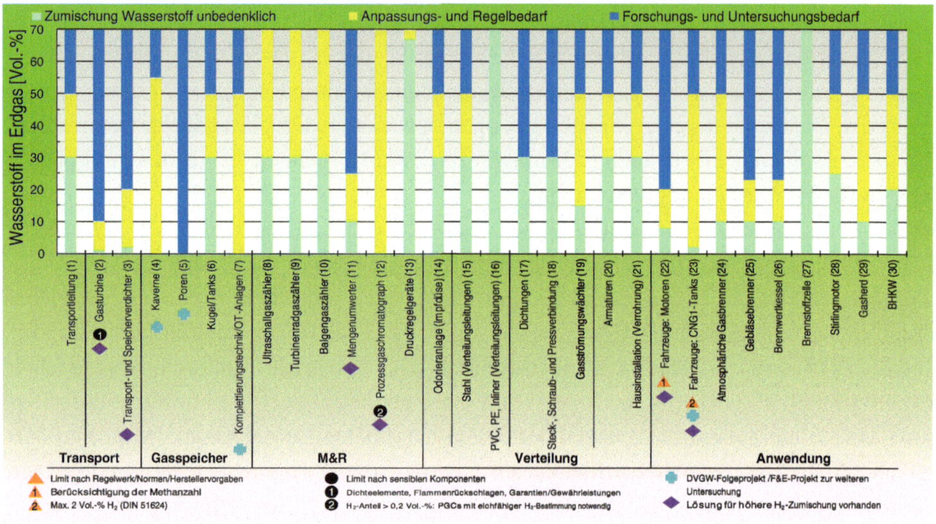

Abb. 3.15 Überblick der H_2-Toleranz ausgewählter Elemente im Erdgasnetz. (DVGW, 2013b)

oder zu biochemischen Verunreinigungen im Speicher und sind für hohe Ein- und Auslagerungsraten geeignet. Da Wasserstoff ein gutes Substrat für sulfatreduzierende Bakterien darstellt, besteht in Porenspeichern bei höheren Wasserstoffanteilen die Gefahr des Bakterienwachstums und einer dadurch ausgelösten Schwefelwasserstoffproduktion. Bei Erdgasfahrzeugen liegt eine Einschränkung von 2 Vol.-% H_2 vor aufgrund der begrenzten Verträglichkeit von Stahltanks. Für Gasmotoren werden bis zu 20 Vol.-% H_2 bei Einhaltung motorenspezifischer Methanzahlen keine Probleme gesehen.[33]

Nach derzeitigen Untersuchungsergebnissen des BDEW ist davon auszugehen, dass die bestehende Erdgasinfrastruktur weitgehend für ca. 10 Vol.-% H_2 im Erdgasnetz geeignet ist. Eine zeitliche Abschätzung notwendiger Maßnahmen zur Herstellung einer entsprechenden Toleranz von 10 Vol.-% H_2 wurde vom BDEW ebenfalls geprüft und ist in Abb. 3.16 dargestellt. Ein wesentlicher Teil der Maßnahmen ist innerhalb von 3 Jahren durchführbar. Problematisch sind Gasturbinen und Verdichterstationen, für die ein Abschreibungszeitraum von jeweils 25 Jahren anzusetzen ist. Problematisch sind außerdem CNG-Tanks von Erdgasfahrzeugen im Bestand, für die eine 20-jährige Herstellergarantie besteht.

Im Netzentwicklungsplan Gas 2012 wurden zur Ertüchtigung der Erdgasnetze für eine Einspeisung von 10 Vol. % H_2 Investitionskosten von 3,7 Mrd. € angegeben.[34]

[33] Vgl. DVGW, 2013b.

[34] Vgl. Energie-Forschungszentrum Niedersachsen, 2013, S. 76.

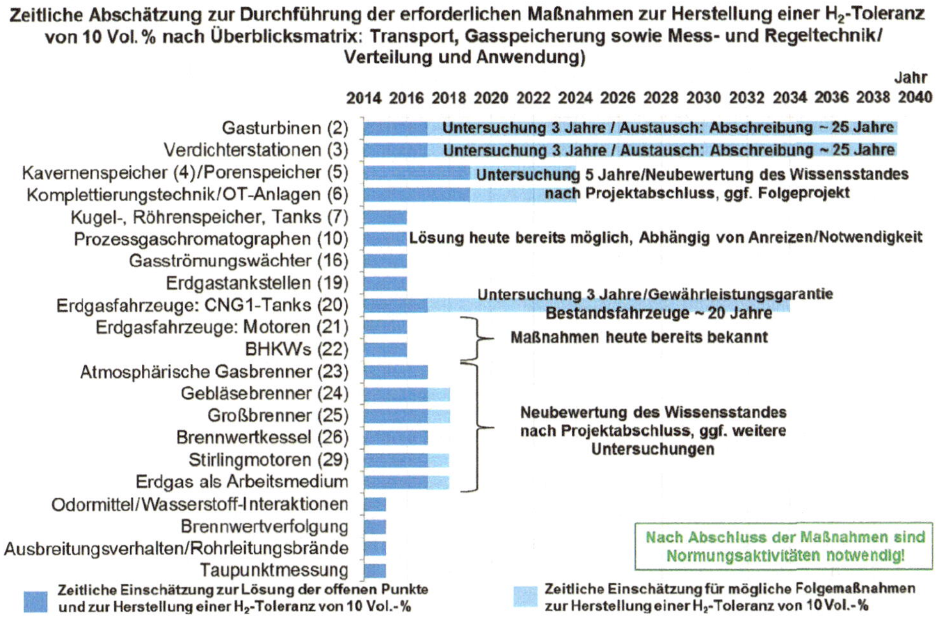

Abb. 3.16 Zeitliche Abschätzung zur Durchführung der erforderlichen Maßnahmen zur Herstellung einer Wasserstofftoleranz im Erdgasnetz von 10 Vol.-%. (DVGW, 2014b)

3.3.3 Gaseinspeisung

Zur Einspeisung in ein öffentliches Gasnetz sind eine Mess-, Regel- und Einspeisestrecke notwendig. Die Ausgestaltung des Anlagendesigns und der Einsatz der Mess- und Regelungstechnik sind unter Einhaltung der gültigen Regelwerke und eichrechtlichen Gesetze individuell möglich. Es sind die Anforderungen in den DVGW-Arbeitsblättern G 265-1/2/3 und die darin enthaltenen normativen Verweise auf weitere Arbeitsblätter, Regelungen und Normen für Einspeiseanlagen zu berücksichtigen. Mess- und regelungstechnisch sind die Anforderungen zur Einhaltung von Druck (DVGW-Arbeitsblatt G 491) und zur Konzentrationen von Wasserstoff (DVGW-Arbeitsblatt G 262) zu erfüllen. Grundsätzlich sind bei der Einspeisung von synthetischen Gasen die Anforderungen nach DVGW-Arbeitsblatt G 260 einzuhalten. Zur Abrechnung des Brennwertes ist ein Messkonzept gemeinsam mit den Eichbehörden abzustimmen. Das DVGW-Arbeitsblatt G 685 bzw. die Technische Richtlinie PTB G14 sind entsprechend anzuwenden. Für die Planung, den Bau und Betrieb von Gasmischanlagen gilt das DVGW-Arbeitsblatt G 213. In der Mess- und Regelstrecke werden die Volumenströme und der Gasdruck gemessen, geregelt und begrenzt. Eine mögliche Anlagenkonfiguration beinhaltet ein Mengenregelventil mit übergelagerter Druckregelung. Das nachgeschaltete Netz ist mittels Sicherheitseinrichtungen gegen das Überschreiten des zulässigen Leitungsdruckes zu schützen. Gasbeschaffenheitsanalysen über Prozessgaschromatographen (PGC) sind je nach Beschaffenheit und Reinheit des einzuspeisenden Gases und der Gasbeschaffenheit im Erdgasverteilnetz vorzusehen. Die ermittelten Gaszusammensetzungen, v. a. die Wasserstoffanteile, dienen als Eingangsgröße für die Mengenregelung des Regelventils sowie zur eichrechtlichen Abrechnung. Derzeit sind Prozessgaschromatographen kleiner 5 mol-% H_2 zur eichamtlichen Messung zugelassen. Es befinden sich jedoch Geräte bis zu 25 mol-% H_2 in technischer und genehmigungsrechtlicher Planung. Eine eichamtliche Messung bei einer Wasserstoffeinspeisung ins Erdgasnetz ist über PGCs entsprechend nicht möglich. Dies ist nicht notwendig, soweit eine hohe Reinheit des Gases gewährleistet ist. Alternativ zu PGCs können zur reinen Bestimmung des Brennwertes auch Kalorimeter eingesetzt werden. Zusätzlich zur Mess-, Regel- und Einspeisestrecke ergibt sich aus der jeweiligen Druckstufe des Erdgasnetzes und dem verfahrenstechnischen Betriebsdruck der Power-to-Gas-Anlage an der Einspeisestelle die Notwendigkeit einer Verdichtung. Für den Einsatz von synthetischen Gasen kommen insbesondere Schrauben- und Kolbenverdichter infrage. Zur zeitlichen Entkopplung von Gaserzeugung, -verdichtung und -einspeisung besteht die Möglichkeit einer zusätzlichen Speicheranlage. Hierfür sind Flaschentanks, Röhrenspeicher (Speicherleitung), Tankspeicher oder Kugelspeicher geeignet.[35]

Synthetisches Methan

Mittels einer Methanisierung steht ein synthetisches Gas zur Verfügung, das als Austauschgas gemäß den Arbeitsblättern des DVGW in das Erdgasnetz eingespeist werden kann.

► Als Austauschgas bezeichnet man ein Gas, dessen Gasqualität dem in einem Versorgungsgebiet üblicherweise verteilten Erdgas, auch Grundgas genannt, entspricht. Dabei können sich die Zusammensetzung und die brenntechnischen Grunddaten zum Teil vom Grundgas unterscheiden. Das Brennverhalten, beschrieben durch den Wobbe-Index, entspricht jedoch weitestgehend dem des Grundgases.

Bei der Einspeisung eines Austauschgases treten keine Probleme bei der Anwendungstechnik oder sonstige Restriktionen auf. Das Austauschgas ist auf den erforderlichen Netzdruck zu bringen und die eingespeiste Energiemenge zu messen. Dabei können die Erfahrungen und Regelungen der Biogaseinspeisung nahezu vollständig angewandt werden. Da die Einspeisung keinen Grundgasvolumenstrom erfordert, ergeben sich deutlich mehr Einspeisemöglichkeiten gegenüber einer Wasserstoffeinspeisung.

Wasserstoff

Bei der Einspeisung von Wasserstoff handelt es sich um die Einspeisung eines Zusatzgases gemäß den Arbeitsblättern des DVGW.

[35] Vgl. DVGW, 2014c.

- Ein Zusatzgas weicht in seiner Zusammensetzung, den brenntechnischen Grunddaten und dem Brennverhalten deutlich vom Grundgas ab.

In Abhängigkeit von der Beschaffenheit der verteilten Grundgase, der Zusatzgaszusammensetzung, der Toleranz der Gasinfrastruktur und dem Gasdurchsatz ist die Zumischgrenze (regulatorisch bzw. technisch) je nach Netzsituation in Abstimmung mit dem nachgelagerten Netzbetreiber festzulegen. Zudem können weitere Anforderungen des Gasnetzbetreibers wie z. B. zum Mindestvolumen bei der Einspeisung bestehen. Durch die Zumischung von Zusatzgas darf sich das Brennverhalten des Grundgases nur in einem festgelegten Bereich verändern (einzuhaltende Gasqualitäten nach DVGW-AB G 260/262, aufgezeigt in Abb. 3.14). Des Weiteren ist eine Einspeisung von Wasserstoff so lange und so weit zulässig, wie die Sicherheit und die Interoperabilität des jeweiligen Einspeisenetzes, etwaig nach- oder vorgelagerter Gasversorgungsnetze und an die betroffenen Netze angeschlossener Speicher und Kunden, gewährleistet bleiben.[36] Hierfür ist eine genaue Mengensteuerung vom einzuspeisenden Zusatzgas zum Gasdurchsatz im Erdgasnetz erforderlich. Eine Bewertung der zulässigen Wasserstoffeinspeismenge ist immer standortspezifisch durchzuführen. Generell vorteilhaft wirkt ein konstant hoher Erdgaslastfluss für die Vergrößerung der Einspeisekapazität.

Die Verfügbarkeit erneuerbarer Energien als auch der Erdgasverbrauch bzw. der Erdgaslastfluss unterliegen saisonalen wie tageszeitlichen Schwankungen. In erster Linie stellen dabei die Phasen mit niedrigem Gasverbrauch während der Sommermonate oder in der Nacht (sog. *Nachttäler*) eine Einschränkung dar, da sie die potenzielle Einspeisemenge zu diesen Zeiten stark limitieren. Zweckmäßig sind daher eine dem Gasfluss angepasste Betriebsweise von Elektrolyseuren oder eine den Elektrolyseuren nachgeschaltete Wasserstoffspeicherung. Es gilt, optimale Standorte zu identifizieren, an denen ein hohes regeneratives Energieangebot und ein möglichst kontinuierlicher Erdgaslastfluss gegeben sind. Eine Wasserstoffeinspeisung ist aus wirtschaftlichen Gründen (höherer Wirkungsgrad, geringere Investitionen) bis zum Erreichen einer möglichen Zumischgrenze zu bevorzugen. Darüber hinaus und nach Ausschöpfung der maximal wirtschaftlich darstellbaren Zwischenspeicherung von Wasserstoff sollte erst eine Methanisierung erfolgen.[37]

3.3.4 Speicher- und Transportpotenzial

Im Folgenden wird das Speicher- und Transportpotenzial des Erdgasnetzes sowie installierter oder zukünftig möglicher Gasspeicher aufgezeigt. Alle angegebenen Energieinhalte beziehen sich auf einen Brennwert von Erdgas bzw. Austauschgas mit 11,0 kWh/m^3 und von Wasserstoff mit 3,54 kWh/m^3.

[36] Vgl. Bundesnetzagentur, 2014b.

[37] Vgl. DVGW, 2013b, S. 32.

Gasnetz

Das deutsche Erdgasnetz mit etwa 500.000 Kilometern Leitung transportiert jährlich bis zu 1000 TWh Energie. Es kann also ein signifikantes Transportpotenzial zur Verfügung stellen.[38] Das Verteilnetz ist unterteilt in 3 charakteristische Druckstufen, Nieder-, Mittel- und Hochdruck. Das Fernleitungsnetz ist Teil des europäischen Pipelinenetzes, dargestellt in Abb. 3.17. Dieses Netz garantiert Deutschland einen Gasbezug über Länder im Verbundnetz. Die deutsche Erdgasversorgung ist zum größten Teil von Erdgasimporten abhängig. Im Jahr 2014 stammten knapp 40 % der Importe aus Russland. Weitere wichtige Lieferanten waren Norwegen mit ca. 20 % und die Niederlande mit ca. 25 %. Die Deckung durch inländische Förderung lag bei ca. 10 %. Weitere Liefermengen stammten beispielsweise aus Großbritannien und Dänemark.[39]

Die Aufnahmekapazität des Leitungsnetzes kann theoretisch durch Änderung des Transportdruckes variiert werden und stellt somit eine eigene Speicherkapazität zur Verfügung.

Untertagegasspeicher

Eine erhebliche Energiespeicherkapazität im deutschen Gasnetz stellen Erdgasuntertagespeicher dar. Diese Speicherung von Erdgas im großtechnischen Maßstab ist seit Jahrzehnten technischer Standard. Das Arbeitsgasvolumen der Untertagespeicher nimmt seit

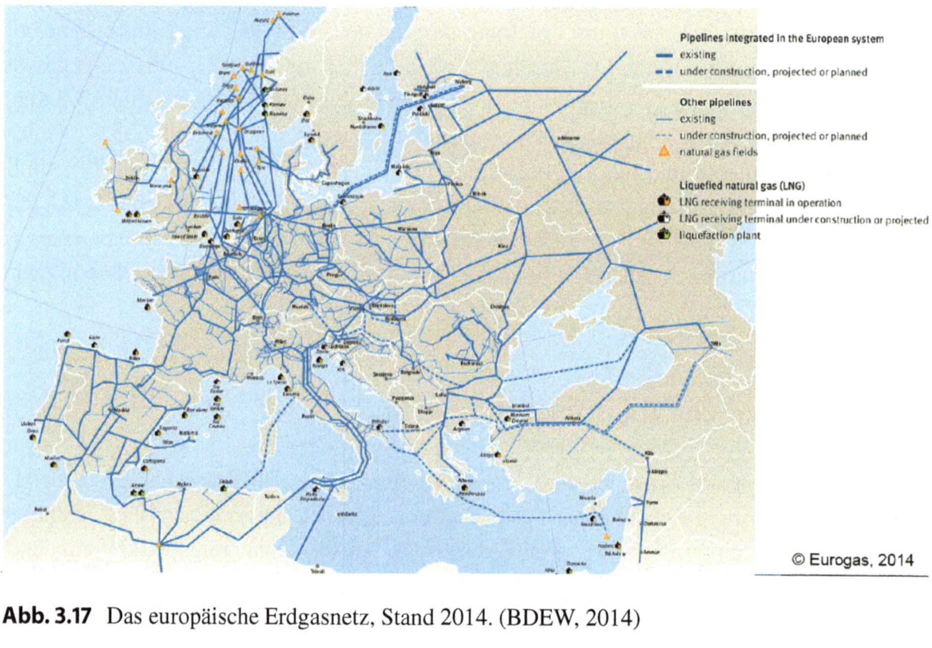

Abb. 3.17 Das europäische Erdgasnetz, Stand 2014. (BDEW, 2014)

[38] Vgl. DVGW, 2013b, S. 3.
[39] Vgl. BDEW, 2015c.

der Inbetriebnahme der ersten Großspeicher im deutschen Erdgasnetz im Jahr 1955 stetig zu. In der Vergangenheit dienten Erdgasuntertagespeicher hauptsächlich dem Ausgleich von Verbrauchs- und Angebotsschwankungen. „Im Zuge der Liberalisierung der Gaswirtschaft hat der Bedarf an Handelsspeichern zugenommen, die abhängig vom aktuellen Gaspreis in der Lage sind, kurzfristig große Mengen einzulagern oder auch auszulagern. Dies führte zu einem großen Zuwachs an Speicherkapazität in Salzkavernen“ (Sterner, M. & Stadler, I., 2014, S. 376). Erdgasspeichern kommt zudem eine strategische Bedeutung für Krisenzeiten zu.

Die Untertagespeicher lassen sich in Kavernen- und Porenspeicher aufteilen. Porenspeicher sind in der Regel ehemalige Erdöl- oder Erdgaslagerstätten und zum kleinen Teil Aquiferspeicher. Unter den Kavernenspeichern sind v. a. Salzkavernen von besonderer Bedeutung für Deutschland. Geringere Relevanz haben Felskavernen sowie aufgelassene Bergwerke. Porenspeicher sind hinsichtlich veränderlicher Förderraten relativ träge und dienen v. a. dem saisonalen Ausgleich der Grundlast. Kavernenspeicher sind flexibler und gewinnen deshalb für kurzzeitige Ausgleichseffekte an Bedeutung. Sie sind bezüglich der Ein- und Ausspeicherraten leistungsfähiger und können zudem flexibel auf tageszeitliche Spitzenlastschwankungen reagieren. Die Standorte von bestehenden Poren- und Kavernenspeichern bis zum Jahr 2011 sind in Abb. 3.19 gezeigt. Bis Ende des Jahres 2013 bestanden in Deutschland bereits Arbeitsgasspeichervolumen von 23,8 Mrd. m^3 bzw. 262 TWh, die zu etwa 50 % in Porenspeichern und 50 % in Kavernenspeichern gelagert waren – bei einem steigenden Anteil der Kavernenspeicher in den letzten Jahren. Unter Berücksichtigung aller derzeit geplanten und im Bau befindlichen Speicheranlagen ist

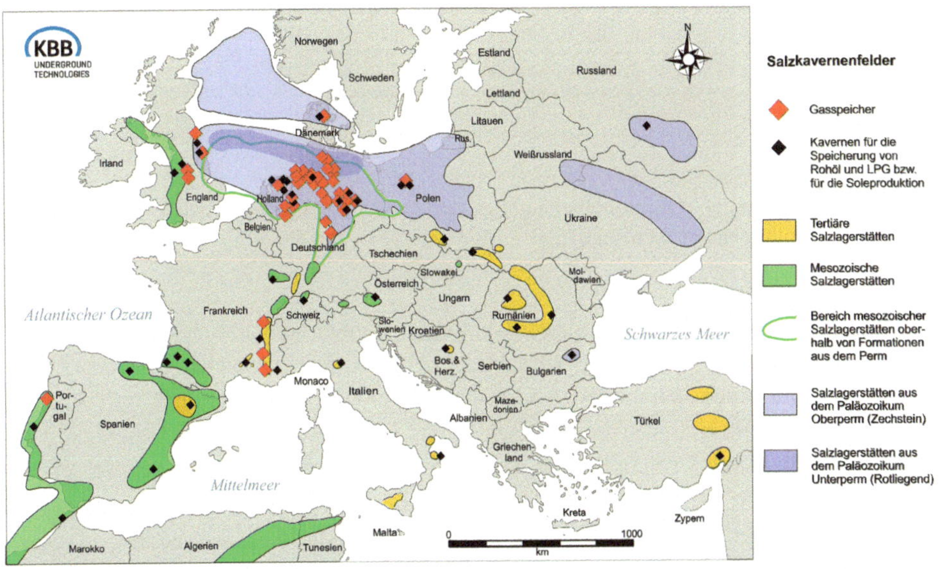

Abb. 3.18 Salzformationen in Europa. (KBB UT, 2011)

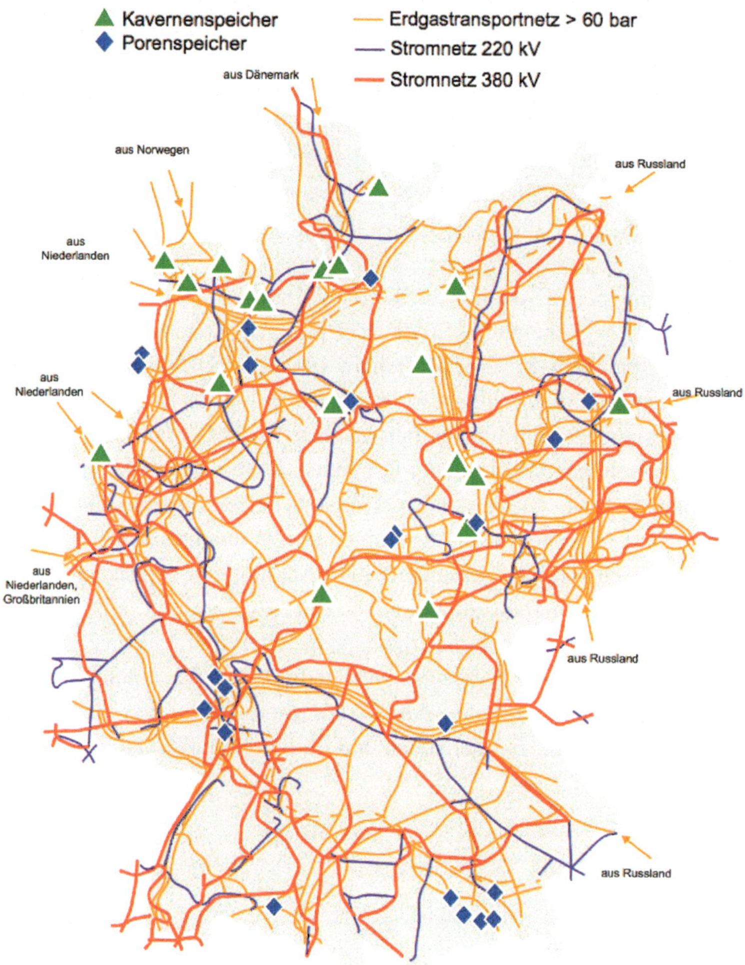

Abb. 3.19 Schnittstellen von Stromübertragungs- und Gasfernleitungsnetz sowie Erdgasspeichern, Stand 2011. (solares bauen GmbH, 2016)

in Deutschland mittelfristig mit einem Arbeitsgasvolumen von rund 30,6 Mrd. m^3 bzw. 337 TWh zu rechnen, wovon sich 19,8 Mrd. m^3 auf Kavernenspeicher beziehen.[40] Für Salzkavernen befinden sich europaweit geeignete geologische Formationen insbesondere neben Norddeutschland in Dänemark, England und Polen. Abb. 3.18 verdeutlicht die Verteilung von Salzformationen in Europa. Die geplanten bzw. gebauten Gasspeicher zeigen, dass entsprechende Salzformationen für den Kavernenbau geeignet sind. Dementsprechend bestehen in diesen Gebieten auch Potenziale für zukünftige Gasspeicher.

[40] Vgl. Sedlacek, 2013.

Die Speicherung von erneuerbarer Energie im Erdgasnetz setzt voraus das mögliche Übernahmeschnittstellen zwischen Strom- und Gasnetz bestehen und an diesen Schnittstellen ausreichende Kapazitäten zur Verfügung stehen. Es ist vorteilhaft, dass sowohl das Strom- als auch das Erdgasnetz ähnliche Grundstrukturen aufgrund der historischen Entwicklung aufweisen. Energiemengen wurden in der Vergangenheit zentral erzeugt oder beschafft und an Transport- und Verteilnetze übergeben, welche die Versorgung zu den Endkunden zum größten Teil sicherstellten. Bei der Betrachtung beider Energienetze sowie der vorhandenen Erdgasspeicher (Energiespeicherkapazitäten) wird deutlich, dass eine Vielzahl an Schnittstellen existiert. Dies ist in Abb. 3.19 dargestellt.

Aufnahmefähigkeit des Erdgasnetzes für Austauschgase

Die Aufnahmefähigkeit des Erdgasnetzes für Austauschgase (aufbereitetes und konditioniertes Biogas) wurde im Zuge der Studie „Analyse und Bewertung der Nutzungsmöglichkeiten von Biomasse" im Auftrag des BGW und DVGW bereits im Jahr 2005 geprüft. Dabei wurde davon ausgegangen, dass so viel Gas in Form eines Austauschgases eingespeist werden kann, wie von den nachgelagerten Verbrauchern entnommen wird. Natürlich treten saisonale (niedrige Sommergrundlast) und tageszeitliche Schwankungen auf (Verbrauchsminima in der Nacht). Die Speicherfähigkeit der Netze blieb unberücksichtigt. Als aufsummierte jährliche Gesamtmenge ergab sich eine Kapazität von 21 Mrd. m^3/a bzw. ca. 231 TWh.[41] Bei diesem Wert handelt es sich lediglich um einen theoretischen Orientierungswert, der jedoch abhängig von den lokalen und regionalen Einspeiserestriktionen noch keinen Rückschluss auf die tatsächliche Einspeisemenge zulässt.

Aufnahmefähigkeit des Erdgasnetzes für Wasserstoff

Auf Basis der Ermittlungen über die Aufnahmefähigkeit für ein Austauschgas aus der Studie „Analyse und Bewertung der Nutzungsmöglichkeiten von Biomasse" wurde durch das Gas- und Wärme-Institut Essen die Menge von Wasserstoff als Zusatzgas mit einer maximalen Konzentration von 5 Vol.-% im Erdgasnetz bestimmt. Es wurde die Menge an Wasserstoff ermittelt, die unter Berücksichtigung saisonaler Variabilität der Gasabnahme maximal eingespeist werden kann. Aus den Daten für einen durchschnittlichen Sommertag wurde ein Minimalszenario und für eine maximale Gasabnahme an einem Wintertag ein Maximalszenario gebildet. Dabei wurden Nachttalfaktoren für die Sommer- und Winternacht berücksichtigt. Es ergaben sich bei der jährlichen Betrachtung 2,47 Mrd. m^3 (8,74 TWh) H_2 im Minimalszenario und 3,87 Mrd. m^3 (13,7 TWh) H_2 im Maximalszenario als Zusatzgas auf der Verteilebene, zuzüglich 1,14 Mrd. m^3 (4,04 TWh) H_2, das nicht über Gasversorgungsunternehmen an die Endverbraucher geht. Daraus resultiert eine Gesamtmenge von insgesamt 12,78 TWh H_2 im Minimal- und 17,74 TWh H_2 im Maximalszenario. Durch eine Zuordnung der Gasversorgungsunternehmen nach Bundesländern ergaben sich die größten Potenziale in Nord-Rhein-Westfalen. Ein großes Potenzial

[41] Vgl. Wuppertal Institut für Klima, Umwelt, Energie GmbH, 2005, S. 46 – 212 Mrd. KWh/a (Umrechnung aufgrund differenzierter Annahmen des Brennwerts).

bestand ebenfalls in Niedersachsen, Hessen, Baden-Württemberg und Bayern, jedoch um die Hälfte geringer als in NRW.[42] Anhand der ermittelten Werte im Minimal- und Maximalszenario ergeben sich einspeicherbare elektrische Energiemengen mittels Power-to-Gas zwischen 17 und 23,65 TWh, bezogen auf einen Wirkungsgrad für die Elektrolyse von 75 %. Werden die entsprechenden Elektrolyseure mit 4000 Volllaststunden betrieben, resultieren installierbare Leistungen zwischen 4,25 und 5,9125 GW. Das angegebene Potenzial zur Aufnahme von Wasserstoff stellt eine theoretische Aufnahmekapazität dar, es kann durch regionale Gegebenheiten im Gasnetz reduziert werden. Lokale Aufkonzentrierung von Wasserstoff kann insbesondere innerhalb örtlicher Verteilnetze erfolgen, wenn die Fließrichtungen nicht konstant sind.

Potenzial von Erdgasspeichern zur Einspeicherung von Wasserstoff und erneuerbarem Methan

Eine volumetrische Zugabe von 2 Vol.-% bzw. 10 Vol.-% H_2 zu dem mittelfristigen Arbeitsgasspeichervolumen von 30,6 Mrd. m^3 entspricht einer einspeicherbaren Wasserstoffenergiemenge von 2,17 bzw. 10,8 TWh. Eine reine Wasserstoffeinspeicherung in Kavernenspeicher mit 19,8 Mrd. m^3 käme einer Einspeicherenergiemenge von 70,1 TWh gleich. Das langfristige Speicherpotenzial für Gasspeicher ist derzeit schwer abschätzbar. Möglich erscheint als technisch-ökologisches Ausbaupotenzial im Jahr 2050 ein Speichervolumen von 42 Mrd. m^3 an Kavernenspeichern und 12 Mrd. m^3 an Porenspeichern in Deutschland.[43] Dies entspricht einer speicherbaren chemischen Energiemenge in Form von reinem Wasserstoff in Kavernenspeichern von 148,7 TWh. Ein 10%iger Anteil von Wasserstoff am langfristigen Gasspeichervolumen von 54 Mrd. m^3 entspräche 19,1 TWh. In Form von erneuerbarem Methan könnten entsprechend den angegebenen Speichervolumina mittelfristig 336,6 TWh und längerfristig 594 TWh gespeichert werden.

3.3.5 Entwicklung der Nachfrage nach Erdgas

Die mittelfristige Entwicklung der Gasnachfrage der nächsten 10 Jahre ist aus den Netzentwicklungsplänen Gas (NEP Gas) der Fernleitungsnetzbetreiber detailliert nach Abnehmergruppen (Industrie, Haushalte, GHD, Verkehr, Heizwerke und Kraftwerke) abrufbar. Eine langfristige Prognose bis zum Jahr 2050 wurde in der BMU-Leitstudie von Nitsch et al. (2012), aufgestellt (auf die Studie ist bereits für den Stromsektor in Abschn. 1.2.4 eingegangen worden). Die Prognose des Gasverbrauchs aus dem Netzentwicklungsplan Gas 2013 für das Zieljahr 2023 sowie des Szenarios A der BMU-Leitstudie ist in Abb. 3.20 dargestellt. Der NEP Gas prognostiziert bereits bis 2023 einen Rückgang des Gasverbrauchs. Die Prognosewerte der BMU-Leitstudie zeigen einen kontinuierlichen Rückgang des Gasverbrauchs erst ab 2030, wobei sich 2050 der gesamte Erdgasverbrauch gegenüber 2020 halbieren würde. In der Studie werden die Verbräuche nach Abnehmern bzw. Sek-

[42] Vgl. Gas- und Wärme-Institut Essen e. V., 2012.
[43] Vgl. Sterner, M. & Stadler, I., 2014, S. 379.

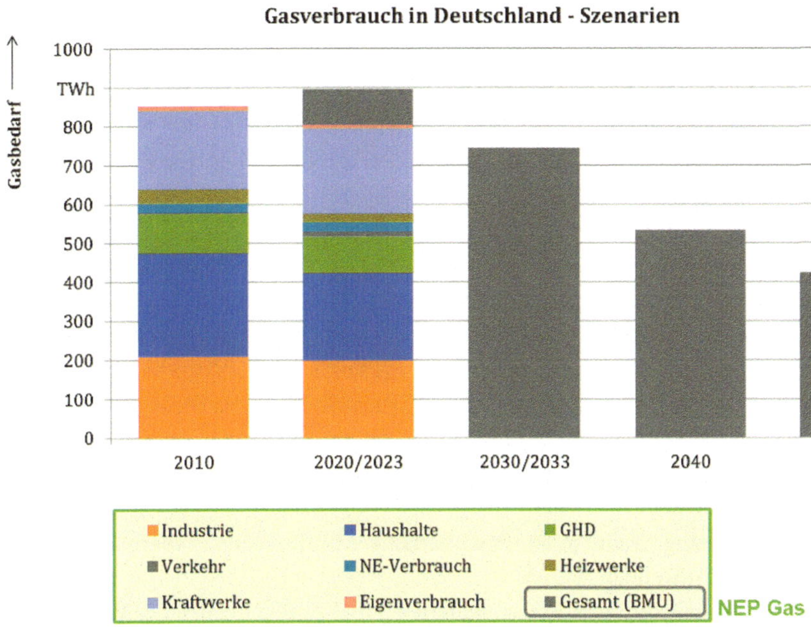

Abb. 3.20 Prognose der zukünftigen Gasnachfrage. (DVGW, 2014d)

toren beurteilt. Im Haushaltssektor wird der größte Einbruch des Gasverbrauchs aufgrund eines stark abnehmenden Wärmebedarfs angenommen. Ein lediglich leichter Rückgang im Gasbedarf wird bei der Prozesswärmeentwicklung der Industrie sowie von GHD prognostiziert. Im Mobilitätssektor wird mit einem steigenden Gaseinsatz als Kraftstoff gerechnet. Ein Rückgang des Einsatzes von Gas zur Stromerzeugung wurde in etwa ab dem Jahr 2040 angenommen.

Aus dem Rückgang des Gasabsatzes ergibt sich die Möglichkeit, die frei werdenden Kapazitäten im Gasnetz für andere Anwendungsbereiche zu nutzen und dadurch den Werteerhalt dieser bestehenden Infrastruktur zu ermöglichen.

3.3.6 Wasserstofftransport zu entfernten Erdgasnetzeinspeisepunkten

Ein Wasserstofftransport zu entfernten Einspeisepunkten kann notwendig werden, wenn an einem präferierten Standort für Power-to-Gas technisch kein Gasnetzanschluss möglich ist oder wirtschaftliche Anreize hierfür bestehen. Prinzipiell ist der Wasserstofftransport in komprimierter Form als Gas, gekühlt als Flüssigkeit oder chemisch gebunden, beispielsweise in Metallhydriden, möglich. Bereits im Jahr 2015 großtechnisch eingesetzte Transportverfahren sind der Transport via LKW in gasförmig komprimierter oder flüssiger Form und der Transport via Pipeline. Die einzelnen Transportmöglichkeiten unterscheiden sich hinsichtlich der benötigten Infrastruktur, der fixen und variablen Betriebskosten, des energetischen Aufwands sowie der Transportkapazität. Entsprechend sind in Abhängigkeit der Transportaufgabe unterschiedliche Optionen zu favorisieren.

Abb. 3.21 zeigt für einen Auslegungsfall die spezifischen Kosten je Wasserstofftransportmenge und Transportdistanz. Die exakten Kosten für einen spezifischen Anwendungsfall des Wasserstofftransportes können auf diese Weise nicht ermittelt werden, da es sich um einen speziellen Auslegungsfall handelt. Jedoch zeigen sich aus den Werten die prinzipiellen Zusammenhänge. Der Transport via LKW ist besonders für kurze Strecken und geringe Mengen relevant. Die Gesamttransportkosten stehen in direktem Zusammenhang mit der Anzahl der benötigten Trucks und deren Kraftstoffkosten je Kilometer. Im Falle des flüssigen Transports besteht ein hoher Fixkostenanteil aufgrund der Verflüssigungskosten. Jedoch kann die Transportmenge je Truck wesentlich erhöht werden gegenüber einem gasförmigen Transport. Dadurch ist diese Transportoption insbesondere für lange Strecken mit kleiner bis mittlerer Transportmenge interessant. Bei Pipelines stellen die Leitungskosten den dominierenden Faktor dar, wodurch die Kosten proportional zur Transportdistanz ansteigen. Die Kosten für größere Fördermengen bzw. Leitungsquerschnitte steigen nur gering. Dadurch ist diese Variante v. a. für große Fördermengen und für kurze Distanzen anzuwenden.

Eine Studie der Ludwig-Bölkow-Systemtechnik GmbH zu Potenzialen der Wind-Wasserstoff-Technologie vergleicht die Transportmöglichkeiten aus Abb. 3.21 und ergänzt sie um einen containerbasierten Schiffstransport von Kompositbehältern mit anschließendem LKW-Weitertransport. Dabei handelt es sich um Kosten für eine Punkt-zu-Punkt Verbindung. Die Auslegung ändert sich bei einem Distributionsnetz mit vielen kleineren Verbrauchern. Tab. 3.7 beinhaltet die jeweils günstigste Transportoption und deren Kosten pro transportiertem Normkubikmeter. Es zeigten sich ähnliche Anwendungsbereiche für den Transport via Pipeline und LKW. Schiffe sind im Bereich größerer Mengen und

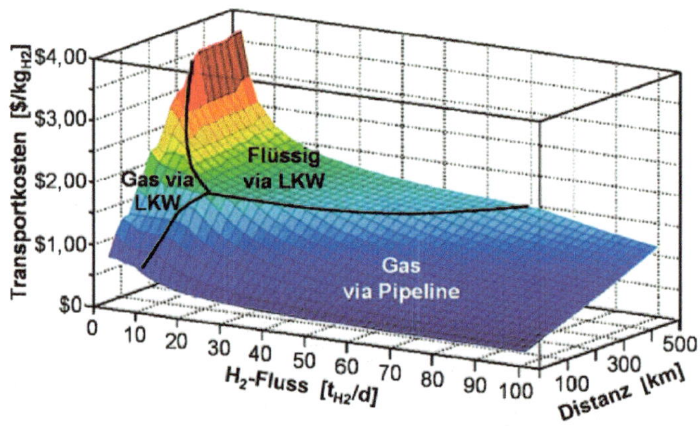

Abb. 3.21 Minimale Transportkosten für Wasserstoff in Abhängigkeit von Massenfluss und Transportentfernung. (In Anlehnung an Yang, C. & Ogden, J., 2007)

Tab. 3.7 Günstigste Wasserstofftransportoptionen in Abhängigkeit von Entfernung und Menge. (LBST, 2010)

Kosten der günstigsten Transportoption (€/Nm³)		Entfernung (km)									
		1	2	5	10	20	30	50	100	200	400
Menge (Mio. Nm³/a)	0,10	0,211	0,321	0,321	0,322	0,323	0,324	0,326	0,333	0,345	0,369
	0,20	0,105	0,210	0,213	0,217	0,227	0,229	0,231	0,237	0,250	0,274
Legende:	0,50	0,042	0,084	0,095	0,099	0,108	0,118	0,136	0,179	0,193	0,217
Pipeline	1	0,021	0,042	0,055	0,060	0,069	0,078	0,096	0,106	0,122	0,154
LH_2-LKW	2	0,011	0,021	0,036	0,040	0,049	0,058	0,061	0,069	0,085	0,117
Druckröhren-LKW	5	0,004	0,008	0,021	0,028	0,034	0,036	0,039	0,047	0,063	0,095
	10	0,002	0,004	0,011	0,021	0,027	0,029	0,032	0,040	0,056	0,088
Kompositcontainerschiff	20	0,001	0,002	0,005	0,011	0,021	0,025	0,028	0,036	0,052	0,084
	50	0,000	0,001	0,002	0,004	0,008	0,013	0,021	0,034	0,050	0,082
	100	0,000	0,000	0,001	0,002	0,004	0,006	0,011	0,021	0,042	0,081

längerer Entfernungen die optimale Transportlösung, vorausgesetzt, sowohl Produktions- als auch Verbraucherstandort haben ortsnahen Zugang zu einem Terminal.[44]

Mit der relativen Energiedichte von Wasserstoff[45] ergeben sich minimale Kosten bei 0,1 Mio. Nm³/a und einer Transportdistanz zwischen 5 und 100 km von etwa 10 ct/kWh. Bereits bei 1 Mio. Nm³/a können diese auf 1,5–3 ct/kWh reduziert werden. Ähnliche Kosten ergeben sich auch aus Abb. 3.21. Bei Transportmengen kleiner 10 t/d bzw. ca. 110.000 Nm³/d (390 MWh/d) und für eine Transportreichweite kleiner 100 km betragen die Kosten via LWK ca. 2–3 ct/kWh. Die spezifischen Kosten reduzieren sich insbesondere bei einer Mengensteigerung von 100,000 Nm³ auf 1 Mio. Nm³ Wasserstoff pro Jahr stark. 1 Mio. Nm³/a Wasserstoff entsprechen bei einem Elektrolysewirkungsgrad von 70 % etwa 5 GWh Stromverbrauch im Jahr. Nimmt man zwischen 2000 und 4000 Volllaststunden für die Elektrolyseure an, sind installierbare Leistungen von 1,25–2,5 MW wirtschaftlich interessant (Wasserstoffproduktion von 250–500 Nm³/h). Diese Anlagengrößen sind prinzipiell umsetzbar und bei direkter Kopplung bereits bei kleineren Windparks anwendbar.

[44] Vgl. LBST, 2010.
[45] 39,4 kWh/kg bzw. 3,54 kWh/Nm³ (bezogen auf den Brennwert).

3.4 Zusammenfassung der Kosten und Wirkungsgradketten von Power-to-Gas

3.4.1 Wirkungsgradketten

Die Wirkungsgrade von Elektrolyseuren und Methanisierungsanlagen wurden nach dem Stand der Technik des Jahres 2014 bereits unter Abschn. 3.2 beziffert. In Abb. 3.22 sind die Wirkungsgradketten repräsentativer Power-to-Gas-Pfade vom Erzeuger bis zum Endkunden zusammengefasst.

Wirkungsgrade von Transformatoren und Gleichrichtern können in Abhängigkeit der Leistungsgröße zwischen 97 und 99,5 % schwanken. Elektrolyse- und Methanisierungswirkungsgrade entsprechen Herstellerangaben bis zum Jahr 2013 (Systemwirkungsgrad 4,5–5,0 kWh/Nm^3 H_2 zzgl. Energieaufnahme Nebenanlagen). Dabei wurden Druckelek-

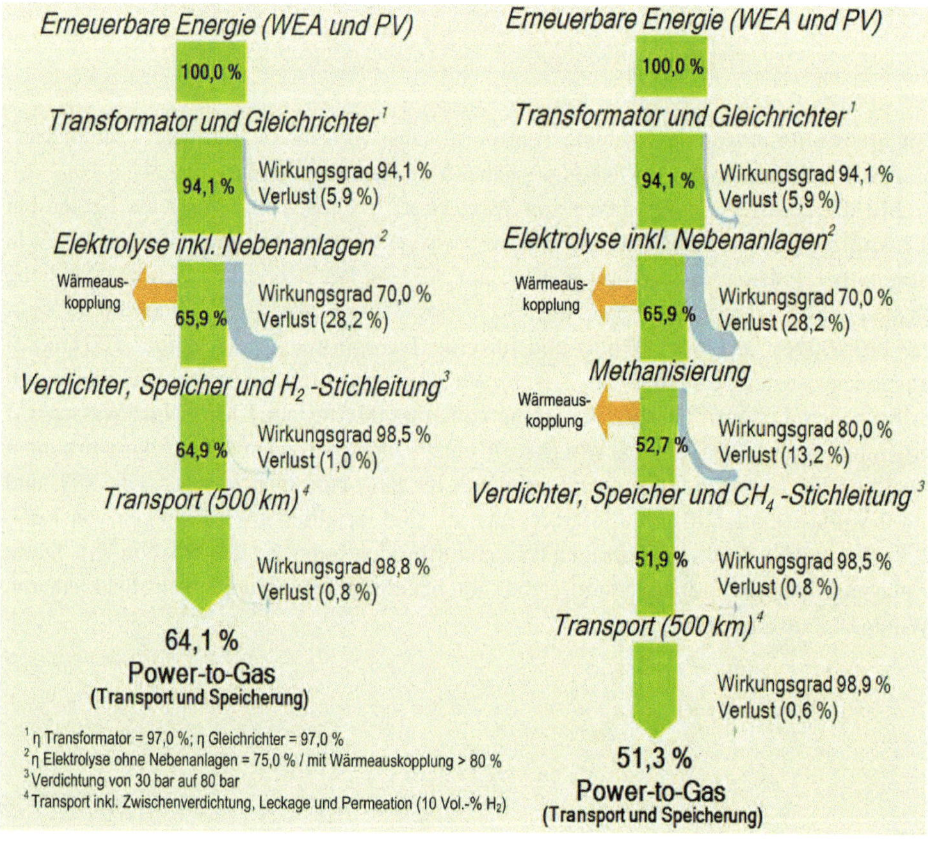

Abb. 3.22 Wirkungsgradketten vom Erzeuger bis Endkunden von Power-to-Gas mit und ohne Methanisierung, Stand 2013. (DVGW, 2013b)

Tab. 3.8 Wirkungsgrad von Elektrolyseuren und Methanisierungsanlagen – Zukunftspotenziale

	2013	Zukunftspotenzial[a]
PEM-Elektrolyseur	70 %	86 %
AEL-Elektrolyseur	70 %	82 %
Methanisierungsanlagen	80 %	85 %

[a] Bezogen auf den Brennwert

trolyseure und für die Einspeisung des Produktgases in eine Erdgastransportleitung eine Verdichtung von 30 auf 80 bar angenommen. Bei dem Einsatz von atmosphärischen Elektrolyseuren entsteht ein entsprechend höherer Wirkungsgradverlust für die Verdichtung. Zusätzlich wurden Transport-, Leckage- und Permeationsverluste von Gasspeichern und Einspeiseleitungen berücksichtigt. Für Wirtschaftlichkeitsbetrachtungen werden derzeit niedrigere Wirkungsgradannahmen für Elektrolyseure von max. 60 % empfohlen, um Effizienzminderungen beim Teillastbetrieb zu berücksichtigen.[46] Zukünftig sind Wirkungsgradsteigerungen für Power-to-Gas-Systeme v. a. bei den Elektrolyseuren zu erwarten. Die Zukunftspotenziale sind in Tab. 3.8 aufgelistet.[47] Mit der im Forschungsstadium befindlichen Hochtemperaturelektrolyse können weitere Wirkungsgradsteigerungen (größer 90 %) erreicht werden. Wirkungsgradsteigerungen an Methanisierungsanlagen sind nur geringfügig möglich.

Für eine Gesamtsystembetrachtung von Power-to-Gas ist der mögliche Nutzen der Abwärme, welche bei der Elektrolyse und Methanisierung entsteht, zu berücksichtigen. Für die beiden Prozessschritte resultieren derzeit die größten Wirkungsgradverluste mit 28,2 und 13,2 % ohne Abwärmenutzung. Vor allem die Hochtemperaturabwärme aus chemischen Methanisierungsanlagen bietet vielseitige Anwendungsmöglichkeiten. Laut Herstellerangaben lässt sich durch eine derartige Wärmenutzung bereits heute ein Gesamtwirkungsgrad größer 80 % für Power-to-Gas-Anlagen mit Methanisierung realisieren.[48] Auch der anfallende Sauerstoff bietet Nutzungsmöglichkeiten, was zur Steigerung der Effektivität des Gesamtsystems beitragen kann.

3.4.2 Kosten

Capex

Die Investitionskosten (Capex) von Power-to-Gas-Anlagen lassen sich in Maschinenkosten sowie Kosten für Verschaltungs- und Baumaßnahmen einteilen. Maschinenkosten beinhalten die verfahrenstechnisch notwendigen Anlagenteile wie die Elektrolyseanlage (inklusive Peripherie), die Einspeiseanlage sowie die optionale Methanisierungsanlage. Je nach Bedarf können zusätzliche Anlagenteile zur Wasserstoffzwischenspeicherung

46 Vgl. DVGW, 2014c, S. D–4.
47 Erläuterungen im Abschn. 3.2.
48 Vgl. ETOGAS GmbH, 2013.

und -verdichtung sowie zur CO_2-Verdichtung und -Aufbereitung anfallen. Kosten für Verschaltungs- und Baumaßnahmen beinhalten alle Maßnahmen zum Verbinden und zum Aufstellen der Anlagenteile, wie beispielweise den Stahlbau, Montagematerial, Rohrleitungen, Transformatoren, Gleichrichter oder Kabel, die tief- und hochbaulichen Maßnahmen sowie Zäune und Umweltausgleichsmaßnahmen. Für Wirtschaftlichkeitsbetrachtungen werden diese Kosten meist prozentual von den Maschinenkosten geschätzt. Hierbei sind wesentliche Unterschiede zwischen Anlagenkonzepten, wie beispielsweise die Containerbauweise von PEM-Elektrolysesystemen, zu berücksichtigen.

Der DVGW hat Kostenermittlungen für Power-to-Gas-Systeme, basierend auf Angeboten, Literaturangaben und eigenen Abschätzungen, in mehreren Studien durchgeführt. Die Ergebnisse werden im Folgenden zusammengefasst. Die Kosten beziehen sich stets auf spezielle Auslegungsfälle und sind als Richtwerte zu verstehen. Insbesondere die Dimensionierung der Zwischenspeicherung und Verdichtung von Wasserstoff als auch die CO_{2-}-Aufbereitung und -Verdichtung sind von verschiedenen Faktoren abhängig, wie beispielsweise von der Kohlenstoffdioxidquelle, dem Gaslastfluss, dem geforderten Druckniveau, dem dynamischen Betrieb oder der Art der Methanisierung. Die hohen Auslegungsspielräume führen zu differierenden Kosten für diese Anlagengruppen. Bei einer Kostenbetrachtung für ein Power-to-Gas-System mit 200 kW (inklusive Peripherie, Zwischenspeicher und Verdichter, Aufstellung und Bau sowie Einspeiseanlage) im Jahr 2014 wurden vom DVGW Gesamtkosten für Anlagen dieser Größenordnung von etwa 6000 €/kW mit einer Methanisierung und 4300 €/kW ohne diese Aufbereitungsstufe ermittelt. Wie in Abb. 3.23 dargestellt ist, wurden für den Fall einer Umstellung auf Druckelektrolyseure, einem Entfall von Zwischenspeichern und Prozessgaschromatographen sowie einer starken Kostensenkung für PEM-Systeme aufgrund Serienfertigung zukünftige Kosten von ca. 2000–3000 €/kW abgeschätzt.[49]

Die spezifischen Kosten von Power-to-Gas-Anlagen nehmen mit zunehmender Anlagenleistung ab (Skaleneffekt). Die Ermittlungen des DVGW für Systeme größer 1 MW ergaben für einzelne Anlagenkomponenten die spezifischen Kosten aus Abb. 3.24. Die Elektrolyseanlage macht derzeit den größten Anteil der Maschinenkosten aus. Es wurden optimistische Kosten von ca. 700 bis 1200 €/kW für alkalische Elektrolyseure angesetzt. Stand der Technik des Jahres 2014 waren minimale Kosten von 800 €/kW für AEL-Systeme und 2000 €/kW für PEM-Systeme.[50] Hersteller prophezeien, dass sich die Kosten von PEM-Elektrolyseuren jenen von alkalischen Elektrolyseuren annähern, sodass mittelfristig Kosten von 800–1350 €/kW möglich sein könnten.[51] Kosten für Wärmeübertrager oder Gasaufbereitungsanlagen wurden vom DVGW separat ausgewiesen und betragen in Summe ca. 100 €/kW. Daraus ergeben sich Gesamtmaschinenkosten für Elektrolyseure von 800–1300 €/kW.

[49] Vgl. DVGW, 2014d.
[50] Abschn. 3.2.1.2.
[51] Vgl. DVGW, 2014c, S. D–8.

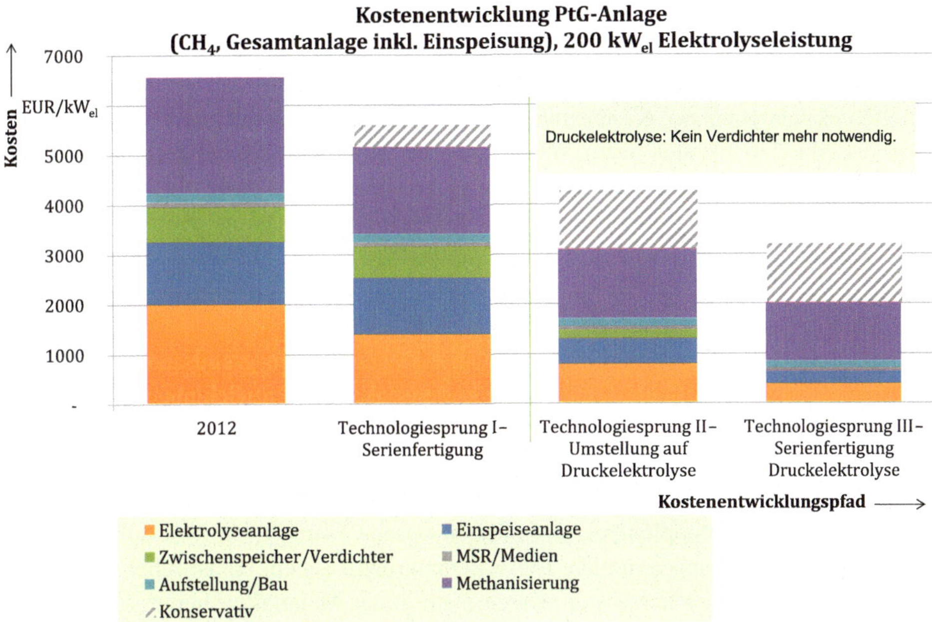

Abb. 3.23 Mögliche Kostenentwicklung von Power-to-Gas-Anlagen mit 200 kW installierter Leistung. (DVGW, 2014d)

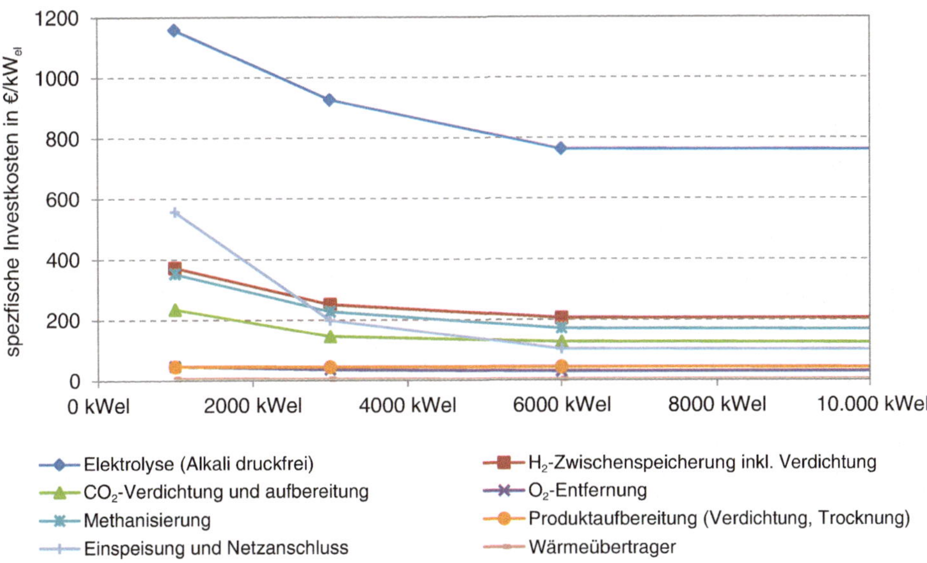

Abb. 3.24 Spezifische Investitionskosten für unterschiedliche Power-to-Gas-Anlagengrößen, Stand 2014. (DVGW, 2014c)

Die weiteren Hauptkostenblöcke von Power-to-Gas-Anlagen sind in Tab. 3.9 aufgelistet und mit den Minimal- wie auch Maximalwerten aus Abb. 3.24 beziffert. Für die Einspeiseanlage fallen besonders bei kleinen Anlagen verhältnismäßig hohe Kosten an. Zur Berücksichtigung der Kosten für Verschaltungs- und Baumaßnahmen wurden 29–35 % der Maschinenkosten vom DVGW angegeben.[52] Anhand der Werte des DVGW wurden die minimalen und maximalen spezifischen Investitionskosten für Power-to-Gas-Systeme zum Entwicklungsstand des Jahres 2014 in Tab. 3.9 zusammengestellt. Eine Wasserstoffzwischenspeicherung und -verdichtung wurde für eine Methanisierung in jedem Fall vorgesehen, da dies zur Entkopplung von Elektrolyse und Methanisierung notwendig ist, um einen dynamischen Betrieb zu ermöglichen.

Die zukünftigen Kosten von Power-to-Gas-Anlagen hängen grundsätzlich von Effizienzgewinnen, Skaleneffekten und neuen kostensenkenden Entwicklungen durch Forschung und Marktaufbau ab. In der Studie „Stromspeicher in der Energiewende" von Agora Energiewende (2014a), bereits vorgestellt in Abschn. 2.8.4, wurde die Kostendegression der Power-to-Gas-Technologie abgeschätzt. Hierfür wurde eine Lernrate (Kostendegression pro Verdopplung der installierten Gesamtleistung) von 13 % auf Basis von Expertenschätzungen angenommen. Diese Lernrate wird als ein realistischer Mittelwert angesehen, da die meisten Anlagen derzeit noch in der Manufaktur hergestellt werden.

Tab. 3.9 Maximale und minimale spezifische Investitionskosten für Power-to-Gas-Anlagen, Stand 2014. (In Anlehnung an DVGW, 2014c)

	Elektrolyseanlage Min.	Elektrolyseanlage Max.	Elektrolyse- + Methanisierungsanlage Min.	Elektrolyse- + Methanisierungsanlage Max.
Elektrolyseur (800–1300 €/kW)	800	1300	800	1300
Methanisierungsanlage (180–380 €/kW)	–	–	180	380
Einspeisung und Netzanschluss (100–575 €/kW)	100	575	100	575
CO_2-Verdichtung und Aufbereitung (125–225 €/kW)	–	–	125	225
H_2-Zwischenspeicherung und Verdichtung (200–380 €/kW)	–	380	200	380
Maschinenkosten Gesamt	900	2255	1405	2860
Kosten für Verschaltungs- und Baumaßnahmen (35–29 %)	320	790	410	1000
Gesamtkosten	**1220**	**3045**	**1815**	**3860**

[52] Vgl. DVGW, 2014c, S. D–7.

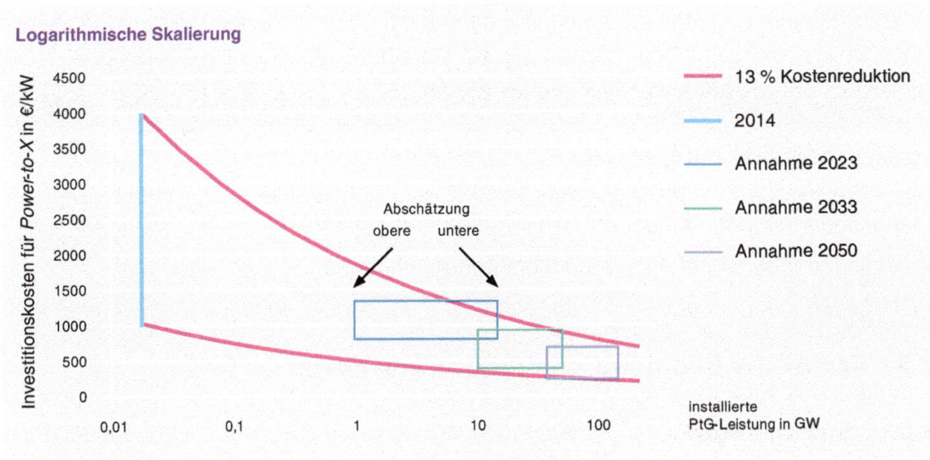

Abb. 3.25 Kostenentwicklung von Power-to-Gas-Anlagen bei einer Lernrate von 13 %. (Agora Energiewende, 2014a)

Die Kostendegression der Photovoltaiktechnologie hatte im Vergleich eine höhere Lernrate um etwa 20 %, aufgezeigt in Abschn. 1.1.3. Als Ausgangssituation wurde für das Jahr 2014 ein Kostenbereich von 1000–4000 €/kW für Power-to-Gas-Anlagen betrachtet. Diese Annahmen decken sich mit den Analysen aus Tab. 3.9. Die Kostenentwicklung bei einer Lernrate von 13 % ist in Abb. 3.25 dargestellt. Es wird ersichtlich, dass bei dieser Lernrate und einer installierter Gesamtleistung von 1 GW die Kosten auf bis zu 500 €/kW sinken. In der Abbildung sind viereckige Bereiche integriert, dabei handelt es sich um die Kostenannahmen der Studie nach Abschätzung der zukünftig installierten Leistungen von Agora Energiewende (dargelegt in Abschn. 2.8.4). Zukünftige Investitionskosten von 1000 €/kW scheinen nach den Annahmen von Agora Energiewende bei 1 GW installierter Gesamtleistung realistisch.

Opex

Die Betriebskosten (Opex) lassen sich in die verbrauchsgebundenen und betriebsgebundenen Kosten einteilen. Zu den betriebsgebundenen Kosten zählen die Kosten für Wartungen, Reparaturen und Versicherungen sowie die Personalkosten für den Betrieb der Anlage. In Wirtschaftlichkeitsbetrachtungen zu Power-to-Gas-Anlagen werden typischerweise die hierfür anfallenden Kosten prozentual zu den Capex mit 2–4 % pro Jahr angesetzt.

Verbrauchsgebundene Kosten entstehen für die benötigten Betriebsmittel und deren Entsorgung. Ausschließlich die Strombezugskosten haben einen wesentlichen Einfluss auf die Gasgestehungskosten. Weitere verbrauchsgebundene Kosten resultieren beispielsweise für den Bezug und die Aufbereitung des benötigten Wassers wie auch des Kohlenstoffdioxids im Falle einer Methanisierung. Ebenso zählt der Austausch von Katalysatoren zu diesen Kosten. Die verbrauchsgebundenen Kosten, welche neben dem Strombezug anfallen, können aufgrund des geringen Einflusses für überschlägige Wirtschaftlichkeitsberechnungen vernachlässigt oder analog zu den betriebsgebundenen Kosten prozentual zu den Gesamtinvestitionen angenommen werden.

Steuern, Abgaben und Umlagen
Einen Sonderfall der verbrauchsgebundenen Kosten stellen die mit dem Strombezug einhergehenden Steuern, Abgaben und Umlagen dar, welche je nach Strombezugskonzept einen hohen Einfluss auf die Gasgestehungskosten haben.

3.5 Rechtliche Rahmenbedingungen von Power-to-Gas

3.5.1 Stromsektor

Werden synthetische Gase zur Rückverstromung eingesetzt, gelten diese als Speichergase.

► Nach *§ 5 EEG 2014* werden Speichergase definiert als: jedes Gas, das keine erneuerbare Energie ist, aber zum Zweck der Zwischenspeicherung von Strom aus erneuerbaren Energien ausschließlich unter Einsatz von Strom aus erneuerbaren Energien erzeugt wird.

Im Gegensatz zur Einordnung von synthetischen Gasen im EnWG muss 100 % erneuerbarer Strom eingesetzt werden, wenngleich für die Herkunft des zur Methanisierung eingesetzten Kohlendioxids oder Kohlenmonoxids keine Anforderungen bestehen. Die Nachweiserbringung über die biogene Eigenschaft des Stroms wird unter Abschn. 3.5.2 erläutert. Ferner sind für Speichergase die Regelungen nach § 47 Abs. 2 und Abs. 6 EEG 2014 einzuhalten. Nach der aktuellen Gesetzeslage ist demnach die Rückverstromung von synthetischen Gasen von der sonstigen Verwendung von SNG im Verkehrs- oder Wärmesektor – wie auch von der stofflichen Nutzung in der Industrie – zu unterscheiden. Die Kostenbelastungen für Speichergase sind in Abschn. 2.3 aufgezeigt. Werden Power-to-Gas-Anlagen nicht als Stromspeicher eingesetzt, entfällt das Stromspeicherprivileg nach § 60 Abs. 3 EEG 2014, und die EEG-Umlage muss auf die bezogene elektrische Energiemenge vollständig gezahlt werden. Dies ist auch notwendig, wird Strom über den Regelleistungsmarkt bezogen.

Die Besonderen Ausgleichsregelungen nach §§ 63 ff. EEG 2014 treffen für Power-to-Gas-Anlagen im herkömmlichen Sinne nicht zu, da diese nicht zu den Unternehmen, die einer Branche nach Anlage 4 EEG 2014 zuordenbar sind, angehören. Das Bundesamt für Wirtschaft und Ausfuhrkontrolle (BAFA) ordnet Power-to-Gas-Anlagen, solange sie sich im Versuchsstadium befinden, in die Klasse (WZ) 72.19 „Sonstige Forschung und Entwicklung im Bereich Natur-, Ingenieur-, Agrarwissenschaften und Medizin" ein. Beim Regelbetrieb einer Power-to-Gas-Anlage, zur Erzeugung von Wasserstoff mit oder ohne nachfolgende Methanisierung, erfolgt bisher eine Eingruppierung in die Klasse (WZ)

35.21 „Gaserzeugung“ des Abschnitts D „Energieversorgung“. Diese Klasse gilt für gasförmige Brennstoffe zur Einspeisung in ein Rohrleitungsnetz. Wird Wasserstoff oder erneuerbares Methan in Gasflaschen oder Tanks abgefüllt, erfolgt eine Zuordnung in die Klasse (WZ) 20.11 „Herstellung von Industriegasen“. Lediglich die letzte Klasse (WZ 20.11) ist einer Branche nach Anlage 4 gemäß § 64 EEG 2014 zuzuordnen, wodurch für ein solches stromkostenintensives Unternehmen die Ausgleichsregelung nach §§ 63 ff. EEG 2014 gilt. Somit ist die Art der Distribution des Gases zuordnungsrelevant. Ohne die Nutzung der bestehenden Gasinfrastruktur handelt es sich nicht um das ursprüngliche Power-to-Gas-Konzept, welches einen Energietransport über eine bestehende Infrastruktur ermöglicht.

Alle weiteren Kostenbelastungen wie die Konzessionsabgabe, KWK-Umlage, § 19 Abs. 2 StromNEV-Umlage, Offshore-Umlage, abLA-Umlage und die Stromsteuer für Peripherie bleiben analog zum Einsatz von Power-to-Gas als Stromspeicher (Speichergas) bei der sonstigen Verwendung der synthetischen Gase bestehen. Sonderregelungen gelten bei der Eigenversorgung, welche in Abschn. 3.6.2 erläutert werden.

3.5.2 Gassektor

Der Anlagenbetreiber einer Power-to-Gas-Anlage muss gemäß § 19 GasNZV i. V. m. § 49 EnWG sicherstellen, dass die Beschaffenheit des synthetischen Gases am Einspeisepunkt und während der Einspeisung den Voraussetzungen gemäß DVGW-Arbeitsblatt G 260 und G 262 in ihrer jeweils geltenden Fassung entspricht. Für die Einspeisung von Biogas, wozu synthetische Gase unter bestimmten Voraussetzungen gezählt werden, gelten nach § 36 GasNZV die einzuhaltenden Grenzwerte, welche im Jahr 2007 Bestand hatten.[53]

► Nach *§ 3 EnWG*[54] werden die synthetischen Gase dem Begriff Biogas zugeordnet, wenn Wasserstoff, der durch Wasserelektrolyse erzeugt worden ist, und synthetisch erzeugtes Methan, wenn der zur Elektrolyse eingesetzte Strom und das zur Methanisierung eingesetzte Kohlendioxid oder Kohlenmonoxid jeweils nachweislich weit überwiegend aus erneuerbaren Energiequellen im Sinne der Richtlinie 2009/28/EG[55] stammen. Sie werden lediglich zum Gasbegriff nach § 3 EnWG gezählt, wenn diese nicht weit überwiegend aus erneuerbaren Energiequellen erzeugt werden.

Ausweislich einer Gesetzesbegründung soll das Kriterium „weit überwiegend“ dann erfüllt sein, wenn die eingesetzten Stoffe zu mindestens 80 % aus erneuerbaren Energie-

[53] Tab. 3.6.
[54] Energiewirtschaftsgesetz vom 7. Juli 2005 (BGBl. I S. 1970, 3621), das zuletzt durch Artikel 6 des Gesetzes vom 21. Juli 2014 (BGBl. I S. 1066) geändert worden ist.
[55] Abschn. 1.1.1.

quellen stammen.[56] Als maßgeblicher Bezugszeitraum für die Bewertung ist nach Ansicht der Bundesnetzagentur das Kalenderjahr bzw. bei unterjährigem Beginn der Einspeisung das Rumpfkalenderjahr geltend. Eine abschließende rechtliche Klärung über die Art des Nachweises der biogenen Eigenschaft besteht nicht. Die Bundesnetzagentur geht davon aus, dass durch entsprechende Angaben des Anlagenbetreibers über die Herkunft des Stroms in den Datenblättern bzw. Formularen des Gasnetzbetreibers zum Anschlussbegehren Genüge getan ist. Sofern die Datenblätter bzw. Formulare der Netzbetreiber dies nicht vorsehen, kommt alternativ auch die Vorlage eines Anlagenbetriebskonzeptes, welches die nachvollziehbare Herkunft des Stroms belegt, durch den Anlagenbetreiber in Betracht. Ein weitergehender oder gar dauerhafter und wiederholter Nachweis der biogenen Eigenschaft ist nur ausnahmsweise dann erforderlich und zulässig, wenn dem Gasnetzbetreiber konkrete Anhaltspunkte für ein Fehlen der biogenen Eigenschaft des Gases vorliegen. Zu diesem Zweck könnten beispielsweise entsprechende Zertifikate vorgelegt werden.[57] Ein Anschlussbegehren beim zuständigen Netzbetreiber ist nach § 33 GasNZV Grundlage für den Zugang zu den Gasversorgungsnetzen.

Wird SNG aus Power-to-Gas-Anlagen als Biogas nach § 3 EnWG zugeordnet, gilt für diese Gase Teil 6 GasNZV (§§ 31 bis 37) einschließlich der §§ 19 Abs. 1 S. 3, 20a, 20b GasNEV. In diesen Regelungen wird Biogas gegenüber Erdgas im Hinblick auf den Netzanschluss und Netzzugang, die einzuspeisende Gasqualität, den Bilanzausgleich, die Netzentgelte und die Umlagekosten bessergestellt. Biogasanlagen erhalten einen vorrangigen Gasnetzzugang. Netzbetreiber sind verpflichtet, in einem Netzanschlussvertrag eine garantierte Mindesteinspeisekapazität zuzusichern. Zudem müssen Netzbetreiber die dauerhafte Verfügbarkeit des Netzanschlusses mindestens zu 96 % der Jahresstunden sicherstellen und ggf. Maßnahmen zur Kapazitätserhöhung ergreifen. Dies umfasst neben einer Rückeinspeisung in ein vorgelagertes Netz auch die Verbindung des vorhandenen Gasnetzes mit anderen Netzen der gleichen Druckstufe, die Schaffung von neuen Netzkopplungspunkten und die Festlegung eines neuen Brennwertbezirkes. Die Kosten für den Gasnetzanschluss einschließlich Verbindungsleitung mit einer Länge von bis zu 1 km sind vom Netzbetreiber zu 75 % und vom Anschlussnehmer zu 25 % zu tragen, wobei die Kosten des Anschlussnehmers auf 250.000 € gedeckelt sind. Soweit eine Verbindungsleitung eine Länge von 10 km überschreitet, hat der Anschlussnehmer die Mehrkosten zu tragen. Für die Wartung und den Betrieb des Netzanschlusses ist alleine der Netzbetreiber verantwortlich und trägt vollumfänglich die Kosten.[58] Für die Einspeisung von Biogas in das Gasnetz sind keine Einspeiseentgelte zu entrichten. Nach § 118 Abs. 6 EnWG gilt grundsätzlich für Anlagen, in denen durch Wasserelektrolyse Wasserstoff erzeugt oder in denen Gas oder Biogas durch wasserelektrolytisch erzeugten Wasserstoff und anschließender Methanisierung hergestellt worden ist, eine Befreiung von den Einspeiseentgelten des angeschlossenen Gasnetzes. Nach § 20a GasNEV steht zudem dem Biogaseinspeiser

[56] BT-Drucks. 17/6072, S. 50.
[57] Vgl. Bundesnetzagentur, 2014b.
[58] Vgl. von Bredow, H. & Balzer, L., 2015.

vom Gasnetzbetreiber, in dessen Netz er unmittelbar einspeist (unabhängig von der Netzebene), ein Anspruch auf ein pauschales Entgelt in Höhe von 0,7 ct/kWh für vermiedene Netzkosten für 10 Jahre ab Inbetriebnahme des Netzanschlusses zu.

Der Netzbetreiber kann einen Netzanschluss gemäß Teil 6 GasNZV in Verbindung mit § 17 Abs. 2 EnWG verweigern, wenn dieser technisch unmöglich oder wirtschaftlich unzumutbar ist. Eine intermittierende oder saisonale Gaseinspeisung führt laut Bundesnetzagentur allein nicht zu einer wirtschaftlichen Unzumutbarkeit. Kapazitätsengpässe sind für eine Netzanschlussverweigerung irrelevant, soweit die technisch-physikalische Aufnahmefähigkeit des Netzes gegeben ist oder durch wirtschaftlich zumutbare Maßnahmen hergestellt werden kann. Die Pflicht zur Sicherstellung einer Mindestanschlussverfügbarkeit sowie einer garantierten Mindesteinspeisekapazität bezieht sich nicht auf die Wasserstoffverträglichkeit des Netzes. Der Zugang bzw. die Einspeisung von Wasserstoff kann gemäß § 34 Abs. 1 S. 1 HS. 2 GasNZV i. V. m. § 36 Abs. 1 S. 1 GasNZV bei fehlender Netzkompatibilität bzw. Netzverträglichkeit verweigert werden. Die garantierte Mindesteinspeisekapazität kann nachträglich reduziert oder entzogen werden, wenn nachweislich feststeht, dass eine technische Minderung oder Einstellung der Wasserstoffeinspeisung dauerhaft, d. h. nicht bloß vorübergehend, erforderlich ist. Das Positionspapier der Bundesnetzagentur sieht für die Einspeisung von Wasserstoff ein ausführliches Prüfungsverfahren durch den Netzbetreiber vor, welches die Bestimmung von wasserstoffsensiblen Anwendungen sowohl auf Netzbetreiberseite als auch aufseiten der Gasnetzkunden sowie den Austausch zwischen den Netzbetreibern verschiedener Ebenen umfasst. Die Kosten für etwaige infrage kommende Maßnahmen trägt der Anschlussnehmer. Daher sind diesem zur abschließenden wirtschaftlichen Beurteilung die ermittelten Informationen zur Verfügung zu stellen. Gemäß § 36 Abs. 3 GasNZV bildet die Ertüchtigung bzw. der Austausch von Prozessgaschromatographen zur Gasabrechnung nach DVGW-Arbeitsblatt G 685 eine Ausnahme. Diese Kosten sind in jedem Fall vom Netzbetreiber zu tragen.[59]

3.6 Direkte Kopplung von Power-to-Gas-Anlagen mit regenerativen Erzeugern

3.6.1 Eigenversorgung – Kosteneinsparung, Zweckmäßigkeit und Anbindungsmöglichkeiten

Die variablen Kosten von Power-to-Gas-Anlagen werden neben dem Beschaffungspreis maßgeblich durch die Höhe der Abgaben, Umlagen und Steuern bestimmt. Entsprechend stellt sich die Frage nach einer Strombezugsvariante, die es ermöglicht diese Kostenbestandteile einzusparen und ausschließlich Grünstrom zu möglichst niedrigen Preisen zu beziehen. Die direkte Kopplung von Power-to-Gas-Anlagen mit regenerativen Erzeugern stellt eine Eigenversorgung oder Direktlieferung dar. Dies ist ein speziell geregelter Un-

[59] Vgl. Bundesnetzagentur, 2014b.

terfall eines Letztverbrauchs von Strom, bei dem elektrische Energie nicht von einem Elektrizitätsversorgungsunternehmen geliefert wird. Derartige Stromlieferungen sind in Bezug auf Umlagen, Abgaben und Steuern unter bestimmten Voraussetzungen gegenüber dem anderweitigen Strombezug privilegiert. Nach derzeitigen Steuerungs- und Marktmechanismen stellt die Eigenversorgung die einzige Möglichkeit dar, einen 100%igen Strombezug aus regenerativen Erzeugungsanlagen bilanziell und physikalisch zu erzielen. Eine direkte Kopplung mit Windenergieanlagen ist der mit Photovoltaikanlagen in Deutschland vorzuziehen. In Abschn. 1.2.5.2 wurde gezeigt, dass bei Photovoltaik in weniger als 4000 h im Jahr Strom generierbar ist. Bei eine Kopplung mit Windkraftanlagen ist auch in den Nachtstunden und nahezu ganzjährig eine Einspeisung möglich, was sich in höheren Volllaststunden widerspiegelt. Abgesehen davon weisen Windkraftanlagen geringe Stromgestehungskosten gegenüber Photovoltaikanlagen in Deutschland auf. Bei Onshore-Windkraftanlagen liegen die minimalen Stromgestehungskosten bei etwa 5 ct/kWh (vgl. Abschn. 1.5.1). Lediglich Wasserkraftanlagen ermöglichen Kosten in einer ähnlichen Größenordnung. Deren Dargebotsschwankungen im Jahresverlauf sind jedoch gering, und deren Potenzial im Inland ist stark begrenzt. Entsprechend sind Onshore-Windkraftanlagen an optimalen Windstandorten vorzugsweise für eine direkte Kopplung mit Power-to-Gas-Anlagen geeignet.

Technisch unterscheiden sich die Anforderungen an Komponenten und an das System bei einer direkten Kopplung von Power-to-Gas-Anlagen mit regenerativen Erzeugungsanlagen gegenüber dem Strombezug übers Netz in nur wenigen Punkten. Dies betrifft v. a. die Größe der Anlage, die Standortwahl und ggf. den dynamischen Betrieb. Es bestehen verschiedenste Anbindungsmöglichkeiten, um Power-to-Gas-Anlagen mit einer Windkraftanlage bzw. mit einem Windpark zu koppeln. Es ist beispielsweise möglich, den elektrischen Anschluss der Power-to-Gas-Einheit an die Ausgangsklemme des Windparks zu verlegen. Zudem kann bei Windkraftanlagen, z. B. mit Synchrongenerator, der elektrische Anschluss in den Gleichstromzwischenkreis gelegt werden, wodurch keine Gleichrichtung bzw. Wechselrichtung gesondert für die Power-to-Gas-Anlage erfolgen muss.

Durch ein entsprechendes Steuerkonzept der Power-to-Gas-Anlage können Prognoseabweichungen von der Ist-Einspeisung der Windstromerzeugung ausgeglichen oder ein Beitrag zur Netzfrequenzhaltung geliefert werden. Durch die direkte Kopplung mit der Erzeugungsanlage wird einer Netzbelastung in der angeschlossenen Netzebene direkt entgegengewirkt, da Einspeiseleistungen ins öffentliche Netz vermieden werden. Dies ist insbesondere für die Einhaltung der Stromgrenzwerte entscheidend.

Die maximale Anlagengröße bei einer Eigenversorgung der Power-to-Gas-Anlage ergibt sich aus den erzielbaren Volllaststunden des Strombezugs zum Stromerzeugungsprofil. Ein erzeugernaher Standort ist von Vorteil, da anderweitig elektrische Transportleitungen benötigt werden. Derzeit wird die unmittelbare Nähe in den gesetzlichen Rahmenbedingungen zur Eigenversorgung vorgeschrieben. Demgegenüber sind bei einer netzintegrierten Anlage Standort und Größe in weiten Bereichen frei wählbar und lediglich abhängig von der Kapazität und Auslastung der lokalen Netze. Damit lässt sich ein optimaler Standort zur Anbindung ans Gasnetz oder an Gasspeicher wählen.

Entfernungen zwischen erzeugernahen Standorten für Power-to-Gas-Anlagen und nutzbaren Gaseinspeisepunkten können durch einen Wasserstofftransport überbrückt werden, der gleichzeitig für eine zeitliche Entkopplung von Elektrolyse und Methanisierung sorgt. Die Betriebsdynamik ist bei direkter Kopplung von der Einspeisefluktuation des Erzeugers abhängig. Bei Netzanbindung wird dies von der Betriebsstrategie und dem Geschäftsmodell des Betreibers bestimmt, wie beispielsweise durch Regelleistungsbezug oder marktpreisgetriebener bzw. netzdienlicher Fahrweise. Die Dynamik ist ausschlaggebend für die Wahl und Auslegung des Elektrolyseurs und der Methanisierungsanlage sowie der Entkopplungselemente (z. B. Gasspeicher).

3.6.2 Rechtliche Rahmenbedingungen der Eigenversorgung

3.6.2.1 EEG-Umlage

Der Selbstverbrauch von Strom aus Eigenerzeugungsanlagen war vor dem EEG 2014 nicht durch die EEG-Umlage belastet, soweit der Strom nicht durch ein Netz der allgemeinen Versorgung durchgeleitet oder in räumlichem Zusammenhang selbst verbraucht wurde. Aufgrund steigender Umlagekosten bzw. Endkundenstrompreise bestand ein größer werdender wirtschaftlicher Anreiz zur Errichtung von Eigenerzeugungsanlagen, insbesondere in den Segmenten private Haushalte und Gewerbe. Da steigende umlagebefreite Strommengen zu ansteigenden Umlagekosten für die übrigen Stromkunden führen können, wurden im EEG 2014 diesbezüglich die Regelungen zur Eigenversorgung angepasst. Nach § 61 Abs. 1 EEG 2014 müssen Letztverbraucher für die Eigenversorgung anteilig eine EEG-Umlage entrichten.

Im EEG 2017 wurden für die Eigenversorgung engere Grenzen gesetzt. Betreiber von Anlagen, deren anzulegender Wert durch Ausschreibungen gemäß EEG 2017 ermittelt worden ist, dürfen in dem gesamten Zeitraum, in dem sie die Zahlungen nach diesem Gesetz in Anspruch nehmen, den in ihrer Anlage erzeugten Strom nicht zur Eigenversorgung nutzen (vgl. § 27a EEG 2017). Es bestehen hierfür nur wenige Ausnahmen (Verbrauch durch Anlagen an denselben Verknüpfungspunkt mit dem Netz, Kraftwerkseigenverbrauch, Netzverluste, negative Preisphasen an der Börse, Zeiten der Abregelung durch den Netzbetreiber). Die Regelungen zur Direktbelieferung werden dadurch nicht eingeschränkt.

Definition und Voraussetzungen der Eigenversorgung

▶ **Eigenversorgung** Die Eigenversorgung ist nach *§ 5 Nr. 12 EEG 2014* als der Verbrauch von Strom definiert, den eine natürliche oder juristische Person im unmittelbaren räumlichen Zusammenhang mit der Stromerzeugungsanlage selbst verbraucht, wenn der Strom nicht durch ein Netz durchgeleitet wird und diese Person die Stromerzeugungsanlage selbst betreibt.

Nach § 61 Abs. 7 sind die erzeugten und verbrauchten Strommengen für jede Viertelstunde für die Eigenerzeugung zuzuordnen. „Die vom Eigenversorger selbst erzeugten und die von ihm selbst verbrauchten Strommengen können nur in der Höhe, in der sie einander zeitgleich (je Viertelstunde) decken, zur Eigenversorgung genutzt werden. Dadurch ist der im Sinne einer Eigenversorgung genutzte Strom auf den jeweils niedrigeren Wert des selbst erzeugten und des selbst verbrauchten Stroms je Viertelstunde begrenzt" (Bundesnetzagentur, 2015b, S. 31).

Das Unmittelbarkeitserfordernis wurde im EEG 2014 als zusätzliche Voraussetzung für die Eigenversorgung eingeführt. Das EEG 2012 setzte lediglich einen räumlichen Zusammenhang voraus. Diese engere Nähebeziehung zwischen Erzeuger und Verbrauch geht über die steuerrechtliche Auslegung des Eigenerzeugungsbegriffs hinaus. Ein mittelbarer räumlicher Zusammenhang, der durch räumliche Distanzen oder Hindernisse wie durch öffentliche Straßen oder Bauwerke unterbrochen bzw. überbrückt ist, reicht nach dem EEG 2014 nicht aus. Eine pauschale Vorgabe des unmittelbar räumlichen Zusammenhangs ist nahezu nicht möglich, da ein großer Interpretationsspielraum besteht. In der Konsultationsfassung des „Leitfaden zur Eigenversorgung" von der Bundesnetzagentur (2015b) wird davon ausgegangen, dass dieses Erfordernis regelmäßig erfüllt ist, wenn sich die Stromerzeugungsanlage und die Verbrauchsgeräte des potenziellen Eigenversorgers in bzw. auf demselben Gebäude befinden. Auch auf demselben Grundstück oder auf demselben, räumlichen zusammengehörigen und überschaubaren Betriebsgelände wird typischerweise noch von einem unmittelbaren räumlichen Zusammenhang ausgegangen, sofern dieser nicht durch störende Hindernisse unterbrochen wird. Im Falle einer Errichtung von Anlagen außerhalb des eigenen Betriebsgeländes ist eine Einzelfallbeurteilung der örtlichen Begebenheiten ratsam. „Schon ab einer Entfernung von mehreren hundert Metern ist es bereits rechtlich kritisch einzuordnen, ob es sich noch um eine Eigenerzeugung im Sinne des EEG 2014 handelt" (DIHK; BSW-Solar, 2015, S. 4).

Die Definition zur Eigenversorgung nach § 5 Nr. 12 EEG 2014 setzt voraus, dass zu keiner Zeit Strom durch das öffentliche Stromnetz durchgeleitet wird. Als Durchleitung gelten sowohl die physikalische als auch die kaufmännisch-bilanzielle Einspeisung von Strom in ein Netz.[60] Die Durchleitung durch ein nichtöffentliches Netz ist möglich.

Ein weiteres Kriterium für die Eigenversorgung ist die Personenidentität von Erzeuger und Verbraucher. Der Stromverbraucher muss bei der Eigenversorgung nicht Eigentümer der Stromerzeugungsanlage sein, entscheidend ist, dass es sich bei Stromverbraucher und Anlagenbetreiber um dieselbe juristische oder natürliche Person handelt. Dadurch kann mittels Pachtmodellen ermöglicht werden, dass ein Dritter in die Stromerzeugungsanlage investiert, diese dann aber nicht selbst betreibt, sondern an denjenigen verpachtet, der den Strom vor Ort nutzen kann. Anlagenpächter kann grundsätzlich jeder beliebige Stromverbraucher sein. Bei der Umsetzung eines Pachtmodells muss klar geregelt sein, dass das überwiegende wirtschaftliche Risiko beim Nutzer des Stroms liegt.

[60] Netz der öffentlichen Versorgung gemäß § 5 Nr. 26 EEG.

Ist die Personenidentität nicht gegeben, handelt es sich um eine Direktlieferung, auf welche die volle EEG-Umlage zu entrichten ist. Rechtliche Grundlage einer Direktlieferung ist in aller Regel ein Stromliefervertrag. Durch die Belieferung von Letztverbrauchern wird der Anlagenbetreiber im Sinne des EnWG zum Energieversorgungsunternehmen. Damit sind verschiedene energierechtliche Pflichten, insbesondere Meldepflichten, Vorgaben im Hinblick auf die Gestaltung des Stromliefervertrages und die Abrechnung der Stromlieferungen verbunden.

Umlagekürzungen und -befreiungen

Die anteilig zu entrichtende EEG-Umlage gilt für eine Stromerzeugungsanlage nach § 5 Nr. 1 EEG 2014 und für hocheffiziente KWK-Anlagen mit den Maßgaben nach § 53a Abs. 1 S. 3 und § 53a Abs. 1 S. 2 Nr. 2 des Energiesteuergesetzes. Für die Eigenversorgung besteht eine Meldepflicht beim regelverantwortlichen Übertragungsnetzbetreiber nach § 74 EEG 2014 bis zum 31. Mai des Folgejahres. Sind diese Vorgaben nicht erfüllt, muss die volle EEG-Umlage gezahlt werden. Die anteilig zu zahlende EEG-Umlage auf selbst verbrauchten Strom staffelte sich von 30 % bis Ende 2015 über 35 % bis Ende 2016 bis auf 40 % ab 2017. Die Strommengen müssen durch geeichte Messeinrichtungen vom Letztverbraucher nach § 61 Abs. 6 EEG 2014 erfasst werden. Eine vollständige und unbefristete Befreiung von der EEG-Umlage gilt nach § 61 Abs. 2 EEG 2014 nur für:

- Strom in den Neben- und Hilfsanlagen einer Stromerzeugungsanlage, der zur Erzeugung von Strom im technischen Sinne verbraucht wird (Kraftwerkseigenverbrauch),
- Strom von Eigenversorgern, die weder unmittelbar noch mittelbar an ein Netz angeschlossen sind (Insellösungen),
- Eigenversorger, die sich vollständig selbst mit Strom aus erneuerbaren Energien versorgen und für Strom aus ihren Anlagen, den sie nicht selbst verbrauchen, keine finanzielle Förderung nach Teil 3 des EEG erhalten,
- kleine Eigenversorgungsanlagen mit einer installierten Leistung von maximal 10 kW und höchstens 10 MWh selbst verbrauchten Stroms pro Kalenderjahr (gültig für die Dauer von 20 Kalenderjahren zuzüglich Inbetriebnahmejahr ab der Inbetriebnahme der Stromerzeugungsanlage).

Weiterhin von der EEG-Umlage befreit bleiben Bestandsanlagen nach den Maßgaben des § 61 Abs. 3 EEG 2014, d. h. im Grundsatz die Stromerzeugungsanlagen, welche vor dem 01.08.2014 als Eigenerzeuger nach alter Rechtslage betrieben wurden. Bei diesem Bestandsprivileg sind auch unter bestimmten Voraussetzungen die Erweiterung, Erneuerung und Ersetzung der Erzeugungsanlagen möglich, wobei die installierte Leistung maximal um 30 % erhöht werden darf. Im Rahmen der Notifizierung des EEG 2014 hat die Europäische Kommission Einwände gegen die Privilegierung für Bestandsanlagen und hocheffiziente KWK-Anlagen hervorgebracht und die beihilferechtliche Genehmigung für diese Tatbestände bis Ende 2017 befristet genehmigt. Im EEG 2014 wurde nach § 98

Abs. 3 festgehalten, dass die Bundesregierung § 61 Abs. 3 und Abs. 4 bis zum Jahr 2017 überprüft und rechtzeitig einen Vorschlag zur Neugestaltung der Regelung vorlegt.[61]

Weitere Regelungen im EEG

Nach § 64 Abs. 6 EEG 2014 werden Eigenversorgungsanlagen zum Abnahmestellenbegriff gezählt. Damit bleiben die Besonderen Ausgleichsregelungen für stromkostenintensive Unternehmen auch bei Eigenverbrauch bestehen. Für die Stromkennzeichnung nach § 78 EEG 2014 gilt nach Abs. 6, dass für Eigenversorger, die nach § 61 die EEG-Umlage zahlen müssen, ihr eigener Strom anteilig als „Strom aus erneuerbaren Energien, gefördert nach dem Erneuerbare-Energien-Gesetz" anzusehen ist. Für nicht eigens verbrauchten Strom (Überschussstrommengen) kann nach EEG 2014 die generelle EEG-Förderung in Anspruch genommen werden. Grundsätzlich ist der Netzbetreiber nach § 14 EEG 2014 verpflichtet, auch ohne Förderung den Überschussstrom aufzunehmen und dem Anlagenbetreiber den Marktwert zu entrichten.

3.6.2.2 Netzbezogene Abgaben, Umlagen und Entgelte

Neben den Auswirkungen auf die EEG-Umlage hat die Eigenversorgung weitere Privilegien bei den netzbezogenen Abgaben, Umlagen und Entgelten, die anders als die Befreiung von der EEG-Umlage auch für Direktliefermodelle gelten. Neben der grundsätzlichen Befreiung der Netzentgelte für Power-to-Gas-Anlagen entfallen bei direkter Kopplung mit Erzeugungsanlagen die Netzentgelte, da Verteil- oder Übertragungsnetze nicht genutzt werden. Die Konzessionsabgabe wird zusammen mit den Netzentgelten in Rechnung gestellt, soweit das Netz der allgemeinen Versorgung vom Selbstverbraucher genutzt wird. Ohne die Netzeinspeisung nutzt der Selbstverbraucher üblicherweise nicht die öffentlichen Verkehrswege. Somit ist er auch nicht zur Entrichtung der Konzessionsabgabe verpflichtet. Für den Fall, dass der Selbstverbraucher beispielsweise über eine Direktleitung öffentliche Verkehrswege nutzt, müssen die Kosten dafür direkt mit der Gemeinde verhandelt werden. Für die Zahlungspflicht der KWK-Umlage, §19-Abs.-2-StromNEV-Umlage, die abLA-Umlage als auch die Offshore-Umlage ist ebenso die Nutzung des Netzes der allgemeinen Versorgung entscheidend. Ohne diese Netznutzung sind keine derartigen Umlagen zu zahlen.

3.6.2.3 Stromsteuer

Im StromStG ist der Selbstverbrauch von Strom privilegiert, d. h., er kann in bestimmten Fällen von der Stromsteuer befreit werden. Entsprechende Regelungen enthält § 9 Abs. 1 StromStG. Eigenerzeuger bis 2 Megawatt sind von der Steuer befreit, soweit der Strom im räumlichen Zusammenhang zu der Anlage selbst verbraucht wird, unabhängig davon, ob der Betreiber gleichzeitig Verbraucher ist oder ihn an Letztverbraucher in räumlichem Zusammenhang abgibt. Im Kontext der Stromsteuerbefreiung wurde in ei-

[61] Vgl. BDEW, 2015d.

ner Entscheidung vom Bundesfinanzhof aus dem Jahr 2004 eine Entfernung von 4,5 km innerhalb eines Mittelspannungsrings noch als räumlicher Zusammenhang gewertet.[62]

3.7 Gasgestehungskosten synthetischer Gase

3.7.1 Untersuchungsrahmen

Im Folgenden werden die Gasgestehungskosten bei Eigenversorgungversorgungskonzepten von Power-to-Gas-Anlagen im Vergleich zum Börsenstrombezug über das Stromnetz ermittelt. Der Börsenstrombezug wird dabei als Basisvariante deklariert. Hierfür wurde angenommen, dass die Strommengen vortägig über den Day-Ahead-Markt eingekauft werden. Zur Sensitivitätsbetrachtung wurden für diese Variante die Gasgestehungskosten mit und ohne Pflicht zur Zahlung der EEG-Umlage berechnet. Der Vergleich zwischen der Basisvariante und den unterschiedlichen Varianten der direkten Kopplung von Power-to-Gas-Anlagen mit Windkraftanlagen ermöglicht eine Bewertung von Eigenversorgungskonzepten hinsichtlich der Kosteneffizienz. In einer ersten Eigenversorgungsvariante wurde die direkte Kopplung von Power-to-Gas-Anlagen mit einem Windpark mit Inbetriebnahme im 4. Quartal 2016 und EEG-Vergütung berechnet. Für diese Anlagenkonfiguration wurde in einer zusätzlichen Variante betrachtet, welche Vergütung dem Anlagenbetreiber des Windparks gezahlt werden muss, damit dieser die Energiemengen, welche nicht über die Power-to-Gas-Anlage bezogen werden, ohne EEG-Vergütung am Strommarkt anbietet. Dadurch ließe sich die anteilige EEG-Umlage der Eigenversorgung einsparen. In einer abschließenden Variante wurde analysiert, welche Gasgestehungskosten möglich sind, wenn Windkraftanlagen mit minimalen Stromgestehungskosten an optimalen Standorten, jedoch ohne Netzanschluss (Insellösung) zur Eigenversorgung von Power-to-Gas-Anlagen genutzt werden, sodass nicht eigens verbrauchte Energiemengen abgeregelt werden müssen.

Als Grundlage für die Eigenversorgungskonzepte dienten Einspeisezeitreihen des Windparks Dieksanderkoog/Kaiser-Wilhelm-Koog aus dem Jahr 2014. Diese wurden von der Planungsgesellschaft Wind to Gas Brunsbüttel GmbH & Co. KG bereitgestellt. Kennwerte dieses Windparks sind in Tab. 3.10 zusammengefasst. Der Referenzwindpark befindet sich in der Region Kaiser-Wilhelm-Koog, sie gehört dem Kreis Dithmarschen an. Dithmarschen ist durch ein dünn besiedeltes ländliches Gebiet mit einem Anteil der erneuerbaren Stromproduktion am Stromverbrauch von 341 % im Jahr 2015, gekennzeichnet. Schleswig Holstein hatte zum gleichen Zeitpunkt einen erneuerbaren Anteil von 70 %.[63] Der Windpark Dieksanderkoog/Kaiser-Wilhelm-Koog ist am 20-kV-Netz der Schleswig-Holstein-Netz AG angeschlossen. Das Umspannwerk Dieksanderkoog transformiert den Strom in das daran anknüpfende Hochspannungsnetz (110 kV) der E.ON Netz GmbH,

[62] Vgl. DIHK; BSW-Solar, 2015.
[63] Vgl. DGS, 2015.

Tab. 3.10 Kennwerte des Windparks Dieksanderkoog/Kaiser-Wilhelm-Koog

Kennwerte	Angaben
Standort	25709 Kaiser-Wilhelm-Koog
Nennleistungsgröße	6 x Enercon E-70 = 13,8 MW
Inbetriebnahmejahr	2012
Netzanschlussebene	20 kV
Strom- sowie Gasnetzbetreiber	SH-Netz AG/HanseWerk
Umspannwerk	UW Dieksanderkoog
Standortertrag 2014	32.269.098 kWh/6 WKA = 5.378.183 kWh
Referenzertrag Enercon E-70	24.071.285 kWh
Einspeisemanagementmaßnahmen 2014	943.710 kWh

von welchem der Strom über das Übertragungsnetz (380 kV) des Netzbetreibers TenneT abtransportiert werden soll. Aufgrund des hohen erneuerbaren Anteils am Stromverbrauch und dem hohen Netzausbaubedarf in dieser Region spiegeln die Einspeisemanagementmaßnahmen dieses Windparks einen repräsentativen Wert für ländliche, windreiche Regionen in Norddeutschland wider. Im Jahr 2014 betrugen die Einspeisemanagementmaßnahmen des Windparks 2,93 % der eingespeisten Energiemenge. Bei den installierten Windenergieanlagen im Windpark Dieksanderkoog/Kaiser-Wilhelm-Koog handelt es sich um Windräder der Firma Enercon mit einer Nennleistung von 2,3 MW, die sich für Starkwindstandorte in unmittelbarer Küstennähe eignen. Der Rotordurchmesser dieser Anlagen

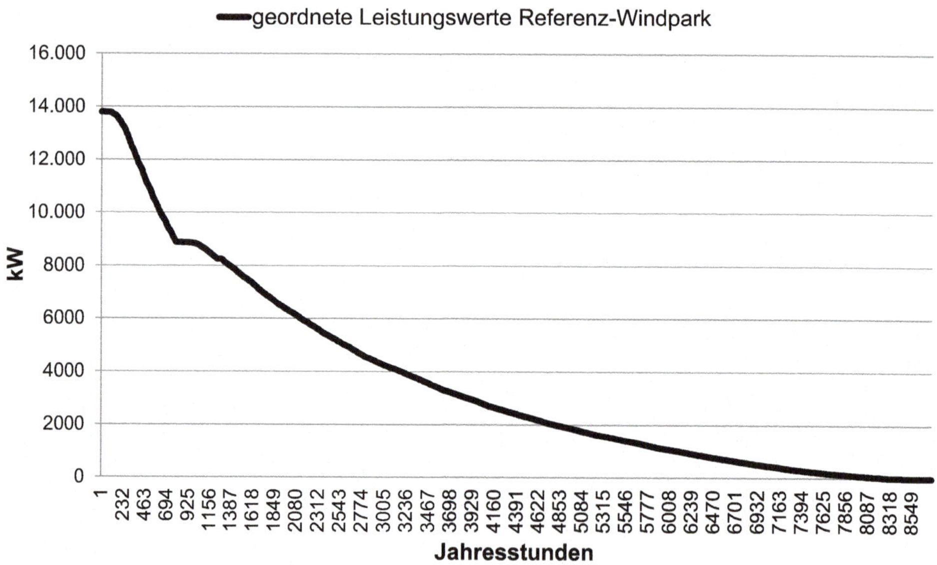

Abb. 3.26 Jahresdauerlinie des Windparks Dieksanderkoog/Kaiser-Wilhelm-Koog

beträgt 71 m. Aufgrund fehlender Angaben zur Nabenhöhe wurde diese mit 70 m angenommen. In Abb. 3.26 ist das Einspeiseprofil des Windparks für das Jahr 2014 aus den stündlichen geordneten Einspeisewerten als Jahresdauerlinie aufgetragen. Die installierte Leistung des Windparks von 13,8 MW wurde in mehreren Stunden des Jahres erreicht. In ca. 8440 h wurde grundsätzlich eingespeist. Die gesamte Jahresenergiemenge aus dem Windpark betrug 32.269.098 kWh. Daraus resultieren 2338 Volllaststunden.

3.7.2 Berechnungsgrundlagen zu Gasgestehungskosten

Die Ermittlung der Gasgestehungskosten erfolgte analog zur Berechnung der Stromspeicherkosten in Abschn. 2.5 nach Annuitätsmethode. Die Gestehungskosten für synthetische Gase ergeben sich für die verschiedenen Strombezugsvarianten nach Gl. 3.4. Die einzelnen Kostenbestandteile werden im Folgenden erläutert.

Gl. 3.4: Gasgestehungskosten mit Power-to-Gas-Anlagen $k_{G,PtG}$ [€/kWh]

$$k_{G,PtG} = \frac{k_F + k_V}{\eta_{PtG}} = \frac{k_0 \times (a + nk_{fix} + nk_{var})}{t_{VL} \times \eta_{PtG}} + \frac{k_{AUS} + k_S + (k_E)}{\eta_{PtG}} \tag{3.4}$$

k_F Fixe Kosten [€/kWh]
k_V Variable Kosten [€/kWh]
k_0 Investitionskosten bzw. Capex [€/KW]
a Annuitätsfaktor [1/a]
nk_{fix} Anteil fixe Betriebskosten [–]
nk_{var} Anteil variable Betriebskosten [–]
t_{VL} Volllaststunden [h]
k_{AUS} Kosten für Abgaben, Umlagen und Steuern [€/kWh]
k_S Strombezugskosten [€/kWh]
k_E Entschädigungskosten[64] [€/kWh]
η_{PtG} Wirkungsgrad Power-to-Gas [–]

Als Power-to-Gas-Wirkungsgrad wurde 70 % angenommen, welcher die Verluste für Transformator, Gleichrichter, Elektrolyseur inklusive Nebenanlagen, Verdichter, Speicher und Wasserstoffstichleitung berücksichtigt, ohne dass Prozessabwärme genutzt wird. Eine Methanisierung wurde nicht einbezogen, um die minimalen Gasgestehungskosten zu ermitteln. Beim Power-to-Gas-Wirkungsgrad handelt sich um einen leicht verbesserten Wert gegenüber dem Stand der Technik des Jahres *2013*, als er ca. 65 % betrug.

Anhand der Kostenanalysen in Abschn. 3.4.2 zu Power-to-Gas-Anlagen im Jahr 2014 wurden als repräsentative Investitionskosten für das Jahr 2016 für Anlagen ohne Me-

[64] Ausschließlich Variante 3.

thanisierung 2000 €/kW gewählt. Dabei handelt es sich um Kosten, mit welchen prinzipiell AEL- und PEM-Systeme realisiert werden können. PEM-Elektrolyseure sind bei einem stark dynamischen Betrieb vorzuziehen. Aufgrund der höheren spezifischen Kosten für kleinere Power-to-Gas-Einheiten stellte in den Kostenbetrachtungen eine installierte Leistung von 1 MW die Mindestanlagengröße dar. Neben repräsentativen Kosten für das Jahr 2016 wurden mögliche zukünftige Investitionskosten von 1000 €/kW einbezogen, was die durchschnittlichen Kosten darstellt, wenn bei 1 GW an installierter Gesamtleistung eine Lernrate von 13 % erzielt wird. Zur Sensitivitätsbetrachtung wurden Investitionskosten von 500 €/kW betrachtet, welche bei diesem Lernkurveneffekt minimal möglich sind. Bei Investitionskosten von 500 €/kW wurde angenommen, dass bis zu diesem Zeitpunkt ein Wirkungsgrad von 75 % realisiert werden kann. Diese Variante soll die mittelfristigen minimalen Gasgestehungskosten aufzeigen.

Anhand der Investitionskosten lassen sich die annuitätischen Fixkosten nach Gl. 3.2 bestimmen. Die fixen Betriebskosten wurden in Summe mit den variablen Betriebskosten prozentual zu den Gesamtinvestitionskosten mit insgesamt 4 % pro Jahr berücksichtigt ($nk_{fix} + nk_{var} = 0{,}04$). Als Kapitalzinsen wurden 7 % und als Nutzungsdauer der Anlagen 20 Jahre angesetzt. Anhand der Kapitalzinsen und der Nutzungsdauer ergibt sich der Annuitätsfaktor nach Gl. 3.3. Mit den gewählten Werten beträgt dieser 0,0943929 1/a. Um die fixen Kosten zu erhalten, müssen die annuitätischen Fixkosten auf die jährlichen Volllaststunden der Power-to-Gas-Anlage, wie in Gl. 3.5 beschrieben, bezogen werden.

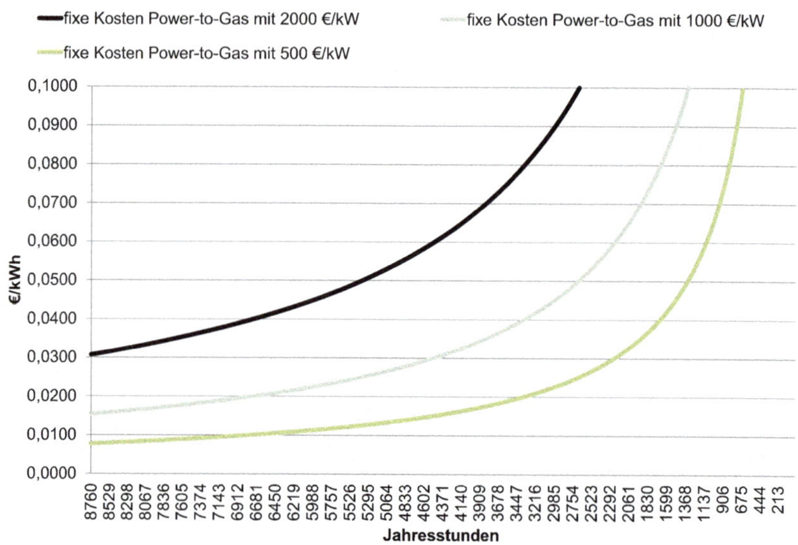

Abb. 3.27 Fixe Kosten je nach Capex von Power-to-Gas-Anlagen

Gl. 3.5 Fixe Kosten k_F [€/kWh]

$$k_F = \frac{k_0 \times (a + n k_{fix})}{t_{VL}} \tag{3.5}$$

Die fixen Kosten sind in Abb. 3.27 dargestellt. Aus den Kennlinien wird ersichtlich, dass bei Investitionskosten von 2000 €/kW mindestens 5350 Volllaststunden mit Power-to-Gas-Anlagen erzielt werden müssen, um fixe Kosten von weniger als 5 ct/kWh zu ermöglichen. Bei Investitionskosten von 1000 €/kW lässt sich dies bereits mit 2650 Volllaststunden und bei weiterer Kostenreduktion mit weniger als 1400 Volllaststunden realisieren. Aus dem Quotienten der fixen Kosten und dem Wirkungsgrad der Power-to-Gas-Anlagen ergeben sich die fixen Gasgestehungskosten.

Die variablen Kosten setzen sich abhängig vom Strombezug individuell für jede Variante nach Gl. 3.6 zusammen.

Gl. 3.6: Variable Kosten k_F [€/kWh]

$$k_V = k_{AUS} + k_S + (k_{var}) + (k_E) \tag{3.6}$$

k_{var} variable Betriebskosten [€/kWh]

In Abhängigkeit von den rechtlichen Rahmenbedingungen, erläutert in den Abschn. 3.5 und 3.6.2, bestehen für die jeweilige Variante die in Tab. 3.11 aufgelisteten Abgaben,

Tab. 3.11 Abgaben, Umlagen und Steuern im Vergleich der Strombezugsvarianten von Power-to-Gas-Anlagen – Bezugsjahr 2014

Kosten	Eigenversorgung mit EEG-Vergütung Variante 2 [ct/kWh]	Eigenversorgung ohne EEG-Vergütung Variante 3 [ct/kWh]	Eigenversorgung ohne Netzanschluss Variante 4 [ct/kWh]	Strombezug Day-Ahead-Markt Variante 1 [ct/kWh]
EEG-Umlage	2,496[a]	Befreit	Befreit	6,24
Stromsteuer	Befreit bis 2 MW	Befreit bis 2 MW	Befreit	0,205[b]
KWK-Aufschlag	Befreit	Befreit	Befreit	0,056
§ 19 StromNEV-Umlage	Befreit	Befreit	Befreit	0,051
Offshore-Haftungsumlage	Befreit	Befreit	Befreit	0,052
abLA-Umlage	0,009	0,009	Befreit	0,009
Netzentgelt	Befreit	Befreit	Befreit	Befreit
Konzessionsabgabe	Befreit	Befreit	Befreit	0,11
Summe	**2,505**	**0,009**	**0,00**	**6,723[c]**

[a] 40 % EEG-Umlage ab 2017

[b] Annahme: 10 % Verbrauch durch Peripherie, Stromsteuer 2,05 ct/kWh

[c] Ohne EEG-Umlage: 0,483 ct/kWh

Umlagen und Steuern. Als Bezugsjahr diente das Jahr 2014. Es wurde ein konstantes Kostenniveau über den Betrachtungszeitraum angenommen. Da für den Stromverbrauch der Peripherie beim Börsenstrombezug die Stromsteuer anfällt, wurde diesbezüglich ein anteiliger Stromverbrauch von 10 % berücksichtigt. Die anteilig zu zahlende EEG-Umlage bei einer Eigenversorgung wurde mit 40 % angesetzt. Dieser Prozentsatz ist für Einspeisungen ab dem Jahr 2017 gültig. Die Staffelung der anteiligen EEG-Umlage, wodurch im Jahr 2016 nur 35 % notwendig waren, wurde zur Vereinfachung vernachlässigt. Der Anspruch auf ein pauschales Entgelt für 10 Jahre ab Inbetriebnahme in Höhe von 0,7 ct/kWh für vermiedene (Gas-)Netzkosten wurde in den Gasgestehungskosten nicht berücksichtigt (Erlösseite).

Nur bei der Eigenversorgung nach Variante 3 fallen Entschädigungskosten an. Diese müssen an Windanlagenbetreiber gezahlt werden, um entgangene EEG-Vergütungserlöse aufzuwiegen. Die auf den Strombezugspreis der Power-to-Gas-Anlage aufzuschlagenden spezifischen Entschädigungskosten je Kilowattstunde lassen sich nach Gl. 3.7 berechnen.

Gl. 3.7: Entschädigungskosten k_E [€/kWh]

$$k_E = (k_{EEG} - k_{\varnothing,SP}) \times \frac{(E_{WKA} - E_{PtG})}{E_{PtG}} \tag{3.7}$$

k_{EEG} EEG-Vergütung [€/kWh]
$k_{\varnothing,SP}$ durchschnittlicher Spotpreis [€/kWh]
E_{WKA} Energiemenge, produziert von der Windkraftanlage bzw. vom Windpark [kWh]
E_{PtG} Energiemenge, bezogen von der Power-to-Gas-Anlage [kWh]

Aus dem Quotient der variablen Kosten und dem Wirkungsgrad von Power-to-Gas ergeben sich die variablen Gasgestehungskosten.

3.7.3 Teillastbetrieb

Bei den Eigenversorgungskonzepten wurde neben einem Volllastbetrieb von Power-to-Gas-Anlagen auch ein dynamischer Betrieb betrachtet, welcher höhere Volllaststunden für die jeweilig installierte Leistung ermöglicht. Es wurde ein Teillastbetrieb mit bis zu 20 % der installierten Leistung berücksichtigt. Diese Betriebsweise führt derzeit zu höheren Umwandlungsverlusten im Vergleich zum konstanten Strombezug. Hierfür wurde ein verminderter Wirkungsgrad von 60 % angenommen, wie er in aktuellen Analysen zum dynamischen Betrieb von Elektrolyseuren empfohlen wird.[65] Zur Sensitivitätsbetrachtung wurde bei Investitionskosten von 500 €/kW angenommen, dass der dynamische Betrieb langfristig ohne Wirkungsgradeinbußen möglich ist und somit hohe Wirkungsgrade bis zu 75 % realisiert werden können. Die Jahresdauerlinien des dynamischen Strombezugs

[65] Abschn. 3.4.1.

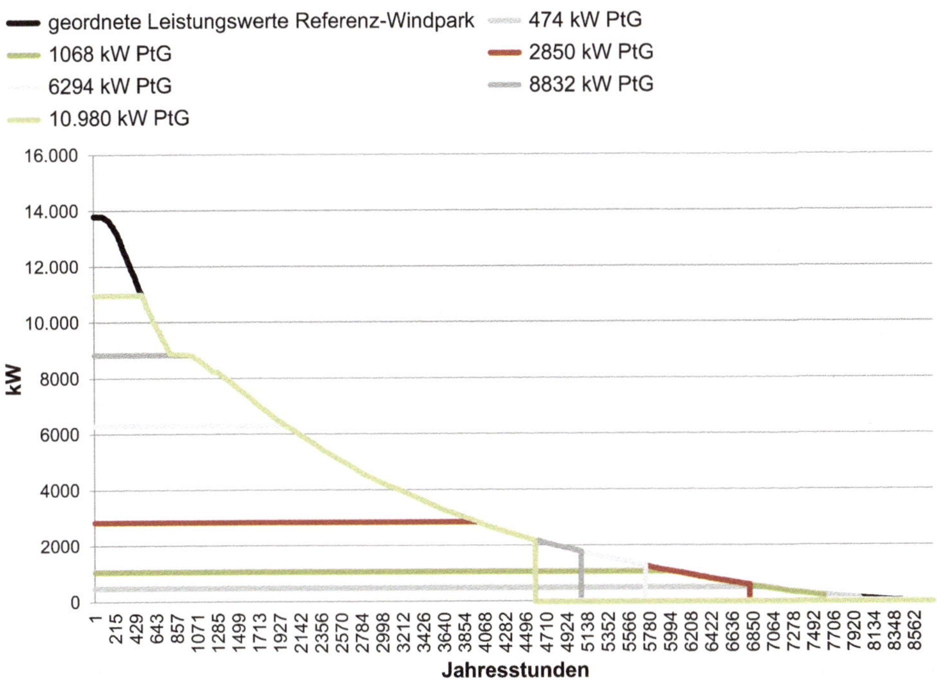

Abb. 3.28 Jahresdauerlinien beim Teillastbetrieb von Power-to-Gas-Anlagen bei direkter Kopplung mit einem Windpark

der Power-to-Gas-Anlagen im Vergleich zur Jahresdauerlinie der Einspeiseleistungen des Referenz-Windparks sind in Abb. 3.28 dargestellt. Hierbei wurden Leistungsgrößen von ca. 500 kW bis 10 MW für Power-to-Gas-Anlagen betrachtet. Die gewählte dynamische Betriebsweise zielt darauf ab, möglichst hohe Volllaststunden im Teillastbetrieb zu realisieren. Netzdienliche Betriebsweisen wurden nicht berücksichtigt (z. B. Spitzenkappung). Anhand der Leistungskennlinien im Teillastbetrieb ist jedoch zu erkennen, dass im Gegensatz zu Batterien[66] keine Begrenzung der Speicherkapazität vorliegt[67]. Dadurch können die maximal auftretenden Einspeiseleistungen bzw. die Netzbelastung auch ohne netzdienliche Fahrweise (ohne Berücksichtigung des Netzbetriebs) um den Betrag der installierten Leistung der Power-to-Gas-Anlage reduziert werden.

Aus den jeweiligen Leistungen der Power-to-Gas-Anlagen resultieren für den Teillast- wie auch Volllastbetrieb die Kennwerte aus Tab. 3.12. Mittels Teillastbetrieb können die Volllaststunden und Energiemengen der installierten Power-to-Gas-Leistung deutlich gesteigert werden, wodurch geringere fixe Kosten je installierter Anlagenleistung anfallen.

[66] Abschn. 2.2.4.

[67] Soweit keine Begrenzung bei der Gasnetzeinspeisung (Zumischgrenze, Mindesteinspeisung etc.) besteht.

Tab. 3.12 Kennwerte für unterschiedliche Power-to-Gas-Leistungsgrößen beim Volllast- und Teillastbetrieb

	Installierte Leistung PtG [kW]	474	1068	2850	6294	8832	10.980
Anteil zur installierten Leistung des Windpark [%]		3,4	7,74	20,65	45,61	64,0	79,57
Volllast	Volllaststunden [h]	7000	6000	4000	2000	1000	500
	Energiemenge [GWh]	3,32	6,408	11,4	12,59	8,83	5,49
	Anteil an Gesamterzeugung Windpark [%]	10,28	19,86	35,34	39,02	27,38	17,02
	k_F PtG 2000 €/kW [ct/kWh]	3,84	4,48	6,72	13,44	26,88	53,76
	k_F PtG 1000 €/kW [ct/kWh]	1,92	2,24	3,36	6,72	13,44	26,88
Teillast	Volllaststunden [h]	7540	6895	5542	3933	3126	2555
	Energiemenge [GWh]	3,57	7,36	15,80	24,76	27,61	28,06
	Anteil an Gesamterzeugung Windpark [%]	11,08	22,82	48,96	76,73	85,58	86,96
	k_F PtG 2000 €/kW [ct/kWh]	3,56	3,90	4,85	6,83	8,60	10,52
	k_F PtG 1000 €/kW [ct/kWh]	1,78	1,95	2,42	3,42	4,30	5,26

3.7.4 Variante 1: Strombezug am Day-Ahead-Markt – Basisvariante

Als Grundlage für die variablen Kosten der Basisvariante dienten die historischen Day-Ahead-Preise des Jahres 2014. Es wurde angenommen, dass diese Preise in den Betrachtungsjahren konstant bleiben. Für die sog, *Grünstellung* des Strombezugs wurden Herkunftsnachweise mit durchschnittlichen Kosten über den kompletten Betrachtungszeitraum von 0,5 €/MWh für die komplette bezogene Strommenge berücksichtigt.[68]

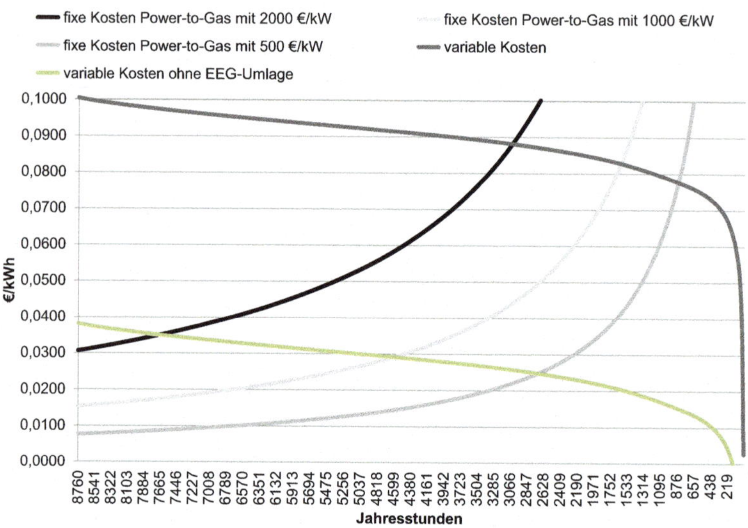

Abb. 3.29 Fixe und variable Kosten von Power-to-Gas-Anlagen je nach Jahresstunden

[68] Entspricht derzeitigen Analysen aus Abschn. 1.4.4.

Die variablen Kosten mit und ohne EEG-Umlage sind in Abb. 3.29 zusammen mit den fixen Kosten dargestellt. Die variablen Kosten nehmen mit sinkenden Volllaststunden der Power-to-Gas-Anlage ab, da günstigere Day-Ahead-Preise ausgenutzt werden können. Der durchschnittliche Day-Ahead-Preis (Phelix-Day-Base) des Jahres 2014 betrug 32,76 €/MWh. Der durchschnittliche Preis der günstigsten 4000 h in diesem Jahr betrug lediglich 22,63 €/MWh.

Unter Annahme eines Wirkungsgrades für Power-to-Gas von 70 %, der für einen konstanten Strombezug gewählt wurde, ergeben sich die Gasgestehungskosten nach Abb. 3.30. Aus dieser Darstellung wird ersichtlich, dass die günstigsten Gasgestehungskosten bei ganzjährlichem Strombezug realisierbar sind. Dies ist darauf zurückzuführen, dass die fixen Kosten bei niedrigeren Volllaststunden stärker zunehmen als die variablen Kosten bei geringeren Volllaststunden reduziert werden können. Erst bei Investitionskosten von 500 €/kW ist es sinnvoll, günstigere Strompreise auszunutzen und geringere Volllaststunden in Kauf zu nehmen. Mit Investitionskosten von 2000 €/kW betragen die minimalen Gasgestehungskosten 18,74 ct/kWh. Bis ca. 5800 Volllaststunden sind weniger als 20 ct/kWh möglich. Mit Investitionskosten von 1000 €/kW sind Gasgestehungskosten von minimal 16,55 ct/kWh erzielbar. Ohne die EEG-Umlage könnten die Kosten na-

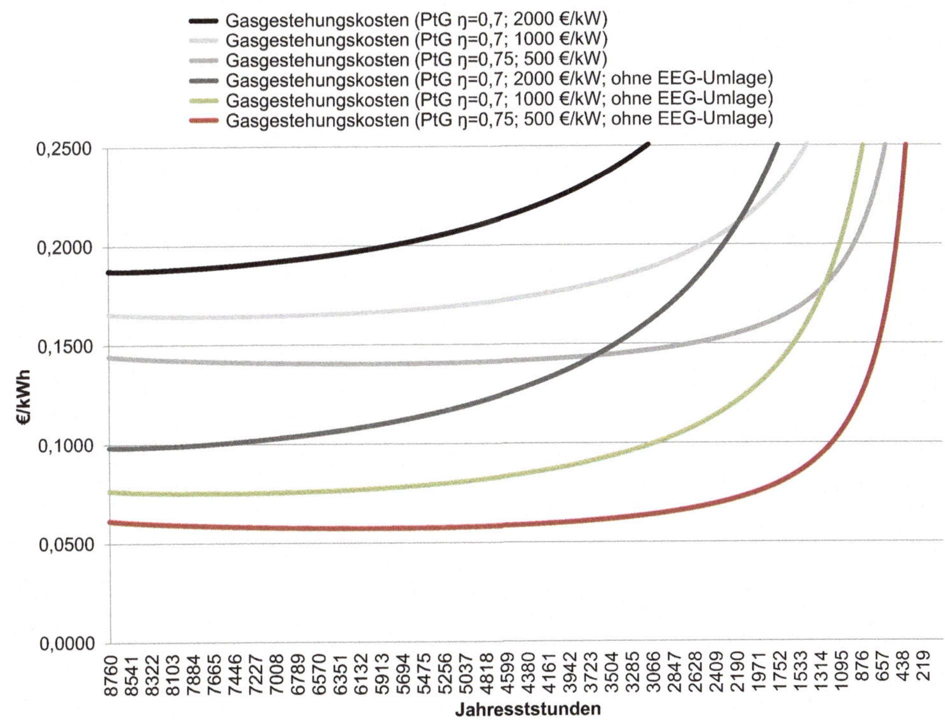

Abb. 3.30 Gasgestehungskosten je nach Volllaststunden, Variante 1 – Basisvariante

hezu halbiert werden auf Gasgestehungskosten unter 10 ct/kWh. Mit Investitionskosten von 1000 €/kW und ganzjährlichem Strombezug wären ohne EEG-Umlage minimale Gasgestehungskosten von 7,63 ct/kWh realisierbar. Ein Strombezug über das öffentliche Stromnetz ist für Power-to-Gas-Anlagen mit Anschluss an das öffentliche Gasnetz nach derzeitigem Gesetzesrahmen nicht ohne Pflicht zur Zahlung der EEG-Umlage möglich. Durch einen Wasserstofftransport, welcher nach den Untersuchungen aus Abschn. 3.3.6 in etwa 3 ct/kWh kostet, kann die EEG-Umlage unter bestimmten Voraussetzungen stark reduziert werden.[69] Dies ist auch möglich, wenn der Wasserstoff nach dem Transport in das öffentliche Gasnetz eingespeist wird. Aufgrund der hohen Einsparung bei den Gasgestehungskosten ist ein Wasserstofftransport mit Kosten von 3 ct/kWh derzeit die kostengünstigste Variante bei Börsenstrombezug. Bleibt das Preisniveau der EEG-Umlage des Jahres 2014 bestehen, haben eine Reduktion der spezifischen Investitionskosten und eine Wirkungsgradsteigerung von Power-to-Gas-Anlagen bedeutend geringere Auswirkungen auf die Gasgestehungskosten als der Entfall der EEG-Umlage.[70]

3.7.5 Variante 2: Eigenversorgung mit EEG-Vergütung nicht genutzter Windenergiemengen

Für Variante 2 wurde ein Windpark mit Inbetriebnahme im 4. Quartal 2016 mit analoger Anlagenkonfiguration und identischem Standort wie der Referenzwindpark angenommen. Für die betrachtete Leistungsgröße an Windkraftanlagen besteht nach EEG 2014, wie in Abschn. 1.5.7 erläutert, ein Direktvermarktungsgebot. Im EEG 2014 wird zwischen einer Anfangsvergütung und Grundvergütung unterschieden, wobei sich die Vergütungen als anzulegender Wert darstellen. Die Anfangsvergütung entspricht 8,9 ct/kWh und wird grundsätzlich für 5 Jahre gewährt. Eine Fristverlängerung ist um 1 Monat pro 0,36 % des Referenzertrags möglich, um den der Ertrag der Anlage 130 % des Referenzertrags unterschreitet.

► Der Referenzertrag ist die für jeden Typ einer Windenergieanlage und der jeweiligen Nabenhöhe bestimmte Strommenge, welche diese Anlage bei Errichtung an dem Referenzstandort rechnerisch auf Basis einer vermessenen Leistungskennlinie in 5 Betriebsjahren erbringen würde.
Der Standortertrag ergibt sich aus den tatsächlich gemessenen Energiemengen in den ersten 5 Jahren nach Inbetriebnahme.

Der Referenzertrag der Enercon E-70-Anlage mit 70 m Nabenhöhe entspricht 22.550.944 kWh.[71] Der durchschnittliche Ertrag eines Windrades im Windpark Dieksanderkoog/Kaiser-Wilhelm-Koog im Jahr 2014 betrug 5.378.183 kWh. In 5 Jahren entspricht

[69] Abschn. 3.5.1 – Besondere Ausgleichsregelungen nach §§ 63 ff. EEG 2014.
[70] Mittelfristige Gasgestehungskosten: minimal 14,42 ct/kWh mit EEG-Umlage und minimal 6,1 ct/kWh ohne EEG-Umlage.
[71] Vgl. FGW, 2015.

dies einer Energiemenge von ca. 26.890.915 kWh. Damit lässt sich die Laufzeitverlängerung der Anfangsvergütung abschätzen. Es ergibt sich ein Anteil am Referenzertrag von 119,2 %, wodurch sich die Anfangsvergütung um 30 Monate auf insgesamt 90 Monate bzw. 7,5 Jahre verlängern würde. Die Grundvergütung beträgt 4,95 ct/kWh. Mit einer quartalsweisen Absenkung des anzulegenden Wertes um 0,4 % ab dem Jahr 2016 entsprächen die Anfangsvergütung bei Inbetriebnahme im 4. Quartal 2016 8,76 ct/kWh und die Grundvergütung 4,87 ct/kWh. Eine Anpassung der Degressionsrate je nach Erfüllung des Ausbauzielkorridors wurde hierbei vernachlässigt. Ein Systemdienstleistungs- und Repowering-Bonus besteht für Neuanlagen im EEG 2014 im Vergleich zu vorangegangenen Gesetzesfassungen des EEG nicht mehr. Für den Vergütungszeitraum von 20 Jahren ergibt sich eine durchschnittliche Vergütung von 6,33 ct/kWh. Mit diesen Strombezugskosten ergeben sich Gasgestehungskosten für die Power-to-Gas-Anlage nach Abb. 3.31. Damit Gasgestehungskosten von maximal 20 ct/kWh mit dieser Eigenversorgungsvariante erzielt werden, wie beim Strombezug über das Stromnetz (Basisvariante), müssen bei Investitionskosten von 2000 €/kW und einem Wirkungsgrad von 70 % (Volllastbetrieb) mehr als 5200 Volllaststunden realisiert werden. Dies entspricht einer Leistung von etwa 1,66 MW, bemessen am Windparkstromprofil aus Abb. 3.26. Bei der Mindestanlagengröße von 1 MW sind ca. 6100 Volllaststunden im Volllastbetrieb möglich, welche zu Gasgestehungskosten von 18,59 ct/kWh führen. Mit sinkenden spezifischen Investitionskosten

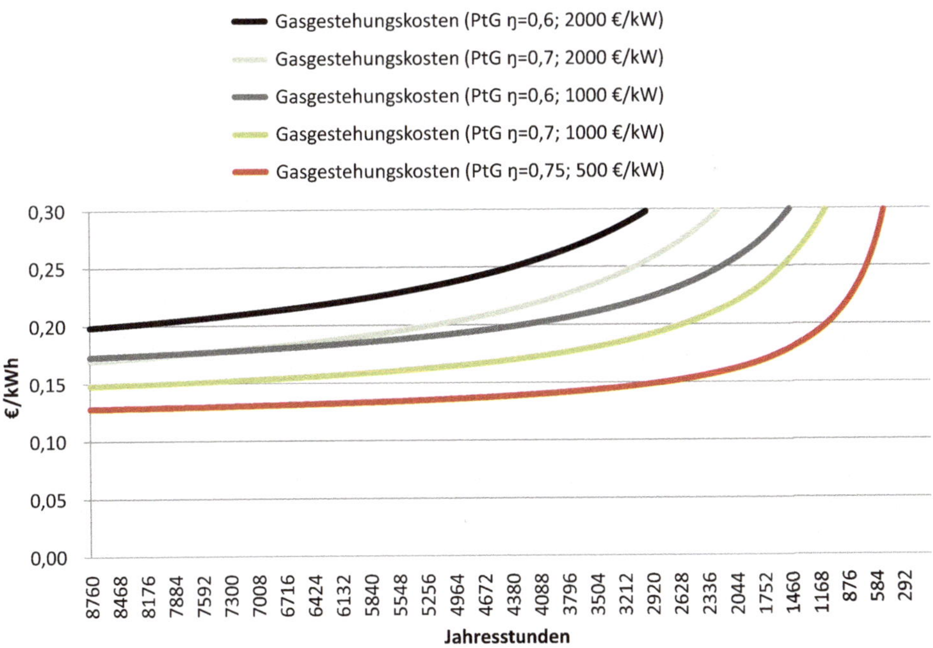

Abb. 3.31 Gasgestehungskosten je nach Volllaststunden, Variante 2

wird diese Variante der Eigenversorgung gegenüber dem Börsenstrombezug mit Pflicht zur Zahlung der EEG-Umlage vorteilhaft. Mit Investitionskosten von 1000 €/kW sind bei einer Anlagengröße von 1 MW Gasgestehungskosten von 15,77 ct/kWh im Volllastbetrieb realisierbar.

Im Teillastbetrieb ergeben sich bei einer Anlagengröße von 1 MW nach Tab. 3.12 ca. 6900 Volllaststunden. Durch den geringeren Wirkungsgrad im Teillastbetrieb von 60 % resultieren hierfür Gasgestehungskosten von 21,22 ct/kWh. Mit Investitionskosten von 1000 €/kW können diese Kosten auf 17,97 ct/kWh reduziert werden. Der niedrigere Wirkungsgrad gegenüber dem Volllastbetrieb kann nicht durch höher erzielbare Volllaststunden je installierter Leistung aufgewogen werden. Dadurch ergeben sich gegenüber dem Volllastbetrieb stets höhere Gasgestehungskosten. Wird im Teillastbetrieb ebenso wie im Volllastbetrieb ein Wirkungsgrad von 75 % erreicht, sind mit weiterer Reduktion der Investitionskosten auf 500 €/kW im Teillastbetrieb minimale Kosten von 13,08 ct/kWh und im Volllastbetrieb von 13,25 ct/kWh umsetzbar.

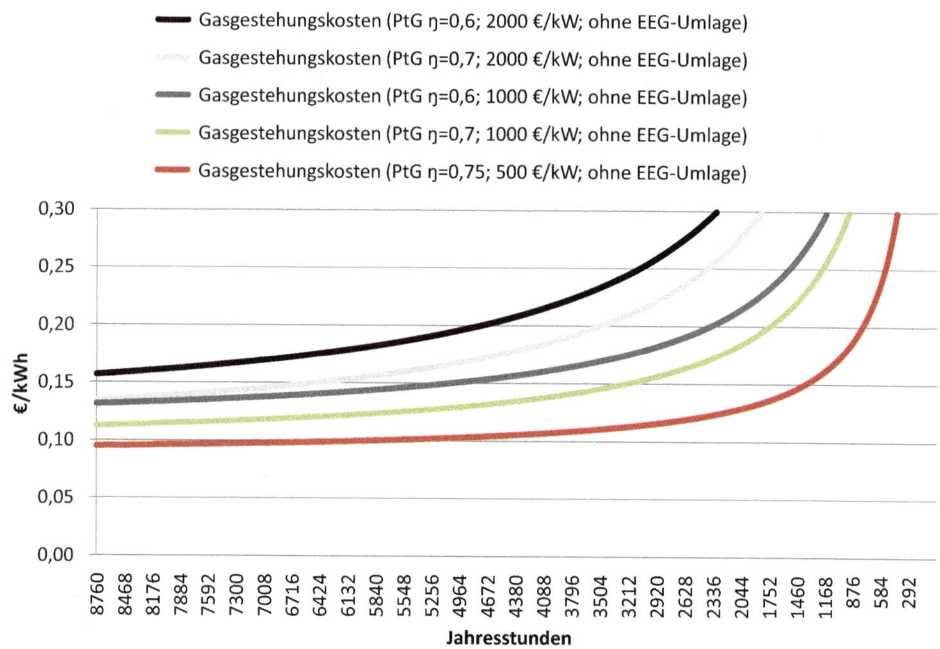

Abb. 3.32 Gasgestehungskosten je nach Volllaststunden, Variante 2 ohne anteilige EEG-Umlage

> Würde die anteilige EEG-Umlage bei der Eigenversorgung einer Power-to-Gas-Anlage entfallen, könnten die Gasgestehungskosten erheblich reduziert werden. Im Gegensatz zur Aufhebung der EEG-Umlage beim Börsenstrombezug würde die Befreiung von der anteiligen EEG-Umlage bei Eigenversorgungskonzepten nicht dazu führen, dass Strombezugskosten unterhalb der minimalen Stromgestehungskosten von regenerativen Erzeugern ermöglicht werden.

Bei einer Anlagengröße von 1 MW wären im Volllastbetrieb ohne anteilige EEG-Umlage und mit Investitionskosten von 1000 €/kW, Gasgestehungskosten von 12,2 ct/kWh und mit Investitionskosten von 500 €/kW Gasgestehungskosten von 9,92 ct/kWh möglich. Dies ist in Abb. 3.32 verdeutlicht.

3.7.6 Variante 3: Eigenversorgung ohne EEG-Vergütung nicht genutzter Windenergiemengen

Wird keine EEG-Vergütung für die ins öffentliche Stromnetz eingespeisten Energiemengen der Windkraftanlage aus Variante 2 in Gebrauch genommen, entfällt die anteilige zu zahlende EEG-Umlage für die Eigenversorgung der Power-to-Gas-Anlage. Lediglich die abLA-Umlage mit 0,009 ct/kWh muss bei dieser Variante aufgebracht werden. Dem Anlagenbetreiber der Windkraftanlage müssen jedoch die durchschnittlichen Erlöse gewährt werden, welche dieser mit EEG-Vergütung hätte erzielen können, damit ihm kein finanzieller Nachteil entsteht. Energiemengen, die nicht über die Power-to-Gas-Anlage bezogen werden, können zu vorherrschenden Spotmarktpreisen verkauft werden. Hierfür wurde der durchschnittliche Day-Ahead-Marktpreis des Jahres 2014 von 3,28 ct/kWh, konstant für den kompletten Betrachtungszeitraum, berücksichtigt. Es ist zu erwarten, dass dieser Preis im Durschnitt nicht erlöst werden kann, da vermehrt zu Zeiten mit hohen Windeinspeiseleistungen auf dem Day-Ahead-Markt angeboten werden muss. Zudem ist die zukünftige Preisentwicklung der nächsten 20 Jahre schwer vorhersehbar. Abb. 3.33 zeigt die Abhängigkeit der Day-Ahead-Preise je nach Einspeiseleistung des Referenzwindparks.

Windkraftanlagen können, wie in Abschn. 1.4.4 erläutert, ohne EEG-Vergütung Herkunftsnachweise für den eingespeisten Strom veräußern. Hierfür besteht derzeit ein sehr niedriges Preisniveau. Zur Vereinfachung wurde angenommen, dass sich die Erlöse aus Herkunftsnachweisen und der niedrigere erzielbare durchschnittliche Day-Ahead-Preis, im Vergleich zu 3,28 ct/kWh, aufwiegen. Mit den fixen Kosten für bestimmte Power-to-Gas-Anlagengrößen, welche in Tab. 3.12 enthalten sind, ergeben sich im Volllastbetrieb die Gasgestehungskosten nach Abb. 3.34.

Aus den ermittelten Werten wird ersichtlich, dass Gasgestehungskosten unter 20 ct/kWh, wie sie mit Börsenstrombezug möglich sind, nicht erzielt werden können. Für den Teillastbetrieb resultieren, für die gewählten Power-to-Gas-Anlagengrößen und Volllaststunden gemäß Tab. 3.12 Gasgestehungskosten nach Abb. 3.35.

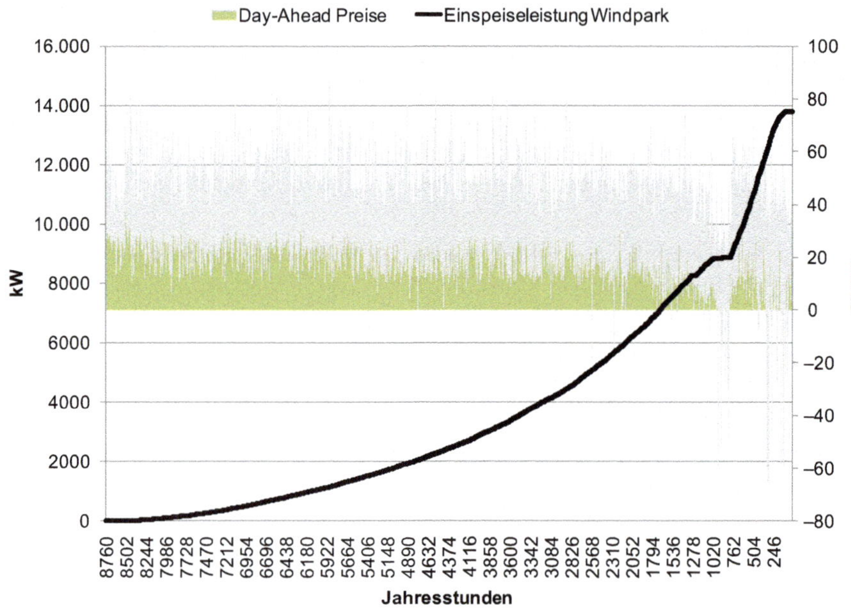

Abb. 3.33 Abhängigkeit der Day-Ahead-Marktpreise je nach Einspeiseleistung des Referenzwindparks

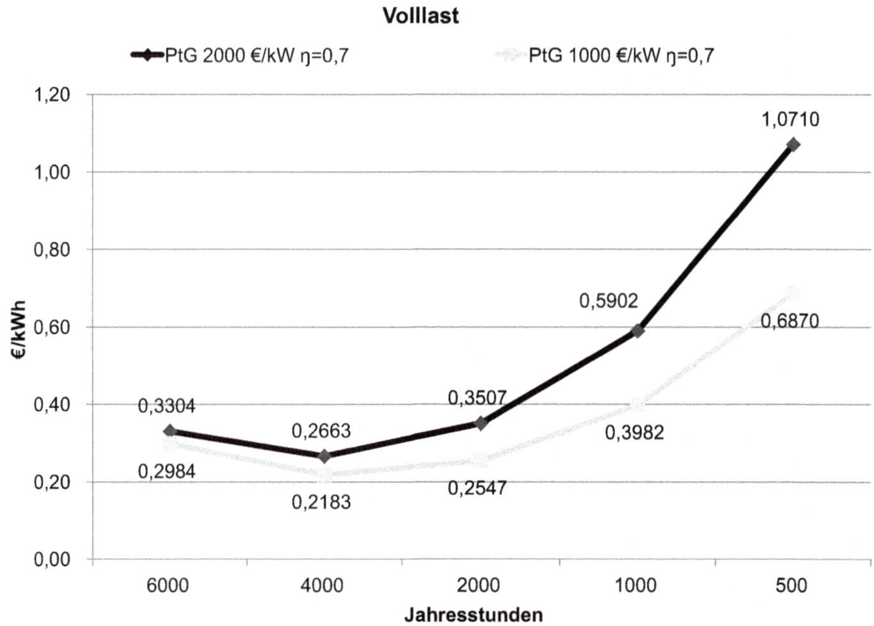

Abb. 3.34 Gasgestehungskosten je nach Volllaststunden, Variante 3 – Volllastbetrieb

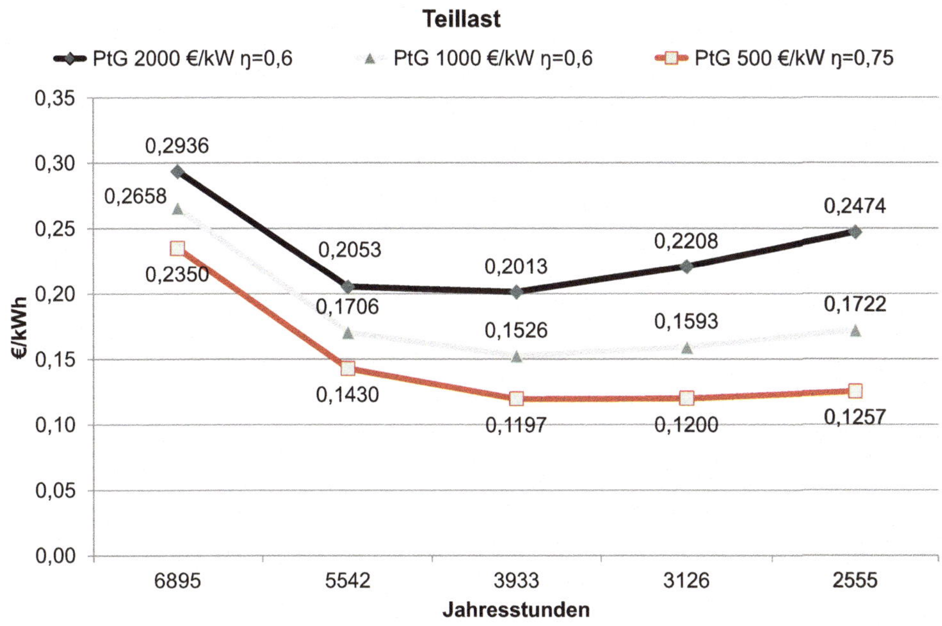

Abb. 3.35 Gasgestehungskosten je nach Volllaststunden, Variante 3 – Teillastbetrieb

Der Teillastbetrieb ermöglicht wesentlich niedrigere Gasgestehungskosten gegenüber dem Volllastbetrieb. Mit Investitionskosten von 2000 €/kW ergibt sich gegenüber dem Börsenstrombezug mit Pflicht zur Zahlung der EEG-Umlage noch kein Kostenvorteil. Dies ändert sich jedoch mit sinkenden spezifischen Investitionskosten. Mit Investitionskosten von 1000 €/kW resultiert ein Kostenminimum bei einer Anlagengröße von 6,29 MW und ca. 4000 Volllaststunden mit Gasgestehungskosten von 15,26 ct/kWh. Die Anlagengröße der Power-to-Gas-Anlage entspricht dabei in etwa 45 % der installierten Leistung des Windparks. Bei dieser Anlagenkonfiguration sind mit Investitionskosten von 500 €/kW und einem Wirkungsgrad von 75 % in etwa 12 ct/kWh umsetzbar.

3.7.7 Variante 4: Eigenversorgung ohne Netzeinspeisung für abgelegene Standorte

Werden Windkraftanlagen ohne Stromnetzanschluss zur Stromeinspeisung ausgerüstet und als Inselanlage mit einer Power-to-Gas-Anlage betrieben, ausschließlich um SNG zu produzieren, fallen keine Abgaben, Umlagen oder Steuern an. Lediglich die Stromgestehungskosten für die Windkraftanlagen müssen gezahlt werden. Wie in Abschn. 1.5.1 gezeigt, sind in Deutschland minimale Stromgestehungskosten bei Onshore-Windkraftanlagen von 5 ct/kWh möglich. Bei Ausschreibungen für Onshore-Windkraftanlagen in Marokko im Jahr 2015 wurden durchschnittliche Gebote von 30 $/MWh erzielt. Dies entspricht ca. 27,5 €/MWh. Das niedrigste Gebot lag bei 25 $/MWh.[72] Es ist anzunehmen, dass diese Kosten die weltweit minimal erzielbaren Stromgestehungskosten für Onshore-Windkraftanlagen widerspiegeln.

Ohne Stromnetzanschluss steigen die Strombezugskosten bzw. Stromgestehungskosten, sobald Energiemengen abgeregelt werden müssen, wenn diese aufgrund der Anlagenkonfiguration der Power-to-Gas-Anlage nicht genutzt werden können. Variante 4 stellt den Extremfall von Variante 3 dar, wenn die ins öffentliche Stromnetz eingespeisten Energiemengen keinen Erlös an den Strommärkten erzielen. Um einen möglichst hohen Anteil der generierbaren Stromerzeugungsmengen mittels Power-to-Gas umzuwandeln, ist ein Teillastbetrieb der Anlagen erforderlich. Die anteiligen Energiemengen je nach Leistungskonfiguration der Power-to-Gas-Anlagen sind in Tab. 3.12 aufgezeigt. Zur vereinfachten Ermittlung der tatsächlichen Strombezugskosten, wurden die minimalen Stromgestehungskosten von 3 und 5 ct/kWh durch den Anteil der über die Power-to-Gas-Anlage nutzbaren Energiemenge dividiert. Das Einspeiseprofil des Referenzwindparks wurde zur Ermittlung der nutzbaren Energiemengen unterstellt. Das Profil eines Windparks mit niedrigeren Stromgestehungskosten weicht voraussichtlich von diesem ab. Dementsprechend sind die ermittelten Gasgestehungskosten nur als Näherungswerte zu verstehen, welche in Abb. 3.36 aufgetragen sind.

Beim untersuchten Eigenversorgungskonzept lässt sich mit Investitionskosten von 2000 €/kW in Deutschland kein Kostenvorteil zur Basisvariante erzielen. Die Gasgestehungskosten betragen stets über 20 ct/kWh. Mit sinkenden spezifischen Investitions- und Stromgestehungskosten sowie steigenden Wirkungsgraden ermöglicht diese Variante der direkten Kopplung jedoch niedrigere Kosten gegenüber dem Börsenstrombezug mit Pflicht zur Zahlung der EEG-Umlage. Das Auslegungsoptimum der gewählten Anlagengrößen liegt zwischen 6,29 MW mit ca. 4000 Volllaststunden und 8,8 MW mit ca. 3100 Volllaststunden. Damit können von der potenziellen Energiemenge des Referenzwindparks zwischen 76,73 und 85,6 % mit der Power-to-Gas-Anlage genutzt werden. Werden bei Inselanlagen die nicht genutzten Energiemengen abgeregelt, führen sie in Deutschland zu höheren Gasgestehungskosten gegenüber Variante 3, soweit der Stromnetzanschluss nicht zu unangemessen hohen Kosten führt und an der Börse adäquate Erlöse erzielt werden können. Für abgelegene Anlagenstandorte außerhalb Deutschlands mit sehr niedrigen Stromgestehungskosten und ohne bestehende Stromnetzinfrastruktur kann diese Eigenversorgungsvariante mittelfristig im Vergleich zu deutschen Standorten niedrigere Gasgestehungskosten ermöglichen. Mittels eines Wasserstofftransports zu den nächstgelegenen Gasfernleitungseinspeisepunkten oder Industrieabnehmern, was nach den Analysen aus Abschn. 3.3.6 für etwa 3 ct/kWh möglich ist, lassen sich ähnliche Gasgestehungskosten wie mit Variante 2 erzielen. Durch die Verlagerung von Windkraftprojekten zu entlegenen und windreichen Standorten könnte dem Problem der gesellschaftlichen Akzeptanz entgegengewirkt werden.

[72] Vgl. RenewEconomy, 2016

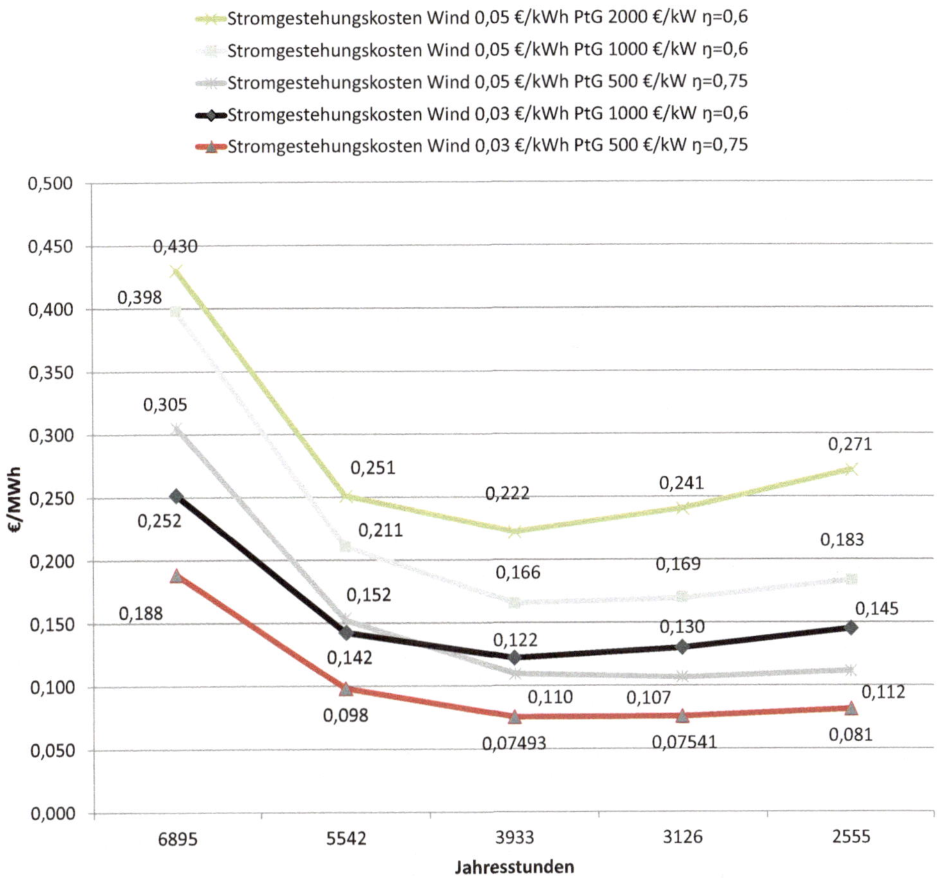

Abb. 3.36 Gasgestehungskosten je nach Volllaststunden, Variante 4 –Teillastbetrieb

3.8 Erlösmöglichkeiten und Kostenminderungen von Power-to-Gas-Anlagen im Stromsektor

Im Folgenden werden Erlösmöglichkeiten von Power-to-Gas-Anlagen im Stromsektor aufgezeigt, welche aus der Erzeugung von SNG resultieren. Eine Rückverstromung wird nicht berücksichtigt. Zu den Erlösmöglichkeiten zählen die Regelleistungserbringung oder die Verminderung von Ausgleichsenergie. Teilweise bestehen durch Power-to-Gas Kostenminderungen für das Stromsystem, welche nur bedingt als betriebswirtschaftliche Erlöse geltend gemacht werden können, wie beispielsweise die Verminderung von Netzausbau bzw. von Einspeisemanagementmaßnahmen und Redispatch. Keine Berücksichtigung in diesem Kapitel finden Erlösmöglichkeiten aus einer netzdienlichen Betriebsweise von Power-to-Gas-Anlagen wie dezentral bereitgestellte Blindleistung oder Kurzschlussleistung, was jedoch prinzipiell mit diesen Anlagen möglich wäre. Eine Vermarktung von Power-to-Gas-Anlagen als abschaltbare Last wird ebenfalls nicht betrachtet. Die hierfür notwendige minimale Angebotsgröße von 50 MW kann mit derzeitigen Anlagengrößen nicht erfüllt werden – eine Poolung wäre erforderlich. Es ist zu beachten, dass eine Mehrfachnutzung der Flexibilität von Power-to-Gas im Stromsystem nur im geringen Maße möglich ist. Beispielsweise ist ein netzdienlicher Einsatz nicht beliebig mit dem Ausgleich von Prognosefehlern oder der Vermarktung zur Frequenzhaltung kombinierbar.

3.8.1 Verringerung von Redispatch und Einspeisemanagementmaßnahmen

Power-to-Gas-Anlagen können durch die Installation in überspeisten Netzgebieten den Übertragungsbedarf zu entfernten Abnahmestellen vermeiden. Dies kann bei einem verzögerten Netzausbau den Bedarf an Redispatch und Einspeisemanagementmaßnahmen reduzieren. In einem repräsentativen überspeisten Netzgebiet mit hohem Windstromanteil aus Abschn. 3.7.1 betrugen die Einspeisemanagementmaßnahmen eines Windparks im Jahr 2014 in etwa 3 % der eingespeisten Energiemenge. Dies stellt lediglich ein geringeres Potenzial für Power-to-Gas dar. Zukünftig wird mit einem Anstieg der abzuregelnden Energiemengen in Deutschland gerechnet. Das Reduktionspotenzial bezüglich Einspeisemanagementmaßnahmen und Redispatch wurde in der Studie „Roadmap Speicher“[73] bei einem erneuerbaren Ausbaugrad von 69 % für exemplarische Power-to-Gas-Anlagen simuliert. Es wurden Anlagen in der Nähe der Einspeiseknoten der Offshore-Windenergieparks betrachtet. Das Verhältnis der Einsparungen (Verminderung von Engpassmanagementmaßnahmen) zu den Kosten (Capex und Opex) der Power-to-Gas-Systeme betrug zwischen 30 und 50 %, wobei die vermehrte Integration von erneuerbaren Energien in etwa zwei Drittel der Einsparungen ausmachte. Dies zeigt das grundsätzliche Potenzial von Power-to-Gas zur Verminderung von Engpassmanagementmaßnahmen, soweit geeignete Standorte genutzt werden. Die Einsparungen für das Gesamtsystem können an Power-to-Gas-Anlagenbetreiber nur bedingt verrechnet werden. Anlagenbetreiber könnten prinzipiell ihre Leistungen für Redispatch anbieten. Verminderte Einspeisemanagementmaßnahmen können derzeit nur bei der direkten Kopplung von Power-to-Gas-Anlagen und Windkraftanlagen (Personenidentität bei der Eigenversorgung) geltend gemacht werden.

3.8.2 Reduktion von Verteilnetzausbau

Power-to-Gas-Anlagen können für einen räumlichen Ausgleich von Energiemengen über die Erdgasinfrastruktur sorgen und damit zur Entlastung des Stromnetzes beitragen. Der Einsatz von Power-to-Gas kann die Netzausbaukosten insbesondere dann signifikant sen-

[73] Abschn. 2.8.2.

ken, wenn andernfalls eine Überdimensionierung durch Stromnetzausbaumaßnahmen erfolgen würde. Dies resultiert aus der guten Skalierbarkeit von Power-to-Gas-Anlagen im Gegensatz zu Netzausbaumaßnahmen, wodurch ein Netzausbau zeitlich verschoben und somit eine Vermeidung von Ineffizienzen erreicht werden kann. Dieser Effekt ist in Abschn. 2.8.4 in Abb. 2.26 dargelegt. Durch den Einsatz von Power-to-Gas auf niedrigen Spannungsebenen können Rückspeiseleistungen zu überlagerten Spannungsebenen vermieden werden. Auf der Niederspannungsebene ist Power-to-Gas aufgrund der Leistungsfähigkeit der Betriebsmittel im Stromnetz stark begrenzt. Für diese Spannungsebene konnte eine Studie „Stromspeicher in der Energiewende" (vgl. Abschn. 2.8.4) die Vorteilhaftigkeit von Batteriespeichern, insbesondere zur Eigenbedarfsoptimierung von Photovoltaikanlagen, zeigen. Aufgrund der hohen Anzahl und Leistungsdichte von Erneuerbare-Energien-Anlagen auf der Mittelspannungs- und Hochspannungsebene sind diese Netzebenen prädestiniert für den Einsatz von Power-to-Gas. Werden die Power-to-Gas-Anlagen direkt mit den Erzeugungsanlagen gekoppelt, können zudem Einspeiseleistungen in der Anschlussnetzebene reduziert werden.[74]

Der DVGW hat den Nutzen von Power-to-Gas-Anlagen in Stromverteilnetzen und eine Verminderung des Netzausbaus mittels Power-to-Gas-Anlagen in verschiedenen Studien untersucht. Die Ergebnisse für die verschiedenen Spannungsebenen werden im Folgenden zusammengefasst.

Nieder- und Mittelspannungsebene[75]

Für die Nieder- und Mittelspannungsebene wurden 3 repräsentative reale Netzgebiete im Emsland untersucht, ein ländliches und ein (vor)städtisches Niederspannungsnetz sowie ein ländliches Mittelspannungsnetz. Im (vor)städtischen Niederspannungsnetz waren ausschließlich Photovoltaikanlagen und im ländlichen Niederspannungsnetz zusätzlich wenige Biogas-BHKWs angeschlossen. Das Leistungsverhältnis Photovoltaik-Windkraft-Biogas im betrachteten Mittelspannungsnetzgebiet betrug ca. 4–2–1. Mittels Zukunftsprognosen wurden der Zubau dieser Anlagen bis 2050 und der Einfluss zukünftiger KWK- und Wärmepumpensysteme analysiert. Der energiewirtschaftliche Rahmen bis 2050 stützt sich auf öffentlichen Studien wie die BMU-Leitstudie von Nitsch et al. (2012) oder den Netzentwicklungsplan Strom. Die Potenzialanalysen für die Einspeiseleistungen von Wasserstoff bzw. erneuerbarem Methan in die Gasnetze der Hoch- und Mitteldruckebene basieren auf realen und zukünftig prognostizierten Gaslastflüssen des am jeweiligen Standort vorhandenen Gasnetzes bzw. der Gasdruckregelanlagen. Zulässige Wasserstoffkonzentrationen im Gasnetz wurden mit 10 Vol.-%, bzw. 15 Vol.-% ab 2050 berücksichtigt. Zur Kostenbewertung wurden die Netzausbaukosten der jeweiligen Netzgebiete mit und ohne Power-to-Gas für die Jahre 2023, 2033 und 2050 untersucht. Anlageneinsatzsimulationen für das jeweilige Betrachtungsjahr ergaben die notwendige Gas- und Stromzielnetzplanung. Für die Stromzielnetzplanung wurde ein konventioneller und innovativer

[74] Vgl. DVGW, 2015.
[75] Vgl. DVGW, 2014d.

Ausbau mittels Smart-Grid-Elementen wie regelbaren Ortsnetztransformatoren betrachtet. Die Leistungspotenziale für Power-to-Gas ergaben sich aus der Gaszielnetzplanung und dem notwendigen Lastverschiebungsbedarf zur angestrebten Einsparung von Netzausbaumaßnahmen aus der Stromzielnetzplanung. Dadurch war prinzipiell auch das Erfordernis eines Gasnetzausbaus möglich, falls stromseitig präferierte Anlagenstandorte dies notwendig machten. Voraussetzung für den Einsatz von Power-to-Gas war ein innovativer Netzausbau. Die Anlageneinsatzsimulation für Power-to-Gas-Anlagen erfolgte marktgeführt nach einem europaweiten Marktsimulationsverfahren sowie in einer weiteren Variante netzdienlich. Neben Power-to-Gas-Anlagen wurden bivalente Gasvorwärmanlagen (GVWA) in den Niederspannungsnetzen mit bis zu 35 kW an Lastverschiebungspotenzial berücksichtigt. In der Niederspannungsebene ist die elektrische Aufnahmeleistung einer Power-to-Gas-Anlage durch die begrenzte Leistungsfähigkeit der hier vorliegenden Netzbetriebsmittel begrenzt. Eine maximale Anlagengröße von 300 kW wurde ermittelt. Mindestens 170 KW an Lastverschiebung waren notwendig, um Netzausbau im ländlichen Niederspanungsnetz zu vermeiden, im vorstädtischen Netz waren bis zu 350 kW an Lastverschiebung notwendig. Das Gasnetz hätte in den untersuchten Niederspannungsnetzgebieten deutlich mehr Wasserstoff aufnehmen können. Bis zu 500 kW im ländlichen Verteilnetz und bis zu 1100 kW im vorstädtischen Verteilnetz an Elektrolyseleistung hätten an optimalen Standorten integriert werden können.

Im untersuchten ländlichen Mittelspannungsnetz war die Wasserstoffaufnahmefähigkeit des Gasnetzes begrenzt. Hierfür wurden maximal mögliche Elektrolyseurleistungen zwischen 175 und 250 kW ermittelt. Dadurch bestand die Notwendigkeit einer nachgeschalteten Methanisierung im betrachteten Mittelspannungsnetz. Stromseitig wurde ein mindestens notwendiger Leistungsbedarf für Power-to-Gas zur Vermeidung von Netzausbau von 40 MW berechnet. Um diese Leistung möglichst ohne Netzverstärkung zu integrieren, wurde von einer Aufteilung dieser Leistung auf 4 dezentrale Anlagen mit jeweils 10 MW ausgegangen. Bei dieser Anlagengröße waren mit Methanisierung in Bezug auf das Gasnetz etwa 2600 (2050) bis 4150 (2023) Volllaststundenzahlen möglich. Geringere Anlagengrößen bis 5 MW ergaben stets mehr als 4000 Volllaststunden. Stromseitig wurden jedoch deutlich geringere Volllaststunden für die Power-to-Gas-Anlagen ermittelt. Mit dem angenommenen energiewirtschaftlichen Rahmen, aufbauend auf dem derzeitigen Marktdesign, ergaben sich bei einem marktgeführten Einsatz weniger als 300 Volllaststunden bis 2032 und weniger als 1500 Volllaststunden bis 2050. Diese Größenordnungen konnten für alle Netzebenen bzw. -gebiete nachgewiesen werden. Bei einem netzdienlichen Einsatz resultierten für das vorstädtische Niederspannungsnetz sowie für das ländliche Mittelspannungsnetz bereits ca. 600 sowie 1500 Vollbenutzungsstunden im Jahr 2032.

Die Kosten des Stromnetzausbaus mit und ohne Power-to-Gas sowie Gasvorwärmanlagen wurden mittels Barwertmethode, bezogen auf das Investitionsjahr 2018, verglichen. Diese Kosten sind in Tab. 3.13 gegenübergestellt. Die Gesamtausgaben bei einem Netzausbau mit Power-to-Gas- und Gasvorwärmanlagen wurden aus den spezifischen Kosten von 1000 €/kW für Elektrolyseure zuzüglich 425 €/kW für die Methanisierung (Anlagen im MS-Netz) und von 485 €/kW für Gasvorwärmanlagen (Anlagen im NS-Netz) mit einer

Tab. 3.13 Kosten des Stromverteilnetzausbaus je Szenario für ausgewählte Mittel- und Niederspannungsnetze. (DVGW, 2014d)

Barwerte für das Investitionsjahr 2018 – Kosten bis 2050 (bis 2023)	Ländliches NS-Netz [€]	(Vor)städtisches NS-Netz [€]	Ländliches MS-Netz [€]
Konventioneller Netzausbau	150.623 (148.262)	90.353 (90.353)	11.700.000 (10.400.000)
Innovativer Netzausbau (INA)	80.525 (73.675)	60.462 (39.378)	8.800.000 (7.800.000)
INA mit Power-to-Gas + (GVWA) marktgeführt	100.777 (87.540)	99.325 (64.588)	9.100.000 (8.400.000)
Gesamtausgaben	ca. 270.000	ca.660.000	ca. 67.000.0000
INA mit Power-to-Gas + (GVWA) netzdienlich	61.239 (54.482)	33.804 (24.127)	6.100.000 (4.000.000)
Gesamtausgaben	ca. 230.000	ca. 600.000	ca. 62.000.000

Lebensdauer dieser Anlagen von jeweils 20 Jahren errechnet. Im ländlichen Niederspannungsnetz zeigte sich eine Reduktion des Netzausbaubedarfs um 23,95 %. Bezogen auf die barwertigen Ausgaben für Power-to-Gas und GVWA von 168.761 € betrugen diese Einsparungen im Netz etwa 11,4 %.

Im (vor)städtischen Niederspannungsnetzgebiet mit hoher Hausanschlussdichte war das Gesamtpotenzial geringer, da vorhandene Kabel bereits vergleichsweise hohe Ströme führen können. Dadurch ist der Netzausbaubedarf ohnehin niedriger. Ein verminderter Netzausbau konnte nur mittels netzdienlicher Betriebsweise der Power-to-Gas-Anlagen ermittelt werden. Dabei waren Einsparungen beim Netzausbau von nahezu 50 % möglich. Ein marktgeführter Einsatz der Anlagen führte zu einem zusätzlichen Netzausbaubedarf. Für das vorstädtische Netzgebiet ergab sich trotz der hohen Wasserstoffaufnahmefähigkeit ein zusätzlicher Ausbaubedarf für das Gasnetz mit Kosten von insgesamt 300.000 €. Daraus resultierten geringe Einsparpotenziale kleiner 5 %, bezogen auf die barwertigen Ausgaben für den Gasnetzausbau und für die notwendigen Power-to-Gas-Anlagen, welche sich in Summe auf 566.196 € beliefen.

Im ländlichen Mittelspannungsnetz konnte eine Einsparung von 30,7 % der Netzausbaukosten ermittelt werden. Bezogen auf die barwertigen Ausgaben für Power-to-Gas von ca. 55,9 Mio. €, betrugen die Einsparungen im Netz etwa 4,8 %.

Ein verminderter Netzausbau bei höheren Netzebenen, welcher sich durch den Einsatz von Power-to-Gas und einer Verringerung der Rückspeiseleistung aus niedrigeren Netzebenen ergibt, ist in den Kosten aus Tab. 3.13 nicht berücksichtigt. Dies führt zu weiteren Einsparungen für die Gesamtbetrachtung von Power-to-Gas-Anlagen.

Mittels einer Sensitivitätsanalyse wurde der Einfluss eines regionalen Systems geprüft, bei welchem eine weitestgehende Autarkie des Netzgebietes angestrebt wird. Eine Anbindung an das öffentliche Netz wurde jedoch weiterhin für Situationen mit lokalem Einspeise- bzw. Verbrauchsüberschuss vorausgesetzt. Dies führte zu einem erhöhten Einsatz der Power-to-Gas-Anlagen (mehr als 4500 Volllaststunden im Jahr 2023) und zu weiteren Einsparungen beim Netzausbau. Insgesamt ließe sich der Mehrwert von Power-to-Gas durch ein regionales System deutlich erhöhen.

Übergreifend zeigten die Simulationsergebnisse zum Netzausbau, dass ein Großteil der Investitionen in das Stromnetz bereits bis zum Jahr 2023 getätigt werden muss. Dies wurde bereits in der dena-Verteilnetzstudie aus Abschn. 1.3.2.2 ersichtlich.

Hochspannungsnetzebene[76]
Die Untersuchungen zum verminderten Netzausbau des Verteilnetzgebietes im Emsland wurden in einer weiteren Studie um die 110-kV-Hochspannungsebene erweitert. In der Hochspannungsebene bestand zum Untersuchungszeitpunkt 2013 eine hohe Anzahl an Windkraftanlagen, insbesondere mehrere große Windparks mit direktem Anschluss an diese Spannungsebene. Das Leistungsverhältnis Photovoltaik–Windkraft–Biomasse in dieser Spannungsebene betrug etwa 2–4,2–0,7. Die gasseitigen ganzjährig verfügbaren Potenziale lagen im gesamten Betrachtungsgebiet für das Jahr 2050 bei ca. 5 MW für die Wasserstoffeinspeisung sowie bei ca. 55 MW für die Methaneinspeisung. In den Wintermonaten war das gasseitige Potenzial auf 10 sowie 120 MW erhöht. Ganzjährig wurde ein untertägiges Potenzial von 7 MW sowie 75 MW zwischen 7 und 19 Uhr ermittelt. Dies stimmt mit den Einspeisezeiten von Photovoltaikanlagen überein. Das Jahr 2050 stellt aufgrund des angenommenen Rückgangs des Gasabsatzes ein Minimalszenario dar. Analog der Herangehensweise im Nieder- und Mittelspannungsnetz wurde zunächst eine Zielnetzplanung ohne Power-to-Gas auf der Hochspannungsebene vorgenommen. Anschließend wurde der Einsatz von Power-to-Gas-Anlagen auf der Hochspannungsebene geprüft, und verminderte Kosten der Zielnetzplanung gegenüber einem innovativen und konventionellen Netzausbau wurden ermittelt. Eine netzdienliche Betriebsweise der Power-to-Gas-Anlagen wurde vorausgesetzt. Als innovative Netzverstärkungsmaßnahmen wurden auf dieser Spannungsebene temperaturbeständige Aluminiumleiterseile (TAL) sowie ein Leiterseilmonitoring und die Installation zusätzlicher Systeme in Freileitungstechnik berücksichtigt. Als konventionelle Variante wurde der erforderliche Netzausbau durch den Einsatz von Erdkabeln untersucht.

Die Stromzielnetzplanung zeigte, dass mit innovativen Betriebsmitteln meist die kostengünstige Steigerung der Übertragungsleistung möglich ist. An 2 Stellen mit aufwendigen Netzausbaumaßnahmen, wie beispielswiese ein zusätzlich zu installierendes Freileitungssystem über 9 km, bestanden potenzielle Anwendungsmöglichkeiten zum Einsatz von Power-to-Gas zur Spitzenlastkappung. Als lokaler stromseitiger Bedarf wurden jeweils an Umspannwerken 2 Power-to-Gas-Standorte mit 5 MW sowie 13 MW ermittelt. Dieser Bedarf ergab sich jedoch erst nach dem Jahr 2033. Für die Kostenermittlung wurden abweichend zu den Elektrolyseuren auf den niedrigeren Spannungsebenen spezifische Investitionskosten für das Jahr 2045 für eine 5-MW-Elektrolyseanlage von 650 €/kW und für eine 13-MW-Methanisierungsanlage von 900 €/kW mit jeweils einer Lebensdauer von 25 Jahren veranschlagt. Zur Integration ins Gasnetz musste die 13-MW-Power-to-Gas-Anlage im Hochspannungsnetz als Methanisierungsanlage ausgeführt werden. In den Sommermonaten war – aufgrund von Gasnetzrestriktion – die maximale Leistung

[76] Vgl. DVGW, 2015.

der Elektrolyseanlage auf 3 MW sowie die der Methanisierungsanlage auf 12,5 MW begrenzt. Unter diesen Voraussetzungen und dem angenommenen energiewirtschaftlichen Rahmen, aufbauend auf dem derzeitigen Marktdesign, wurden ca. 1200 bis 1300 Volllaststunden für die Power-to-Gas-Anlagen ermittelt. Beim konventionellen Netzausbau konnte lediglich der Bedarf einer 13-MW-Methanisierungsanlage nachgewiesen werden. Die barwertigen Ausgaben für den Ausbau des Hochspannungsnetzes bezogen auf das Investitionsjahr 2018 mit und ohne netzdienliche Power-to-Gas-Anlagen sind in Tab. 3.14 gegenübergestellt. Die Einsparungen mit Power-to-Gas bei einem innovativen Netzausbau, welche sich bei einem Ausbauszenario im Jahr 2050 ergeben, betragen etwa 19,5 %. Bezogen auf die barwertigen Ausgaben für die Power-to-Gas-Anlagen von 4,6 Mio. € betragen die Einsparungen etwa 17,4 %.

In einem weiteren Berechnungsschritt wurde durch den DVGW in einer spannungsebenenübergreifenden Betrachtung quantifiziert, wie der Netzausbaubedarf durch den Einsatz von Power-to-Gas-Anlagen mit 150 kW sowie Gasvorwärmanlage mit 35 kW im ländlichen Niederspannungsgebiet (Werte aus Tab. 3.13 Nieder- und Mittelspannungsnetz) auf allen überlagerten Ebenen reduziert werden kann. Dabei wurde angenommen, dass eine netzentlastende Wirkung vieler dezentraler installierter Anlagen dieselbe ist wie bei einer einzelnen Anlage mit identischer Summenleistung am Umspannwerk. Da für die höheren Spannungsebenen ein Mindestlastverschiebungsbedarf besteht, um Netzausbaumaßnahmen zu vermeiden, wurde angenommen, dass flächendeckend in allen Niederspannungsebenen Anlagen zur Lastverschiebung eingesetzt werden. Sie sollen in Summe dem Mindestbedarf der höheren Ebenen entsprechen. Im größten Teil der NS-Netze bestehen jedoch keine technischen Möglichkeiten für den Anschluss von Power-to-Gas-Anlagen an das Gasnetz. Deshalb ist bei dieser Betrachtung der Einsatz weiterer Technologien, wie beispielsweise Batterien, berücksichtigt. Die Einsparungen auf der MS- und HS-Ebene sind anteilig auf alle NS-Netze mit Speichern aufgeteilt. Die Gesamtausgaben ergeben sich aus der Summe der Kosten für Power-to-Gas- und Gasvorwärmanlagen, dem notwendigen Netzausbau auf Niederspannungsebene, abzüglich den Einsparungen auf Mittel- und Hochspannungsebene. Alle Kostenbestandteile sind in Tab. 3.15 aufgelistet.

Anhand der Ergebnisse zeigt sich, dass durch Berücksichtigung der Einsparungen in höheren Netzebenen aufgrund verminderter Rückspeiseleistungen in etwa 28 % der bar-

Tab. 3.14 Kosten des Stromverteilnetzausbaus je Szenario für ein ausgewähltes Hochspannungsnetz. (DVGW, 2015)

Barwerte für das Investitionsjahr 2018 –Kosten bis 2050 (bis 2023)	HS-Netz [Mio. €]
Konventioneller Netzausbau (KNA)	33,6 (17,6)
Innovativer Netzausbau (INA)	4,1 (2,6)
KNA Power-to-Gas	25,4 (17,6)
Gesamtausgaben	27,8
INA mit Power-to-Gas	3,3 (2,6)
Gesamtausgaben	7,9

Tab. 3.15 Kosten des Stromverteilnetzausbaus je Szenario bei einer spannungsebenenübergreifenden Betrachtung. (DVGW, 2015)

Barwerte fürdas Investitionsjahr 2018 – Kosten bis 2050	NS-Netze [€]	Einsparung MS-Netz [€]	Einsparung HS-Netz [€]
Konventioneller Netzausbau (KNA)	151.000	–	–
Innovativer Netzausbau (INA)	81.000	–	–
KNA mit Power-to-Gas	61.000	36.000	51.000
Gesamtausgaben	**142.000**	–	–
INA mit Power-to-Gas	61.000	18.000	3000
Gesamtausgaben	**208.000**	–	–

wertigen Ausgaben für die Power-to-Gas-Anlagen und GVWA auf der NS-Ebene, welche sich in Summe auf 147.000 € belaufen, abgedeckt werden können. Ohne übergreifende Betrachtung der Netzebenen betrugen die barwertigen Ausgaben für Power-to-Gas und GVWA im Verhältnis zu den Einsparungen im NS-Netz lediglich 11,4 %. Derzeit bestehen jedoch für Netzbetreiber keine regulatorischen Anreize, Power-to-Gas-Anlagen als netzdienliche Verbraucher zur Vermeidung von Netzausbau einzusetzen.

3.8.3 Regelleistungsvermarktung

Die Untersuchungen zum Regelenergiemarkt aus Abschn. 1.4.3 zeigen Arbeitspreise die im Jahr 2014 durchschnittlich bei ca. 20 €/MWh für negative Sekundärregelleistung lagen. Durch die stark volatilen Leistungspreise lassen sich zusätzlich geringfügige Erlöse erzielen. Aufgrund der niedrigen durchschnittlichen Spotmarktpreise, welche am Day-Ahead-Markt im Jahr 2014 durchschnittlich 32,76 €/MWh betrugen, sind lediglich geringfügige Einsparungen am Regelenergiemarkt durch den Strombezug mittels negativer Sekundärregelleistung möglich. Der größte Kostenbestandteil der variablen Kosten von Power-to-Gas-Anlagen besteht beim Börsenstrombezug durch die EEG-Umlage. Die EEG-Umlage ist jedoch ebenfalls zu entrichten, soweit Strommengen nicht über den Großhandel, sondern über die Leistungsmärkte bezogen werden. Der Strombezug mittels Regelleistung ist zudem durch den Leistungs- und Energieumfang der jeweiligen Produkte begrenzt. Im Jahr 2014 betrug die Gesamtenergiemenge der negativen Sekundärregelleistung ca. 1500 GWh. Die durchschnittlich abgerufenen Leistungen waren auf wenige hundert Megawatt begrenzt. Alle weiteren Regelleistungsprodukte hatten einen geringeren Umfang. Zukünftig ist nach den Analysen mehrerer Studien (vgl. Abschn. 2.8) nicht mit einem starken Anstieg des Regelleistungsbedarfs zu rechnen. Arbeitspreise von etwa 80 €/MWh waren für positive Sekundärregelleistung im Jahr 2014 erzielbar. Hiermit ist eine Optimierung des Börsenstrombezugs von Power-to-Gas-Anlagen möglich (Reduktion des Strombezugs beim Regelleistungsabruf). Die Regelleistungsvermarktung von Power-to-Gas-Anlagen führt durch die Schwankungen der abgerufenen Leistungen und Abrufzeiten zu einer stark dynamischen Betriebsweise dieser Anlagen, was mit Wirkungsgradeinbußen und einer Verminderung der Lebensdauer durch Degradation einhergeht. Entsprechend führen Erlöse am Regelleistungsmarkt nicht zwingend zu einem betriebswirtschaftlichen Vorteil über die komplette Laufzeit einer Power-to-Gas-Anlage.

3.8.4 Verminderung von Ausgleichsenergie

Die Einbindung von Power-to-Gas-Anlagen in ein regenerativ geprägtes Erzeugungsportfolio oder bei direkter Kopplung mit regenerativen Erzeugungsanlagen bietet einen Mehrwert beim Ausgleich von Prognosefehlern. Grundsätzlich besteht bereits über eine viertelstündliche Intraday-Vermarktung mit entsprechenden kurzfristigen Prognosen eine Optimierungsmöglichkeit gegenüber einer Day-Ahead-Vermarktung. Diese Prognosen enthalten gegenüber realen Einspeisewerten ebenfalls Fehleinschätzungen (Abb. 3.37). Eine zusätzliche Flexibilität im Portfolio bietet nach Abschluss des Intraday-Handels im Rahmen des Bilanzkreismanagements die Möglichkeit, sehr kurzfristige Bilanzkreisungleichgewichte auszugleichen und damit die Inanspruchnahme von Ausgleichsenergie zu vermeiden. Positive Ausgleichsenergie kann durch eine Verringerung und negative Ausgleichsenergie durch eine Erhöhung der Leistungsaufnahme einer Power-to-Gas-Anlage bereitgestellt werden.

Im Rahmen der Studie „Nutzen der Power-to-Gas Technologie zur Entlastung der 110-kV-Stromverteilungsnetze“ hat der DVGW (2015) den Mehrwert von Power-to-Gas-

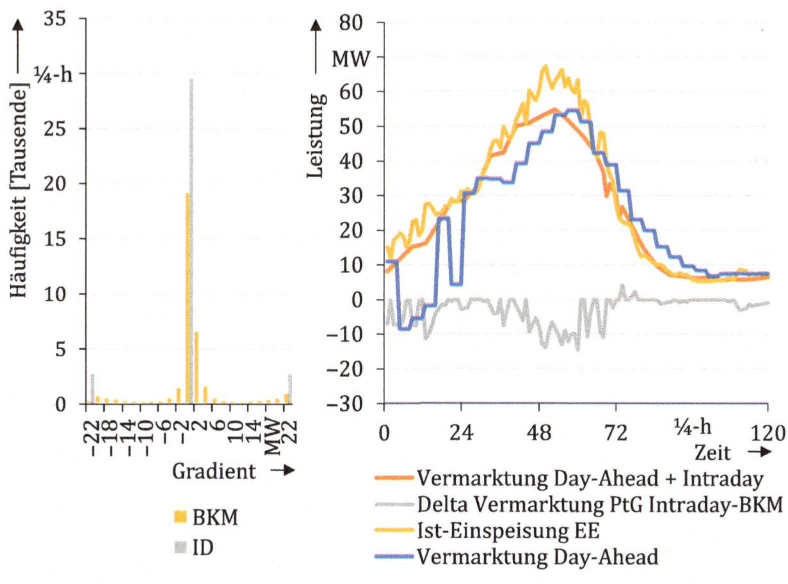

Abb. 3.37 Häufigkeitsverteilung der Gradienten je nach Vermarktung oder Bilanzkreisbewirtschaftung. (DVGW, 2015)

Anlagen zum Ausgleich kurzfristiger Prognoseunsicherheiten durch eine Simulation der Vermarktung eines Portfolios am Day-Ahead- und Intraday-Markt bewertet. Das Portfolio bestand aus 205 MW an Windenergie- und 7 MW an Photovoltaikanlagen sowie einer Biogasanlage mit 5 MW. Zusätzlich wurde in das Portfolio eine Power-to-Gas-Leistung von 22 MW integriert. Damit hätten 10 % der Erneuerbare-Energien-Leistung als zusätzliche Flexibilität bereitgestellt werden können. Anhand historischer Preise, den jeweils aktuellsten Einspeiseprognosen sowie gemessenen Einspeisungen wurde der Zeitraum von März 2013 bis Februar 2014 simuliert. Abb. 3.37 stellt die Häufigkeitsverteilung der Gradienten im Betrachtungsjahr und einen exemplarischen Fahrplan dar. Daraus lassen sich die Flexibilitätsanforderungen an die Power-to-Gas-Anlage im Bilanzkreismanagement ablesen. Durch Bilanzkreismanagement lassen sich im Vergleich zur Intraday-Nachbewirtschaftung die Abweichungen genauer abdecken. Vor allem eine Flexibilität von 2 MW trat sehr häufig im Jahr auf. Dies entspricht 1 % der Erneuerbaren-Energien-Leistung im Portfolio.

In Abb. 3.38 sind die Ausgleichsenergiemengen bei Day-Ahead- und Intraday-Vermarktung sowie bei Reduktion des Bilanzkreisungleichgewichts mittels Power-to-Gas wie auch mittels Biogas dargestellt. Die Ergebnisse zeigen, dass durch den Intraday-Handel bereits die Ausgleichsenergiemengen deutlich reduziert werden können, v. a. positive Ausgleichsenergie konnte um mehr als 30 GWh jährlich bzw. um ca. 65 % vermindert werden – negative Ausgleichsenergie nur geringfügig um ca. 2 GWh. Dies verdeutlicht die bessere Prognosegüte kurzfristiger Vorhersagen. Mittels Power-to-Gas als zusätzliche Flexibilität ergab sich eine Verminderung der negativen Ausgleichsenergie um 77 % von 33 GWh auf etwa 9 GWh. Für positive Ausgleichsenergie wurde eine Reduktion um 17 % ermittelt. Die zusätzliche Flexibilität der Biogasanlage brachte nur einen geringen Mehrwert. Daraus ist erkennbar, dass der zusätzliche Mehrwert von Flexibilität in einem Portfolio bezogen auf die Leistung der flexiblen Lasten abnimmt. Dies lässt sich auch aus der Häufigkeitsverteilung aus Abb. 3.37 ablesen. Mit historischen Ausgleichsenergiepreisen konnte die Kostenminderung von Power-to-Gas-Anlagen für Ausgleichsenergie (Gesamt ca. 700.000 €/a) um 31.000 €/a nachgewiesen werden. Die Kosteneinsparung

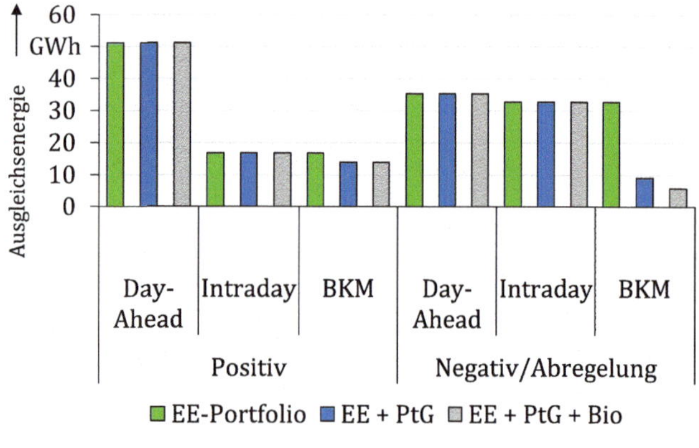

Abb. 3.38 Ausgleichsenergiemengen je Handelsstufe. (DVGW, 2015)

kann je nach Regelzonensaldo und den jeweiligen Ausgleichsenergiepreisen schwanken. Grundsätzlich konnte eine monetäre Vorteilhaftigkeit der Vermarktung der Power-to-Gas-Anlage im Erneuerbare-Energien-Portfolio belegt werden.

3.9 Der Verkehrssektor als bevorzugter Absatzmarkt für synthetische Gase

Im Verkehrssektor besteht ein hohes Energiespeichererfordernis mit hoher Energiedichte aufgrund der Mobilitätsanforderungen. Dies ist bei Methan oder Wasserstoff gegeben. Zudem ist der Verkehrssektor aufgrund der hohen Besteuerung der fossilen Energien Benzin und Diesel im Vergleich zu anderen Sektoren vorrangig für den Einsatz von Erdgas, Biogas und synthetischen Gasen geeignet. Eine Voraussetzung ist dabei, dass die Energiesteuerermäßigung für Erdgas- und Autogaskraftstoffe auch zukünftig besteht. Bis zum 31.12.2018 gilt eine Steuerermäßigung nach § 1a EnergieStG. SNG wird derzeit wie konventionelles Erdgas besteuert. Der Umfang von Biogas bzw. Biomethan sowie weiteren biogenen Kraftstoffen ist aufgrund der nutzbaren Anbauflächen und des großen Flächenbedarfs für diese Kraftstoffe begrenzt. Vor allem die Flächenkonkurrenz zur Nahrungsmittelindustrie (*Tank oder Teller*) führt zu dieser Einschränkung. Strombasierte Kraftstoffe und Antriebskonzepte ermöglichen eine Energiebereitstellung für den Verkehrssektor mit einem geringen Flächenbedarf. Zudem konkurrieren Flächen mit hohem Wind- und Solarangebot nicht zwingend mit landwirtschaftlichen Flächen (z. B. Offshore-Erzeugung oder *Wüstenstrom*). Gegenüber der Elektromobilität fehlt es bei den synthetischen Kraftstoffen an weiterführenden Fördermaßnahmen im Verkehrssektor, welche den Markthochlauf ermöglichen. Synthetische Gase aus Power-to-Gas-Anlagen gelten nicht als Biokraftstoffe im Sinne des § 37b BImSchG (Stand 2015), sodass der Einsatz in Erdgasfahrzeugen keine Anrechnung auf die in §§ 37a ff. BImSchG geregelte Biokraftstoffquote findet. Mit der EU-Richtlinie 2015/1513 wurde die Liste der Biokraftstoffe um erneuerbare Kraftstoffe, die nicht aus Biomasse, sondern mittels erneuerbaren Stroms hergestellt werden, erweitert. Wasserstoff und erneuerbares Methan wurden erstmals als fortschrittliche Biokraftstoffe eingestuft. Diese können zweifach auf die Erfüllung des erneuerbaren Ziels angerechnet werden. Fahrzeuge mit Elektroantrieb werden fünffach angerechnet. Über das Bundesimmissionsschutzgesetz (BImSchG) müssen bis 2017 die europäischen Regelungen in deutsches Recht umgesetzt werden. CNG-Fahrzeuge bieten für die Automobilhersteller eine Möglichkeit, bei vergleichsweise geringem Änderungsaufwand gegenüber Verbrennungsmotoren mit Benzin oder Diesel und technisch einfachen Lösungen den CO_2-Ausstoß zu reduzieren. Eine Anrechnung von synthetischen Kraftstoffen für CNG-Fahrzeuge ist in den derzeitigen Flottenemissionsregelungen[77] nicht möglich, wohingegen Batteriefahrzeuge als Nullemissionsfahrzeuge eingestuft werden. Durch die gesetzlichen Regelungen besteht weder für die Mineralöl- noch für die Automobilindustrie ein Anreiz, in Power-

[77] Abschn. 1.1.1.

to-Gas zu investieren, um dadurch ihren Forderungen nach klimaneutralen Energieträgern oder -technologien gerecht zu werden. Automobilhersteller werden zum Vertrieb von Batterie- und Brennstoffzellenfahrzeugen angehalten.

In diesem Abschnitt wird am Beispiel der Power-to-Gas-Anlage der Audi AG in Werlte aufgezeigt, dass durch den Einsatz von SNG und CNG für Mobilitätsanwendungen eine signifikante Emissionseinsparung zu geringen Kosten für den Endkunden mit Gasgestehungskosten von 12 ct/kWh möglich ist. Dieses Kapitel begrenzt sich auf eine Betrachtung der Kosten verschiedener Antriebstechnologien für bestimmte Fahrzeuge und auf die Zweckmäßigkeit der jeweiligen Technologie im gesamten Strom- und Energiesystem. Einschränkungen aus Nutzersicht, wie beispielsweise eine geringe Verfügbarkeit von Tankstellen, werden nicht berücksichtigt. Detaillierte Informationen zur Gasmobilität sind im Fachbuch „Erdgas und erneuerbares Methan für den Fahrzeugantrieb" von van Basshuysen (2015) enthalten. Durch die Erläuterungen in den folgenden Kapiteln soll aufgezeigt werden, ob sich die derzeitige Bevorzugung der Elektro- und Wasserstoffmobilität gegenüber SNG und CNG anhand der Vorzüge dieser Technologien im Gesamtenergiesystem begründen lassen.

3.9.1 Vergleich der Kosten und Umweltwirkungen eines bestehenden Power-to-Gas-Konzeptes für Mobilitätsanwendungen

Durch die Kostenbetrachtung in Abschn. 3.7 wird ersichtlich, dass mittelfristig im Minimum Gestehungskosten synthetischer Gase von 12 ct/kWh mittels Power-to-Gas-Anlagen realisierbar sind – insbesondere, wenn die anteilige EEG-Umlage für Eigenversorgungskonzepte entfallen würde. In Abb. 3.40 wurden mit diesem Energiepreis die Vollkosten (TCO – Total Cost of Ownership) für verschiedene Fahrzeugtypen der Kompaktklasse miteinander verglichen, um die Kosteneffizienz von CNG- und e-gas-Fahrzeugen aufzuzeigen. Als e-gas werden die synthetischen Gase bezeichnet, welche die Audi AG vermarktet. Diese werden beispielsweise mit der Power-to-Gas-Anlage im emsländischen Werlte erzeugt, welche die Audi AG selbst betreibt. Diese Anlage hat eine elektrische Aufnahmeleistung von rund 6 MW, aufgeteilt auf 3 AEL-Elektrolyseure. Diese erzeugen Wasserstoff, der durch einen Festbettreaktor als chemische Methanisierungseinheit in erneuerbares Methan (CH_4) umgewandelt wird. Dadurch kann das erzeugte SNG vor Ort problemlos ins Erdgasnetz eingespeist und gespeichert werden. Das benötigte CO_2 für die Methanisierung wird aus dem Abgasstrom der benachbarten Biomethananlage des Energieversorgers EWE AG gewonnen. Bei der Anlage handelt es sich um eine Abfallbiogasanlage. Der Audi A3 Sportback g-tron ist ein bivalentes CNG-Fahrzeug auf Basis des A3 1,4 TFSI mit 81 kW (110 PS), angeboten seit Anfang 2014. Er kann sowohl mit Benzin als auch mit Erdgas oder e-gas betrieben werden. Der Verbrauchswert nach NEFZ beträgt kombiniert 3,2 kg e-gas oder Erdgas, womit eine Reichweite von 400 km möglich ist. Fällt der Erdgasdruck im Tank unter 10 bar, wechselt das Motormanagement selbstständig in den Benzinbetrieb, womit weitere 900 km erreicht werden können. Dadurch liegt die Gesamtreichweite in der Größenordnung eines Audi A3 TDI. Die Gastanks befinden sich unter dem Gepäckraumboden. Durch den Einsatz von kohle- und glasfaserverstärktem Kunststoff für die Tanks werden höchste Festigkeiten, eine hohe Wasserstoffverträglichkeit und ein geringes Gewicht ermöglicht. Der Aufbau des Autos ist in Abb. 3.39 verdeutlicht.

Der Kunde kann durch einen bilanziellen Nachweis mittels der e-gas-Tankkarte dafür sorgen, dass exakt die Menge an synthetischem Gas ins Erdgasnetz eingespeist wird, die durch ihn getankt wurde. Es können hierfür alle Erdgastankstellen genutzt werden, welche die DKV-Tankkarte für e-gas unterstützen. Hierfür stehen in Deutschland mehr als 600 Tankstellen zur Verfügung.

Für die Berechnung der TCO wurde eine Fahrleistung von 20.000 km für 10 Jahre angenommen. Zur Ermittlung des Leasingpreises wurden ein Privat-Leasing mit 20 % Anzahlung und der Listenpreis der Fahrzeuge berücksichtigt. Kraftstoffverbrauch und -kosten sowie Versicherungs- und Werkstattkosten wurden auf Datengrundlagen des ADAC ermittelt. Aus Abb. 3.40 wird ersichtlich, dass für die betrachteten Modelle der Kompaktklasse der fossile CNG-Betrieb die günstigste Variante für den Endkunden darstellt. Mit einem Energiepreis von 12 ct/kWh für synthetisch erzeugtes Gas ergeben sich ähnliche Vollkosten des analysierten Erdgasfahrzeuges zu einem vergleichbaren Benzinfahrzeug.

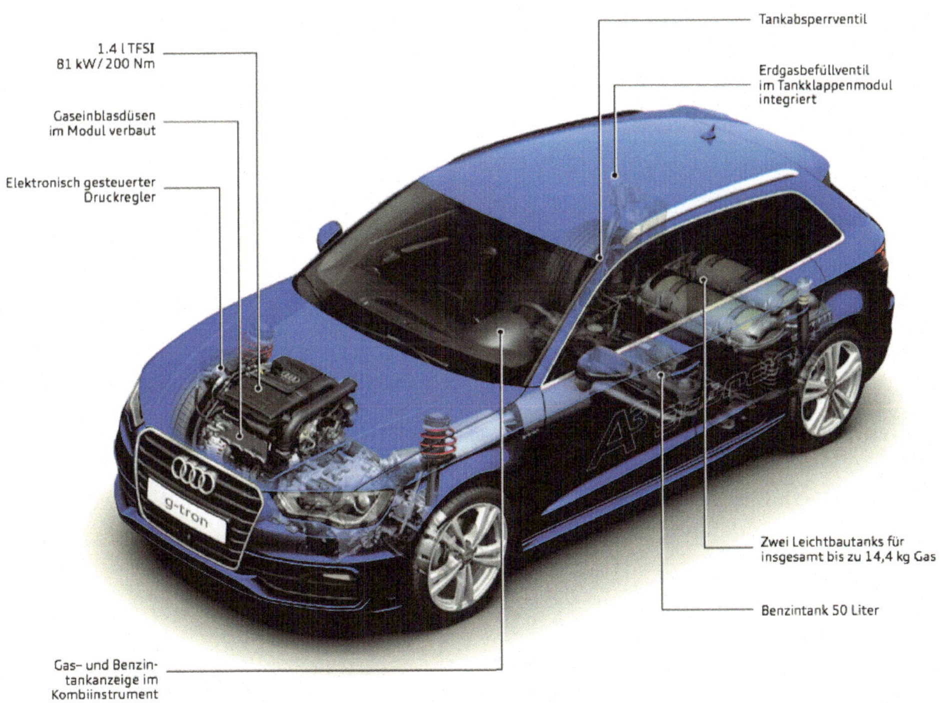

Abb. 3.39 Aufbau des Audi A3 g-tron. (Audi AG, 2014)

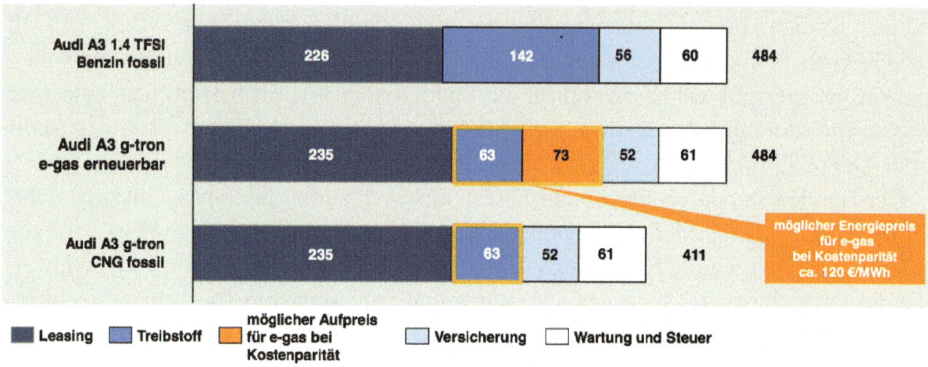

Abb. 3.40 Vollkosten für verschiedene Kompaktklassemodelle. (ETOGAS GmbH, 2015; nach Audi AG)

Wird SNG zukünftig für die Biokraftstoffquote angerechnet und wird für die Flottenemission eine Well-to-Wheel- bzw. Lebenszyklusanalyse in Betracht gezogen, bestehen Anreize für Mineralöl- und Automobilunternehmen, einen Anteil des Aufpreises zu übernehmen, um damit ihren Anforderungen für Energieeffizienz und Klimaschutz gerecht zu werden. Durch die derzeitige Gesetzgebung wird die Elektromobilität durch eine Kaufprämie, durch die Einstufung als Nullemissionsfahrzeug für die Flottenemissionsanrechnung und eine 5-fach Quote auf die Anrechnung zum erneuerbaren Ziel nach der EU-Richtlinie 2015/1513 im Vergleich zur Gasmobilität bevorzugt gefördert. Dadurch ist ein ausgeglichener Wettbewerb zwischen den Antriebstechnologien nicht gegeben. Es besteht die Gefahr, dass sich kein Kostenoptimum einstellt. Eine Anrechnung von SNG-betriebenen Erdgasfahrzeugen sollte nach den tatsächlichen Umweltwirkungen in den betreffenden Gesetzgebungen erfolgen. Hierfür ist der gesamte Lebenszyklus einer Antriebstechnologie bzw. eines Fahrzeuges einzubeziehen. Eine ganzheitliche Betrachtung der Umweltwirkungen erfolgt nach den derzeitigen Bewertungskriterien von Automobilen mittels Tank-to-Wheel- und selbst bei Well-to-Wheel-Analysen nicht.

▶ Bei der *Tank-to-Wheel-Analyse* werden die Emissionen eines Fahrzeuges berücksichtigt, die am Auspuff messbar sind und die durch die Verbrennung der Kraftstoffe, ausgehend vom Kraftfahrzeugtank (Tank), entstehen, um das Fahrzeug in Bewegung zu versetzen (Wheel). Diese Emissionen werden auch als direkte Emissionen oder betriebsbedingte Emissionen bezeichnet.

> Bei der *Well-to-Wheel-Betrachtung* werden zusätzlich zur Tank-to-Wheel-Analyse die Emissionen für die Energiebereitstellung (Kraftstofferzeugung) berücksichtigt (Well-to-Tank). Well-to-Tank-Analysen betrachten die Emissionen bei der Gewinnung der Rohstoffe für die Energieerzeugung (Kraftstoffproduktion) bis zum fertigen Energieträger (Kraftstoff) im Energiespeicher (Tank) des Fahrzeuges. Dadurch erfolgt eine vollständige Analyse des Energiebereitstellungszyklus.

Die Angabe der Emissionen bzw. Umweltwirkungen bei Tank-to-Wheel- und Well-to-Wheel-Analysen erfolgt auf Basis von CO_2-Äquivalenten der emittierten Treibhausgase. Relevante Gase sind neben Kohlendioxid v. a. Methan und Stickoxide. In der Richtlinie (EU) 2015/652, welche Vorschriften zu den Verfahren der Berechnung und den Berichterstattungspflichten nach der Richtlinie 98/70/EG festlegt, wurden erstmals durchschnittliche Standardwerte für die Lebenszyklustreibhausgasintensität von Kraftstoffen, die einer Well-to-Wheel-Betrachtung entsprechen, ausgegeben. Sie sind in Abb. 3.41 aufgelistet. Nach dieser Richtlinie wird der Einsatz von synthetischen Gasen mit einer Treibhausgasminderung von bis zu minus 96 % gegenüber der fossilen Referenz Benzin eingestuft.

Eine Analyse aller Umweltwirkungen über den gesamten Lebensweg eines Produktes (from cradle to grave, also von der Wiege bis zur Bahre) oder bis zu einem bestimmten Zeitpunkt der Verarbeitung (from cradle to factory gate, also von der Wiege bis zum Fabriktor) kann über ein sog. *Life Cycle Assessment* (LCA), auch bekannt als Ökobilanz,

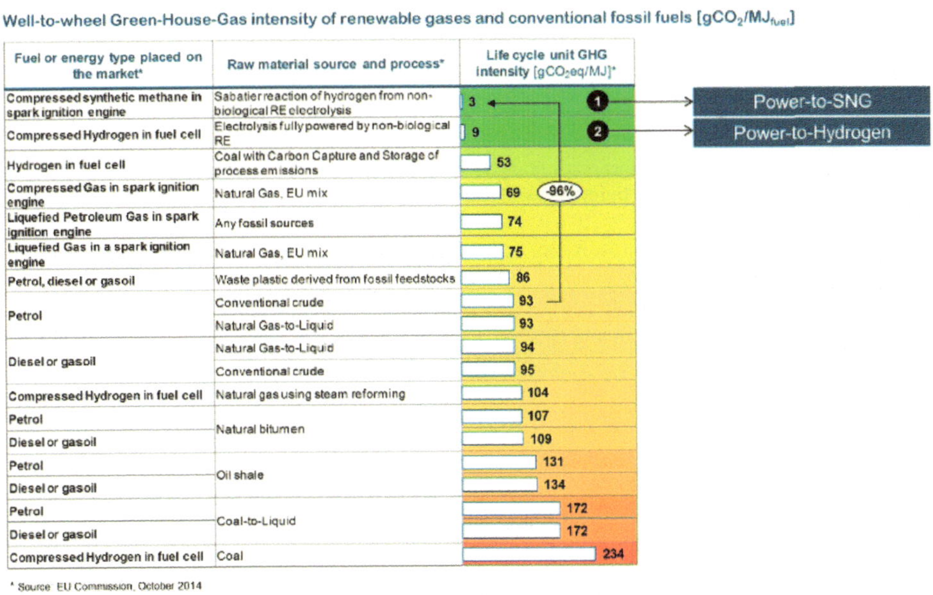

Fuel or energy type placed on the market*	Raw material source and process*	Life cycle unit GHG intensity [gCO_2eq/MJ]*
Compressed synthetic methane in spark ignition engine	Sabatier reaction of hydrogen from non-biological RE electrolysis	3
Compressed Hydrogen in fuel cell	Electrolysis fully powered by non-biological RE	9
Hydrogen in fuel cell	Coal with Carbon Capture and Storage of process emissions	53
Compressed Gas in spark ignition engine	Natural Gas, EU mix	69
Liquefied Petroleum Gas in spark ignition engine	Any fossil sources	74
Liquefied Gas in a spark ignition engine	Natural Gas, EU mix	75
Petrol, diesel or gasoil	Waste plastic derived from fossil feedstocks	86
Petrol	Conventional crude	93
	Natural Gas-to-Liquid	93
Diesel or gasoil	Natural Gas-to-Liquid	94
	Conventional crude	95
Compressed Hydrogen in fuel cell	Natural gas using steam reforming	104
Petrol	Natural bitumen	107
Diesel or gasoil		109
Petrol	Oil shale	131
Diesel or gasoil		134
Petrol	Coal-to-Liquid	172
Diesel or gasoil		172
Compressed Hydrogen in fuel cell	Coal	234

* Source: EU Commission, October 2014

Abb. 3.41 Durchschnittliche Standardwerte für die Lebenszyklustreibhausgasintensität von Kraftstoffen. (ETOGAS GmbH, 2016)

erfolgen. Zur Analyse gehören sämtliche Umweltwirkungen während der Produktion, der Nutzungsphase und der Entsorgung des Produktes sowie die damit verbundenen vor- und nachgeschalteten Prozesse (z. B. Herstellung der Roh-, Hilfs- und Betriebsstoffe). Neben den Treibhausgasemissionen zählen weitere ökologische Aspekte, wie beispielweise die Versauerung von Ökosystemen oder Sommersmog, zu den betrachteten Umweltwirkungen bei einer Ökobilanz. Die Abstufungen der einzelnen Analysewerte von Tank-to-Wheel bis zu einer LCA sind in Abb. 3.42 wiedergegeben.

Um die Umweltwirkungen über den Lebenszyklus für Audi e-gas und den A3 Sportback g-tron zu bewerten, hat die Audi AG durch die TÜV Nord Cert GmbH validierte Umweltbilanzen erstellt. Bei der Erstellung der Umweltbilanzen wurde eine standardisierte Vorgehensweise nach DIN EN ISO 14040 verwendet. Das Bilanzergebnis bei der Kraftstoffherstellung von e-gas gegenüber fossilem Erdgas ist in Abb. 3.43 aufgezeigt. Hinsichtlich des Treibhauspotenzials weist fossiles Gas in der Kraftstoffbereitstellung (Well-to-Tank) ca. 20 g CO_2-Äquivalente pro Kilometer auf. Hierbei wurde ein Kraftstoffverbrauch von 3,2 kg CNG pro 100 km angesetzt. Für e-gas resultierte wegen der CO_2-Aufnahme im Herstellprozess in der Well-to-Tank-Betrachtung ein Wert von ca. minus 70 g CO_2-Äquivalente pro Kilometer. Auch auf andere ökologische Aspekte wirkt sich e-

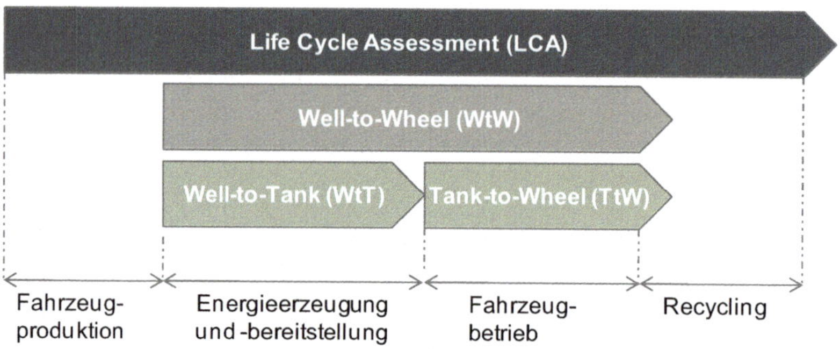

Abb. 3.42 Abstufung der einzelnen Analysewerte von Tank-to-Wheel-Analysen bis zu einer LCA

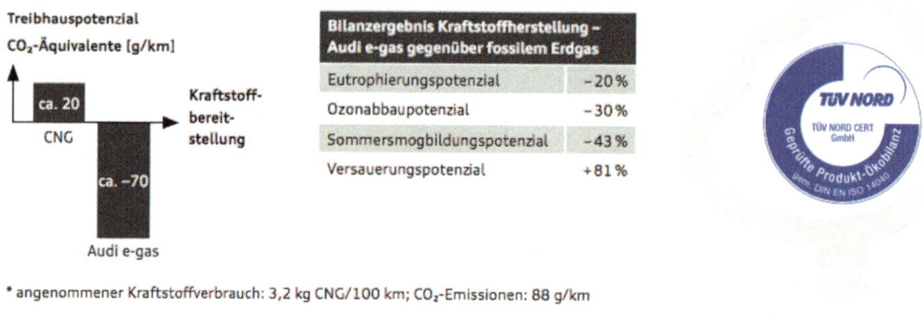

Abb. 3.43 Bilanzergebnis der Kraftstoffherstellung von e-gas. (Audi AG, 2014)

gas gegenüber fossilem Gas zum großen Teil mildernd aus. Lediglich das Versauerungspotenzial ist für e-gas im Vergleich höher.

Auf Basis der Umweltbilanz der Kraftstoffvorkette von Erdgas und e-gas wurde die Umweltbilanz des A3 Sportback g-tron ermittelt und dieser mit dem Betrieb eines A3 Sportback 1.4 TFSI verglichen. Bei der Nutzung der Fahrzeuge wurde eine Laufleistung von 200.000 km als Lebenszyklus zugrunde gelegt. Für diesen Lebenszyklus wurden beim Audi A3 Sportback 1.4 TFSI etwa 34 t CO_2-Äquivalente, beim Audi A3 Sportback g-tron mit fossilem Erdgas knapp 29 t CO_2-Äquivalente und bei Verwendung des Audi e-gas als Kraftstoff ca. 10 t CO_2-Äquivalente ermittelt. Dies entspricht einer Einsparung von etwa 70 % gegenüber dem Benzinmodell. Alle anderen Wirkungskategorien der Ökobilanz sind in Tab. 3.16 aufgelistet. Das höhere Ozonabbaupotenzial, das dem g-tron gegenüber dem Benzinmodell zugesprochen wird, resultiert v. a. aus dem hohen Strombedarf für die Verdichtung von Erdgas bzw. e-gas an der Tankstelle, wofür der europäische Strommix angesetzt wurde. Mit steigendem Erneuerbare-Energien-Anteil sinkt dieser Wert sukzessive.

Das Ergebnis einer beispielhaften LCA der Audi AG aus dem Jahr 2015, abweichend von der validierten Umweltbilanz, für die spezifischen Emissionen von e-gas in Erdgasfahrzeugen im Vergleich mit weiteren Antriebs- und Fahrzeugtechnologien ist in Abb. 3.44 dargestellt. Im Vergleich der Antriebskonzepte zeigt sich das hohe Einsparpotenzial von e-gas gegenüber fossilen Treibstoffen wie auch gegenüber Biogas. Dies bezieht sich auf Biomethan aus nachwachsenden Rohstoffen, wie beispielsweise Mais. Wird Biomethan in Rest- und Abfallbiogasanlagen gewonnen, resultieren deutlich geringere spezifische CO_2-Emissionen für die Kraftstoffbereitstellung (grau), jedoch sind die inländischen Potenziale begrenzt. Die Studie „Klimafreundlicher Verkehr in Deutschland" prognostiziert für das Jahr 2050 ein Potenzial aus Rest- und Abfallstoffen zur Bioenergiebereitstellung im Verkehrssektor von etwa 68 TWh.[78] Die Gasgestehungskosten von Biomethan liegen unter denen von SNG. Die Biomethanbereitstellungskosten aus Energiepflanzen frei Gasnetz entsprechen in etwa 6,4–8,4 ct/kWh$_{HS}$ (Stand 2012).[79]

Die spezifischen Emissionen über den Lebenszyklus von Batteriefahrzeugen (Battery Electric Vehicle – BEV) verdeutlichen, dass auch diese Antriebstechnologie mit Treib-

Tab. 3.16 LCA-Bilanzergebnis des Audi A3 Sportback g-tron mit CNG- und e-gas im Vergleich mit einem analogen Benzinmodell. (Audi AG, 2014)

LCA-Bilanzergebnis Audi A3 Sportback g-tron –Vergleich zum Benzinmodell	Fossiles Erdgas	e-gas
Treibhauspotenzial	−16 %	−70 %
Eutrophierungspotenzial	−26 %	−27 %
Ozonabbaupotenzial	+20 %	+20 %
Sommersmogbildungspotenzial	−21 %	−25 %
Versauerungspotenzial	−25 %	−14 %

[78] Abschn. 1.1.2.
[79] Vgl. Grope, J. & Holzhammer, U., 2012.

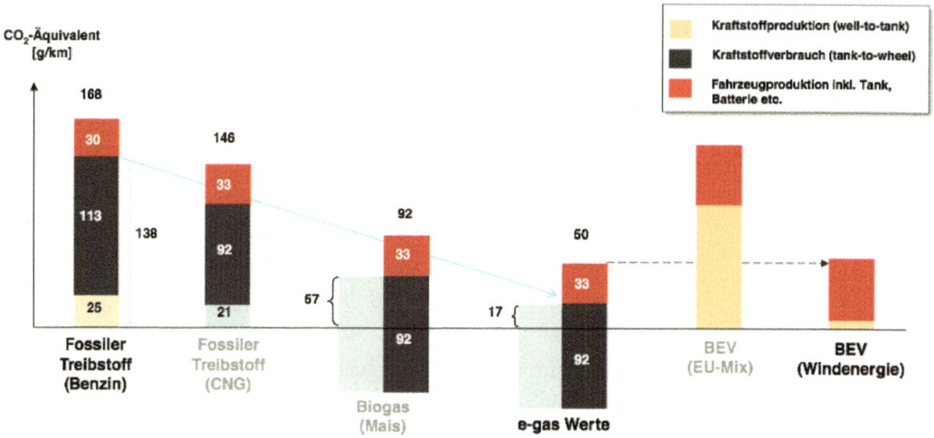

Abb. 3.44 Spezifische CO_2-Äquivalente-Emissionen für verschiedene Kompaktklassemodelle mit 200.000 km Gesamtfahrleistung – Basis LCA-Modell und Datenbank GABI. (ETOGAS GmbH, 2015; nach Audi AG, VW AG)

hausgasemissionen behaftet ist. Im Vergleich zu Verbrennungsmaschinen fallen bei der Fahrzeugproduktion höhere Emissionen an, was sich v. a. auf die Herstellung der Batterien zurückführen lässt. Je nach Strombezug resultieren die Emissionen für die Kraftstoffproduktion bzw. Energiebereitstellung von e-gas und Batteriefahrzeugen. Bei hohem fossilem Anteil an der Stromproduktion, beispielsweise durch Kohlekraftwerke, können die Emissionen aus der Kraftstoffproduktion den Werten von fossilen Treibstoffen und darüber hinaus entsprechen. Wird lediglich Windstrom für diese Anwendungen angerechnet, resultieren deutlich niedrigere Treibhausgase gegenüber fossilen Antriebskonzepten. Für e-gas wurde stets von einem Windstrombezug ausgegangen. Lediglich für die Kohlenstoffdioxidbereitstellung über die Biogasanlage und die Aminwäsche wurde der EU-Strommix unterstellt. Bei Batteriefahrzeugen, welche ebenfalls Windstrom beziehen, liegen die CO_2-Äquivalenten-Emissionen in etwa in einer ähnlichen Größenordnung. Die Abhängigkeit der Treibhausgasbilanz strombasierter Kraftstoffe von der Strombezugsquelle wird in Abb. 3.44 durch die Emissionen von Batteriefahrzeugen mit Bezug des EU-Strommix aus dem Jahr 2015 deutlich.

Erfolgt nur eine Betrachtung der Tank-to-Wheel-Emissionen, welche bei der Bewertung der Flottenemissionswerte derzeit angewandt werden, resultieren keine Emissionen aus Batteriefahrzeugen und sehr hohe Werte für e-gas-betriebene Gasfahrzeuge. Für e-gas wird als Flottenemission der identische Wert für die Fahrzeuge wie im Betrieb mit fossilen CNG angesetzt. Dies bildet jedoch nicht die tatsächlichen Treibhausgasminderungspotenziale ab.

Die ermittelten Werte der LCA aus Abb. 3.44 und die Vollkosten aus Abb. 3.40 wurden von der ETOGAS GmbH (2015) in Abb. 3.45 gegenübergestellt, um die Kosteneffizienz emissionsmindernder Technologien für beispielhafte Fahrzeuge der Kompaktklasse

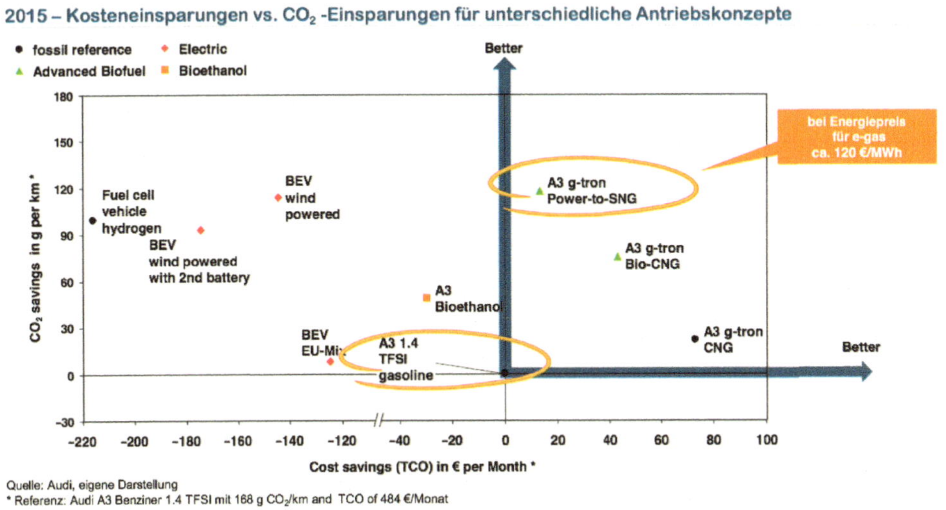

Abb. 3.45 Kosteneffizienz von Antriebskonzepten zur CO_2-Emissionsminderung für beispielhafte Fahrzeuge der Kompaktklasse im Jahr 2015. (ETOGAS GmbH, 2015)

im Jahr 2015 im Vergleich darzustellen. Aus dieser Darstellung wird die hohe Kosteneffizienz zur Emissionsminderung von Gasfahrzeugen, welche mit Erdgas, Biomethan oder SNG beliebig betrieben werden können, im Vergleich zu Batterie- und Brennstoffzellenfahrzeugen im Jahr 2015 deutlich. Das Emissionseinsparpotenzial von Batteriefahrzeugen liegt bei erneuerbarem Strombezug mittels Windkraft in einer ähnlichen Größenordnung wie für Gasfahrzeuge mit SNG (ebenfalls Windstrombezug). Mit sinkenden Kosten für Brennstoffzellen und Batterien könnten sich diese Antriebstechnologien der Kosteneffizienz von Gasfahrzeugen zur Emissionsminderung annähern bzw. diese überschreiten. Vorausgesetzt ist hierbei der ausschließliche Grünstrombezug. Im Abschn. 3.9.3 wird erläutert, ob dieser Strombezug im derzeitigen Energiesystem für Power-to-Gas-Anlagen und Batteriefahrzeuge möglich ist und welche Auswirkungen diese neuen Verbraucher auf das Gesamtsystem haben.

3.9.2 SNG für Mobilitätsanwendungen – Auswirkungen im Erdgasnetz

Die Einspeisung von SNG für Mobilitätsanwendungen führt zu einem ansteigenden SNG-Anteil im Gasnetz, der physikalisch von allen angeschlossenen Gasverbrauchern sektorenübergreifend genutzt wird. Umweltauswirkungen, wie beispielsweise der Treibhausgaseffekt, sind zum großen Teil nicht von der Lokalität der Emissionen abhängig. Durch die Einspeisung von SNG wird das Treibhauspotenzial aller Anwendungen reduziert, die physikalisch den höheren Anteil von SNG im Gasnetz nutzen. Dies hat die gleiche Wirkung auf die Umwelt, wie eine Treibhausgasreduktion, die ausschließlich am Auspuff des Automobils erfolgt. Durch die bilanzielle Zuordnung von SNG zu Mobilitätsanwendungen bzw. -kunden wird die (für die Betankung) bezogene Erdgasmenge ökologisch aufgewertet. Durch die Verlagerung von erneuerbaren Energiemengen vom Stromnetz auf das Gasnetz kann vermehrt gewährleistet werden, dass inländisch erzeugte bzw. finanziell geförderte Energiemengen nicht ins Ausland abtransportiert werden. Aufgrund des europäischen Gasverbundnetzes ist zwar prinzipiell ein Transport von eingespeisten SNG zu den angrenzenden Ländern möglich. Im Gegensatz zum Stromnetz besteht jedoch im Gasnetz eine feste Flussrichtung von Hochdruck zu Niederdruck, welche entgegen dieses Transportes wirkt. Wird SNG nicht auf der Fernleitungsebene eingespeist, wird die Nutzung der synthetischen Gase nahezu ausschließlich auf das Inland bzw. auf das Netzgebiet, in welchen die Gase eingespeist werden, begrenzt. Eine Anhebung des synthetischen Gasanteils erfolgt v. a. in den Netzgebieten, in welchen die Gase eingespeist werden. Eine physikalische Nutzung von SNG ist damit vorrangig in den Erzeugungszentren von Windenergie im Norden und Osten Deutschlands möglich, da diese sowohl für die Eigenversorgung sowie für die Netzintegration geeignete Standorte für Power-to-Gas-Anlagen darstellen.

3.9.3 Auswirkungen von Batterie- und SNG-Fahrzeugen auf das Stromsystem

Werden für neue Stromverbraucher erneuerbare Energiemengen aus bestehenden Anlagen genutzt bzw. angerechnet, die mit den zum jeweiligen Zeitpunkt bereits gegebenen Kapazitäten im Stromnetz hätten integriert werden können, reduziert sich der erneuerbare Anteil für die am Stromnetz angeschlossenen bestehenden Anwendungen. In diesem Fall führt die Aufwertung von Energiemengen für bestimmte Verbraucher zur Abwertung anderer Energiemengen im Stromsystem. Die gesamte erneuerbare Energiemenge im Stromsystem bleibt identisch.

Für bereits bestehende Erneuerbare-Energien-Anlagen gilt: Der Erneuerbare-Energien-Anteil in einem abgeschlossenen Stromsystem kann durch neue Stromverbraucher nur dann erhöht werden, soweit durch den Einsatz dieser Anwendungen erneuerbare Strommengen außerhalb des Stromnetzes (z. B. Vermeidung von Stromnetzausbau oder Nutzung abgelegener Standorte ohne Stromnetzanschluss) integriert oder die Abregelungen von regenerativen Stromerzeugern (negative Residuallasten bzw. Einspeisemanagementmaßnahmen und z. T. Redispatch) verringert werden. In diesem Zusammenhang ist zu bewerten, welche Auslastung des Stromnetzes tragbar und welche zu einer unverhältnismäßig hohen Lebensdauerverringerung der Betriebsmittel und damit ansteigenden Kosten führt.

Für den zukünftigen Ausbau Erneuerbare-Energien-Anlagen gilt: Wird durch den Einsatz bzw. die Kopplung von neuen Verbrauchern mit Erneuerbare-Energien-Anlagen der Ausbau dieser Anlagen über die von der Allgemeinheit zu tragende Förderung erhöht (z. B. Ausbau über das Ausschreibungsvolumen des EEG 2017 hinaus), steigt der Erneuerbare-Energien-Anteil im Gesamtsystem.

Treibhausgasemissionen werden darüber hinaus reduziert, soweit neue Verbraucher Systemdienstleistungen übernehmen, die anderweitig durch eine zusätzliche fossile Stromerzeugung hätten erbracht werden müssen (z. B. positive Regelleistung).

Ohne die benannten Voraussetzungen führen neue Stromverbraucher wie Batteriefahrzeuge und Power-to-Gas-Anlagen zu einer Laufzeitverlängerung von konventionellen Erzeugern (Erhöhung der konventionellen Energiemengen). Dies rechtfertigt keine 100 %ige Anrechnung erneuerbarer Energiemengen für diese Anwendungen. Wird der europäische Strommix für den Strombezug von Batteriefahrzeugen oder Power-to-Gas-Anlagen berücksichtigt, ergeben sich deutlich höhere Emissionen für diese Antriebskonzepte gegenüber den Werten mit Windstrombezug aus Abb. 3.44.

Erfolgt der Strombezug für Batteriefahrzeuge oder Power-to-Gas-Anlagen über das Stromnetz, ist eine *Grünstellung* der Energiemengen durch eine bilanzielle Zuordnung zu regenerativen Erzeugern mittels Herkunftsnachweisen möglich. Aufgrund der Regelungen im EEG können die in Deutschland geförderten regenerativen Erzeugungsanlagen keine Herkunftsnachweise führen. Diese werden vorrangig für norwegische Wasserkraftanlagen ausgestellt. Durch den Verkauf von Herkunftsnachweisen besteht derzeit aufgrund des niedrigen Preisniveaus nahezu kein zusätzlicher Fördermechanismus für regenerative Erzeugungsanlagen. Eine bilanzielle Zuordnung von Grünstrom zu bestimmten Verbrauchern führt in diesem Fall nicht zu einer Erhöhung der erneuerbaren Energiemenge im Stromsystem. Des Weiteren kann der Strombezug neuer Verbraucher über das Stromnetz zu einem zusätzlichen Netzausbaubedarf führen, soweit dieser nicht netzdienlich erfolgt. Feste Grünstromverträge ohne jegliche Marktpreiskopplung wirken einer Systemdienlichkeit entgegen.

Mit steigenden erneuerbaren Anteilen am Bruttostromverbrauch führen Batteriefahrzeuge und Power-to-Gas-Anlagen zu einer deutlichen Treibhausgasemissionsminderung für das Gesamtsystem. Insbesondere bei hohen erneuerbaren Ausbaugraden zwischen 80 und 100 % lässt sich ein beträchtlicher Systemnutzen von strombasierten Antriebskonzepten ableiten, da bis zu einer erneuerbaren Vollversorgung ein überproportionaler Speicher- und Flexibilitätsbedarf entsteht. Eine frühzeitige Förderung dieser Antriebskonzepte ist aufgrund der hohen Anzahl an Fahrzeugen und der Dauer von Investitionsentscheidungen im Mobilitätssektor notwendig, um eine ausreichende Vorlaufzeit für den Markthochlauf dieser Technologien zu gewährleisten.

Mittels Eigenversorgungskonzepten besteht die Möglichkeit, Erneuerbare-Energien-Anlagen über die regulatorischen Grenzen, welche beispielsweise durch das Ausschreibungsmodell beim EEG 2017 bestehen, bzw. über die bestehende Kapazität des Stromnetzes hinaus auszubauen. Letzteres ist auch ohne eine Eigenversorgung gegeben, werden nachweislich Einspeisemanagementmaßnahmen und z. T. Redispatch vermieden. Durch netz- und systemdienliche Fahrweisen von neuen Stromverbrauchern können zudem die Netzbelastung, die notwendige Flexibilität von Erzeugern sowie Prognoseabweichungen und damit die Gesamtsystemkosten reduziert werden. Eine Eigenversorgung von Power-to-Gas ist technisch und wirtschaftlich mit Onshore-Windkraftanlagen realisierbar. Vorteilhaft für die Nutzung länderübergreifender SNG-Potenziale wirkt das europäische Gasverbundnetz, welches – neben den windreichen Regionen im Norden Europas – Teile Nordafrikas (z. B. anwendbar für das Projekt „Desertec“) erschließen lässt. Eine Eigenversorgung von Batteriefahrzeugen ist nahezu ausschließlich mittels Photovoltaikanlagen möglich. Aufgrund der hohen Stromgestehungskosten und der typischen Anlagengrößen sind Batteriefahrzeuge durch ihre hohe Effizienz und typischen Leistungsgrößen für Photovoltaikstrom vorrangig geeignet.

Bei der Netzintegration von Batteriefahrzeugen erfolgt der Energietransport von der Erzeugung bis zum Fahrzeug über das Stromnetz und stets auf die niedrigsten Spannungsebenen (Mittel- und Niederspannung). Aufgrund des hohen Aufkommens des Individualverkehrs in den Großstädten resultiert die höchste Anschlussleistung von Batteriefahrzeugen in den Verbrauchszentren. Da es sich bei Batteriefahrzeugen um neue Verbraucher handelt, welche hohe Leistungen für eine geringe Anzahl an Stunden im Jahr zu Spitzenerzeugungszeiten beziehen sollen, bedarf die Integration von diesen Verbrauchern eines hohen Stromnetzausbaus mit niedriger Auslastung (insbesondere im Verteilnetz). Geringfügige bis keine Netzausbaukosten sind für die Integration von netzdienlichen Batteriefahrzeugen v. a. in solchen Netzsituationen erforderlich, in denen auf niedrigen Spannungsebenen hohe regenerative Erzeugerleistungen installiert sind. Hierfür bieten sich Niederspannungsnetze mit hohem Photovoltaikanteil an, wie es im Süden Deutschlands gegeben ist.

Mittels Power-to-Gas lässt sich der Energietransport aus den Erzeugungszentren (für Windenergie) in die Verbrauchszentren über das bestehende Erdgasnetz ermöglichen. Der Energietransport von Gas verursacht geringere Kosten als der Transport von Strom, was anhand der jeweiligen Netzentgelte ansatzweise verdeutlicht wird. Durch das Gasnetz und die angeschlossenen Gasspeicher wird stets eine 100 %ige Energiespeicherung mit hohen Ausspeicherdauern ermöglicht. Der Kostennachteil der strombasierten Nutzenergiebereitstellung via Erdgasnetz resultiert aus dem Umwandlungsverlust in synthetische Gase sowie aus dem Umwandlungsverlust von diesen in Nutzenergie. Für SNG im Mobilitätssektor ergibt sich gegenüber Batteriefahrzeugen entsprechend ein höherer Ausbaubedarf an regenerativen Erzeugungsanlagen, der jedoch in Konkurrenz zu dem vermiedenen Stromnetzausbau steht. Mit sinkenden Strombezugskosten für Power-to-Gas-Anlagen haben Umwandlungsverluste einen geringer werdenden Einfluss auf die Nutzenergiebereitstellungskosten. Zudem bestehen mit steigendem Stromspeicherbedarf Umwandlungsverluste bei anderen Stromspeichertechnologien. Unter bestimmten Stromgestehungskosten und notwendigen Stromspeicherkosten, wird der Energietransport über das Gasnetz im Vergleich zum Stromnetz kosteneffizienter.

Da für strombasierte Mobilitätsanwendungen des Individualverkehrs (ohne Oberleitung) 100 % aller Energiemengen zwischengespeichert werden müssen, die Energiedichte für den Nutzenergieverbrauch eine entscheidende Rolle spielt und die verwendeten Batterien für die Elektromobilität zumeist Ausspeicherdauern von über 5 h benötigen, besteht eine größere und frühzeitigere Konkurrenz von Batteriespeichern zu Power-to-Gas als bei anderen Anwendungen. Dies betrifft insbesondere Energiemengen aus Onshore-Windenergieanlagen mit niedrigen Stromgestehungskosten um die 5 ct/kWh.

3.10 Resümee

Für die Umsetzung des Power-to-Gas-Konzeptes standen mit PEM- als auch AEL-Elektrolyseuren und Festbettreaktoren bereits im Jahr 2014 marktreife Technologien zur Verfügung. PEM-Elektrolyseure ermöglichen einen großen Teillastbereich, was insbesondere bei der direkten Kopplung mit fluktuierenden Erzeugern von Vorteil ist. Für die Methanisierung wird eine ausreichende und bedarfsgerechte Kohlenstoffdioxidquelle benötigt. Hierfür eignen sich v. a. biogene Quellen wie Biomethananlagen. Eine Methanisierung ist vonnöten, da nicht an allen Punkten im Erdgasnetz eine Einspeisung von Wasserstoff realisiert werden kann. Die Einspeisegrenze ist derzeit nach technischen Restriktionen auf 2–5 % begrenzt. Grundsätzlich lässt sich eine Wasserstofftoleranz von 10 % durch geringe Anpassungen realisieren. Für die Einspeisung von erneuerbarem Methan ist kurzfristig, ohne Berücksichtigung von Transportrestriktionen, eine Speicherkapazität von mehr als 200 TWh im Erdgasnetz vorhanden. Bei einer maximalen Konzentration von 5 Vol.-% an Wasserstoff im Erdgasnetz ist die Aufnahmefähigkeit des Netzes für dieses Zusatzgas auf unter 20 TWh begrenzt.

Die System- und Kosteneffizienz von Power-to-Gas-Anlagen kann zukünftig durch Lernkurveneffekte, Wirkungsgradverbesserungen sowie durch eine Abwärmenutzung deutlich gesteigert werden. Skalierungseffekte sind bei der Anlagenauslegung zu berücksichtigen, da mit steigender Anlagengröße die spezifischen Investitionskosten sinken. Neben den Investitionskosten stellen die variablen Kosten, insbesondere die mit dem Strombezug einhergehende EEG-Umlage, die Hauptkostenbelastung bei der Erzeugung von synthetischem Gas dar.

Erfolgt keine Gasnetzeinspeisung, lässt sich die EEG-Umlage für Power-to-Gas-Anlagen durch die Besonderen Ausgleichsregelungen nach EEG mindern. Eine Minderung bzw. Befreiung der EEG-Umlage für das klassische Power-to-Gas-Konzept mit Gasnetzeinspeisung lässt sich nur mittels einer Eigenversorgung realisieren. Wird hierbei für nicht genutzte Strommengen aus der Erzeugungsanlage eine Förderung gemäß EEG 2014 in Anspruch genommen, sind die selbst verbrauchten Energiemengen der Power-to-Gas-Anlage mit einer anteiligen EEG-Umlage behaftet. Für die direkte Kopplung mit Power-to-Gas-Anlagen sind Onshore-Windkraftanlagen aufgrund der niedrigen Stromgestehungskosten und der nahezu ganzjährlichen Einspeisung vorzugsweise geeignet. Ein betriebswirtschaftlicher Vorteil bei Eigenversorgungskonzepten gegenüber dem Börsenstrombezug mit Pflicht zur Zahlung der EEG-Umlage stellt sich bei sinkenden spezifischen Investitionskosten für Power-to-Gas-Anlagen von etwa 1000 €/kW ein. Minimale Gasgestehungskosten von etwa 12 ct/kWh sind bei der Eigenversorgung von Power-to-Gas-Anlagen mittelfristig realisierbar, soweit die anteilig zu zahlende EEG-Umlage entfallen würde. Im Gegensatz zur Aufhebung der EEG-Umlage beim Börsenstrombezug, würde die Befreiung von der anteiligen EEG-Umlage bei Eigenversorgungskonzepten nicht dazu führen, dass Strombezugskosten unterhalb der minimalen Stromgestehungskosten von regenerativen Erzeugern ermöglicht werden. Die derzeit kosteneffizienteste Möglichkeit zur Herstellung und Verteilung von synthetischen Gasen in Deutschland ist die ganzjährliche Erzeugung von Wassersoff mit Börsenstrombezug, indem das produzierte Gas in Tanks oder Gasflaschen abgefüllt wird, wodurch die Besonderen Ausgleichsregelungen nach EEG gelten. Eine Systemdienlichkeit ist bei dieser Betriebsweise nicht gegeben.

Durch die Erzeugung von SNG ergeben sich bereits ohne Berücksichtigung einer Rückverstromung Erlösmöglichkeiten im Stromsektor. Beispielsweise kann durch die Einbindung von Power-to-Gas-Anlagen in ein regeneratives Erzeugerportfolio oder bei direkter Kopplung mit Erzeugungsanlagen ein Mehrwert beim Ausgleich von Prognosefehlern generiert werden. Zudem sind Power-to-Gas-Anlagen als flexible Verbraucher für die Regelleistungserbringung geeignet. In Kap. 2 wurde bereits der Nutzen von Power-to-Gas-Anlagen zur Verminderung von Redispatch und Einspeisemanagementmaßnahmen aufgezeigt. Eine Reduktion der Netzausbaukosten ist darüber hinaus auf Verteilnetzebene möglich, werden Power-to-Gas-Anlagen auf niedrigen Spannungsebenen installiert.

Die höchsten Erträge für synthetische Gasen sind derzeit im Verkehrssektor erzielbar, u. a. da die hohe Besteuerung der fossilen Energien Benzin und Diesel im Vergleich zu anderen Sektoren hohe Absatzpreise gestattet. Weiterführende Fördermaßnahmen für den Einsatz von synthetischen Gasen im Verkehrssektor sind durch die gesetzlichen Regelungen zu Biokraftstoffen und Neuwagenflottenemissionen nicht gegeben. Am Beispiel des e-gas-Projektes der Audi AG wurde aufgezeigt, dass mit Gasgestehungskosten von 12 ct/kWh ähnliche Vollkosten (Total Cost of Ownership) für Kunden eines Erdgasfahrzeuges bestehen, welche synthetisches Gas nutzen, wie für einen Kunden eines vergleichbaren Benzinfahrzeuges. Die tatsächlichen Umweltwirkungen über den gesamten Lebenszyklus einer Antriebstechnologie lassen sich nur anhand einer Ökobilanz, auch *Life Cycle Assessment* (LCA) genannt, ermitteln. Nach den derzeitigen Bewertungskriterien von Automobilen mittels Tank-to-Wheel- und selbst bei Well-to-Wheel-Analysen erfolgt keine ganzheitliche Betrachtung der Umweltwirkungen. Bei strombasierten Antriebskonzepten resultieren hohe Emissionseinsparungen gegenüber konventionellen Antriebskonzepten nur dann, wenn für die Energieproduktion vorwiegend erneuerbare Energie, insbesondere Windenergie, eingesetzt wird. Auch bei einem ausschließlichen Windstrombezug stellten Batterie- und Brennstoffzellenfahrzeuge im Jahr 2015 mit den zu diesem Zeitpunkt noch hohen Kosten für die Fahrzeugproduktion keine kosteneffiziente Variante zur Emissionsminderung unter den Antriebskonzepten im Individualverkehr dar. Gasverbrennungsfahrzeuge ermöglichten zu diesem Zeitpunkt eine signifikante Emissionsminderung zu niedrigeren Vollkosten für den Endkunden.

Ausblick

Elektro- und Brennstoffzellenfahrzeuge stehen momentan am Anfang der Entwicklung und Marktdurchdringung, ähnlich wie die Photovoltaiktechnologie vor der Einführung des EEG. Beträchtliche Lernkurveneffekte erscheinen möglich. Diese neuen Stromverbraucher führen insbesondere in den Ländern bzw. Stromsystemen zu einer Verringerung von Emissionen, in denen vermehrt erneuerbare Energien genutzt werden. Die Erdgasmobilität findet als emissionsarme Antriebstechnologie bisher eine untergeordnete bis keine Berücksichtigung. Diese bietet sich in Deutschland aufgrund der historisch gewachsenen weitreichenden Gasinfrastruktur, den derzeit noch hohen fossilen Anteilen an der Stromerzeugung und der Kompetenz für Verbrennungsmotoren an – v. a. als Übergangstechnologie, bis hohe Erneuerbare-Energien-Anteile im Stromsystem erreicht sind. Gegenüber vergleichbaren Benzinmodellen kann mit derzeitigen CNG-Fahrzeugen eine signifikante Minderung der Treibhausgase zu geringeren Kosten für den Endkunden erwirkt werden. Die Nutzung von synthetischen Gasen sowie von Biomethan ermöglicht je nach individuellem Emissionseinsparungsziel die flexible Integration erneuerbarer Energien bei der Erdgasmobilität.

Um Anreize für den Absatz von Erdgasfahrzeugen und entsprechenden Kraftstoffen zu schaffen, bedarf es einer Anpassung der Gesetzgebungen zu Flottenemissionen und zu Biokraftstoffen.

Literatur

AEE (Dezember 2013): Agentur für Erneuerbare Energien e.V. Erneuerbare Energien im Strommarkt. Redaktion: Jasim, S.; Kunz, C. Abgerufen am 23. November 2015 von http://www.unendlich-viel-energie.de/media/file/276.AEE_RenewsKompakt_Strommarkt_dez13.pdf

AEE (Dezember 2014a): Agentur für Erneuerbare Energien e.V. Renews Spezial Nr. 75. Strom Speichern. Mahnke, E.; Mühlenhoff, J.; Lieblang, L. Abgerufen am 17. Dezember 2015 von http://www.unendlich-viel-energie.de/media/file/382.AEE_Renews_Spezial_75_Strom_speichern_Dez2014_online.pdf

AEE (September 2014b): Agentur für Erneuerbare Energien e.V. Studienvergleich: Stromgestehungskosten verschiedener Erzeugungstechnologien. Kunz, C. Abgerufen am 22. November 2015 von http://www.forschungsradar.de/fileadmin/content/bilder/Vergleichsgrafiken/Stromgestehungskosten_okt2014/AEE_Dossier_Studienvergleich_Stromgestehungskosten_sep14.pdf

AEE (Oktober 2015): Agentur für Erneuerbare Energien e.V. Metaanalyse: Nutzungspfade der Bioenergie für die Energiewende. Knebel, A.; Kunz, C. Abgerufen am 18. April 2016 von http://www.forschungsradar.de/fileadmin/user_upload/AEE_Metaanalyse_Bioenergie_Nutzungspfade_final_okt15.pdf

Agora Energiewende (September 2014a): Stromspeicher in der Energiewende (Speicherstudie). Projektleitung: Fürstenwerth, D.; Waldmann, L. Abgerufen am 06. Januar 2016 von http://www.agora-energiewende.de/fileadmin/downloads/publikationen/Studien/Speicher_in_der_Energiewende/Agora_Speicherstudie_Web.pdf

Agora Energiewende (Juni 2014b): Negative Strompreise: Ursachen und Wirkungen. Projektleitung: Graichen, P. Abgerufen am 15. November 2015 von http://www.agora-energiewende.de/fileadmin/downloads/publikationen/Studien/Negative_Strompreise/Agora_NegativeStrompreise_Web.pdf

Agora Energiewende (7. Mai 2015a): Agorameter Version 5.2. Abgerufen am 18. Oktober 2015

Agora Energiewende & Hamburg Institut (Dezember 2015b): Wie kommt Ökostrom zum Verbraucher? Eine Analyse von Stand und Perspektiven des Direktvertriebs von gefördertem Erneuerbare-Energien-Strom. Maaß, C.; Praetorius, B. Abgerufen am 08. Februar 2016 von http://www.agora-energiewende.de/fileadmin/Projekte/2014/direktvermarktung-von-gruenstrom/Agora_Oekostrom_zum_Verbraucher_web.pdf

Agora Energiewende (Januar 2016): Die Energiewende im Stromsektor: Stand der Dinge 2015. Rückblick auf die wesentlichen Entwicklungen sowie Ausblick auf 2016. Graichen, P.; Kleiner, M.M.; Podewils, C. Abgerufen am 11. Februar 2016 von http://www.agora-energiewende.de/fileadmin/Projekte/2016/Jahresauswertung_2016/Agora_Jahresauswertung_2015_web.pdf

M. Zapf, *Stromspeicher und Power-to-Gas im deutschen Energiesystem*,
DOI 10.1007/978-3-658-15073-0

arrhenius Institut für Energie- und Klimapolitik (Februar 2009): arrhenius consult GmbH. Discussion Paper 2: Anreize für Investitionen in konventionelle Kraftwerke – Reformbedarf im liberalisierten Strommarkt. Groscurth, H.-M. & Bode, S. Abgerufen am 21. November 2015 von http://www.arrhenius.de/uploads/media/arrhenius_DP2_Investionen_in_konventionelle_Kr

Audi AG (Februar 2014): Audi e-gas project. Die Umweltbilanz. Abgerufen am 18. Mai 2016 von http://www.audi-cr2014.de/uploads/files/90141132870271 4676-umweltbilanz-e-gas-project.pdf

BABS (April 2013): Bundesamt für Bevölkerungsschutz. Glossar der Risikobegriffe. Abgerufen am 11. Juni 2016 von www.bevoelkerungsschutz.admin.ch/internet/bs/de/.../20130422glossarde.pdf

BDEW (März 2012): Bundesverband der Energie- und Wasserwirtschaft e.V. Smart Grids in Deutschland. Scholz, B.; Rißland, V.; Sauer, M. Abgerufen am 05. Januar 2016 von https://www.bdew.de/internet.nsf/res/86B8189509AE3126C12579CE0035F374/$file/120327%20BDEW%20ZVEI%20Smart-Grid-Broschuere%20final.pdf

BDEW (2014): Bundesverband der Energie- und Wasserwirtschaft e.V. Das europäische Erdgasnetz 2014. Abgerufen am 16. März 2016 von https://www.bdew.de/internet.nsf/id/416EFD793E55B470C1257D33004BE7FA/$file/Europ%C3%A4isches%20Erdgasnetz%202014_online_o_jaehrlich_Ki_08052015.pdf

BDEW (März 2015a): Bundesverband der Energie- und Wasserwirtschaft e.V. Entwicklung des Stromverbrauchs in Deutschland. Abgerufen am 11. Dezember 2015 von https://www.bdew.de/internet.nsf/id/76A71AB150313BB7C1257E26002AE5EB/$file/150306-BDEW-Energieinfo%20Entwicklung%20Stromverbrauch_final.pdf

BDEW (11. Mai 2015b): Bundesverband der Energie- und Wasserwirtschaft e.V. Erneuerbare Energien und das EEG: Zahlen, Fakten, Grafiken. Abgerufen am 08. Februar 2016 von https://www.bdew.de/internet.nsf/id/20150511-o-energie-info-erneuerbare-energien-und-das-eeg-zahlen-fakten-grafiken-2015-de/$file/Energie-Info_Erneuerbare_Energien_und_das_EEG_2015_11.05.2015_final.pdf

BDEW (März 2015c): Bundesverband der Energie- und Wasserwirtschaft e.V. Erdgasbezugsquellen Deutschlands. Abgerufen am 16. März 2016 von https://www.bdew.de/internet.nsf/id/DE_Erdgasbezugsquellen-

BDEW (16. Juli 2015d): Bundesverband der Energie- und Wasserwirtschaft e.V. Industriestrompreise. Abgerufen am 23. März 2016 von https://www.bdew.de/internet.nsf/id/23AB0D60851F2923C1257E88002EFA3E/$file/BDEW_Energie-Info_Industriestrompreise_160715_final_ohne_AP.pdf

BDEW (August 2015e): Bundesverband der Energie- und Wasserwirtschaft e.V. BDEW-Strompreisanalyse. Abgerufen am 23. März 2016 von http://www.sw-lindau.de/unternehmen/presse/bdew-strompreisanalyse-2015

BFE (25. September 2014): Bundesamt für Energie. Schweizerische Statistik der erneuerbaren Energien. Ausgabe 2013. Abgerufen am 11. November 25 von http://www.bfe.admin.ch/themen/00526/00541/00543/index.html?lang=de&dossier_id=00772

BMVi (August 2015): Bundesministerium für Verkehr und digitale Infrastruktur. Räumlich differenzierte Flächenpotentiale für erneuerbare Energien in Deutschland. Abgerufen am 30. November 2015 von http://www.bbsr.bund.de/BBSR/DE/Veroeffentlichungen/BMVI/BMVIOnline/2015/DL_BMVI_Online_08_15.pdf?__blob=publicationFile&v=2

BMWi (01. Juli 2015d): Bundesministerium für Wirtschaft und Energie. Eckpunkte für eine erfolgreiche Umsetzung der Energiewende. Politische Vereinbarungen der Parteivorsitzenden

CDU, CSU und SPD vom 01. Juli 2015. Abgerufen am 19. Januar 2016 von https://www.bmwi.de/BMWi/Redaktion/PDF/E/eckpunkte-energiewende,property=pdf,bereich=bmwi2012,sprache=de,rwb=true.pdf

BMWi (März 2014a): Bundesministerium für Wirtschaft und Energie. Zweiter Monitoring-Bericht „Energie der Zukunft". Abgerufen am 30. November 2015 von http://www.bmwi.de/BMWi/Redaktion/PDF/Publikationen/zweiter-monitoring-bericht-energie-der-zukunft,property=pdf,bereich=bmwi2012,sprache=de,rwb=true.pdf

BMWi (Oktober 2014b): Bundesministerium für Wirtschaft und Energie. Ein Strommarkt für die Energiewende. Diskussionspapier des BMWi (Grünbuch). Abgerufen am 10. Dezember 2015 von https://www.bmwi.de/BMWi/Redaktion/PDF/G/gruenbuch-gesamt,property=pdf,bereich=bmwi2012,sprache=de,rwb=true.pdf

BMWi (Juli 2015a): Bundesministerium für Wirtschaft und Energie. Ein Strommarkt für die Energiewende. Ergebnispapier des BMWi (Weißbuch). Abgerufen am 24. November 2015 von http://www.bmwi.de/BMWi/Redaktion/PDF/Publikationen/weissbuch,property=pdf,bereich=bmwi2012,sprache=de,rwb=true.pdf

BMWi (August 2015b): Bundesministerium für Wirtschaft und Energie. Erneuerbare Energien in Zahlen. Nationale und internationale Entwicklung im Jahr 2014. Abgerufen am 11. November 2015 von https://www.bmwi.de/BMWi/Redaktion/PDF/E/erneuerbare-energien-in-zahlen-2014,property=pdf,bereich=bmwi2012,sprache=de,rwb=true.pdf

BMWi (16. März 2015c): Bundesministerium für Wirtschaft und Energie. Zahlen und Fakten – Energiedaten. Abgerufen am 10. November 2015 von http://bmwi.de/DE/Themen/Energie/Energiedaten-und-analysen/energiedaten.html

BMWi (04. November 2015d): Bundesministerium für Wirtschaft und Energie. Informationen zum Energiekabinett am 4. November 2015. Abgerufen am 27. Juni 2016 von https://www.bmwi.de/BMWi/Redaktion/PDF/F/fact-sheet-zum-energiekabinett,property=pdf,bereich=bmwi2012,sprache=de,rwb=true.pdf

BSW-Solar (2016): Bundesverband Solarwirtschaft e.V. Infografiken.

Bundesnetzagentur (14. November 2014a): Bundesnetzagentur für Elektrizität, Gas, Telekommunikation, Post und Eisenbahnen. Monitoringbericht 2014. Abgerufen am 12. November 2015 von http://www.bundeskartellamt.de/SharedDocs/Publikation/DE/Berichte/Energie-Monitoring-2014.pdf?__blob=publicationFile&v=6

Bundesnetzagentur (August 2014b): Bundesnetzagentur für Elektrizität, Gas, Telekommunikation, Post und Eisenbahnen. Positionspapier zur Anwendung der Vorschriften der Einspeisung von Biogas auf die Einspeisung von Wasserstoff und synthetischen Methan in Gasversorgungsnetze . Abgerufen am 24. März 2016 von http://www.bundesnetzagentur.de/SharedDocs/Downloads/DE/Sachgebiete/Energie/Unternehmen_Institutionen/NetzzugangUndMesswesen/Gas/Einspeisung_Wasserstoff_u_synth_Methan/PosPapier2014.pdf;jsessionid=7387AE8EB901E7249FB21CB1E3B6C26A?__blob=publicationFile&v=

Bundesnetzagentur (November 2015a): Bundesnetzagentur für Elektrizität, Gas, Telekommunikation, Post und Eisenbahnen. Monitoringbericht 2015. Abgerufen am 11. Februar 2016 von https://www.bundesnetzagentur.de/SharedDocs/Downloads/DE/Allgemeines/Bundesnetzagentur/Publikationen/Berichte/2015/Monitoringbericht_2015_BA.pdf?__blob=publicationFile&v=3

Bundesnetzagentur (Oktober 2015b): Bundesnetzagentur für Elektrizität, Gas, Telekommunikation, Post und Eisenbahnen. Leitfaden zur Eigenversorgung. Konsultationsfassung. Abgerufen am 25. März 2016 vonhttp://www.bundesnetzagentur.de/SharedDocs/Downloads/DE/Sachgebiete/Energie/Unternehmen_Institutionen/ErneuerbareEnergien/Eigenversorgung/

Entwurf_Leitfaden_151016.pdf;jsessionid=373B80C383918B76242001F5E03EE1EE?__blob=publicationFile&v=3

Bundesnetzagentur (April 2016a): Bundesnetzagentur für Elektrizität, Gas, Telekommunikation, Post und Eisenbahnen. Netzausbau. Abgerufen am 19. April 2016 von http://www.netzausbau.de/home/de.html

Bundesnetzagentur (2016b): Bundesnetzagentur für Elektrizität, Gas, Telekommunikation, Post und Eisenbahnen. Netz- und Systemsicherheit. Abgerufen am 11. Februar 2016 von http://www.bundesnetzagentur.de/cln_1422/DE/Sachgebiete/ElektrizitaetundGas/Unternehmen_Institutionen/Versorgungssicherheit/Stromnetze/System-_u_Netzsicherheit/Netz_Systemsicherheit_node.html;jsessionid=90A46C218A3419332ED326FF03907A34

Bundesnetzagentur (25. April 2016c): Engpassmanagement. Abgerufen am 12. Juni 2016 von http://www.bundesnetzagentur.de/DE/Sachgebiete/ElektrizitaetundGas/Unternehmen_Institutionen/Versorgungssicherheit/Stromnetze/Engpassmanagement/engpassmanagement-node.html

Bundesregierung Deutschland (September 2010): Energiekonzept für eine umweltschonende, zuverlässige und bezahlbare Energieversorgung. Abgerufen am 27. November 2015 von http://www.bundesregierung.de/ContentArchiv/DE/Archiv17/_Anlagen/2012/02/energiekonzept-final.pdf?__blob=publicationFile&v=5

Bundesregierung Deutschland (November 2015): Entwurf eines Gesetzes zur Weiterentwicklung des Strommarktes. Abgerufen am 24. November 2015 von https://www.bmwi.de/BMWi/Redaktion/PDF/E/entwurf-eines-gesetzes-zur-weiterentwicklung-des-strommarktes,property=pdf,bereich=bmwi2012,sprache=de,rwb=true.pdf

DBFZ (05. Juni 2014): Deutsches Biomasseforschungszentrum gemeinnützige GmbH. Stromerzeugung aus Biomasse (Vorhaben IIa Biomasse). Zwischenbericht Juni 2014. Projektleitung: Scheftelowitz, M. Abgerufen am 29. Februar 2016 von https://www.dbfz.de/fileadmin/user_upload/Referenzen/Berichte/Monitoring_ZB_Mai_2014.pdf

dena (November 2010): Deutsche Energie-Agentur GmbH. dena-Netzstudie II (Endbericht). Integration erneuerbarer Energien in die deutsche Stromversorgung im Zeitraum 2015–2020 mit Ausblick auf 2025. Projektleitung: Kohler, S.; Agricola, A.-C.; Seidl, H. Abgerufen am 09. November 2015 von http://www.dena.de/publikationen/energiesysteme/dena-netzstudie-ii.html

dena (11. Dezember 2012): Deutsche Energie-Agentur GmbH. dena-Verteilnetzstudie. Ausbau- und Innovationsbedarf der Stromverteilnetze in Deutschland bis 2030. Endbericht. Agricola, A.-C.; Rehtanz, C.; Brunekreeft, G. et al. Abgerufen am 20. Januar 2016 von http://www.dena.de/fileadmin/user_upload/Projekte/Energiesysteme/Dokumente/denaVNS_Abschlussbericht.pdf

dena (11. Februar 2014a): Deutsche Energie-Agentur GmbH. dena-Studie Systemdienstleistungen 2030. Sicherheit und Zuverlässigkeit einer Stromversorgung mit hohem Anteil erneuerbarer Energien. Endbericht. Agricola, A.-C.; Rehtanz, C. et al. Abgerufen am 9. Dezember 2015 von http://www.dena.de/fileadmin/user_upload/Projekte/Energiesysteme/Dokumente/dena-Studie_Systemdienstleistungen_2030.pdf

dena (11. Februar 2014b): Deutsche Energie-Agentur GmbH. dena-Studie Systemdienstleistungen 2030 – Zusammenfassung der zentralen Ergebnisse der Studie durch die Projektsteuergruppe. Abgerufen am 9. Dezember 2015 von http://www.dena.de/fileadmin/user_upload/Projekte/Energiesysteme/Dokumente/Ergebniszusammenfassung_dena-Studie_Systemdienstleistungen_2030.pdf

dena (13. Februar 2015a): Deutsche Energie-Agentur GmbH. dena-Ergebnispapier „Marktentwicklung Lastmanagement in Deutschland". Seidl, H. Abgerufen am 17. November 2015 von http://www.effiziente-energiesysteme.de/fileadmin/user_upload/1_Fachmodule/Lastmanagement/150213_Ergebnispapier_Marktentwicklung.pdf

dena (März 2015b): Deutsche Energie-Agentur GmbH. Zukunft Biomethan. Perspektiven und Handlungsempfehlungen für die Rolle von Biomethan im zukünftigen Energiesystem. Redaktion: Edel, M.; Blume, A.; Völler, K. Abgerufen am 01. März 2016 von http://www.dena.de/fileadmin/user_upload/Publikationen/Erneuerbare/Dokumente/5029_Broschuere_Zukunft_Biomethan.pdf

DGS (August 2015): Deutsche Gesellschaft für Sonnenenergie e.V. EnergyMap. Kreis Dithmarschen. Abgerufen am 27. März 2016 von http://www.energymap.info/energieregionen/DE/105/119/258.html

DIHK; BSW-Solar (Juni 2015): Deutscher Industrie- und Handelskammertag e.V., Bundesverband Solarwirtschaft e.V. Faktenpapier Eigenerzeugung und Stromdirektlieferung. Bolay, S.; Meyer, M. Abgerufen am 25. März 2016 von http://www.google.de/url?url=http://www.dihk.de/ressourcen/downloads/eigenerzeugung-strom/&rct=j&frm=1&q=&esrc=s&sa=U&ved=0ahUKEwiI3IfYk9zLAhUCp3IKHcnrC7YQFggWMAA&usg=AFQjCNEEt5_2gFOPPKNScDptM52NsT01Ew

DLR et al. (19. Mai 2014): Power-to-Gas (PtG) im Verkehr, Aktueller Stand und Entwicklungsperspektiven. Kurzstudie im Rahmen des Auftrags des Bundesministeriums für Verkehr und digitale Infrastruktur (BMVI). Hauptauftragnehmer: Deutsches Zentrum für Luft- und Raumfahrt e.V. Lischke, A.; Bünger, U.; Landinger, H.; Pschorr-Schoberer, E.; Schmidt, P.; Weindorf, W.; Jöhrens, J.; Lambrecht, U.; Naumann, K. Abgerufen am 29. Februar 2016 von http://www.bmvi.de/SharedDocs/DE/Anlage/UI-MKS/mks-kurzstudie-ptg.pdf?__blob=publicationFile

DVGW (29. August 2013a): Deutscher Verein des Gas- und Wasserfaches e.V. Wasserstoff als zukünftiger Energieträger. Lenz, J. Abgerufen am 08. März 2016 von http://www.dgmk.de/Lenz_bg_hannover_20130829.pdf

DVGW (Februar 2013b): Deutscher Verein des Gas- und Wasserfaches e.V. Entwicklung von modularen Konzepten zur Erzeugung, Speicherung und Speisung von Wasserstoff und Methan ins Erdgasnetz. Management Summary. Projektleiter: Müller-Syring, G. Abgerufen am 10. März 2016 von http://www.dvgw-innovation.de/fileadmin/dvgw/angebote/forschung/innovation/pdf/g1_07_10.pdf

DVGW (Oktober 2014a): Deutscher Verein des Gas- und Wasserfaches e.V. Techno-ökonomische Studie zur biologischen Methanisierung bei Power-to-Gas-Konzepten. Abschlussbericht. Graf, F.; Krajete, A.; Schmack, U. Abgerufen am 08. März 2016 von http://www.dvgw-innovation.de/fileadmin/dvgw/angebote/forschung/innovation/pdf/g3_01_13.pdf

DVGW (Februar 2014b): Deutscher Verein des Gas- und Wasserfaches e.V. Wasserstofftoleranz der Erdgasinfrastruktur inklusive aller assoziierten Anlagen. Abschlussbericht. Müller-Syring, G.; Henel, M. Abgerufen am 10. März 2016 von http://www.dvgw-innovation.de/fileadmin/dvgw/angebote/forschung/innovation/pdf/g1_02_12.pdf

DVGW (November 2014c): Deutscher Verein des Gas- und Wasserfaches e.V. Technoökonomische Studie von Power-to-Gas-Konzepten. Abschlussbericht. Graf, F.; Götz, M. et al. Abgerufen am 10. März 2016 von http://www.dvgw-innovation.de/fileadmin/dvgw/angebote/forschung/innovation/pdf/g3_01_12_tp_b_d.pdf

DVGW (März 2014d): Deutscher Verein des Gas- und Wasserfaches e.V. Nutzen von Smart-Grid-Konzepten unter Berücksichtigung der Power-to-Gas-Technologie. Management Summary. Moser, A.; Zdrallek, M.; Krause, H.; Graf, F. Abgerufen am 13. März 2016 von http://www.dvgw-innovation.de/fileadmin/dvgw/angebote/forschung/innovation/pdf/g3_03_12.pdf

DVGW (März 2015): Deutscher Verein des Gas- und Wasserfaches e.V. Nutzen der Power-to-Gas Technologie zur Entlastung der 110-kV-Stromverteilungsnetze. Management Summary. Moser, A.; Zdrallek, M.; Krause, H.; Graf, F. Abgerufen am 15. März 2016 von http://www.dvgw-innovation.de/fileadmin/innovation/pdf/g3_03_12_erg.pdf

DVGW (2016): Deutscher Verein des Gas- und Wasserfaches e.V. Pressegrafiken.

E-Bridge Consulting GmbH (12. September 2014): Moderne Verteilernetze für Deutschland (Verteilernetzstudie). Abschlussbericht. im Auftrag des Bundesministerium für Wirtschaft und Energie (BMWi). Moser, A.; Büchner, J. et al. Abgerufen am 03. Dezember 2015 von http://www.bmwi.de/BMWi/Redaktion/PDF/Publikationen/Studien/verteilernetzstudie, property=pdf,bereich=bmwi2012,sprache=de,rwb=true.pdf

E-Control (November 2015): Energie-Control Austria für die Regulierung der Elektrizitäts- und Erdgaswirtschaft. Entwurf Herkunftsnachweispreisverordnung 2016. Abgerufen am 31. März 2016 von https://www.e-control.at/documents/20903/388512/HKN+Preisverordnung+2016+Entwurf_Erl%C3%A4uterung.pdf/70399d86-0586-4c61-8b15-2d5b7522fac8

Energie-Forschungszentrum Niedersachsen (08. März 2013): Eignung von Speichertechnologien zum Erhalt der Systemsicherheit. Projektleitung: Beck, H.-P. Abgerufen am 09. Dezember 2015 von http://www.bmwi.de/BMWi/Redaktion/PDF/Publikationen/Studien/eignung-von-speichertechnologien-zum-erhalt-der-systemsicherheit,property=pdf,bereich=bmwi2012, sprache=de,rwb=true.pdf

Energieinstitut-Linz et al. (2014): Power to Gas – eine Systemanalyse. Markt- und Technologiescouting und -analyse. Endbericht. Projektleitung: Energieinstitut an der Johannes Kepler Universität Linz. Projektleitung: Steinmüller, H. Abgerufen am 26. Februar 2016 von http://www.ea.tuwien.ac.at/fileadmin/t/ea/projekte/PtG/Endbericht_-_Power_to_Gas_-_eine_Systemanalyse_-_2014.pdf

Energiequelle GmbH (September 2015): Größter Batteriespeicher Europas in Betrieb genommen. Abgerufen am 17. Dezember 2015 von http://www.energiequelle.de/index.php/de/startseite/12-neuigkeiten/334-batteriespeicher-feldheim-eingeweiht

ETOGAS GmbH (2013): Power-to-Gas: Aktueller Stand. Abgerufen am 09. März 2016 von https://www.kreis-hoexter.de/media/downloads/PtG_brakel_17_6_2013_1.pdf

ETOGAS GmbH (06. Juni 2015): Power-to-Gas: Flexibilität für die Energiewirtschaft. Waldstein, G. Abgerufen am 18. Mai 2016 von http://www.dena.de/fileadmin/user_upload/Veranstaltungen/2015/PtG_16.6/150616_Wladstein_Flexibilitaet_fuer_die_Energiewirtschaft.pdf

ETOGAS GmbH (2016): Erneuerbares Gas. Abgerufen am 01. Juli 2016 von http://www.etogas.com/power-to-gas/erneuerbares-gas/

European Comission (2014): Directorate-General for Energy. Subsidies and costs of EU energy. Final report. Alberici, S.; Boeve, S.; van Breevoort, P.; et al. Abgerufen am 25. April 2016 von http://ec.europe.eu/energy/sites/ener/files/documents/ECOFYS%202014%20Subsidies%20and%20costs%20of%20EU%20energy_11_Nov.pdf

Eurostat (März 2015): Energy from renewable sources. Shares 2013 results. Abgerufen am 11. November 2015 von http://ec.europa.eu/eurostat/web/energy/data/shares

FfE (2015): Forschungsstelle für Energiewirtschaft e.V. Auswertungen und Analysen zur International Grid Control Cooperation. Fattler, S.; Pellinger, C. Abgerufen am 11. Dezember 2015 von https://www.ffe.de/download/article/549/20150211_Langfassung_IGCC_IEWT.pdf

FfE (Juni 2010): Forschungsstelle für Energiewirtschaft e.V. Merit Order des Kraftwerkparks. von Roon, S.; Huck, M. Abgerufen am 15. November 2015 von https://www.ffe.de/download/wissen/20100607_Merit_Order.pdf

FGH (20. Januar 2012): Forschungsgemeinschaft für Elektrische Anlagen und Stromwirtschaft e.V. Studie zur Ermittlung der technischen Mindesterzeugung des konventionellen Kraftwerksparks zur Gewährleistung der Systemstabilität. Abschlussbericht. Abgerufen am 09. November 2015 von http://www.50hertz.com/Portals/3/Galerien/Studien/1_Studie-Mindesterzeugung-4TSO-20120120.pdf

FGW (2015): Fördergesellschaft Windenergie und andere Erneuerbare Energien e.V. Enercon Referenzerträge. Abgerufen am 28. März 2016 von http://www.wind-fgw.de/pdf/Ref_ENERCON.pdf

FÖS (September 2012): Forum Ökologisch-Soziale Marktwirtschaft e.V. Externe Kosten der Atomenergie und Reformvorschläge zum Atomhaftungsrecht. Hintergrundpapier zur Dokumentation von Annahmen, Methoden und Ergebnissen. Meyer, B. Abgerufen am 15. Dezember 2015 von http://www.foes.de/pdf/2012-09-Externe_Kosten_Atomenergie.pdf

Fraunhofer ISE (November 2012): Fraunhofer-Gesellschaft zur Förderung der angewandten Forschung e.V., Institut für Solare Energiesysteme. 100 % Erneuerbare Energien für Strom und Wärme in Deutschland. Henning, H.-M.; Palzer, A. Abgerufen am 30. November 2015 von https://www.ise.fraunhofer.de/de/veroeffentlichungen/veroeffentlichungen-pdf-dateien/studien-und-konzeptpapiere/studie-100-erneuerbare-energien-in-deutschland.pdf

Fraunhofer ISE (November 2013): Fraunhofer-Gesellschaft zur Förderung der angewandten Forschung e.V., Institut für Solare Energiesysteme. Energiesystem Deutschland 2050. Henning, H.-M.; Palzer, A. Abgerufen am 06. Januar 2016 von https://www.ise.fraunhofer.de/de/veroeffentlichungen/veroeffentlichungen-pdf-dateien/studien-und-konzeptpapiere/studie-energiesystem-deutschland-2050.pdf

Fraunhofer ISE (November 2014): Fraunhofer-Gesellschaft zur Förderung der angewandten Forschung e.V., Institut für Solare Energiesysteme. Arbeitspaket 1b: Systemoptimierung und Betriebsführung der PEM-Elektrolyse. Hacker, B.; Gesikiewicz, P.; Smolinka, T. Abgerufen am 27. Februar 2016 von http://www.dvgw-innovation.de/fileadmin/dvgw/angebote/forschung/innovation/pdf/1411hacker.pdf

Fraunhofer ISE (2015): Fraunhofer-Gesellschaft zur Förderung der angewandten Forschung e.V., Institut für Solare Energiesysteme. The role of Power-to-Gas in achieving Germany's climate policy targets with a special focus on concepts for road based mobility. Henning, H.-M.; Palzer, A. Abgerufen am 10. Januar 2016 von http://etogas.com/fileadmin/documents/news/2015_Fraunhofer_ISE_Study_PtG.pdf

Fraunhofer ISI (Juni 2014): Fraunhofer-Gesellschaft zur Förderung der angewandten Forschung e.V., Institut für System- und Innovationsforschung. Analyse der Netzausbaukosten und der Kostenverteilungswirkung. Klobasa, M.; Mast, D. Abgerufen am 03. Dezember 2015 von http://www.impres-projekt.de/impres-wAssets/docs/2014_08_03_Netzausbaukosten-ImpRES_final.pdf

Fuchs, G.; Lunz, B.; Leuthold, M.; Sauer, D.U. (September 2012): Technologischer Überblick zur Speicherung von Elektrizität. Überblick zum Potenzial und zu Perspektiven des Einsatzes elektrischer Speichertechnologien. Im Auftrag der Smart Energy for Europe Platform GmbH. Abgerufen am 15. Dezember 2015 von http://www.sefep.eu/activities/projects-studies/Ueberblick_Speichertechnologien_SEFEP_deutsch.pdf

Gas- und Wärme-Institut Essen e.V. (Juni 2012): Potenziale der Einspeisung von Wasserstoff ins Erdgasnetz – eine saisonale Betrachtung. Burmeister, F.; Senner, J.; Brauner, J.; Albus, R. Abgerufen am 11. März 2016 von http://www.dvgw-innovation.de/fileadmin/dvgw/angebote/forschung/innovation/pdf/1206burmeister.pdf

Grope, J. & Holzhammer, U. (28. Juni 2012). Ökonomische Analyse der Nutzungsmöglichkeiten von Biomethan. Abgerufen am 19. Mai 2016 von https://www.dbfz.de/fileadmin/user_upload/Vortraege/Extern/2012-06-28_Ökonomische_Analyse_der_Nutzungsmöglichkeiten_von_Biomethan.pd

HWWI; HSH Nordbank; DICE (April 2014): Stromtransport in Deutschland: Rahmenbedingungen und Perspektiven. UP Unternehmer Positionen Nord. Bräuninger, M.; Brodehser, P.; Böckers, V. et al. Abgerufen am 19. April 2016 von http://www.hwwi.org/fileadmin/hwwi/Publikationen/Partnerpublikationen/HSH/2014_04_08_HSH_HWWI_Stromnetze.pdf

IEA (2010): International Energy Agency. Projected Costs of Generating Electricity. Abgerufen am 22. November 2015 von https://www.iea.org/publications/freepublications/publication/projected_costs.pdf

Ingenieurbüro Floecksmühle GmbH. (2015). Marktanalyse Wasserkraft. Abgerufen am 26. März 2016 von https://www.bmwi.de/BMWi/Redaktion/PDF/M-O/marktanalyse-freiflaeche-photovoltaik-wasserkraft,property=pdf,bereich=bmwi2012,sprache=de,rwb=true.pdf

IPCC (2011): IPCC Special Report on Renewable Energy Sources and Climate Change Mitigation, Prepared by Working Group III of the Intergovernmental Panel on Climate Change. Edenhofer, O. et al. Cambridge University Press, Cambridge, United Kingdom and New York, NY, USA, Figure SPM.6.

KBB UT (Oktober 2011): KBB Underground Technologies GmbH

KIT (30. September 2015): Karlsruher Institut für Technologie. Entwicklungsstand und Einsatzmöglichkeiten von Kurz- und Langzeitspeichern. Institut für Technische Physik. Noe, M. Abgerufen am 25. April 2016 von http://www.saarland.de/dokumente/thema_energie/2_3_Prof._Dr.-Ing._Noe_Praesentation_freigegeben.pdf

KIT (2016): Karlsruher Institut für Technologie. Institut für Technikfolgeabschätzung und Systemanalyse (ITAS). TAS Speicherdatenbank, Auszug Juni.

Kurzweil, P. & Dietlmeier, O. K. (2016): Elektrochemische Speicher. Superkondensatoren, Batterien, Elektrolyse-Wasserstoff, Rechtliche Grundlagen. Springer Vieweg.

LBST (April 2010): Ludwig-Bölkow-Systemtechnik GmbH. Potenziale der Wind-Wasserstoff-Technologie in der Freien und Hansestadt Hamburg und in Schleswig-Holstein. Stiller, C.; Schmidt, P.; Michalski, J. et al. Abgerufen am 16. März 2016 von http://www.h2hamburg.de/blob/hh_wasserstoff/downloads/3182518/cde8194a7b53515e11f5f6c3f17f1740/Potenziale-der-Wind-Wasserstoff-Technologie-data.pdf

Mankins, J.C. (6. April 1995): Technology Readiness Levels. A White Paper. NASA, Advanced Concepts Office. Von www.hq.nasa.gov/office/codeq/trl/trl.pdf abgerufen

neon (2014): Neon Neue Energieökonomik GmbH. Regelleistungsmarkt 2014. Hirth, L. Abgerufen am 11. Dezember 2015 von http://www.neon-energie.de/Regelleistungsmarkt-2014.pdf

Next Kraftwerke GmbH (o. J.): Wissen. Abgerufen am 27. Juni 2016 von https://www.next-kraftwerke.de/wissen

Nitsch, J. et al. (29. März 2012): Langfristszenarien und Strategien für den Ausbau der erneuerbaren Energien in Deutschland bei Berücksichtigung der Entwicklung in Europa und global. Arbeitsgemeinschaft: DLR, Fraunhofer IWES, Ingenieurbüro für neue Energien (IFNE). Abgerufen am 22. November 2015 von http://www.dlr.de/dlr/Portaldata/1/Resources/bilder/portal/portal_2012_1/leitstudie2011_bf.pdf

Oswald, B.R. & Oeding, D. (7. Auflage, 2011): Elektrische Kraftwerke und Netze. Berlin, Heidelberg: Springer-Verlag.

Pape, C. et al. (November 2014): Roadmap Speicher: Speicherbedarf für erneuerbare Energien – Speicheralternativen – Speicheranreiz – Überwindung rechtlicher Hemmnisse. Endbericht. Gefördert durch: Bundesministerium für Wirtschaft und Energie (BMWi). Abgerufen am 12. Oktober 2015 von http://www.iaew.rwth-aachen.de/fileadmin/uploads/pdf/neuigkeiten/2014_Roadmap_Speicher_Langfassung.pdf

PWC (Juni 2016): PricewaterhouseCoopers AG, Wirtschaftsprüfgesellschaft.

Quaschning, V. (2016): Informationsportal von Professor Volker Quaschning. Abgerufen am 08. Februar 2016 von http://volker-quaschning.de

RenewEconomy (17. Januar 2016): New low for wind energy costs: Morocco tender averages $US30/MWh. Giles Parkinson. Abgerufen am 31. März 2016 von http://reneweconomy.com.au/2016/new-low-for-wind-energy-costs-morocco-tender-averages-us30mwh-81108

Sedlacek R. (2013): Untertage-Gasspeicherung in Deutschland. Underground Gas Storage in Germany. Erdgasspeicherung. Erdöl Erdgas Kohle 129 (11), 378–388.

Siemens Wind Power (August 2014): Siemens AG. SCOE – Society's costs of electricity. How society should find its optimal energy mix. Abgerufen am 14. Dezember 2015 von www.siemens.com/presse: http://www.energy.siemens.com/hq/pool/hq/power-generation/renewables/wind-power/SCOE/SCOE-full-documentation.pdf

Smolinka, T.; Hebling, C.; Garche, J. (2011): NOW-Studie „Stand und Entwicklungspotenzial der Wasserelektrolyse zur Herstellung von Wasserstoff aus regenerativen Energien". Abgerufen am 26. Februar 2016 von https://www.now-gmbh.de/content/5-service/2-mediathek/nip-wasserstoff-und-brennstoffzellentechnologie/hebling_christopher_dr.wasserelektrolyse.pdf

solares bauen GmbH (2016): Strom zu EE-Gas. Abgerufen am 16. März 2016 von http://www.bhkw-jetzt.de/home-warum-bhkws/strom-zu-ee-gas/

Specht, M. et al. (2009): Speicherung von Bioenergie und erneuerbaren Strom im Erdgasnetz. FVEE Jahrestagung. Forschen für globale Märkte erneuerbarer Energien. FVEE, Berlin. Abgerufen am 13. Mai 2016 von http://www.fvee.de/fileadmin/publikationen/Themenhefte/th2009/th2009_05_06.pdf

Sterner, M. (2009): Bioenergy and renewable power methane in integrated 100% renewable energy systems. Limiting global warming by transforming energy systems. Dissertation, Kassel University Press GmbH, Kassel.

Sterner, M.; Saint-Drenan, Y.-M.; Gerhardt, N. et al. (2010): Erneuerbares Methan. Ein innovatives Konzept zur Speicherung und Integration Erneuerbarer Energien sowie zur regenerativen Vollversorgung. Abgerufen am 05. Juni 2016 von http://www.leibniz-institut.de/archiv/sterner_09_07_10.pdf

Sterner, M. & Stadler, I (2014): Energiespeicher – Bedarf, Technologien, Integration. Sprniger Vieweg, Springer Verlag, Berlin Heidelberg.

Sterner, M.; Eckert, F.; Thema, M.; Bauer, F. (März 2015a): Der positive Beitrag dezentraler Batteriespeicher für eine stabile Stromversorgung. Forschungsstelle Energienetze und Energiespeicher (FENES) OTH Regensburg. Kurzstudie im Auftrag von BEE e.V. und Hannover Messe. Abgerufen am 10. Dezember 2015 von http://www.bee-ev.de/fileadmin/Publikationen/BEE_HM_FENES_Kurzstudie_Der_positive_Beitrag_von_Batteriespeichern_2015.pdf

Sterner, M.; Thema, M.; Eckert, F.; Lenck, T.; Götz, P (August 2015b): Bedeutung und Notwendigkeit von Windgas für die Energiewende in Deutschland (Windgas-Studie). Forschungsstelle Energienetze und Energiespeicher (FENES) OTH Regensburg, Energy Brainpool, Studie im Auftrag von Greenpeace Energy. Abgerufen am 06. Januar 2016 von https://www.greenpeace-energy.de/fileadmin/docs/pressematerial/2015_FENES_EBP_GPE_Windgas-Studie.pdf

StMWi (März 2016b): Bayerisches Staatsministerium für Wirtschaft und Medien, Energie und Technologie. Energie-Atlas Bayern, Photovoltaik: Daten und Fakten. Abgerufen am 20. März 2016 von https://www.energieatlas.bayern.de/thema_sonne/photovoltaik/daten.html

StMWi (März 2016a): Bayerisches Staatsministerium für Wirtschaft und Medien, Energie und Technologie. Energie-Atlas Bayern, Wind: Daten und Fakten. Abgerufen am 20. März 2016 von https://www.energieatlas.bayern.de/thema_wind/daten.html?print%5B2%5D=print

Stockel, W (06. November 2013): Repowering von Biogasanlagen – Praxiserfahrungen. Leipziger Biogas Fachgespräche. Leipzig.

Swissgrid AG. (o. J.): Market Coupling. Abgerufen am 26. November 2015 von http://www.swissgrid.ch/dam/swissgrid/company/publications/de/market-coupling_de.pdf

Tennet TSO GmbH et al. (15. August 2012): Der Netzentwicklungsplan 2012. Erläuterungen und Überblick der Ergebnisse. Abgerufen am 19. Februar 2016 von http://www.netzentwicklungsplan.de/file/2576/download?token=5n4wHs4L

TenneT TSO GmbH et al. (September 2013a): Bericht der deutschen Übertragungsnetzbetreiber zur Leistungsbilanz 2013 nach EnWG § 12 Abs. 4 und 5. Abgerufen am 02. Dezember 2015 von http://www.bmwi.de/BMWi/Redaktion/PDF/J-L/leistungsbilanzbericht-2013,property=pdf,bereich=bmwi2012,sprache=de,rwb=true.pdf

TenneT TSO GmbH et al. (24. Juni 2013b): Factsheet: Offshore Netzentwicklungsplan 2013. Abgerufen am 12. Juni 2016 von http://www.netzentwicklungsplan.de/_NEP_file_transfer/Factsheet%20zweiter%20Entwurf%20O-NEP%202013.pdf

TenneT TSO GmbH et al. (30. September 2014a): Bericht der deutschen Übertragungsnetzbetreiber zur Leistungsbilanz 2014 nach EnWG § 12 Abs. 4 und 5. Abgerufen am 21. April 2016 von http://www.bmwi.de/BMWi/Redaktion/PDF/J-L/leistungsbilanzbericht-2014,property=pdf,bereich=bmwi2012,sprache=de,rwb=true.pdf

TenneT TSO GmbH et al. (2014b): Informationsplattform der vier deutschen Übertragungsnetzbetreiber. Differenz Einspeiseprognose zu vermarkteter Strommenge. Abgerufen am 09. November 2015 von https://www.netztransparenz.de/de/Einspeiseprognose.htm

TenneT TSO GmbH et al. (2015): Netzentwicklungsplan 2025. Version 2015. Erster Entwurf. Abgerufen am 09. November 2015 von http://www.netzentwicklungsplan.de/netzentwicklungsplan-2025-version-2015-erster-entwurf

TransnetBW GmbH (2016): Modell zur Berechnung des regelzonenübergreifenden einheitlichen Bilanzausgleichsenergiepreises. Abgerufen am 11. April 2016 von https://www.transnetbw.de/downloads/strommarkt/bilanzkreismanagement/Modellbeschreibung_reBAP-Berechnung_ab_05_2016.pdf

Trieb, F. (2011): Strom aus der Wüste. Physik in unserer Zeit, 42 (2), 84–91.

TU Dresden (03. Dezember 2014): Die Rolle von Demand Side Management bei der Systemintegration der erneuerbaren Energien. Lehrstuhl für Energiewirtschaft. Müller T. Abgerufen am 17. November 2015 von http://tu-dresden.de/die_tu_dresden/fakultaeten/fakultaet_wirtschaftswissenschaften/bwl/ee2/lehrstuhlseiten/ordner_programmes/ordner_projekte/ordner_enersax/abschlusspraesentationen/Mller_DSM.pdf

Umweltbundesamt (Juli 2010): Energieziel 2050: 100% Strom aus erneuerbaren Quellen. Klaus, T.; Vollmer C.; Werner, K.; Lehmann, H.; Müschen, K. et al. Abgerufen am 30. November 2015 von http://www.umweltbundesamt.de/sites/default/files/medien/378/publikationen/energieziel_2050.pdf

Umweltbundesamt (August 2012a): Schätzung der Umweltkosten in den Bereichen Energie und Verkehr. Empfehlungen des Umweltbundesamtes. Burger, A. Abgerufen am 15. Dezember 2015 von https://www.umweltbundesamt.de/sites/default/files/medien/378/publikationen/hgp_umweltkosten.pdf

Umweltbundesamt (August 2012b): Nachhaltige Stromversorgung der Zukunft. Kosten und Nutzen einer Transformation hin zu 100% erneuerbaren Energien. Burger, A.; Lünenbürger, B.; Osiek, D. Abgerufen am 08. Februar 2016 von https://www.umweltbundesamt.de/sites/default/files/medien/publikation/long/4350.pdf

Umweltbundesamt (April 2014a): Marktanalyse Ökostrom. Endbericht. Reichmuth, M. et al. Abgerufen am 31. März 2016 von https://www.umweltbundesamt.de/sites/default/files/medien/376/publikationen/texte_04_2014_marktanalyse_oekostrom_0.pdf

Umweltbundesamt (Juli 2014b): Treibhausgasneutrales Deutschland im Jahr 2050. Benndorf, R.; Bernicke, M.; Bertram, A. et al. Abgerufen am 04. März 2016 von https://www.umweltbundesamt.de/sites/default/files/medien/378/publikationen/climate-change_07_2014_treibhausgasneutrales_deutschland_2050_0.pdf

Umweltbundesamt (19. Februar 2015a): Ausbauziele für erneuerbare Energien im Verkehrssektor. Abgerufen am 12. Oktober 2015 von http://www.umweltbundesamt.de/daten/energiebereitstellung-verbrauch/ausbauziele-der-erneuerbaren-energien

Umweltbundesamt (2015b): Daten. Abgerufen am 21. November 2015 von http://www.umweltbundesamt.de/daten

Umweltbundesamt Österreich (2015): Subventionen und Kosten für Energie. Kommentare zum ECOFYS-Bericht 2015. Fallmann, K.; Gallauner, T.; Gössl, M.; Stix, S. Abgerufen am 22. April 2016 von http://www.umweltbundesamt.at/fileadmin/site/publikationen/REP0524.pdf

van Basshuysen, R. (2015): Erdgas und erneuerbares Methan für den Fahrzeugantrieb. Wege zur klimaneutralen Mobilität. Springer Vieweg, Springer Fachmedien Wiesbaden.

Verstege, J. (19. November 2003): Expertenanhörung „Regelenergie" beim Bundesministerium für Wirtschaft und Energie (BMWi). Berlin.

von Bredow, H. & Balzer, L. (2015): Rechtlicher Rahmen für Power-to-Gas: Eine aktuelle Bestandsaufnahme. Energiewirtschaftliche Tagesfragen 65. Jg. Heft 4, 72–77.

Weltenergierat – Deutschland e. V. (Februar 2015): Stellungnahme zum Grünbuch „Ein Strommarkt für die Energiewende" des Bundesministeriums für Wirtschaft und Energie (BMWi). Zwischenergebnis. Abgerufen am 02. Dezember 2015 von http://www.weltenergierat.de/wp-content/uploads/2014/03/WEC_Prognos-Zwischenbericht-Integration-der-Leistungsm%C3%A4rkte_150225.pdf

Wuppertal Institut für Klima, Umwelt, Energie GmbH (November 2005): Analyse und Bewertung der Nutzungsmöglichkeiten von Biomasse, Band 1: Gesamtergebnis und Schlussfolgerungen. Untersuchung im Auftrag von BGW und DVGW. Projektkoordinator: Ramesohl, S. Abgerufen am 11. März 2016 von https://www.dvgw.de/fileadmin/dvgw/presse/pdf/biogas_1.pdf

Yang, C. & Ogden, J. (2007): Determining the lowest-cost hydrogen delivery mode. International Journal of Hydrogen Energy 32(2), 268–286.

ZSW (07. Juli 2014): Zentrum für Sonnenenergie- und Wasserstoff-Forschung Baden-Württemberg. Power to Gas – zwischen Mythos und Wahrheit. Teil 2. Specht, M. Abgerufen am 02. März 2016 von http://www.dena.de/fileadmin/user_upload/Veranstaltungen/2014/Power_to_Gas/140702_dena_Jahreskonferenz_PtG_Specht.pdf

Sachverzeichnis

Printed by Printforce, the Netherlands